材料成形技术

主　编　张云鹏
副主编　肖　鹏　王　雷

北　京
冶金工业出版社
2023

内 容 提 要

本书全面、系统地介绍了液态成形技术、塑性加工成形技术、焊接成形技术、粉末冶金成形技术、金属复合成形技术、非金属材料成形技术、增材制造成形技术、特种成形技术以及材料成形方法的选择等内容。各章均附有复习思考题，便于学生深入理解和牢固掌握所学内容。

本书为高等院校材料成形与控制工程专业及相关专业的教材，也可供相关科研及工程技术人员参考。

图书在版编目(CIP)数据

材料成形技术/张云鹏主编.—北京：冶金工业出版社，2016.3(2023.1 重印)

普通高等教育“十三五”规划教材

ISBN 978-7-5024-7180-4

Ⅰ.①材… Ⅱ.①张… Ⅲ.①工程材料—成形—高等学校—教材 Ⅳ.①TB3

中国版本图书馆 CIP 数据核字(2016)第 044141 号

材料成形技术

出版发行 冶金工业出版社　　**电　话** (010)64027926

地　址 北京市东城区嵩祝院北巷 39 号　　**邮　编** 100009

网　址 www.mip1953.com　　**电子信箱** service@mip1953.com

责任编辑 杨 敏　美术编辑 吕欣童　版式设计 孙跃红

责任校对 李 娜　责任印制 窦 唯

北京富资园科技发展有限公司印刷

2016 年 3 月第 1 版，2023 年 1 月第 2 次印刷

787mm×1092mm 1/16；17.75 印张；425 千字；270 页

定价 42.00 元

投稿电话 (010)64027932　投稿信箱 tougao@cnmip.com.cn

营销中心电话 (010)64044283

冶金工业出版社天猫旗舰店 yjgycbs.tmall.com

(本书如有印装质量问题，本社营销中心负责退换)

前　言

根据教育部颁布的新的学科专业目录，全国大部分工科院校已将原来的铸造、锻压、焊接三个专业合并为材料成形及控制工程专业，“材料成形技术”也随之成为该专业的一门主要的专业基础课程。目前，该课程国内可供参考的教材虽然已有多种版本，但因各自侧重不同，有的内容只限于铸造、锻压、焊接而远未包括材料成形的所有重要技术；有的虽然广泛地涉及了常见的材料成形技术却无新技术简介；有的对于部分成形技术论述得不够清楚甚至存在谬误，等等。为了克服上述不足，我们编写了《材料成形技术》，力求在下列两个方面有所突破：

（1）既内容广泛又重点突出。内容广泛是指本书涉及除切削加工工艺以外材料成形方面几乎所有的重要技术；重点突出是指本书用较大篇幅深入介绍在工程制造领域内最为普遍应用的几种材料成形技术。

（2）既讲解成熟的材料成形技术又简要介绍新技术的发展动态。这样，可使学生在学习掌握成熟的材料成形技术的同时，也对新技术的发展动态有所了解，可以活跃思想、开阔眼界，有利于培养创新意识。

本书将全面、系统地介绍液态成形技术、塑性加工成形技术、焊接成形技术、粉末冶金成形技术、金属复合成形技术、非金属材料成形技术、增材制造成形技术、特种成形技术以及材料成形方法的选择等内容。在介绍上述内容时，将以材料成形工艺方法的过程、特点、适用范围为主线，力图使学生养成分析零件结构工艺性和选择成形工艺方法以及从成形工艺角度正确进行零件结构设计的基本工程素质。在各章末附有复习思考题，便于学生深入理解、牢固掌握所学内容。

本书由张云鹏（负责第5~9章）担任主编，肖鹏（负责第1、2章）和王雷（负责第3、4章）担任副主编。研究生鄢顺才、郭岚岚参与了资料的收集和整理。全书由张云鹏统稿。

本书引用了大量参考文献，在此对所有文献作者表示由衷的感谢。

限于编者水平，书中难免会有不当及疏漏之处，敬请读者指正。

编 者

2015 年 11 月

目　录

绪　论

人类与其他动物的根本区别之一就是会使用并制造工具。人类要扩大自身的生存空间、提高生活质量，就必须不断增强征服和协调自然的能力。这个目的是通过生产工具的更新换代和不断升级来实现的。如从原始的木棒、石块，到简单机械（如杠杆、轮轴等），直到现代具有各种功能的复杂机械与装置。为了制造性能要求越来越高的工具，人们就必须不断地发现和开发性能更加优良的材料。

材料是人类从事生产和生活的物质基础。它直接用于制造人类所需要的各种生产工具和生活用具。每一次人类使用的主流材料的重大变化都会引起人类社会文明飞跃性的进步。从石器时代到青铜器时代、铁器时代，直至今天人类开始进入的人工合成材料时代，可以说材料是人类社会文明程度的重要标志之一。

迄今为止，人类发现和制造的材料种类繁多。目前，人们所使用的机械工程材料，按化学成分可分为以下 4 大类：金属材料、高分子材料、无机非金属材料和复合材料。

金属材料在 20 世纪是应用最广泛的工程材料，如机床、工程机械、汽车等行业，其质量比例的 85% 以上是金属材料。非金属材料由于资源丰富、能耗低，具有优良的电气、化学、力学等综合性能，所以在近几十年中，其发展速度和势头已超过金属材料。20 世纪 90 年代末世界有机合成高分子材料的产量已达钢铁产量（体积）的 4 倍；新近研制的高性能陶瓷，可以制作切削工具、航天飞机外壁瓦片、热交换器等，从而使陶瓷的应用领域大大拓宽。复合材料由于在强度、韧性和耐蚀性能等方面比单一的金属、陶瓷或高分子材料都优越，因此，材料的复合化已成为当今材料发展的趋势。可以预见，今后在工程材料领域里将打破金属材料一统天下的格局，金属材料、陶瓷、有机高分子材料和复合材料将成为工程材料中的四大支柱（见图 1）。

在对材料本身不断提高需求的同时，材料成形技术也不断得到发展。它经历了从简单的手工操作到如今的复杂化、大型化和智能化生产的发展过程。所谓材料成形工艺是指直接改变材料的形状、尺寸及性能，使之成为具有使用价值的成品（或半成品）的加工过程。在现代机械产品的制造过程中，往往是用成形方法先将工程材料制成零件的毛坯（或半成品，甚至是可供直接装配的零件），再经机械加工制成所需的零件。因此，材料成形是各类机械制造工厂中重要的生产环节。

在世界科学技术发展史上，我国人民在材料开发及其成形工艺方面的成就是举世瞩目的。我们祖先是最早开始使用陶器和瓷器的，五代时期我国的陶瓷技术已经达到了极高的水平。从 15 世纪开始，陶瓷技术才传入欧洲。

我国的冶铸技术有 4000 年以上的悠久历史，前 2000 年是青铜的天下。到商周时代，冶铸技术已达到很高水平，形成了灿烂的青铜文化。其中具有代表性的有司母戊大方鼎（商代晚期，青铜铸造，重 875kg，高 1.37m；造型厚重而雄伟，是中国青铜时代最重的艺术铸件；工艺方法为陶范和鼎耳分铸），曾侯乙尊、盘（战国早期，青铜制造；造型玲珑

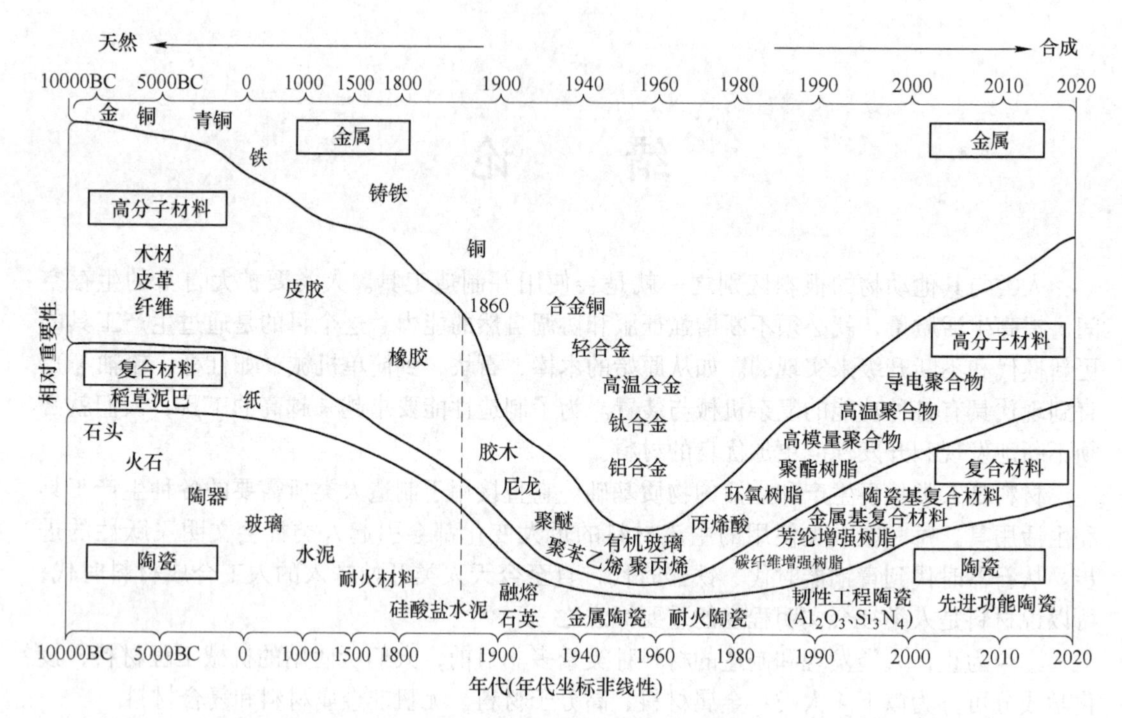

图 1 不同年代的四种材料（金属、陶瓷、聚合物和复合材料）在机械和市政工程中的相对重要性（注意年代坐标是非线性的）

剔透、繁缛精致；工艺方法为失蜡法 + 陶范，尊体浑铸，失蜡法预铸 34 个部件，通过 56 处铸焊与尊体连接成一体），四羊方尊（商代，青铜铸造；造型雄伟，花纹绮丽而光洁）等。

我国的锻造技术在二三千年前已被成熟地应用于生产工具和各类兵器的制造上。秦始皇陵兵马俑坑出土的三把合金铜锻制的宝剑就足以为证。其中一把至今光艳夺目、锋利如昔，令目睹者叹为观止。据分析，宝剑锻制后，剑身进行了表面渗铬处理。由此可见，当时对热处理技术的掌握已达到了很高的水平。

我国也是世界上应用焊接技术最早的国家之一。河南辉县战国墓中的殉葬铜器的耳和足就是用铸焊方法与本体连接的，比欧洲早了 2000 多年。从秦始皇陵陪葬坑出土的两乘大型彩绘铜车马更是突出的例子。每乘有一车四马，由一名御官驾驭，其材料以青铜为主，并配以金、银饰品，由 3000 多个零部件组成，结构精巧，栩栩如生。成形工艺：主要零部件均先分别铸造，局部又经加热减薄，如马饰、璎珞等就是经锻打成薄料再切成杆或细丝的；个别铸件再辅以冲凿、錾刻、研磨、抛光；然后用铸接、铆接、焊接、销钉连接等方法将零件组合成铜车马。

此外，诸如越王勾践青铜宝剑“千年不锈”的防腐技术、吴王夫差矛表面“镂纹”工艺的不解之谜、永乐大钟精湛绝伦的制造工艺及其卓越的声学特性等，都淋漓尽致地表现了我们祖先在材料成形方面的精湛技艺。

我国明朝宋应星所著的《天工开物》是世界上关于材料及其成形工艺方面最早的科学著作之一。书中记载了冶铁、铸钟、锻造、淬火等多种金属材料及其成形方法。但是，由于封建制度的束缚，我国的科学技术没有保持在早期辉煌的基础上持续发展的势头，加之一百多年来外国列强的侵略和掠夺，直至近代已经处于大大落后于欧美的状态。

新中国成立以后，我国机械制造业得到了飞速发展，经历了由仿制到自行设计、制造，从生产普通机械到制造精密和大型机械，从生产单机到制造成套设备的发展过程。例如，20 世纪 50 年代，自行制造汽车、拖拉机及飞机；60 年代，制造万吨水压机，以及齿轮磨床、坐标镗床等精密机床；70 年代，制造大型成套设备和万吨级远洋巨轮；直至 90 年代，为我国航天、原子能等工业领域提供先进的技术装备等。至今已经形成了包括汽车、拖拉机、造船、航空航天、重型机械、精密机床和精密仪表等产品门类基本齐全，分布比较合理的机械工业体系。机械产品装备了工业、农业、国防等各个部门，支持着各部门的发展。与此同时，材料及其成形技术也得到了长足的进步。例如，我国成功地进行了耗用钢水达 490t 的轧钢机机架巨型铸件的铸造，生产出了用于锻造大型锻件的 12 万吨水压机，解决了 5 万吨级远洋油轮船体的焊接技术，CAD/CAE/CAM 等计算机技术及机器人技术在材料成形技术中得到越来越广泛的应用，粉末冶金、高分子、陶瓷、复合材料制品的应用也日益扩大，等等。

“材料成形技术”是高等工科院校机械类、近机械类专业必修的一门综合性技术基础课，主要涉及工程材料成形技术（包括金属材料的铸造成形、塑性加工成形、焊接成形、粉末冶金成形、高分子材料成形、陶瓷材料成形、复合材料成形等）的工艺过程、原理等多方面内容。学生通过本课程的学习，能够掌握毛坯或制品成形方法的基本原理、工艺过程及其特点，具有正确选择毛坯或制品的成形方法、进行工艺分析和制定工艺方案的初步能力；具有运用工艺知识分析零件结构工艺性的初步能力，以及从成形工艺角度出发对零件结构进行并行设计的思维方式；了解有关的新材料、新工艺、新技术及其发展趋势，为学习其他相关课程及今后从事工程材料与成形、机械设计与制造方面的工作奠定基础。

“材料成形技术”是一门内容广泛，技术性和实践性很强的课程，应在“工程材料”、“制造工程训练”、“机械制图”等课程之后讲授，并尽量利用现代化教学手段（CAI、多媒体教学等）丰富学生的感性知识；采用多样化的教学形式如课堂讨论、实验、工艺设计等，加深学生对课程内容的理解，把对学生工程素质、综合能力和创造性思维的培养贯穿于教学全过程。

1 铸造——液态成形技术

铸造是一种将金属熔化后浇注到铸型中，待其冷却凝固后，获得具有一定形状的毛坯或零件的方法。它是制造机器零件毛坯的主要成形方法之一。

与其他工艺方法（锻造、机械加工等）相比较，其实质性区别在于铸造是一种充分利用流体性质使金属成形的过程。因此，它具有下列优点：

（1）能够制造形状复杂的铸件，尤其是能制造具有复杂内腔的毛坯，如机床床身、箱体、船用螺旋桨等。

（2）工艺适应性强，铸件质量、大小、形状及所用合金种类几乎不受限制。如：铸件质量可小至几克，大至数百吨；壁厚可从0.5mm至1m左右；长度可由几毫米至十几米；所用材料可以是铸铁、铸钢（碳钢、合金钢）及有色金属（铝、铜、镁、锌、钛及其合金等）。

（3）所用原材料来源广、价格低，而且铸件的形状和尺寸与零件非常接近，因而节约金属，减少了后续加工费用。

当然，铸造方法也存在一些不足，如用同样金属材料制造的铸件，其力学性能不如锻件；铸造工序繁多，且难以精确控制，故铸件质量有时会不够稳定；劳动条件较差等。随着相关科学技术的发展，这些问题正在逐步得到解决。

因为铸造方法具有独特优点，所以从古至今应用十分广泛。在现代工业生产中，铸造方法占有极其重要的地位。各类机械行业中铸件所占的质量比可以说明铸造方法的重要性（见表1－1）。

表1－1　各类机械行业中铸件的质量比

机　械　类　别	质量比/%
机床、内燃机、重型机器	70～90
风机、压缩机	60～80
拖拉机	50～70
农用机械	40～70
汽　车	20～30

铸造方法种类繁多，通常分为两大类。

（1）砂型铸造。此法的铸型是以型砂（或芯砂）作为造型材料制造而成的。由于生产成本低、适应性强，因此是最基本、应用最广的铸造方法。此法生产的铸件占铸件总产量的80%以上。

（2）特种铸造。它是指除砂型铸造以外的所有其他铸造方法。这些方法都分别在某些方面（例如：模样材料、造型材料，以及造型方法、浇注方法等）与砂型铸造有较大区别，因而具有许多特殊的长处，例如：可使铸件表面更光洁，尺寸更精确，组织更致密，力学性能更高；可提高生产率；可简化工艺过程；可减少公害等。

近年来，随着现代科学技术和生产的发展，铸造技术（铸造合金、铸造工艺和检测手段等）也有了极大的进步。新材料、新工艺、新技术、新设备的采用，尤其是计算机技术的应用，正迅速地改变着铸造生产的面貌，铸件的质量和性能有了显著的提高，铸造这种液态成形技术的应用范围也日益扩大。

1.1 铸件的成形基础

1.1.1 合金的铸造性能

合金的铸造性能，是指在一定的铸造工艺条件下某种合金获得优质铸件的能力，即在铸造生产中表现出来的工艺性能，如充型能力、收缩性、偏析倾向性、氧化性和吸气性等。合金铸造性能的好坏，对铸造工艺过程、铸件质量以及铸件结构设计都有显著的影响。因此，在选择铸造零件的材料时，应在保证使用性能的前提下，尽可能选用铸造性能良好的材料。但是，实际生产中为了保证使用性能，常常要使用一些铸造性能差的合金。此时，则应更加注意铸件结构的设计，并提供适当的铸造工艺条件，以获得质量良好的铸件。因此，充分认识合金的铸造性能是十分必要的。

1.1.1.1 合金的充型能力

A 合金充型能力的概念及其对铸件质量的影响

液态合金充满铸型，获得尺寸正确、轮廓清晰的铸件的能力，称为液态合金的充型能力。液态合金充型过程是铸件形成的第一个阶段。其间存在着液态合金的流动及其与铸型之间的热交换等一系列物理、化学变化，并伴随着合金的结晶现象。因此，充型能力不仅取决于合金本身的流动能力，而且受外界条件，如铸型性质、浇注条件、铸件结构等因素的影响。

液态合金的充型能力强，则容易获得壁薄而复杂的铸件，不易出现轮廓不清、浇不足、冷隔等缺陷；有利于金属液中气体和非金属夹杂物的上浮、排出，减少气孔、夹渣等缺陷；能够提高补缩能力，减小产生缩孔、缩松的倾向。

B 影响充型能力的因素及工艺对策

a 合金的流动性

流动性是指液态合金的流动能力。它属于合金的固有性质，取决于合金的种类、结晶特点和其他物理性质（如黏度越小，热容量越大；热导率越小，结晶潜热越大；表面张力越小，则流动性越好）。

为了比较不同合金的流动性，常用浇注标准螺旋线试样的方法进行测定（见图1－1）。

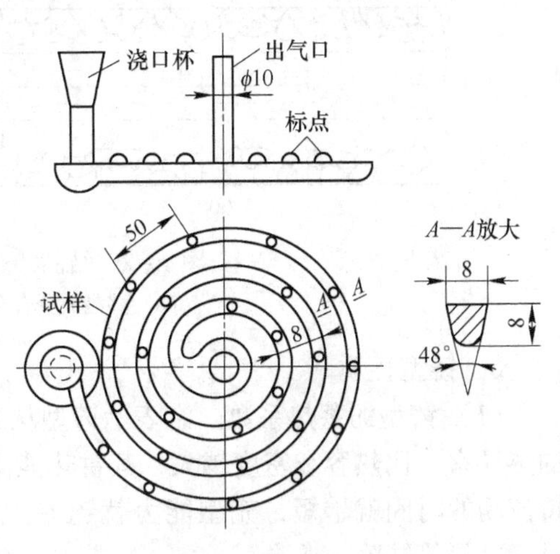

图1－1 螺旋线试样

在相同的铸型（一般采用砂型）和浇注条件（如相同的浇注温度或相同的过热温度）下获得的流动性试样长度，即可代表被测合金的流动性。常用铸造合金的流动性数据如表1－2所示，其中灰铸铁、硅黄铜最好，铸钢最差。

表1－2　常用合金流动性

合金种类		铸型	浇注温度/℃	螺旋线试样长度/mm
铸钢	$w(C)=0.4\%$	砂型	1600	100
			1640	200
灰铸铁	$w(C)+w(Si)=6.2\%$	砂型	1300	1800
	$w(C)+w(Si)=5.2\%$		1300	1000
	$w(C)+w(Si)=4.2\%$		1300	600
锡青铜	$w(Sn)=9\%\sim10\%$	砂型	1040	420
	$w(Zn)=2\%\sim4\%$		1040	420
硅黄铜	$w(Si)=1.5\%\sim4.5\%$	砂型	1100	1100

对于同一种合金，也可以用流动性试样来考察各种铸造工艺因素的变动对其充型能力的影响。所得的流动性试样长度是液态金属从浇注开始至停止流动时的时间与流动速度的乘积。因此，凡是对以上两个因子有影响的因素都对流动性（或充型能力）产生影响。

合金的化学成分决定了它的结晶特点，而结晶特点对流动性的影响处于支配地位。具有共晶成分的合金（如碳的质量分数为4.3%的铁碳合金等）是在恒温下凝固的，凝固层的内表面比较光滑，对后续金属液的流动阻力较小，加之共晶成分合金的凝固温度较低，容易获得较大的过热度，故流动性好（见图1－2（a））；除共晶合金和纯金属以外，其他成分合金的凝固是在一定温度范围内进行的，铸件截面中存在液、固并存的两相区，先产生的树枝状晶体对后续金属液的流动阻力较大，故流动性有所下降（见图1－2（b））。合金成分越偏离共晶成分，其凝固温度范围越大，则流动性也越差。因此，多用接近共晶成分的合金作为铸造材料，其原因就在于此。

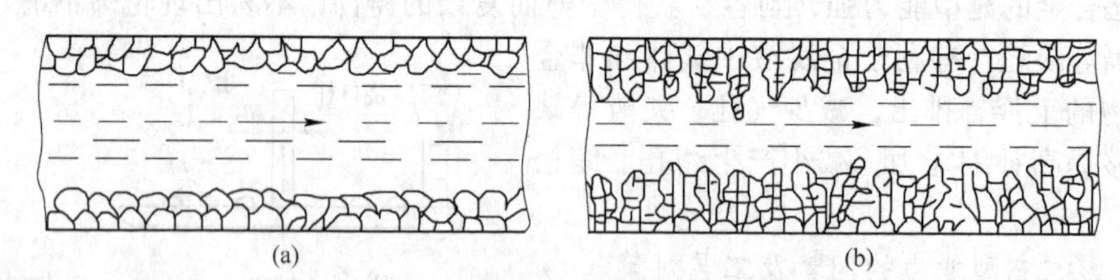

图1－2　结晶特点对流动性的影响示意图

（a）共晶成分合金；（b）非共晶成分合金

b　铸型性质

（1）铸型的蓄热系数。它表示铸型从其中的金属液吸取并存储热量的能力。铸型材料的热导率、比热容和密度越大，其蓄热能力越强，对金属液的激冷能力就越强，金属液保持流动的时间就越短，充型能力就越差。例如，金属型铸造比砂型铸造更容易产生浇不足、冷隔等缺陷。

（2）铸型温度。预热铸型能减小它与金属液之间的温差，降低换热强度，从而提高金属液的充型能力。例如，在金属型铸造铝合金铸件时，将铸型温度由340℃提高到520℃，在相同的浇注温度（760℃）下，螺旋线试样长度由525mm增至950mm。因此，预热铸型是金属型铸造中必须采取的工艺措施之一。

（3）铸型中的气体。铸型具有一定的发气能力，能在金属液与铸型之间形成气膜，可减小流动阻力，有利于充型。但若发气量过大，铸型排气不畅，在型腔内产生气体的反压力，则会阻碍金属液的流动。因此，为提高型（芯）砂的透气性，在铸型上开设通气孔是十分必要且经常应用的工艺措施。

c 浇注条件

（1）浇注温度。浇注温度对金属液的充型能力有决定性的影响。浇注温度提高，使合金黏度下降，且保持流动的时间增长，故充型能力增强；反之，充型能力就会下降。对于薄壁铸件或流动性差的合金，利用提高浇注温度以改善充型能力的措施，在生产中经常采用也比较方便。但是，随着浇注温度的提高，合金的吸气、氧化现象严重，总收缩量增加，反而易产生气孔、缩孔、粘砂等缺陷，铸件结晶组织也变得粗大。因此，原则上说，在保证足够流动性的前提下，应尽可能降低浇注温度。

（2）充型压力。金属液在流动方向上所受的压力越大，则流速越大，充型能力就越好。因此，常采用增加直浇道的高度或人工加压的方法（如：压力铸造、低压铸造等）来提高液态合金的充型能力。

d 铸件结构

当铸件的壁厚过小、壁厚急剧变化或有较大的水平面等结构时，会使合金液充型困难。因此，设计铸件结构时，铸件的壁厚必须大于最小允许值；有的铸件则需要设计流动通道；在大平面上设置筋条。这不仅有利于合金液的顺利充型，亦可防止夹砂缺陷的产生。

1.1.1.2 合金的凝固与收缩

浇入铸型的液态金属在冷凝过程中，如果液态收缩和凝固收缩得不到补充，铸件内部就会出现缩孔或缩松缺陷。为防止这些缺陷，必须合理地控制铸件的凝固过程。

A 铸件的凝固方式及其影响因素

a 铸件的凝固方式

在凝固过程中，铸件断面上一般存在三个区域，即固相区、凝固区和液相区。其中，对铸件质量影响较大的主要是液相和固相并存的凝固区的宽窄。铸件的“凝固方式”依据凝固区的宽窄（见图1-3（b）中S）来划分，有如下三类：

（1）逐层凝固。纯金属或共晶成分合金（例如图1-3中的a成分）在凝固过程中不存在液、固相并存的凝固区（见图1-3（a）），故断面上外层的固体和内层的液体由一条界线（凝固前沿）清楚地分开。随着温度的下降，固体层不断加厚，液体层不断减少，凝固前沿不断向中心推进，直至中心。这种凝固方式称为逐层凝固。

（2）糊状凝固。如果合金的结晶温度范围很宽（例如图1-3中的c成分），且铸件内的温度分布曲线（例如图1-3中的$t_{铸件}$曲线）较为平坦，则在凝固的某段时间内，铸件表面并不存在固体层，而液、固相并存的凝固区贯穿整个断面（见图1-3（c））。因为这种凝固方式与水泥类似，即先呈糊状而后固化，故称为糊状凝固。

（3）中间凝固。大多数合金（例如图1-3中的b成分）的凝固方式介于上述两者之

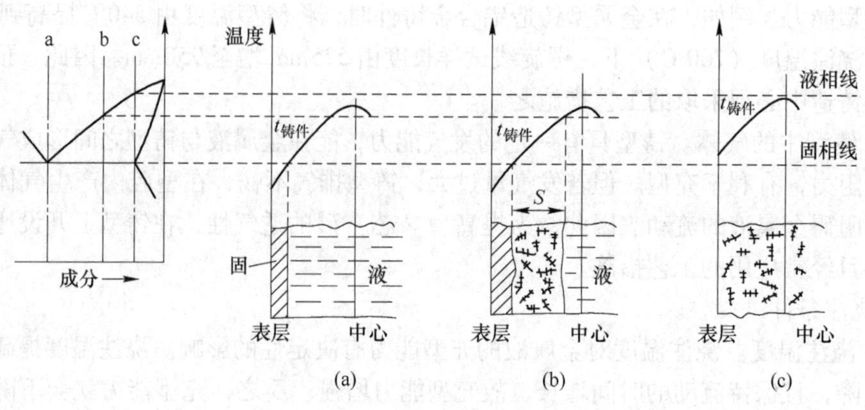

图 1－3　铸件的凝固方式

间（见图 1－3（b）），称为中间凝固方式。

铸件质量与其凝固方式密切相关。一般说来，逐层凝固有利于合金的充型及补缩，便于防止缩孔和缩松；糊状凝固时，难以获得组织致密的铸件。

b　影响铸件凝固方式的主要因素

（1）合金的结晶温度范围。如前所述，合金的结晶温度范围越小，凝固区域越窄，越倾向于逐层凝固。例如：砂型铸造时，低碳钢为逐层凝固；高碳钢因结晶温度范围甚宽，为糊状凝固。

（2）铸件断面的温度梯度。在合金结晶温度范围已定的前提下，凝固区域的宽窄取决于铸件断面的温度梯度（见图 1－4）。若铸件的温度梯度由小变大（图 1－4 中 $T_1 \rightarrow T_2$），则其对应的凝固区由宽变窄（图 1－4 中 $S_1 \rightarrow S_2$）。铸件的温度梯度主要取决于：

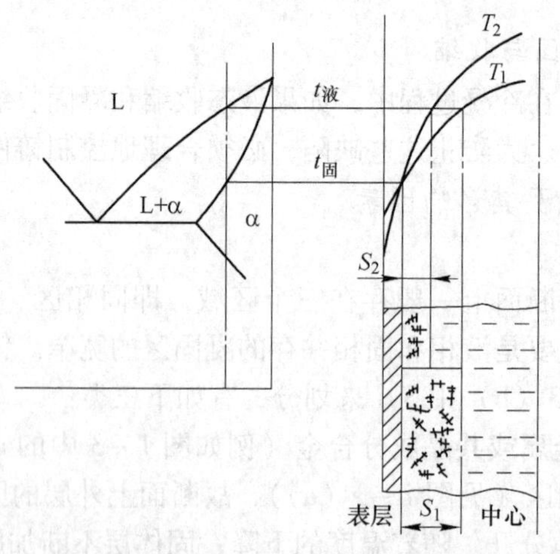

图 1－4　温度梯度对凝固区域的影响

1）合金的性质。合金的凝固温度越低、导温系数越大、结晶潜热越大，铸件内部温度均匀化能力就越大，温度梯度就越小（如多数铝合金）；

2）铸型的蓄热能力。铸型蓄热系数越大，对铸件的激冷能力就越强，铸件温度梯度就越大；

3）浇注温度。浇注温度越高，因带入铸型中热量增多，铸件的温度梯度就越小；

4）铸件的壁厚。铸件壁厚越大，温度梯度就越小。

通过以上讨论可以得出：倾向于逐层凝固的合金（如灰铸铁、铝硅合金等）便于铸造，应尽量选用；当必须采用倾向于糊状凝固的合金（如锡青铜、铝铜合金、球墨铸铁等）时，可考虑采用适当的工艺措施（例如，选用金属型铸造），以减小其凝固区域。

B 合金的收缩及其影响因素

铸件在凝固、冷却过程中所发生的体积减少现象称为收缩。

a 合金收缩的原理及过程

液态合金的结构是由原子集团和“空穴”组成的。原子集团内部的原子呈有序排列，但原子间距比固态时大。将液态合金浇入铸型后，温度不断下降，空穴减少，原子间距缩短，合金液的体积要减小。合金液凝固时，空穴消失，原子间距进一步缩短。凝固后继续冷却至室温的过程中，原子间距还要缩短。因此，合金由浇注温度冷却到室温的收缩经历了以下三个阶段：

（1）液态收缩。即从浇注温度到开始凝固的液相线温度之间，合金处于液态下的收缩，它使型腔液面下降。

（2）凝固收缩。即从凝固开始温度到凝固终了温度之间，合金处于凝固过程的收缩。在一般情况下，凝固收缩仍主要表现为液面的下降。

（3）固态收缩。即从凝固终了温度至室温之间，合金处于固态下的收缩。此阶段的收缩表现为铸件线性尺寸的减小。

合金的液态收缩和凝固收缩是铸件产生缩孔、缩松的主要原因；而固态收缩是铸件产生铸造应力、变形、裂纹的根本原因，并直接影响铸件的尺寸精度。

合金从液态到室温的体积变化，以体收缩率（ε_V）表示；对于合金在固态时的收缩，常需要了解其三维尺寸的变化，故常以线收缩率（ε_l）表示。其表达式为

$$\varepsilon_V = \frac{V_0 - V_1}{V_0} \times 100\% = \alpha_V(t_0 - t_1) \times 100\%$$

$$\varepsilon_l = \frac{l_0 - l_1}{l_0} \times 100\% = \alpha_l(t_0 - t_1) \times 100\%$$

式中 V_0，V_1——分别为合金在温度 t_0，t_1 时的体积；

l_0，l_1——分别为合金在温度 t_0，t_1 时的长度；

α_V，α_l——分别为合金在 t_0 ~ t_1 温度范围内的体收缩系数和线收缩系数。

铸件的实际收缩率与其化学成分、浇注温度、铸件结构和铸型条件有关。

b 影响合金收缩的主要因素

（1）合金的化学成分。不同合金的收缩率不同。在常用合金中，铸钢的收缩率最大，灰铸铁的收缩率最小。灰铸铁收缩率很小的原因是：由于其中大部分碳是以石墨状态存在的，石墨的比体积大，在结晶过程中石墨析出所产生的体积膨胀，抵消了合金的部分收缩。表 1－3 所示为几种铁碳合金的体积收缩率。

（2）浇注温度。浇注温度越高，合金的液态收缩量越大。

（3）铸型条件和铸件结构。铸件的实际收缩区别于合金的自由收缩，它会受到铸型及型芯的阻碍；且由于铸件结构复杂及壁厚不均，冷却时各部分相互牵制也会阻碍收缩。

表 1－3　几种铁碳合金的体积收缩率

合金种类	碳的质量分数/%	浇注温度/℃	液态收缩/%	凝固收缩/%	固态收缩/%	总体积收缩/%
铸造碳钢	0.35	1610	1.6	3	7.8	12.46
白口铸铁	3.00	1400	2.4	4.2	5.4～6.3	12～12.9
灰铸铁	3.50	1400	3.5	0.1	3.3～4.2	6.9～7.8

图 1－5 为不同结构铸件的收缩情况。由图可知，受阻特别大的线收缩率仅为自由收缩率的 1/5，故在设计和制造模样时，不应直接采用合金的线收缩率，而应根据铸件收缩的受阻情况，采用实际的收缩率即铸件线收缩率（具体数值见表 1－10）。

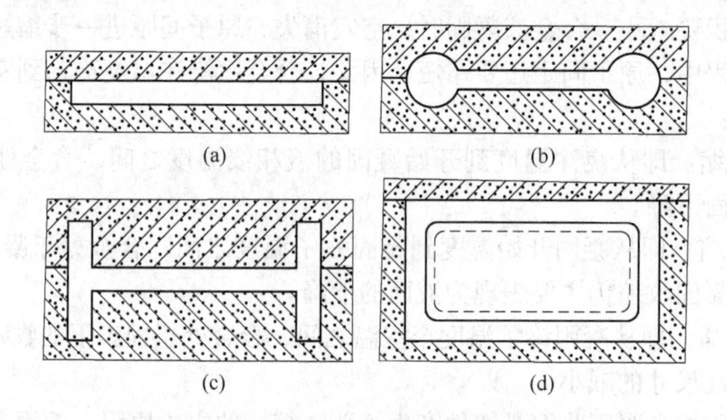

图 1－5　不同结构铸件的收缩情况

（a）自由线收缩率为 2.5%；（b）受阻较小的线收缩率为 1.5%；
（c）受阻较大的线收缩率为 1.0%；（d）受阻特别大的线收缩率为 0.5%

C　铸件中的缩孔与缩松

a　缩孔和缩松的形成

铸件冷凝时，如果合金的液态收缩和凝固收缩得不到液态合金的补充，就会在最后凝固的部位形成孔洞。容积大而集中的称为缩孔，细小而分散的称为缩松。缩孔和缩松会减小铸件的有效承载面积，并在该处造成应力集中，从而降低力学性能。对于要求气密性的零件，缩孔、缩松还会造成渗漏而严重影响其气密性。所以，缩孔和缩松是危害很大的铸造缺陷之一。

缩孔的形成如图 1－6 所示。将液态合金浇入圆柱形型腔中，由于铸型的冷却作用，液态合金的温度逐渐下降，其液态收缩不断进行，但是当内浇口未凝固时，型腔总是充满的（见图 1－6（a））；随着温度的下降，首先铸件表面凝固成一层硬壳，同时内浇口封闭（见图 1－6（b））；进一步冷却时，硬壳内的液态金属继续液态收缩，并对形成硬壳时的凝固收缩进行补充，由于液态收缩和凝固收缩远大于硬壳的固态收缩，故液面下降并与壳顶脱离（见图 1－6（c））；依此进行下去，硬壳不断加厚，液面不断下降，待金属全部凝固后，在铸件上部就形成一个倒锥形的缩孔（见图 1－6（d））；在铸件继续冷却至室温时，其体积有所缩小，使缩孔体积也略有减小（见图 1－6（e））。如果在铸件顶部设置冒口，则缩孔将移到冒口中（见图 1－6（f））。

缩孔一般出现在铸件最后凝固的区域，如铸件的上部或中心处、铸件上壁厚较大及内

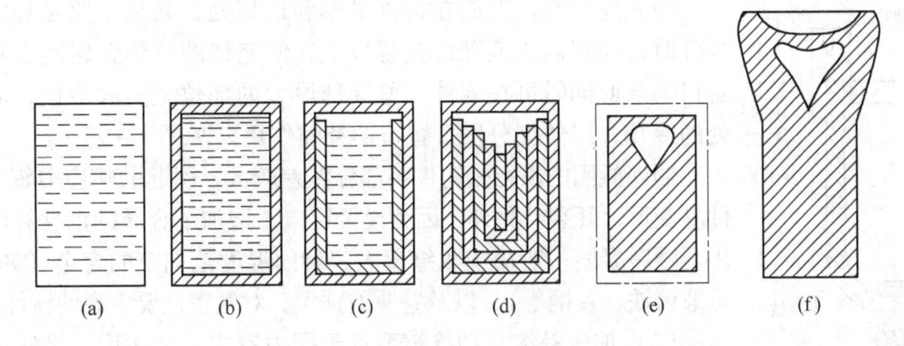

图1-6 缩孔形成过程示意图

浇口附近等处。缩松的形成也是由于铸件最后凝固区域的收缩未能得到补足，或者因合金呈糊状凝固，被树枝状晶体分隔开的液体小区得不到补缩所致。

缩松分为宏观缩松和显微缩松两种，宏观缩松是用肉眼或放大镜可以看见的小孔洞，多分布在铸件中心轴线处或缩孔下方（见图1-7）。

显微缩松是分布在晶粒之间的微小孔洞，要用显微镜才能看见。这种缩松分布更为广泛，有时遍及整个截面，显微缩松难以完全避免，对于一般铸件多不作为缺陷对待；但对气密性、力学性能、物理性能或化学性能要求很高的铸件，则必须设法减少。

不同的铸造合金形成缩孔和缩松的倾向不同。逐层凝固合金（纯金属、共晶合金或结晶温度范围窄的合金）的缩孔倾向大，缩松倾向小；糊状凝固的合金缩孔倾向虽小，但极易产生缩松。由于采用一些工艺措施可以控制铸件的凝固方式，因此，缩孔和缩松可在一定范围内互相转化。

b 缩孔和缩松的防止

（1）实现“顺序凝固”。为了防止缩孔、缩松的产生，应使铸件按“顺序凝固”的原则进行凝固。“顺序凝固”原则是指利用各种工艺措施，使铸件从远离冒口的部分到冒口之间建立一个递增的温度梯度（见图1-8），凝固从远离冒口的部分开始，逐渐向冒口方向顺序进行，最后是冒口本身凝固。这样就能实现良好的补缩，使缩孔移至冒口，从而获得致密的铸件。

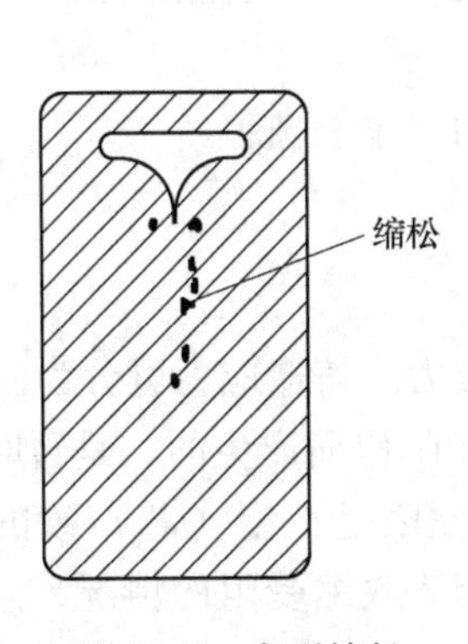

图1-7 宏观缩松

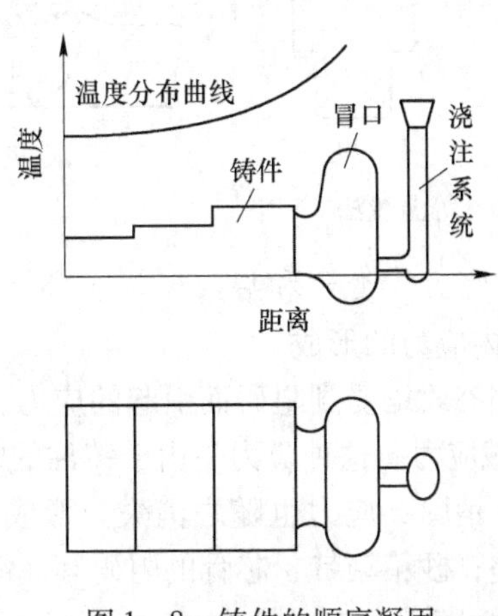

图1-8 铸件的顺序凝固

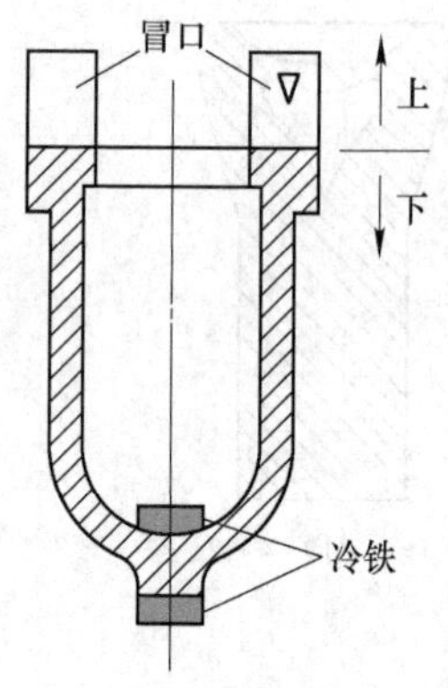

图1－9 冷铁的作用

为此应将冒口安放在铸件最厚和最高处，其尺寸要足够大。有条件时，应将内浇道开设在冒口上，使充型的炽热金属液首先流经冒口。与此同时可在铸件一些局部厚大的部位上安放冷铁，加快该处的冷却，以便充分发挥冒口的补缩作用（见图1－9）。

顺序凝固的缺点是铸件各部分温差较大，引起的热应力较大，铸件易变形、开裂。另外，因为设置冒口，增加了金属的消耗和清理费用。顺序凝固一般用于收缩率大、凝固温度范围窄的合金（如铸钢、可锻铸铁、黄铜等），以及壁厚差别大、对气密性要求高的铸件。

（2）加压补缩。即将铸型置于压力室中，浇注后，迅速关闭压力室，使铸件在压力下凝固，可以消除缩松或缩孔。此法又称为“压力釜铸造”。

（3）用浸渗技术防止铸件因缩孔、缩松而发生的渗漏。即将呈胶状的浸渗剂渗入铸件的孔隙，然后使浸渗剂硬化并与铸件孔隙内壁联成一体，从而达到堵漏的目的。

c 缩孔和缩松位置的确定

为了防止缩孔和缩松的产生，必须在制定铸造工艺方案时正确判断它们在铸件中的位置，以便采取必要的工艺措施。确定缩孔和缩松位置一般采用等温线法或内接圆法。

（1）等温线法。此法是根据铸件各部分的散热情况，把同时到达凝固温度的各点连接成等温线，逐层向内绘制，直到最窄的截面上的等温线相互接触为止。这样，就可以确定铸件最后凝固的部位，即缩孔和缩松的位置。如图1－10（a）所示为用等温线法确定的缩孔位置，图1－10（b）所示为铸件上缩孔的实际位置，两者基本上是一致的。

（2）内接圆法。此法常用来确定铸件上相交壁处的缩孔位置，如图1－11（a）所示。在内接圆直径最大的部分（称为“热节”），有较多的金属积聚，往往最后凝固，容易产生缩孔和缩松（见图1－11（b））。

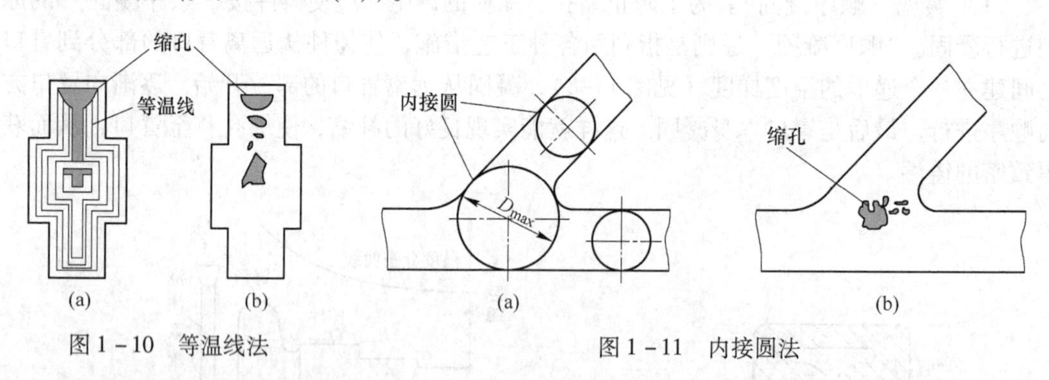

图1－10 等温线法

图1－11 内接圆法

D 铸造应力、变形和裂纹

a 铸造内应力的形成

铸件的固态收缩受到阻碍而引起的应力，称为铸造应力。铸造应力可分为三种。

（1）机械应力。这种应力是由于铸件的收缩受到机械阻碍而产生的，是暂时性的。只要机械阻碍一消除，应力也随之消失。形成机械阻碍的原因是：型（芯）砂的高温强度高，退让性差；砂箱箱带、芯骨的阻碍等。图1－12是套筒收缩受阻的情况，经落砂、清理后，应力即可消除。

（2）热应力。由于铸件各部分冷却速度不同，以至在同一时期内收缩不一致，而且各部分之间存在约束作用，从而产生的内应力，称为热应力。铸件冷却至室温后，这种热应力依然存在，故又称为残余应力。

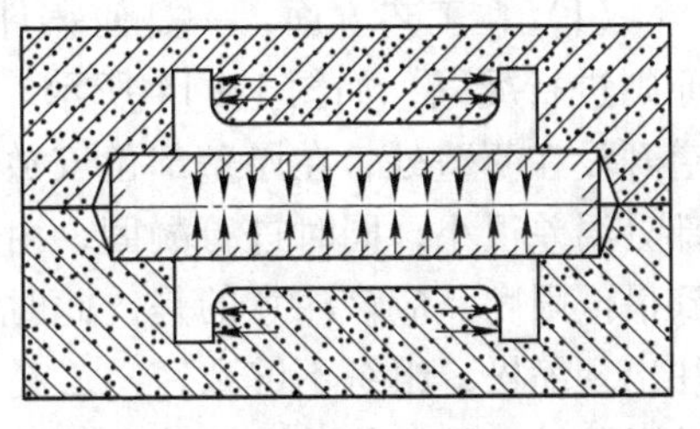

图 1－12 套筒铸件收缩受到机械阻碍

现以壁厚不均匀的 T 形铸件为例，分析热应力的形成过程，如图 1－13 所示。

塑性阶段：从 τ_0 到 τ_1 时，厚壁Ⅰ和薄壁Ⅱ的温度均高于 $t_{临}$（$t_{临}$ 为从塑性状态转变为弹性状态的温度，

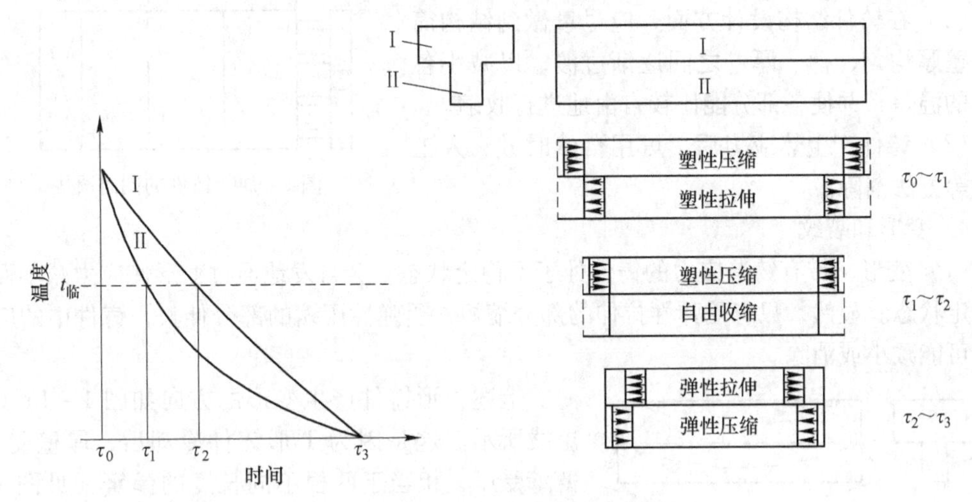

图 1－13 热应力形成过程示意图

对于铸钢 $t_{临}$ =620～650℃），处于塑性状态。若能自由收缩，Ⅱ比Ⅰ冷得快，则Ⅱ比Ⅰ短。但两壁是一个整体，只能收缩到相同长度，Ⅱ受到塑性拉伸，Ⅰ受到塑性压缩，不产生应力。

弹塑性阶段：从 τ_1 到 τ_2 时Ⅱ的温度已低于 $t_{临}$，已从塑性状态转变为弹性状态，Ⅰ仍处于塑性状态。Ⅰ可以随同Ⅱ收缩，Ⅱ的收缩基本上不受阻碍，故仍不产生应力。

弹性阶段：从 τ_2 到 τ_3 时，Ⅱ已冷却到接近室温，Ⅰ也冷却到 $t_{临}$ 以下，已转变为弹性状态。在冷却过程中，Ⅰ的收缩受到Ⅱ的阻碍，Ⅰ被弹性拉伸，产生拉应力。根据作用力与反作用力定律，Ⅱ被弹性压缩，产生压应力。

由上述可知，只有当铸件的各部分均进入弹性状态时才会产生热应力。热应力的分布规律为：厚壁部分或芯部为拉应力，薄壁部分或表层为压应力。铸件的壁厚差别越大（或壁厚越大），冷却速度越大，合金的线收缩系数越大，弹性模量越大，产生的热应力也越大。

（3）相变应力。合金在弹性状态下发生相变会引起体积变化。若铸件各部分冷却速度不同，相变不同时进行，则由此产生的应力称为相变应力。

铸造应力是热应力、机械应力和相变应力三者的代数和。根据情况不同，三种应力有时相互叠加，有时相互抵消。铸造应力的存在会带来一系列不良影响，诸如使铸件产生变形、裂纹，降低承载能力，影响加工精度等。

b 减小和消除铸造应力的途径

（1）在工艺方面，一是使铸件按“同时凝固”原则进行凝固，如图 1－14 所示。为此，应将内浇道开设在薄壁处，在厚壁部位安放冷铁，使铸件各部分温差很小，同时进行凝固，由此热应力可减小到最低限度。应该注意的是，此时铸件中心区域往往出现缩松，组织不够致密。二是提高铸型和型芯的退让性，及早落砂、打箱以消除机械阻碍，将铸件放入保温坑中缓冷，都可减小铸造应力。

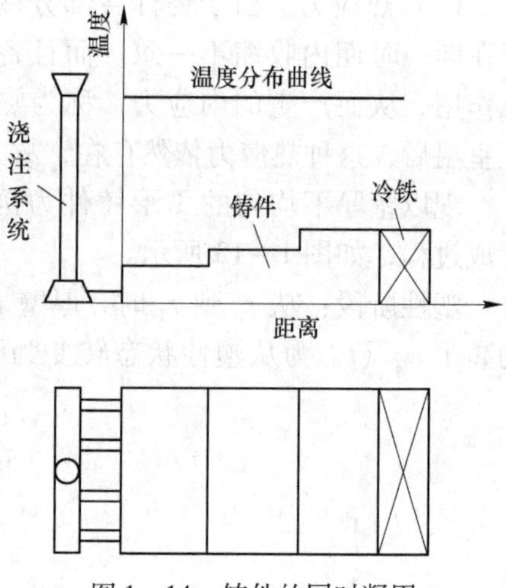

（2）在铸件结构设计方面，应尽量做到结构简单，壁厚均匀，薄、厚壁之间逐渐过渡，以减小各部分的温差，并使各部分能比较自由地进行收缩。

（3）铸件产生热应力后，可用自然时效、人工时效等方法消除。

图 1－14　铸件的同时凝固

c　变形和裂纹

（1）变形。带有铸造应力的铸件处于不稳定状态，会自发地通过变形使应力减小而趋于稳定状态。显然，只有受弹性拉伸的部分缩短，受弹性压缩的部分伸长，铸件中的应力才有可能减小或消除。

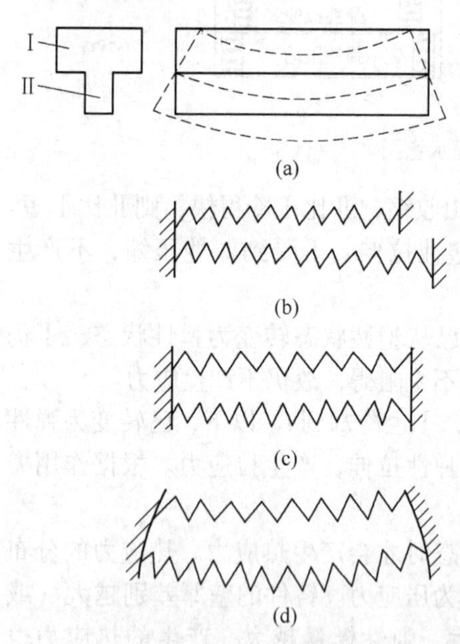

图 1－15　热应力引起变形的示意图

上述 T 形铸件产生变形的方向如图 1－15（a）虚线所示。这是因为 T 形铸件冷却后，厚壁受拉，薄壁受压，相当于两根不同长度的弹簧（见图 1－15（b）），将上面的短弹簧拉长，下面的长弹簧压短，以维持同样长度（见图 1－15（c））。但这样的组合弹簧系统是不稳定的，力图恢复到原来的平衡状态，即上面的弹簧要缩短，下面的弹簧要伸长，于是就出现了与上述情形相似的弯曲变形（见图1－15（d））。

防止铸件变形的根本措施是减少铸造内应力，例如：设计时，铸件壁厚力求均匀；制定铸造工艺时，尽量使铸件各部分同时冷却，增加型（芯）砂的退让性等。

在制造模样时，可以采用反变形法，即预先将模样做成与铸件变形相反的形状，以补偿铸件的变形。图 1－16 所示的机床床身，由于导轨较厚，侧壁较薄，铸造后产生挠曲变形。若将模样做出用双点划线表示的反挠度，铸造后会使导轨变得平直。

（2）裂纹。当铸造应力超过当时材料的强度极限时，铸件会产生裂纹。裂纹可分为热裂和冷裂两种。

热裂是在高温下形成的，是铸钢件、可取铸铁坯件和某些轻合金铸件生产中最常见的铸造缺陷之一。其特征是：裂纹形状曲折而不规则，裂口表面呈氧化色（铸钢件裂口表面

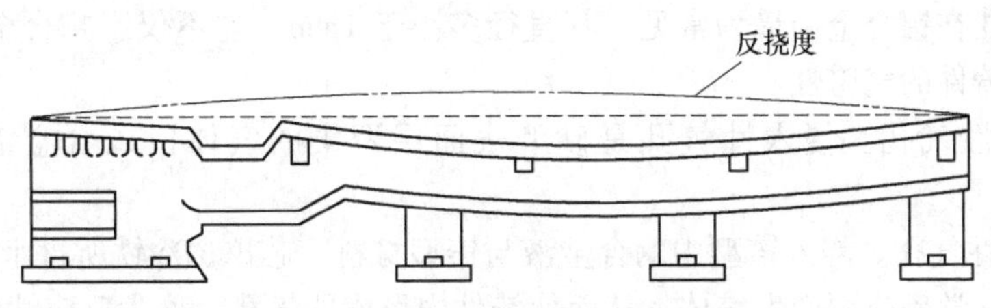

图1－16 机床床身的挠曲变形和反挠度

近似黑色，而铝合金则呈暗灰色），裂纹沿晶粒边界通过。热裂纹常出现于铸件内部最后凝固的部位或铸件表面易产生应力集中的地方。

冷裂是在低温下形成的。塑性差、脆性大、热导率小的合金，如白口铸铁、高碳钢和一些合金钢易产生冷裂。其特征是：裂纹形状为连续直线状或圆滑曲线状，常常是通过晶粒的。裂口表面干净，有金属的光泽或呈轻微的氧化色。冷裂常出现在铸件受拉伸的部位，特别是应力集中的部位，如内尖角处、缩孔和非金属夹杂物附近。

凡是减小铸造应力或降低合金脆性的因素（如减少钢铁中有害元素硫、磷的含量等）均对防止裂纹有积极影响。

1.1.1.3 合金的偏析

在铸件中出现化学成分不均匀的现象称为偏析。偏析使铸件的性能不均匀，严重时会造成废品。

偏析可分为两大类：微观偏析和宏观偏析。

晶内偏析（又称枝晶偏析）是指晶粒内各部分化学成分不均匀的现象，是微观偏析的一种。凡形成固溶体的合金在结晶过程中，只有在非常缓慢的冷却条件下，使原子充分扩散，才能获得化学成分均匀的晶粒。在实际铸造条件下，合金的凝固速度较快，原子来不及充分扩散，这样按树枝状方式长大的晶粒内部，其化学成分必然不均匀。为消除晶内偏析，可把铸件重新加热到高温，并经长时间保温，使原子充分扩散。这种热处理方法称为扩散退火。

密度偏析（旧称比重偏析）是指铸件上、下部分化学成分不均匀的现象，是宏观偏析的一种。当组成合金元素的密度相差悬殊时，待铸件完全凝固后，密度小的元素大都集中在上部，密度大的元素则较多地集中在下部。为防止密度偏析，在浇注时应充分搅拌或加速金属液冷却，使不同密度的元素来不及分离。宏观偏析有很多种，除密度偏析之外，还有正偏析、逆偏析、V形偏析和带状偏析等。

1.1.1.4 合金的吸气性

合金在熔炼和浇注时吸收气体的性能称为合金的吸气性。

合金的吸气性随温度升高而加大。气体在合金液中的溶解度较在固体中大得多。合金的过热度越高，气体的含量越高。气体在铸件中的存在有三种形态：固溶体、化合物和气孔。以下主要介绍铸件中的气孔及预防气孔的措施：

A 铸件中的气孔

按照合金中的气体来源，可将气孔分为以下三类：

（1）析出性气孔。溶解于合金液中的气体在冷凝过程中，因气体溶解度下降而析出，来不及排除，铸件因此而形成的气孔，称为析出性气孔。

析出性气孔在铝合金中最为常见，其直径多小于1mm。它不仅影响合金的力学性能，而且严重影响铸件的气密性。

（2）侵入性气孔。侵入性气孔是砂型表面层聚集的气体侵入合金液中而形成的气孔。

（3）反应性气孔。浇入铸型中的合金液与铸型材料、芯撑、冷铁所含水分、锈蚀等或熔渣之间发生化学反应而产生气体，从而使铸件内形成的气孔，称为反应性气孔。

反应性气孔种类甚多，形状各异。如合金液与砂型界面因化学反应生成的气孔，多分布在铸件表层下1～2mm处，表面经过加工或清理后，就暴露出许多小孔，所以称皮下气孔。

气孔破坏合金的连续性，减少承载的有效面积，并在气孔附近引起应力集中，因而降低了铸件的力学性能，特别是冲击韧度和疲劳强度显著降低。成弥散状的气孔还可促使显微缩松的形成，降低铸件的气密性。

B 预防气孔的措施

（1）降低型砂（芯砂）的发气量，增加铸型的排气能力。

（2）控制合金液的温度，减少不必要的过热度，减少合金液的原始含气量。

（3）加压冷凝，防止气体析出。因为压力的改变直接影响到气体的析出。例如液态铝合金放在405～608kPa（4～6个大气压）的压力室内结晶，就可以得到无气孔的铸件。

（4）熔炼和浇注时，设法减少合金液与气体接触的机会。如在合金液表面加覆盖剂保护或采用真空熔炼技术。

（5）对合金液进行去气处理。如向铝合金液中通入氯气，当不溶解的氯气泡上浮时，溶入铝合金液中的氢原子不断向氯气气泡中扩散而被带出合金液。

（6）冷铁、芯撑等表面不得有锈蚀、油污，并应保持干燥等。

1.1.2 常用合金的熔炼及铸造特点

常用铸造合金包括铸铁、铸钢及铸造非铁合金三大类。

1.1.2.1 铸铁件

A 灰铸铁（HT）

在铸造生产中主要是用冲天炉来熔化铸铁。在冲天炉的熔化过程中，由于铁料始终与炉气和炽热的焦炭接触，因此，其化学成分是变化的。为了使铸件达到预期的化学成分和力学性能，在冲天炉配料计算时，必须考虑各元素的变化。其大致规律如下：

（1）硅和锰。由于硅、锰易氧化，而在冲天炉风口附近又存在氧化气氛，致使硅、锰熔炼损耗约为15%～25%（严重时可达25%～40%）。因此，配料时应使铁料中含有较多的硅和锰，必要时则向炉内加入一定量的硅铁、锰铁来补足。

（2）硫。铁料在熔化过程中，因吸收焦炭中的硫，使含硫量增加30%～50%。因此欲使铸件中的含硫量低，就要依靠采用优质铁料和优质焦炭等措施来实现。

（3）磷。在熔化过程中，一般无大变化。

（4）碳。在熔化过程中，铁料中的碳，一方面可被炉气氧化而熔损；另一方面，铁液流经底焦时又可从焦炭中吸收碳分，使其中碳的质量分数增大。但总的来说是趋向于饱和，即维持在3%～3.5%之间。但熔制高牌号铸铁（孕育铸铁）时，为了降低铸铁中碳的质量分数，必须向炉内投入一定比例的废钢。

灰铸铁因接近于共晶成分，流动性好、收缩小，铸件的缩孔、缩松、浇不足、热裂、气孔等倾向都较小。因此，一般不需补缩冒口和冷铁，通常采用“同时凝固”原则。

灰铸铁件铸后一般不需进行热处理，对于精度要求较高的，则需进行时效处理，以消除内应力，预防变形。

牌号为HT250及其以上的高强度灰铸铁又称孕育铸铁。它是由于在熔炼时经历了孕育处理而得名的。孕育铸铁的强度、硬度均比普通灰铸铁有显著提高，如 σ_b = 250 ~ 400MPa，硬度为170 ~ 270HB，而且壁厚敏感性降低。孕育铸铁的铸造工艺比普通灰铸铁严格。为了获得良好的孕育效果，首先应熔炼出碳、硅质量分数低的原始铁液（w(C) = 2.7% ~ 3.5%，w(Si) = 1% ~ 1.8%）。这种铁液如果不经孕育处理直接浇注，将得到麻口或白口组织。若原始铁液中碳、硅的质量分数高，则孕育处理后强度不仅没有提高，反而有所下降。在铁液出炉时，将孕育剂（常用的孕育剂为 w(Si) = 75% 的硅铁，加入量为铁液质量的0.25% ~ 0.6%）均匀地撒到出铁槽中，由铁液将其冲入浇包中，然后及时进行浇注，这就是孕育处理。此时，因为铁液中均匀地悬浮着大量外来质点增加了石墨的结晶核心，所以大大促进了石墨化过程。经孕育处理后，铸铁组织为细小、分布均匀的石墨片和细致的珠光体组织。为了便于铁液迅速吸收孕育剂并弥补孕育处理过程中温度的降低，铁液的出炉温度必须在1400℃以上。经孕育处理的铁液应及时进行浇注，因为随着时间的增加，孕育效果会减弱以致消失（这种现象称为孕育衰退），故生产中都规定了孕育处理后到进行浇注之间的时间限制（一般规定不得超过30min，严格的甚至规定不得超过15min）。

孕育铸铁的铸造性能比普通灰铸铁差，铸造工艺相对复杂，浇注温度高，线收缩率较大，有时需要设置补缩冒口。

B 球墨铸铁（QT）

（1）与灰铸铁的区别。与灰铸铁相比，球墨铸铁的凝固过程、铸造性能有如下特点：

1）流动性较差。因为球化和孕育处理使铁液温度大大下降，所以球墨铸铁要求较高的浇注温度及较大的浇注系统尺寸。

2）收缩较大。球墨铸铁共晶凝固范围比灰铸铁宽，具有糊状凝固特征。凝固时，铸件形成硬外壳时间较晚，当砂型刚度小时，石墨的膨胀引起铸件外形胀大，结果原有的浇、冒口失去补缩作用，易产生缩孔、缩松。因此，球墨铸铁一般需用冒口和冷铁，采用“顺序凝固”原则。

3）容易出现夹渣（MgS，MgO）和皮下气孔。浇注系统一般采用半封闭式，以保证铁液迅速平稳地流入型腔，并多采用滤渣网、集渣包等结构加强挡渣措施。

（2）工艺要求。球墨铸铁在一般铸造车间均可生产，其熔炼技术、处理工艺要求如下：

1）严格控制原铁液成分。球墨铸铁化学成分的要求比灰铸铁严格，碳、硅的质量分数比灰铸铁高，锰、磷、硫的质量分数比灰铸铁低。其大致成分为 w(C) = 3.3% ~ 3.9%，w(Si) = 2.0% ~ 2.8%，w(Mn) = 0.6% ~ 0.8%，w(S) ≤ 0.03%，w(P) ≤ 0.1%。硫是相当有害的元素，而球化元素是强有力的脱硫剂，因此硫含量高会消耗较多的球化剂，严重影响球化，引起球化衰退。

2）较高的出炉温度。铁液处理过程中温度要下降 50 ~ 100℃，为保证浇注温度，铁液出炉温度应高于 1400℃。

3）球化处理和孕育处理。球化处理的目的是使石墨结晶时呈球状析出。常用的球化剂主要是稀土镁合金。其加入量为铁液质量的 1.0% ~1.6%，视铁液的含硫量而有所不同。球化处理一般采用冲入法（见图 1 – 17（a）），即将球化剂放入堤坝式浇包内，上面覆盖硅铁粉和稻草灰，铁液分两次冲入，第一次冲入 1/2 ~2/3，待球化剂反应后，再冲入其余铁水，同时投入孕育剂，搅拌、扒渣后即可浇注。此外，为了防止球化和孕育效果的衰退，还可采用型内球化法（见图 1 – 17（b）），即把球化剂放置在浇注系统内的反应室中，流经此室的铁液和球化剂作用后进入型腔。此法的优点是：石墨球细小，球化率很高，球化剂消耗较少，球墨铸铁的力学性能高。

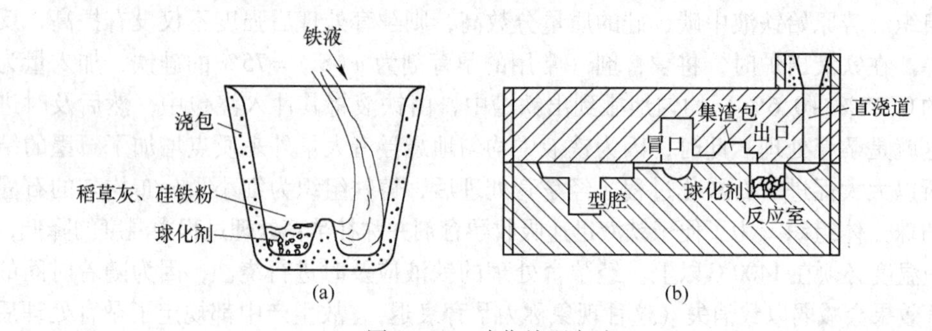

图 1 – 17 球化处理方法
（a）冲入法；（b）型内球化法

由于镁及稀土元素都是强烈阻碍石墨化的元素，因此球化处理的同时必须加入一定量的孕育剂促进石墨化，防止白口倾向。加入孕育剂还可使石墨球圆整、细小，并增加共晶团数量，改善球墨铸铁力学性能。

C 可锻铸铁（KT）

可锻铸铁又称玛钢或玛铁，它是将白口铸铁经石墨化退火而得到的一种铸铁。因为其石墨呈团絮状，大大减轻了对基体的割裂作用，故抗拉强度得到显著提高。尤为可贵的是这种铸铁有着相当高的塑性与韧性。故可锻铸铁因此而得名，其实它并不能真的用于锻造。可锻铸铁已有 200 多年历史，在球墨铸铁问世以前，曾是力学性能最高的铸铁。

制造可锻铸铁件的首要步骤是先铸出白口铸铁坯料，若坯料在退火前已存有片状石墨，则无法经退火出现团絮状石墨。所以，必须采用低碳、低硅的原铁液，通常为 $w(C) = 2.4\% \sim 2.8\%$，$w(Si) = 0.4\% \sim 1.4\%$。

石墨化退火是制造可锻铸铁的重要阶段，即将清理后的白口坯料叠放于退火箱内，用泥封好后送入退火炉中，缓慢加热到 920 ~980℃，保温 10 ~20 h，并按规范冷却到室温（对于黑心可锻铸铁还要在 700℃ 以上进行第二段保温）。石墨化退火的总周期一般为 40 ~70h。

可以看出，可锻铸铁的生产过程比较复杂，退火周期长，能源消耗大，铸件成本较高。

可锻铸铁因碳、硅的质量分数很低，所以铁液流动性差，收缩大，容易产生缩孔、缩松和裂纹等缺陷。铸造时铁液的浇注温度应较高（高于 1360℃），铸型及型芯应有较好的退让性，并设置补缩冒口。

D 蠕墨铸铁（RT）

蠕墨铸铁的组织为金属基体上均匀分布着蠕虫状石墨。其处理工艺与球墨铸铁大致相同，不同的是以蠕化剂代替球化剂。蠕化剂一般采用稀土镁钛、稀土镁钙和稀土硅钙等合金。加入量为铁液质量的1%～2%，加入方法也是采用冲入法，和球墨铸铁一样，也要进行孕育处理。

蠕墨铸铁的化学成分与球墨铸铁的要求基本相似，大致成分范围为 $w(\mathrm{C})=3.5\%\sim3.9\%$，$w(\mathrm{Si})=2.2\%\sim2.8\%$，$w(\mathrm{Mn})=0.4\%\sim0.8\%$，$w(\mathrm{P,\ S})<0.06\%\sim0.15\%$。

蠕墨铸铁的铸造性能与灰铸铁接近，缩孔、缩松倾向比球墨铸铁小，故铸造工艺比较简单。

1.1.2.2 铸钢件

铸钢的铸造性能比铸铁差，主要表现为熔点高、流动性差、易氧化，吸气和收缩大，因此容易产生浇不足、缩孔、缩松、裂纹、气孔、夹渣、粘砂等缺陷。为了获得合格的铸钢件，在工艺方面应采取如下相应措施：

(1) 所用型（芯）砂应具有更高的耐火度、透气性和强度。原砂采用颗粒大而均匀的硅砂（$w(\mathrm{SiO_2})>94\%$，熔点达1700℃），大型铸件常用耐火性更好的人工破碎的硅砂。对于中、大型铸件一般采用干型或 CO_2 硬化水玻璃砂型，以降低铸型的发气量，提高铸型的强度，改善充型条件。为防止粘砂，型腔表面应涂刷耐火涂料。

(2) 严格控制浇注温度（一般为1500～1650℃）。对于流动性差的低碳钢或结构复杂、壁薄的铸件应取上限，反之可取下限。

(3) 对于绝大多数铸钢件，往往要设置数量较多、尺寸较大的冒口，并配合使用冷铁，采用“顺序凝固”原则，以防止缩孔、缩松等缺陷。

图1－18所示的大型铸钢齿轮，壁厚不均匀，在最厚的轮毂处以及轮缘与辐板连接处极易形成缩孔。为此在总体上实行由外（辐板）向内（轮毂）的顺序凝固，轮毂处设一个顶冒口补缩。而轮缘与辐板连接部位因为是直径很大的一圈，故使它分段顺序凝固，即沿圆周均布六个大气压力暗冒口，并配合六个冷铁，可有效防止缩孔。

对于一些壁厚均匀的薄壁铸钢件，一般采用“同时凝固”原则。如图1－19所示铸件，应开设多个内浇道，以保证钢液迅速、均匀地充满型腔。

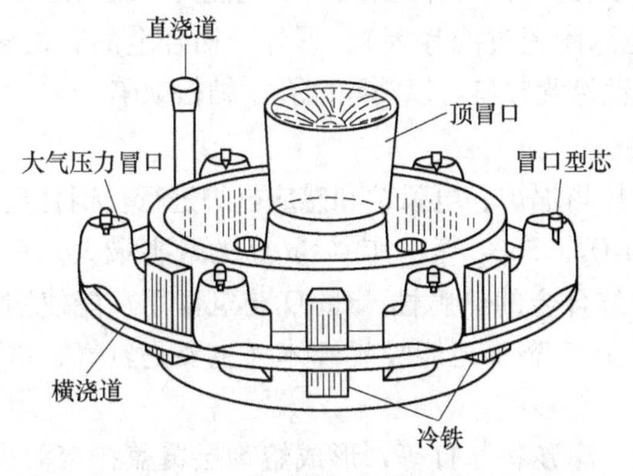

图1－18 大型铸钢齿轮铸造工艺

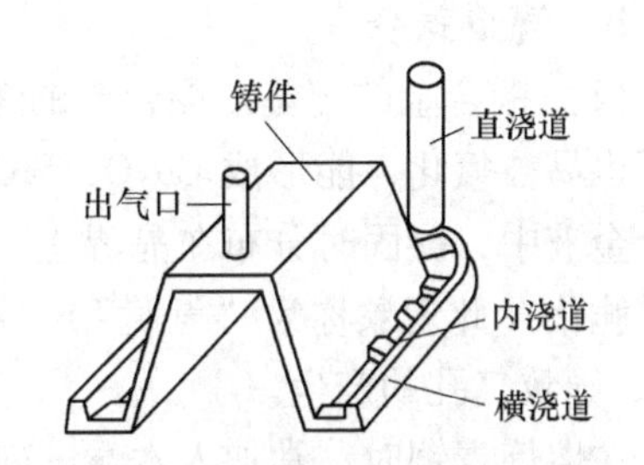

图1－19 薄壁铸钢件的铸造工艺

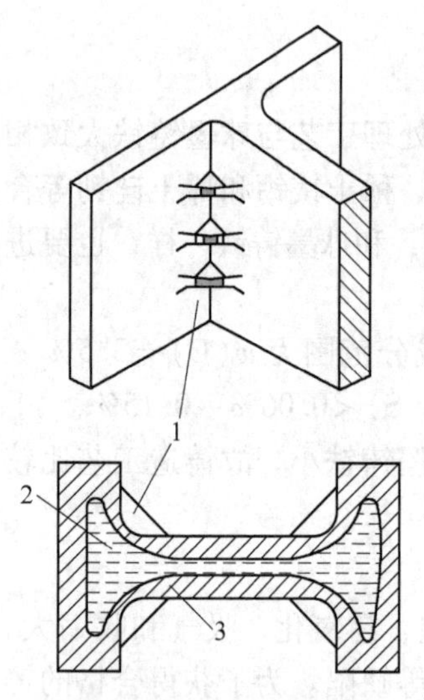

图1－20 铸造小筋示意图
1—小筋；2—熔液；3—凝固层

另外，为了防止铸钢件在转角内侧产生裂纹，常设置铸造小筋（见图1－20），厚度约为铸件壁厚的1/4～1/3，浇注后很快凝固冷却，以足够的强度来加强转角处，以防该处在铸造应力作用下开裂。

（4）热处理是铸钢件生产工艺中必要的工序之一。其目的在于细化晶粒、消除魏氏组织和铸造应力，提高力学性能。通常采用退火或正火处理。

1.1.2.3 常用铸造非铁合金

铸造非铁合金包括铝合金、铜合金、镁合金、锌合金、钛合金等，其中铝合金和铜合金应用最多。

A 铸造铝合金

（1）铝合金的熔炼。铝合金常用的熔炼设备有坩埚炉、反射炉、感应电炉等，国内使用较多的是坩埚炉。熔炼时液态铝合金与炉气接触，极易形成 Al_2O_3。这种氧化物熔点高，密度比铝液稍大，故容易在铸件中形成夹杂缺陷。液态铝合金还容易吸收氢气，冷凝时，由于溶解区下降，会以气泡形式析出，形成分散的小孔，从而影响铸件的力学性能及气密性。

为减少氧化和吸气，铝合金应在熔剂层的覆盖下进行熔炼，常用的覆盖剂有 KCl、NaCl、CaF_2、$NaAlF_6$ 等。熔炼后期，为了进一步去除气体和夹杂物，还必须进行精炼。精炼的方法多种多样，如通氮（或氯）精炼、氯盐精炼、熔剂精炼、过滤真空精炼和超声波处理等。其中最常用而且最简便的方法是六氯乙烷（C_2Cl_6）浮游精炼法，即将 C_2Cl_6 压成小块，在出炉前用钟罩分批压入铝液中。C_2Cl_6 与铝液发生下列反应：

$$3C_2Cl_6 + 2Al \xrightarrow{\Delta} 2AlCl_3 + 3C_2Cl_4$$

反应产物在熔炼温度下呈气态。在气泡上浮过程中，铝液中的气体会向气泡内扩散，固态夹杂物会自动吸附在气泡上，从而被带到液面，达到去气除渣的目的。

（2）铝合金的铸造特点。铝合金铸件的浇注系统要求充型平稳，不产生飞溅、涡流，以免充型过程中铝合金液的二次氧化和吸气；挡渣能力要强，以除去熔炼时残留的夹杂物。为此，一般采用底注、开放式的浇注系统。为了提高挡渣、净化能力，还可在浇注系统中安放过滤片（如玻璃纤维过滤网、泡沫陶瓷过滤片等）。另外，铝合金的收缩较大，故应使铸件按顺序凝固原则进行凝固，合理设置冒口。以消除缩孔、缩松缺陷。

B 铸造铜合金

（1）铜合金的熔炼。铜合金的熔炼可用坩埚炉、电弧炉和感应电炉进行。铜合金在液态下也易被氧化，能形成 Cu_2O，SiO_2，Al_2O_3，SnO_2 等。其中 Cu_2O 的危害最大，它溶于铜合金液中，凝固时分布在晶界上，可导致合金的热脆性。Cu_2O 与氢作用，能使铜合金严重脆化（此现象称为“氢脆”）。铜合金在液态下还能吸收气体（主要是氢气、水蒸气等），导致气孔的产生。

在熔炼青铜时，常加入木炭、碎玻璃、硼砂和苏打等，形成熔剂层覆盖在熔液表面，以隔绝空气。

在熔炼时加入0.3%~0.6%的磷铜（$w(P)=8\%\sim14\%$）与Cu_2O发生如下反应：

$$5Cu_2O+2P\longrightarrow P_2O_5\uparrow+10Cu$$

P_2O_5呈气态逸出，达到脱氧目的。

浇注前还要进行去气处理，即向铜合金液中吹入干燥的氮气。氮气气泡上浮时，溶于铜合金液的氢不断地进入气泡中，随气泡上浮而被去除。

（2）铜合金的铸造特点。在这方面铜合金与铝合金有许多相似之处。例如，为了防止铜液的二次氧化和吸气，多采用底注、开放式浇注系统。

铜合金的收缩率比铸铁大，除了锡青铜之外，一般采用顺序凝固原则，设置冒口，以进行补缩。

另外，铜合金的密度大、流动性好，且熔点较低，故可使用细砂来造型，以防止机械粘砂并降低铸件表面粗糙度。

1.2 铸造方法

1.2.1 砂型铸造

到目前为止，砂型铸造仍然是应用最广泛的铸造方法。原因是砂型铸造不受合金种类、铸件形状和尺寸的限制，适应各种批量的生产，尤其在单件和成批生产中，具有操作灵活、设备简单、生产准备时间短等优点。目前我国砂型铸造件仍占铸件总产量的80%以上。

砂型铸造的基本工艺过程如图1-21所示。掌握砂型铸造的基本规律是正确进行铸件结构设计和合理制定铸造工艺方案的基础。

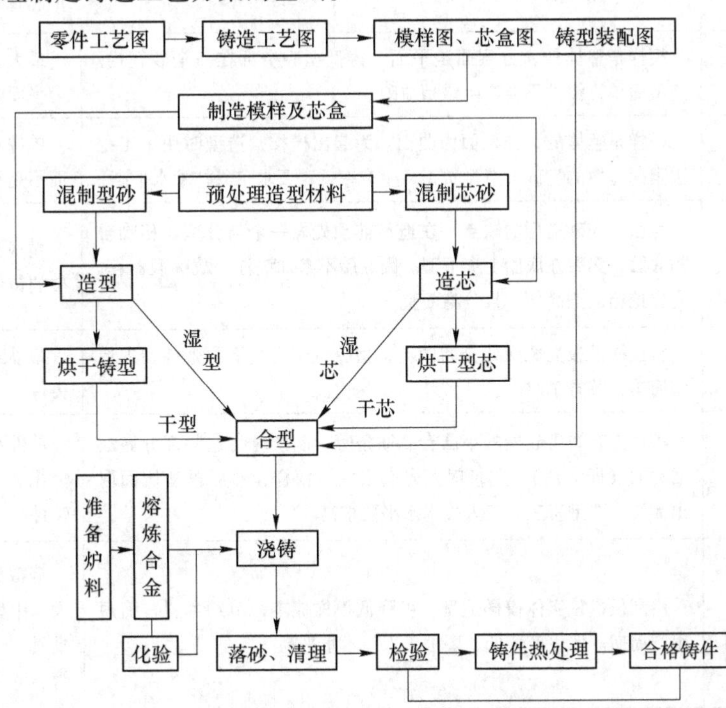

图1-21 砂型铸造工艺过程示意图

根据完成造型工序的方法不同，砂型铸造可以分为手工造型和机器造型两大类。

1.2.1.1 手工造型

全部用手工或手动工具完成的造型工序称为手工造型。手工造型操作灵活、工艺装备（模样、芯盒、砂箱等）简单、生产准备时间短、适应性强，造型质量一般可满足工艺要求，但生产率低、劳动强度大、铸件质量较差，所以主要用于单件小批生产。

手工造型方法多种多样，实际生产中可根据铸件的结构特点、生产批量和生产条件选用合适的造型方法。常用的手工造型方法的特点及应用范围见表1-4。

表1-4 常用手工造型方法的特点及应用范围

造型方法		特点	适用范围
按砂箱特征分类	两箱造型	它是造型的最基本方法，铸型由上箱和下箱构成，操作方便	各种生产批量和各种大小铸件
	三箱造型	铸型由上、中、下三箱构成。中箱高度须与铸件两个分型面的间距相适应。三箱造型操作费工，且需配有合适的砂箱	单件小批生产。具有两个分型面的铸件
	脱箱造型（无箱造型）	在可脱砂箱内造型。合型后浇注前，将砂箱取走，重新用于新的造型。用一个砂箱可重复制作很多铸型，节约砂箱。需用型砂将铸型周围填实，或在铸型上加套箱，以防浇注时错型	生产小铸件。因砂箱无箱带，所以砂箱尺寸小于 400mm × 400mm ×150mm
	地坑造型	在地面以下的砂坑中造型，不用砂箱或只用上箱，大铸件需在砂床下面铺以焦炭，埋上出气管，以便浇注时引气。减少了制造砂箱的费用和时间，但造型费工、劳动量大、要求工人技术较高	砂箱不足，或生产批量不大、质量要求不高的铸件，如砂箱压铁、炉芯骨等
按模样特征分类	整模造型	模样是整体的，分型面是平面，铸型型腔全部在一个砂箱内。造型简单，铸件不会产生错型缺陷	最大截面在一端，且为平面的铸件
	挖砂造型	模样是整体的，分型面为曲面。为起出模样，造型时用手工挖去阻碍起模的型砂。造型费工、生产率低，要求工人技术水平高	单件小批生产。分型面不是平面的铸件
	假箱造型	克服了挖砂造型的缺点，在造型前预先做一个与分型面相吻合的底胎，然后在底胎上造下型。因底胎不参加浇注，故称假器箱。它比挖箱造型简便，且分型面整齐	在成批生产中需要挖砂的铸件
	分模造型	将模样沿最大截面处分为两半，型腔位于上、下两个砂型内造型简单，节省工时	最大截面在中部的铸件
	活块造型	铸件上有妨碍起模的小凸台、筋条等。制模时将这些部分做成活动的（即活块）。起模时，先起出主体模样，然后再从侧面取出活块。造型费工，工人技术水平要求高	单件小批生产。带有突出部分难以起模的铸件
	刮板造型	用刮板代替实体模样造型。可降低模样成本，节约木材，缩短生产周期。但生产率低，要求工人技术水平高	等截面的或回转体的大、中型铸件的单件小批生产，如带轮、铸管、弯头等

1.2.1.2 机器造型

机器造型即由造型机完成造型过程中的填砂、紧实和起模等主要动作。与手工造型相比较，机器造型可以大大提高生产率，改善劳动条件，提高铸件精度和表面质量。机器造型虽然需要使用专用砂箱、模板和设备等，一次性投资较大，但在大量生产时，铸件的单件成本却能大大降低。

机器造型是采用模板进行两箱造型的（由于很难使中型同时形成两个分型面等原因，不能进行三箱造型）。模板是模样与模底板的组合体，上面带有浇道模、冒口模和定位装置。模板固定在造型机上，并与砂箱用定位销定位。造型时模样用以形成砂型型腔，而模底板用以形成分型面。机器造型对应避免使用活块，否则会显著降低造型机的生产率。

常用的机器造型方法的特点及应用范围见表1－5。

表1－5 机器造型方法的特点及适用范围

紧实方法		型砂紧实方式及砂型特征	适用范围
震击		借机械震击赋予型砂动能和惯性紧实成形，砂型上松下紧，常需补压	用于精度要求不高的中小铸件成批大量生产
压实	单纯压实	型砂借助于压头或模样所传递的压力紧实成形，按比压大小可分为低压（0.15～0.4MPa）、中压（0.4～0.7MPa）、高压（＞0.7 MPa）三种	中低压用于精度要求不高的简单铸件中小批生产；高压用于精度要求高、较复杂铸件的大量生产
	单向压实	直接受压面砂型紧实度较高，但不均匀，若比压不足则紧实度低	用于精度要求不高、扁平铸件的中小批量生产
	差动压实（双向）	首先压头预压（上压），其次模样面补压（下压），然后压头终压，其砂型的紧实度及均匀性均优于单向压实	用于精度要求较高、较复杂铸件的大量生产
震压	普通震压	震击加压实，其砂型视在密度的波动范围小，可获得紧实度较高的砂型	用于精度要求较高、较复杂铸件的大量成批生产
	微震压实	震击频率400～300MHz，振幅小，可同时微震压实，也可先微震后压实，比单纯压实可获得较高的砂型紧实度，均匀性也较高	可用于精度要求较高、较复杂铸件的成批大量生产
射压		借助压缩空气赋予型砂动能预紧之后再用压头补压成形。紧实度及均匀性较高，有顶射、底射和侧射之分，顶射结构简单	用于精度要求不高、一般中小件的成批大量生产
抛砂		借高速旋转的叶片把砂团抛出，打在砂箱内的砂层上，使型砂逐层紧实，砂团的速度越大，砂型紧实度越高，若供砂情况和抛头移动速度稳定，则砂型各部分紧实度较均匀	用来紧实砂型或砂芯，既适用于中大件砂箱造型，也可用于地坑造型，单件、小批、成批均可使用，但铸件精度较低
气流紧实	静压	其过程包括：（1）在砂箱内填砂（模板上有通气塞）；（2）对型砂施以压缩空气进行气流加压（一般0.3s），通入的压缩空气穿过型砂经通气塞排出，此时越靠近模板处型砂视在密度越高；（3）用压实板在型砂上部压实，使砂型上下紧实度均匀。此法砂箱吃砂量较小，起模斜度较小	可用于精度要求高的各种复杂铸件的大量生产

续表 1－5

	紧实方法	型砂紧实方式及砂型特征	适用范围
气流紧实	气流冲击及其种类	具有一定压力的气体瞬时膨胀释放出来的冲击波作用在型砂上使其紧实，且由于型砂受到急速的冲击产生触变（瞬时液化），克服了黏土膜引起的阻力，提高了型砂的流动性。在冲击力和触变作用下迅速成形，其砂型特点是紧实度均匀且分布合理，靠模样处的紧实度高于砂型背面；	可用于精度要求高的各种复杂铸件的大量生产，比静压造型具有更大的适应性；
		空气冲击：采用普通压缩空气作为动力，通过调节压缩空气压力来调节砂型紧实度；	用于砂箱平面积≤1.2～1.5m²；
		燃气冲击：用天然气、丙烷气、甲烷和乙烷按一定比例和空气混合后，点火引爆，可通过调节风机转速来调节砂型紧实度；	用于砂箱平面积≥1.5m²；
		爆炸气流冲击：用高压电流的电弧放电，点燃液态或固态物质，使之爆炸，产生高压气体紧实型砂	尚未投入使用

1.2.1.3 铸造生产流水线简介

在成批生产的铸造车间中，生产是周期性的。即首先进行造型，待造型场地放满砂型后就开炉熔化金属并进行浇注。铸件冷却后就地落砂，取出铸件，送往清理工段。清理检验后获得合格铸件。同时，清理造型场地，处理型砂，以等待下一个生产周期。

在大批量生产的机械化铸造车间中，生产是按流水作业方式连续进行的。图 1－22 所示为机械化铸造车间的造型—浇注—落砂流水生产线。生产线是将造型机和其他辅机（如合型机、压铁传送机、捅箱机等）按照铸造工艺流程用运输设备（如：铸型输送机、辊道、吊链等）联系起来而组成的。在生产线上，由成对的造型机分别制造上型和下型，下芯、合型后通过辊道送到输送机上。当砂型被输送机送到浇注台前时，就进行浇注。浇注台是一条循环转动的履带，与输送机速度同步，以便浇注时对准浇口盆。

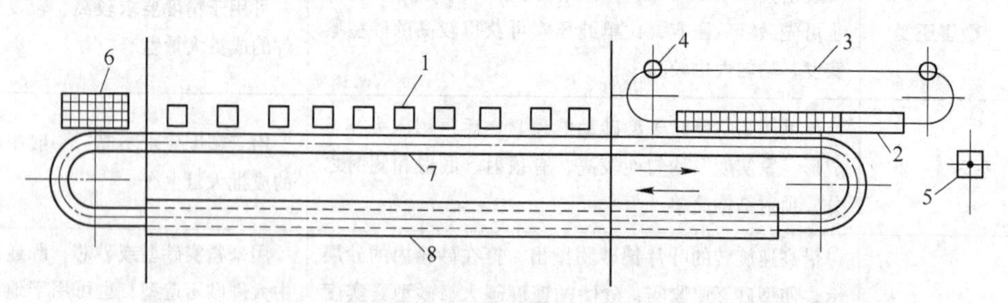

图 1－22 造型—浇注—落砂流水生产线示意图

1—造型机；2—浇注平台；3—浇注用单轨；4—浇包；
5—中间浇包；6—落砂机；7—铸型输送机；8—冷却室

浇注后的砂型通过冷却室后，送到落砂机之前，由捅箱机的推杆迅速推到落砂机上。砂型被震碎后，型砂散落到坑道底部的型砂输送带上，再送往型砂处理工段。铸件则落到坑道中部的另一条铸件输送带上，被送往铸件清理工段。空砂箱则被推到砂箱输送带上，送回造型机旁，以备继续造型之用。

使用过的型砂要清除杂物、补充新砂、调整配比，以达到性能要求。型砂混碾后由高架的型砂输送带送入各造型机上方的储砂斗内以供造型时使用。

在机械化铸造车间里，因为大量使用机器，加之劳动组合合理，所以生产率大大提高，但是上述生产流水线不能进行干砂型铸造，也不能生产大型和厚壁铸件。另外，由于在各种造型机上都只能用模板进行两箱造型，使铸件外形受到一定限制。而且安装型芯等操作仍难以摆脱手工劳动，所以砂型铸造的机械化程度至今仍受到一定限制。

1.2.2 特种铸造

砂型铸造虽然应用十分广泛，但是也存在一些不足。例如，砂型是一次性使用的；生产率低；铸件尺寸精度低、表面粗糙、加工余量大，铸件组织不致密、晶粒粗大、内部缺陷较多、力学性能低；工艺过程复杂，难以实现高度自动化；劳动条件差等等。在大批量生产时，上述问题表现更加明显。

为了满足生产的不同需要，对砂型铸造必须进行改革，于是就出现了形形色色的特种铸造方法。

1.2.2.1 改革砂型铸造的途径

（1）采用新型的模样材料。砂型铸造通常采用木材或铝合金等材料制造模样。为了起模方便，模样上要做出起模斜度，起模前还要松动模样；并且存在合型时容易错型，在铸件上产生飞翅等缺点。这些都会造成铸件的形状和尺寸误差。

如果能采用其他模样材料，并改变起模方式，则有可能提高铸件精度，并有可能产生全新的造型方法，改变传统砂型铸造的工艺过程。例如，采用蜡质模样，蜡料熔化后从型腔中流出，即可脱模；采用泡沫聚苯乙烯塑料制成“汽化模”，造型后不必取出，浇注时模样受金属液的高温作用而汽化逸出。

（2）改变铸型材料及造型方法。砂型铸造采用以砂为主的造型材料，每个砂型只能使用一次。在大量生产中，要生产成千上万个相同的铸件，势必要造同样数量的砂型，这样低的生产率难以满足生产的需要，而且还会带来一系列问题。如：造型材料消耗量大，需要一套型砂处理和运输设备；型（芯）砂会产生粉尘，污染环境，恶化劳动条件；浇注后容易产生粘砂缺陷，影响铸件表面粗糙度等。

若采用无粘结剂的石英砂或铁丸做造型材料，借助重力、负压、磁场力来代替粘结剂的作用，则此类造型材料则可反复使用，无需砂处理设备，造型方法也会发生根本的变革。

若采用以耐火黏土为主要的造型材料制造铸型（称为“泥型”），则可以使用多次。若用石墨、钢铁等材料制造铸型（称为“石墨型”、“金属型”），则可进一步增加铸型的使用次数。

（3）在铸件浇注和凝固时借助于重力以外的其他力量。为减少上述缺陷，可采用其他浇注方法。例如，把铸型置于真空中，依靠与外界的负压使型腔吸入金属液，或在金属液上施加压力、惯性离心力等。

改革砂型铸造的途径是多种多样的。特种铸造是在克服砂型铸造缺点的基础上产生和不断完善的。随着科学技术的发展，全新的铸造方法正在并将不断地涌现出来。

1.2.2.2　常用的特种铸造方法

A　金属型重力铸造

金属型重力铸造是将金属液在重力作用下浇入金属型中而获得铸件的一种方法。因为金属型可以反复使用，连续浇注数百次以至更多，故又称为永久型铸造。

（1）金属型。金属型在高温下工作，故制作金属型的材料应具有足够的力学性能，特别是高温下的疲劳强度，以及足够的热稳定性、较小的热膨胀系数和良好的加工性，而且价格低、来源广。

常用的金属型材料有灰铸铁、合金铸铁、球墨铸铁和碳钢、低合金钢等。

金属型的结构设计应根据铸件的结构特点、尺寸大小、分型面数量、材质种类及生产批量的不同而进行，所以其结构形式多种多样。一般来说有四种形式：整体式、水平分形式、垂直分形式和复合分形式。

铸件的内腔可由型芯形成，形状简单的使用金属型芯，形状复杂或浇注高熔点合金则使用砂芯。

金属型本身没有透气性，主要靠出气口、型体上的通气塞和分型面上开设的通气槽排出型内气体。

为了操作方便，金属型上通常设有抽芯机构、锁紧机构和开型机构，以及冷却和加热装置。

对于形状复杂的铸件，广泛应用有两个互相垂直的分型面的复合式金属型。图1-23所示为铸造铝合金转子壳体用的金属型。上半型为垂直分型的两个半型，用铰链连接开合，下半型为水平底板。铸件内腔有收口，所以金属型芯由五块组合而成以便抽芯。为了强化顺序凝固，底板中通有冷却水，以加速铸件端部冷却。

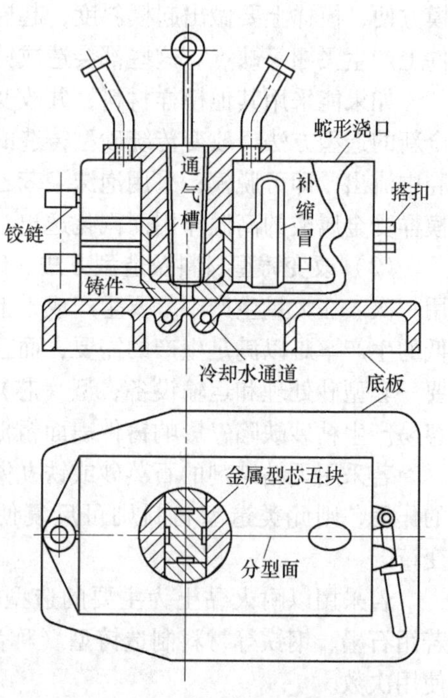

图1-23　铝合金转子壳体的金属型

（2）金属型铸造的工艺特点：

1）应使金属型保持一定的工作温度范围，这样可以减小高温金属液对金属型的热冲击并削弱铸型的激冷作用，从而有利于金属液的充型，防止浇不足和冷隔缺陷，并可延长金属型的使用寿命，为此，浇注前应预热金属型。预热温度依铸件材质、形状、壁厚等因素而定。例如，铝合金为200~300℃，铸铁为250~350℃。连续工作时，因为金属型吸热而温度过高，所以应进行强制冷却（如利用循环水或空气作介质）。

2）金属型型腔工作表面应喷刷涂料，其目的在于防止金属液与型壁直接接触，以降低型壁的传热强度并减少高温对型壁的影响；利用涂料层厚度的变化可调节铸件各部分的冷却速度，实现合理的凝固顺序；还可以起蓄气和排气作用。铸件材质不同，所用涂料也有所不同。铝合金铸件常用含氧化锌、滑石粉、石棉粉和水玻璃粘结剂的涂料。在黑色金属的铸造中，常采用双层涂料，底层由石英粉、水玻璃和水等组成，主要起保护型壁的作用；表层常用乙炔烟黑、重油等，使铸件表面光洁。

3）恰当的出型时间。铸件凝固后，在金属型内停留越久，温度下降越多，其收缩量越大，抽芯和取出铸件越困难；由于金属型没有退让性，铸件产生内应力和裂纹的倾向也越大，生产率也会降低。为此应掌握恰当的出型时间，及时取出铸件。

4）浇注温度。金属型的导热能力强，为了保证顺利充型，浇注温度一般比砂型铸造高20~30℃。铝合金的浇注温度为680~740℃，铸铁的浇注温度为1320~1370℃。其中，薄壁小件应取上限，大型厚壁件应取下限。

（3）金属型铸造的特点及应用范围。与砂型铸造相比，金属型铸造有如下优点。

1）金属型寿命长，可连续使用，不需经常造型，节省了造型时间，也节约了大量的型砂及复杂的型砂处理设备，提高了生产率，改善了劳动条件。

2）金属型导热快，使金属液快速冷却，铸件结晶细小致密，力学性能有所提高。如铝合金铸件的抗拉强度比砂型铸造提高20%左右。

3）金属型内腔光洁、尺寸精度高，故所得铸件表面质量较高（*Ra* 为12.5~6.3μm）、尺寸公差等级也较高（CT9~CT7），可实现少切削加工或无切削加工。

但是金属型制造周期长、成本高，故不适于小批量生产；金属型冷却能力强，使金属液充型能力降低，故不适于形状复杂、大型薄壁铸件的生产，对于铸铁件而言还易产生白口组织；浇注高熔点的合金会大大降低金属型的寿命。因此金属型铸造的应用受到一定限制，目前主要用于大批量生产、外形简单的非铁合金中小型铸件，如铝活塞、风扇叶轮、油泵壳体、汽车发动机缸体、缸盖、铜合金轴套和轴瓦等，有时也用于某些铸铁和铸钢件。

为了克服铸铁金属型使用寿命短的缺点，1994年，日本本田公司开发了铜合金金属型，其寿命比铸铁金属型提高100倍。现在已有两家公司用铜型生产铸铁件，在美国也建立了一家用铜型生产球墨铸铁转向臂的工厂。

B 压力铸造

压力铸造（简称压铸）是将液态或半液态金属在高压（几至几十兆帕）作用下高速（0.5~50m/s）压入金属型中，并在压力下凝固而获得铸件的方法。

（1）压铸机和压铸工艺过程。压铸机是压铸生产中最基本的设备，压铸过程是通过它来实现的。压铸机的种类很多，目前应用较多的是卧式冷压室压铸机。压铸型是压铸时所用的金属型，由定型、动型两部分组成。定型固定在机架上，动型由合型机构带动可沿水平方向移动，实现压铸型的开与合以及压铸过程中的紧固。压铸型装有抽芯和顶出铸件的机构（见图1－24）。

卧式冷压室压铸机的压铸工艺过程为：移动动型，使压铸型闭合，向压室中注入定量金属液（见图1－24（a））；压射冲头快速推进，将金属液压入压铸型型腔中（见图1－24（b））；打开压铸型，用顶杆机构顶出铸件（见图1－24（c））。

（2）压力铸造的特点及应用范围。高压和高速是压力铸造的主要特征。与其他铸造方法比较，压力铸造有如下优点。

1）可获得形状复杂的薄壁铸件，可直接铸出细孔、螺纹、齿形、花纹和图案，也可

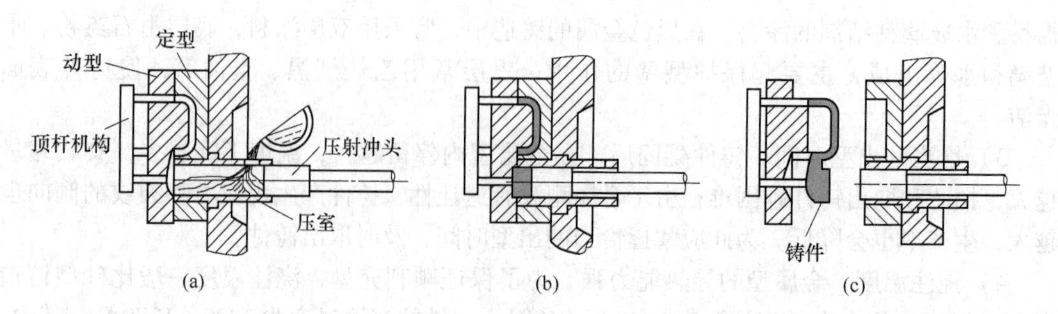

图1-24 压铸工艺过程

(a) 合型，注入定量金属液；(b) 压射；(c) 开型、顶出铸件

铸造镶嵌件。原因在于高速压射使金属液的充型能力大大提高。

2）压铸件尺寸公差等级高（CT8～CT4），表面光洁（*Ra* 为 3.2～0.8 μm），一般可不经机械加工直接使用。

3）压铸件的强度和表面硬度较高（其抗拉强度可比砂型铸件提高 20%～40%）。原因在于铸件冷却速度大，且在压力下凝固，所以组织细化，尤其表面层晶粒细小。

4）生产过程易于实现机械化和自动化，所以生产率高。一般卧式冷压室压铸机每小时可压铸 20～240 次。

但是，因为压铸时充型时间极短（0.01～0.2s），型腔中气体排出困难，所以压铸件中有许多小气孔，一般不宜进行较大余量的机械加工，否则气孔外露，也不宜进行热处理或在高温下工作，以免气孔中的气体膨胀使铸件表面鼓包。另外，压铸型制造工艺复杂、成本较高、生产准备时间长、压铸机一次性投资大，所以只有在大量生产中才能体现它的优越性。

压力铸造目前主要用于大量生产的非铁合金（主要为铝合金、锌合金及镁合金）中小型（几克至20～30kg）铸件。在汽车、拖拉机、仪表、医疗器械、日用五金、家用电器、计算机、照相机、钟表、机床、国防工业等部门也都有广泛应用。

压力铸造在黑色金属方面的应用还受到一定限制，原因在于压铸型寿命短。为此，使用新型的压铸型材料（如耐热性更好的钼基合金、高导热性的铜铬合金），或用半固态金属进行压铸（如流变铸造法）可减少对压铸型的热冲击，可显著延长其使用寿命，这将为铁、钢甚至高温合金的压铸开拓一条新途径。

C 熔模铸造

熔模铸造（又称为失蜡铸造）是在用易熔材料制成的模样表面涂覆若干层耐火涂料，待其干燥硬化后，将模样熔失而制成整体型壳，将金属液浇入型壳而获得铸件的方法。它是精密铸造方法之一。

(1) 熔模铸造的工艺过程。如图 1-25 所示，其工艺过程包括如下几道工序（以汽车变速器拨叉为例）。

首先制作蜡模。将糊状蜡料（常用的低熔点蜡基模料为 50% 石蜡加 50% 硬脂酸）用压蜡机压入模型，凝固后取出，得到蜡模。在铸造小型零件时，常将很多蜡模粘在蜡质的浇注系统上组成蜡模组（见图 1-25（a））。

接着制作型壳。将蜡模组浸入涂料（石英粉加水玻璃粘结剂）中，取出后在上面撒一层硅砂，再放入硬化剂（如氯化铵溶液）中进行硬化。反复进行挂涂料、撒砂、硬化4~10次，这样就在蜡模组表面形成由多层耐火材料构成的坚硬型壳。然后将带有蜡模组的型壳放入80~90℃的热水或蒸汽中，使蜡模熔化并从浇注系统流出。于是就得到一个没有分型面的型壳（见图1-25（b））。再经过烘干、焙烧，以去除水分及残蜡并使型壳强度进一步提高。

此后，将型壳放入砂箱，四周填入干砂捣实，再装炉焙烧（800~100℃）。将型壳从炉中取出后，趁热（600~700℃）进行浇注（见图1-25（c））。冷却凝固后清除型壳，便得到一组带有浇注系统的铸件，再经清理、检验就可得到合格的熔模铸件。

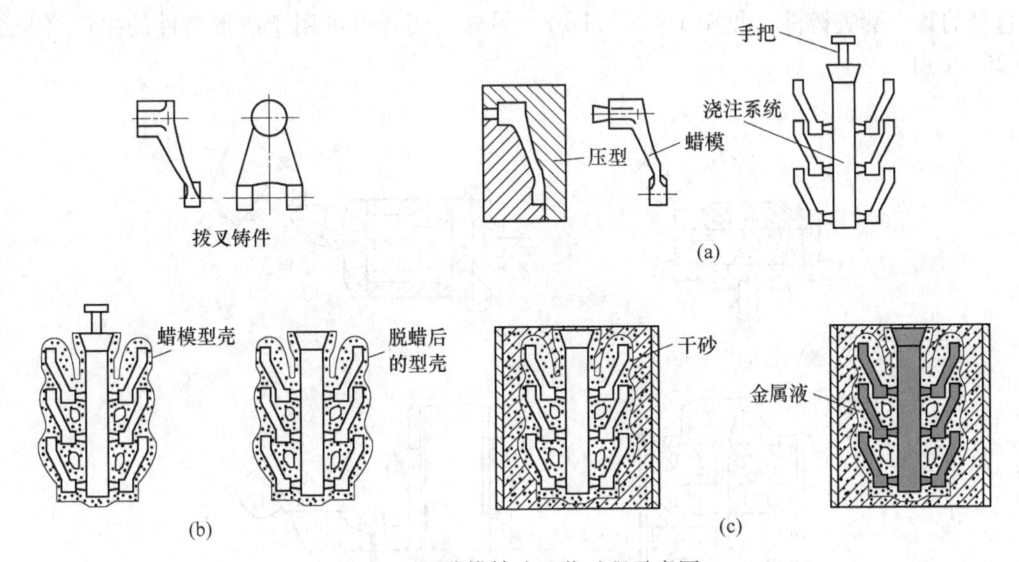

图1-25 熔模铸造工艺过程示意图

（2）熔模铸造的特点及应用范围：

1）熔模铸造的型壳是一个无分型面的整体，无需通常的起模、下芯、合型等工序，蜡模尺寸精确、表面光洁，而且铸型在预热后浇注，所以所得铸件尺寸公差等级高（CT7~CT4）、表面光洁（*Ra* 为12.5~1.6μm）。如熔模铸造的涡轮发动机叶片的精度已达到无需机械加工的程度。因加工余量小，故可以节约金属材料、能源和机械加工费用。另外，可获得形状十分复杂、薄壁的铸件（铸钢件最小壁厚可达0.3mm）。

2）型壳耐火度高，适合于各种合金的浇注。从非铁合金至黑色金属，尤其适用于高熔点及难加工的高合金钢，如不锈钢、耐热合金、磁钢等。

但是，熔模铸造工艺复杂、生产周期长、使用和消耗的材料较贵，故铸件成本较高。另外，蜡模较大时容易变形，型壳强度不高，所以铸件一般不能太大（质量一般不大于25kg）。但是随着工艺水平的提高，现在已经能够制造大型复杂的熔模铸件，例如大型客机发动机前机匣轮廓最大尺寸达1.32m。压缩机的导向器铸件质量达180kg。

因此，熔模铸造方法最适于成批大量生产形状复杂、精度要求高、高熔点或难以进行机械加工的小型零件，如汽轮机、涡轮发动机、柴油增压器等装置所用的各种叶片、叶轮、导向器、导风轮以及各种刀具等。还适于将数个零件装配而成的组件改为整体铸件一次铸成，可大大节约机械加工及装配费用。因为熔模铸造是精密铸造方法之一，所以其应用范围在不断扩大。目前在航空、船舶、汽车、机床、仪表、刀具、武器等制造业中都得到广泛的应用。

D 离心铸造

离心铸造是将金属液浇注到旋转的铸型中，在离心力作用下充型、凝固而获得铸件的方法。

完成离心铸造过程的机器称为离心铸造机。根据铸型旋转轴的空间位置不同，离心铸造机分为立式和卧式两种，其铸造过程原理如图1-26所示。立式离心铸造机主要用于生产高度小于直径的圆环类铸件（见图1-26（a）），卧式离心铸造机主要用于生产长度大于直径的管、套类铸件（见图1-26（b））。另外，两者也可用于成形铸件的生产（见图1-26（c））。

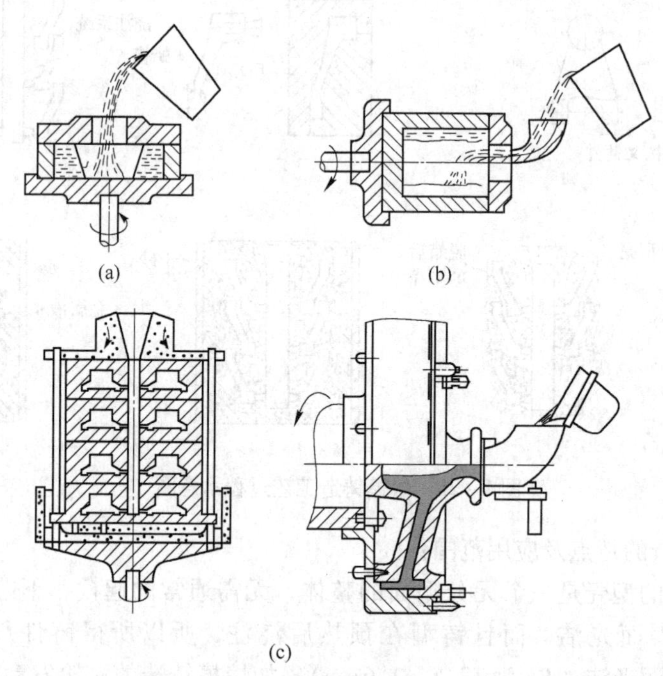

图1-26 离心铸造示意图

（a）立式；（b）卧式；（c）成形铸件的离心铸造

离心铸造方法具有如下一些优点。

（1）不用型芯和浇注系统即可获得中空铸件，大大简化了管、套类铸件的生产过程，而且节约了金属材料。

（2）铸件组织致密，无缩孔、缩松、气孔、夹渣等缺陷，力学性能良好。其原因是铸件由外向内顺序凝固，而且受离心力作用，所以补缩效果好；同时金属液中的气体、熔渣因密度小而集中于铸件内表面。

（3）由于离心力的作用，金属液的充型能力有所提高，可浇注流动性差的合金和薄壁铸件。

（4）可方便地铸造双金属铸件。离心铸造的缺点是铸件易产生偏析、孔内壁粗糙、尺寸不易控制。

这种方法主要用于管、套类铸件，如铸铁管、铜套、内燃机缸套、双金属钢背铜套等，以及水泵叶轮、增压器涡轮等成形铸件。

E 低压铸造及差压铸造

（1）低压铸造。低压铸造是介于重力铸造（如砂型铸造、金属型铸造等）与压力铸造之间的一种铸造方法。它是使金属液在较低的压力（通常为0.02～0.08MPa，对于特殊的金属型铸件保压压力可达0.2～0.3 MPa）作用下，充填铸型并在压力下结晶凝固，从而获得铸件。

如图1－27所示，低压铸造机由主机（包括保温炉、升液管、开合铸型的机构）和液面加压控制系统两大部分组成。其工作过程如下。

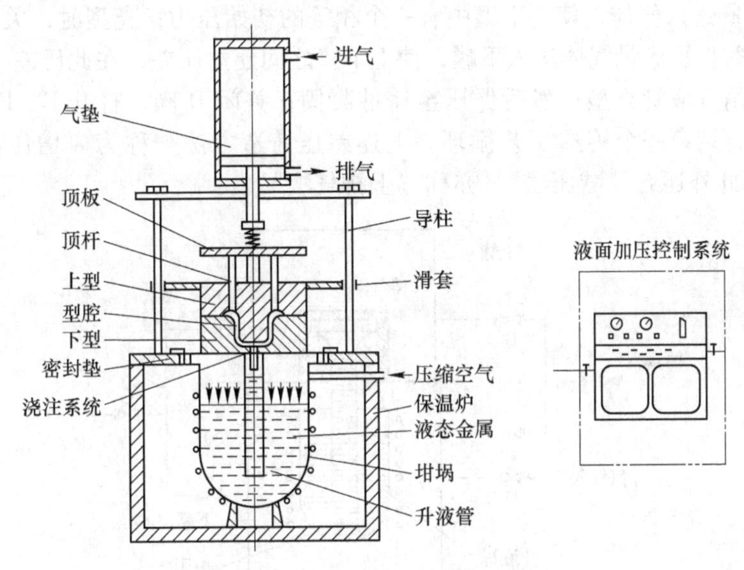

图1－27 低压铸造机总体示意图

首先闭合铸型，然后开动液面加压控制系统，向储有金属液的密封坩埚内通入干燥的压缩空气（或惰性气体），其压力作用在坩埚内金属液面上。在此压力作用下，金属液经升液管由下而上地充填铸型。充型阶段结束后，继续保持一定的压力（或适当增加压力）直至型腔内的金属液凝固为止。随即排除坩埚内液面上的气体压力，使升液管和浇注系统中尚未凝固的金属液在重力作用下流回坩埚。最后开启铸型，取出铸件。

由于不断地引入先进的检测和控制技术，现在已经能够实现对低压铸造整个工艺过程的比较精确的自动控制。这样的低压铸造机能够根据铸件的结构特点、质量要求、铸型种类，灵活方便地调整并精确地控制各工艺参数，如充型速度、保压结晶压力、开型时间等。

与其他方法相比，低压铸造具有如下一些优点。

充型及凝固时的压力容易控制，所以可以使用金属型、砂型、熔模型壳等多种铸型，具有较强的适应性；采用底注式充型，而且充型压力较低，故充型平稳，最大限度地减少了铸件的气孔、夹渣缺陷，这对于容易氧化的非铁合金铸件十分有利；直接利用升液管内炽热金属液进行补缩，省去了补缩冒口，金属利用率可提高到95%以上；铸件在压力下结晶，故组织致密，力学性能较高；设备投资较少、操作方便，能适应各种批量铸件的生产。

因此，低压铸造是十分有发展前途的一种铸造方法。我国已成功地用低压铸造方法生产出铝合金和镁合金铸件，如发动机的汽缸体和汽缸盖、汽车轮芯、高速内燃机和压气机的活塞等并生产出大功率内燃机车的大型球墨铸铁曲轴、万吨油轮用的质量达30t的铜合金螺旋桨等。

（2）差压铸造。差压铸造法是20世纪60年代初由保加利亚开发的一种新型铸造方法。这种方法源于低压铸造，兼有低压铸造和增压铸造的优点。图1－28是差压铸造法的装置及工作原理示意图，其主要部分是上、下两个密封罐，通过阀B、C、E、F连通或隔离。电阻炉和坩埚放在下罐中，铸型安放在上罐中。充型前，D、A阀关闭，B、C、E、F阀打开，由G阀送入气体，使上下罐中有一个相等的初始压力；充型时，关闭B、C、E、F阀，打开D阀将恒流量气体送入下罐，使上下罐之间建立压差，在此压差作用下，坩埚内液态金属经由升液管充型；然后保压至铸件凝固；关闭D阀，打开E、F、H阀，上、下罐同时卸压，结束一个铸造工艺循环。上述差压铸造方法被称为“增压法”，也称为“下进气法”（此外还有“减压法”，亦称“上排气法”）。

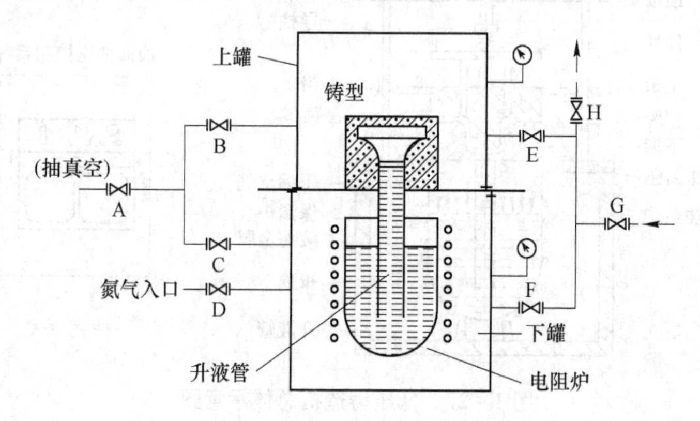

图1－28　差压铸造法原理图

差压铸造与低压铸造相比，其主要优点是：减少铸件气孔、针孔缺陷（前者的压力是后者的4～5倍，而且可为铸型排气创造良好条件）；减少铸件缩孔、缩松缺陷（前者上罐绝对压力为0.7MPa左右，后者仅为0.15MPa左右，所以补缩能力极强）；铸件凝固速度快，铸件晶粒细化；铸件表面粗糙度降低。由于以上原因，差压铸件的力学性能可大幅度提高（与低压铸造相比，σ_b提高10%～20%，δ提高70%左右；与砂型重力铸造相比，σ_b提高20%～30%，δ提高1倍左右）。

差压铸造法的应用范围与低压铸造法基本相同（但因上罐容积的限制，铸件尺寸受到一定限制）。因其具有许多优越性，所以一直受到国内外的重视，工艺不断完善，全自动的机型层出不穷，差压铸造件的产量比例不断增加。

为了克服重力阻碍补缩、型内反压影响液态金属充型等不足，又出现了“真空差压铸造”、“惰性气体保护差压铸造”、“真空充型旋转倒置补缩差压铸造”等工艺方法。

F　陶瓷型铸造

陶瓷型铸造是在砂型铸造和熔模铸造的基础上发展起来的一种精密铸造方法。陶瓷型铸造的特征是型腔表面有一层陶瓷层。陶瓷型制造是指用水解硅酸乙酯、耐火材料、催化剂、透气剂等混合制成的陶瓷浆料，灌注到模板上或芯盒中的造型（芯）方法。

（1）基本工艺过程。陶瓷型制造有不同的工艺方法。图1－29为普遍应用的薄壳陶瓷型的制作过程。

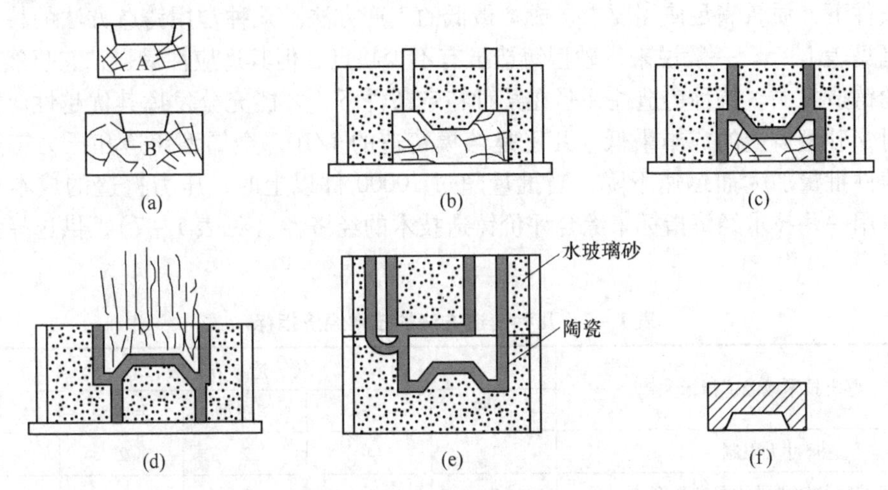

图1－29 陶瓷型铸造工艺过程

1）砂套造型。在制造陶瓷型之前，先用水玻璃砂制出砂套。制造砂套的模样B比铸件模样A应增大一个陶瓷浆料的厚度（8～20mm）。砂套的制造方法与砂型制造方法相同。

2）灌浆与胶结。将铸件模样A固定在平板上，刷上分型剂，扣上砂套，将配制好的陶瓷浆由浇注系统浇入。数分钟后，陶瓷浆便开始胶结。

3）起模与喷烧。灌浆后经5～15min，陶瓷浆料的硅胶骨架已初步形成，趁浆料尚有一定弹性时起模。起模后的陶瓷型须用明火均匀地喷烧整个型腔，加速固化，提高陶瓷型的强度与刚度。

4）焙烧与合型。陶瓷型在浇注前须加热到350～550℃焙烧2～5h，以烧去残存的水分、乙醇及其他有机物质，进一步提高铸型强度，然后合型。

5）浇注。浇注温度可略高，以便获得轮廓清晰的铸件。

（2）陶瓷型铸造的特点及应用：

1）陶瓷型铸件的尺寸公差等级与表面质量高，与熔模铸造相似。主要原因是陶瓷型在弹性状态下起模，型腔尺寸不易变化，同时陶瓷型高温变形小。

2）陶瓷型铸件的大小几乎不受限制，小到几千克，大到数吨。而且陶瓷材料耐高温，用陶瓷型可以浇注合金钢、模具钢、不锈钢等高熔点合金。

3）在单件小批量生产条件下，需要的投资少、生产周期短，在一般铸造车间就可以实现。陶瓷型铸造的不足之处是：不适于批量大、质量轻或形状比较复杂的铸件，且生产过程难以实现机械化和自动化。陶瓷型铸造目前主要用来生产各种大中型精密铸件，如冲模、热拉模、热锻模、热芯盒、压铸模、模板、玻璃器皿模等，可以浇注碳素钢、合金钢、模具钢、不锈钢、铸铁及非铁合金铸件。

1.2.3 常用铸造方法的比较

各种铸造方法都有各自的优缺点，都有一定的应用条件和范围。选择合适的铸造方法应从技术、经济和本厂生产的具体情况等方面进行综合分析和权衡，比较出一种在现有或可能的条件下，质量满足使用要求、成本最低的生产方法。几种常用铸造方法的特点及其适用范围见表1-6。一般说来，砂型铸造虽有不少缺点，但其适应性最强，它仍然是目前最基本的铸造方法。特种铸造往往是在某种特定条件下，才能充分发挥其优越性。当铸件批量小时，砂型铸造的成本最低，几乎是熔模铸造的1/10。金属型铸造和压力铸造的成本，随铸件批量加大而迅速下降，当批量超过10000件以上时，压力铸造的成本反而最低。可以用一些技术经济指标来综合评价铸造技术的经济性（见表1-7），供选择铸造方法时参考。

表1-7 几种铸造方法的技术经济指标

鉴定技术或经济指标	铸造方法				
	砂型	熔模	陶瓷型	金属型	压铸
尺寸无限制	1	4	2	2	5
可获得的铸件结构复杂程度	2	1	3	4	5
适用各种合金	1	1	1	4	5
工艺装备的价值	1	2	1	4	5
持续时间的掌握	1	3	4	4	5
最小的经济批量	1	2	1	2	5
随着批量扩大继续增加经济性	4	5	5	4	1
生产率（速度）	4	5	5	2	1
铸件表面粗糙度	5	2	2	2	1
薄壁的铸件	4	1	2	4	1
适宜的产量	4	2	4	5	1
尺寸公差等级	5	2	2	3	1
机械化和自动化的难易	5	4	5	1	1

注：表中数字由1至5表示指标由优到劣的程度。

1.3 铸造工艺设计

为了“优质，高产，低消耗”地进行铸造生产，在进行铸造生产的准备时，应根据零件的结构特点、技术要求、生产批量和本车间的设备技术条件等，合理地制定铸造工艺方案，其中最主要的内容是绘制铸造工艺图（本节内容以砂型铸造为例）。

铸造工艺图是在零件图上用各种工艺符号和文字将工艺方案的内容表示出来的一种图形。其中包括：铸件的浇注位置、分型面、浇注系统、冒口、冷铁、铸筋、型芯及其他工艺参数。铸造工艺图是进行生产准备、工艺操作和验收铸件的依据。

在绘制铸造工艺图时，通常应考虑如下一些问题。

表1－6　几种铸造方法的特点及其适用范围

铸造方法	适于生产的铸件								金属收得率①/%	毛坯利用率②/%	生产准备	生产率（一般机械化程度）	设备费用	应用举例
	合金	质量/kg	最小壁厚/mm	表面粗糙度 Ra/μm	尺寸公差等级 CT	形状特征	批量	内部组织						
砂型铸造	所有铸造合金	数克至数百吨	3.0	12.5～50	7～13	复杂成形铸件	单件小批、中批、大批	粗	30～50	<70	简单	低、中	低、中	各种铸件
金属型铸造	钢、铁，铝合金，镁合金，铜合金	数十克到几百克	合金2.0，合金3.0，铸铁2.5	3.2～12.5	6～9	中等复杂成形铸件	中批、大批	细	40～60	70	较复杂	中、高	中	发动机零件，飞机、汽车、拖拉机零件，电器、农用机械零件等
压力铸造	锌合金，锡合金，铝合金，镁合金，铜合金	数克到数千克	0.3，最小孔径0.7，最小螺距0.75	1.6～12.5	4～8	复杂成形铸件	大批	表层细，内部多气孔	约60～80	90	复杂	高		汽车，拖拉机，计算机，电讯，仪表，医疗器械，日用五金，航天、航空工业零件等
熔模铸造	耐热合金，不锈钢，精密合金，合金钢，碳钢，钛合金，铝合金，铸铁，其他合金	数克到数十千克	约0.5，最小孔径0.5	1.6～12.5	4～17	复杂成形铸件	大批、中批、小批	粗	30～60	90	复杂	低、中	中	刀具，发动机叶片，风动工具，汽车、拖拉机、计算机零件，工艺品等
离心铸造	铸钢，铸铁，铝合金，铜合金	数克到数十吨	最小内径8	1.6～12.5	6～9	特别适用于管型铸件，也可铸中等复杂形状的铸件	小批、中批、大批	细，缺陷少	75～95	70～95	复杂、中等复杂	中、高	高	各种套环、管、筒、辊、叶轮等

续表 1－6

铸造方法	适于生产的铸件								金属收得率①/%	毛坯利用率②/%	生产准备	生产率（一般机械化程度）	设备费用	应用举例
	合金	质量/kg	最小壁厚/mm	表面粗糙度 $Ra/\mu m$	尺寸公差等级 CT	形状特征	批量	内部组织						
低压铸造③	钢、铁，铝合金，镁合金，铜合金	大中、小件	2	3.2～25	CT6～CT9	中等复杂成形铸件	小批、中批、大批	细	80～90	70～80	中等、复杂	中	低	汽车、拖拉机、船舶、摩托车、发动机、机车车辆、医疗器械、仪表零件等
陶瓷型铸造	模具钢，碳素钢，合金钢	数百克到数吨	2	3.2～12.5	CT5～CT8	中等复杂成形铸件	单批、小批	粗	40～60	90	较复杂	低	低	各类模具，如压铸模、金属型，冲压模、热锻模、塑料模等
实型铸造	铸钢，铸铁，铝合金	1kg 到数十吨	5	3.2～12.5	CT 8	复杂成形件	单件、小批、中批、大批	细	40～50	约 70	中等、复杂	低、中、高	中、高	汽车、机车车辆等交通运输机械发动机、医疗器械零件等（如锻模、阀门水轮机等）

①金属收得率 $=\dfrac{\text{铸件质量}}{\text{铸件质量}+\text{浇、冒口质量}}\times 100\%$；

②毛坯利用率 $=\dfrac{\text{零件质量}}{\text{铸件质量}}\times 100\%$；

③差压铸造的各项内容与低压铸造相似，但铸件是在更高的压力下凝固成形，内部质量及性能更好。

1.3.1　浇注位置的选择

浇注位置是指浇注时铸件在铸型中所处的空间位置。浇注位置选择的正确与否，对铸件质量有很大影响，所以浇注位置的选择应以保证铸件质量为主要出发点，一般遵循下述原则。

（1）质量要求高的重要加工面、受力面应该朝下。铸件上的重要加工面、受力面等质量要求高的部分应该朝下。若工艺上难以实现，也应该尽量使这些部位处于侧面或斜面的位置。这是因为金属液中的气泡、夹渣等易上浮，使铸件上部产生缺陷的机会比下部多，另外，组织也不如下部致密。

如图 1－30 所示的车床床身，导轨面是关键部位，不允许有铸造缺陷，并要求组织致密、均匀，故浇注时导轨面应该朝下。

再如图 1－31 所示的内燃机汽缸套，由于要求组织致密，表面质量均匀一致，耐水压不渗漏，故多采用雨淋式浇注系统立浇方案，并在其上部增设一圈补缩、集渣冒口。

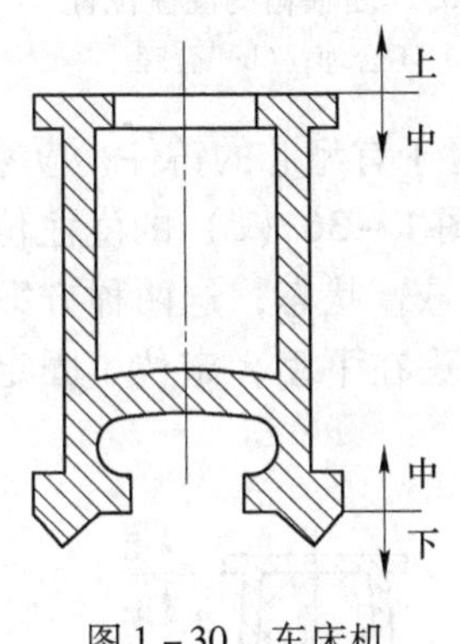

图 1－30　车床机身的浇注位置

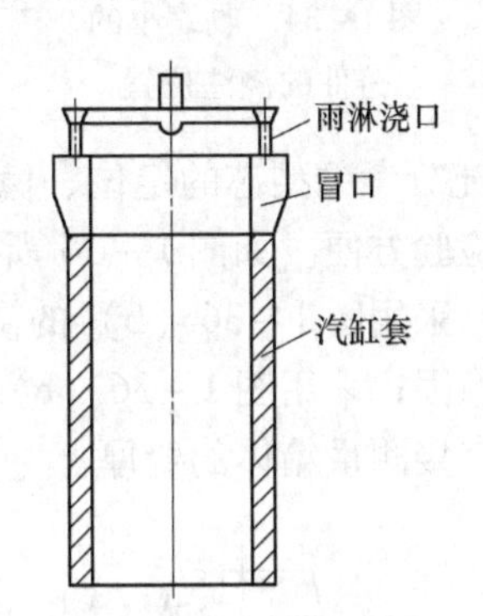

图 1－31　内燃机汽缸套的浇注位置

另外，铸件的宽大平面部分也应尽量朝下或倾斜浇注。这不仅可以减少大平面上的砂眼、气孔、夹渣等缺陷，还可以防止砂型上表面因长时间被烘烤而产生夹砂缺陷（见图 1－32）。这种方案虽必须使用吊芯，工艺麻烦，但却能保证质量。

（2）厚大部分放在上面或侧面。对于收缩大而易产生缩孔的铸件，如壁厚不均匀的铸钢件、球墨铸铁件，应尽量将厚大部分放在上面或侧面，以便安放冒口进行补缩。如铸钢双排链轮采用这种浇注位置就容易保证质量（见图 1－33）；对于收缩小的铸件（如灰铸铁）则可将较厚部分放在下面，依靠上面的金属液进行补缩（即“边浇注边补缩”）（见图 1－34）。

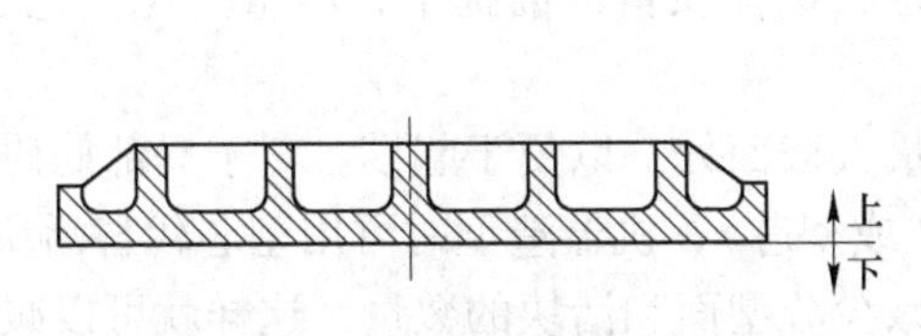

图 1－32　平台类铸件浇注的位置

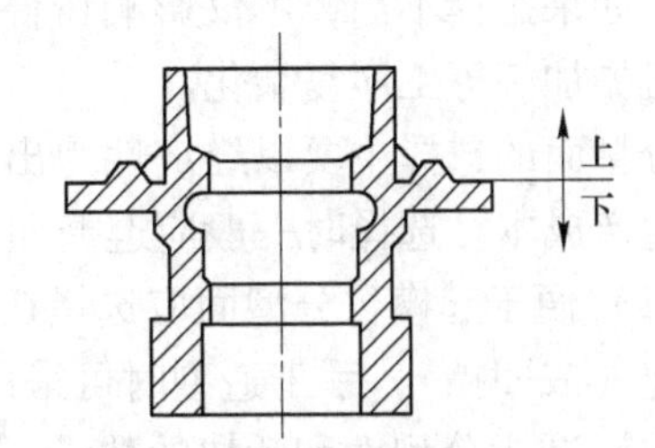

图 1－33　铸钢双排链轮浇注位置

（3）大而薄的平面朝下，或侧立、倾斜。对于薄壁铸件，应将大面薄的平面朝下或侧立、倾斜，以防止浇不足、冷隔等缺陷。对于流动性差的合金尤其要注意这一点（见图1－35（b））。

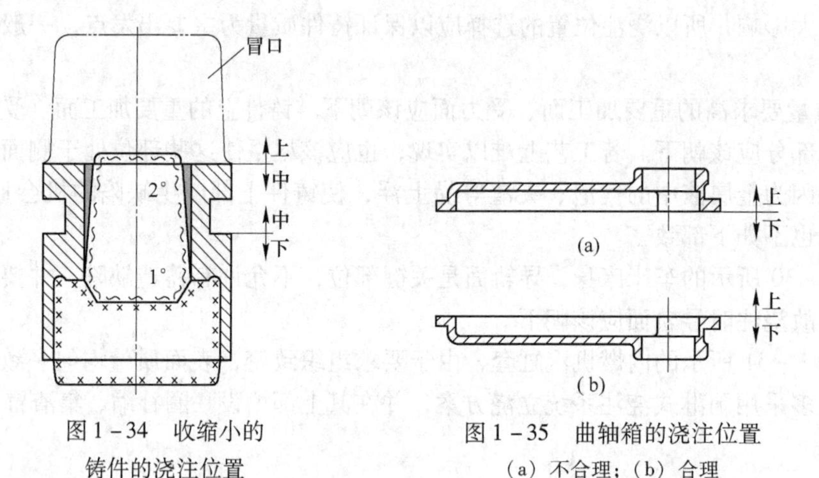

图1－34　收缩小的铸件的浇注位置

图1－35　曲轴箱的浇注位置
（a）不合理；（b）合理

（4）应充分考虑型芯的定位、稳固和检验方便。对于有型芯的铸件，应考虑型芯的定位、稳固和检验方便。如图1－36所示的箱体，采用图1－36（a）的浇注位置，型芯只好吊在上型；采用图1－36（b）的浇注位置，型芯呈悬臂状态，这两种方案均不利于型芯的定位和稳固；采用图1－36（c）的浇注位置，芯头在下型，定位、固定均方便，下芯时也便于直接测量箱体的壁厚。

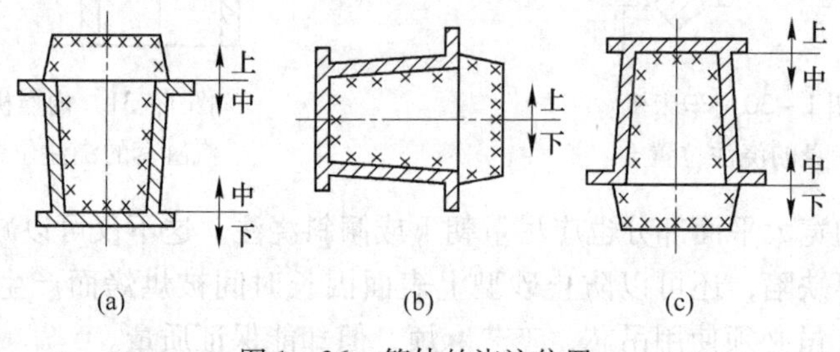

图1－36　箱体的浇注位置

1.3.2　分型面的选择

分型面是指铸型之间的结合面。铸型分型面选择的正确与否是铸造工艺合理性的关键之一。如果选择不当，不仅影响铸件质量，而且还将使制模、造型、造芯、合型或清理，甚至机械加工等工序复杂化。

分型面的选择主要以经济性为出发点，即在保证质量的前提下，尽量简化工艺过程、降低生产成本。选择时一般应遵循如下原则。

（1）便于起模。分型面应选择在铸件的最大截面处，以便于起模。对于局部妨碍起模的凸起（或凹挡），手工造型时可采用活块（或型芯），机器造型时可用型芯代替活块。

（2）减少分型面和活块的数量。应尽量减少分型面和活块的数量，这样就可以减少制造模样和造型的工作量，也易保证铸件的精度。特别是对于中小型铸件的机器造型，通常只能采用两箱造型，只允许有一个分型面，而且尽量不用活块，此时宁可用型芯来避免活块（见图1-37）和减少分型面（见图1-38）。

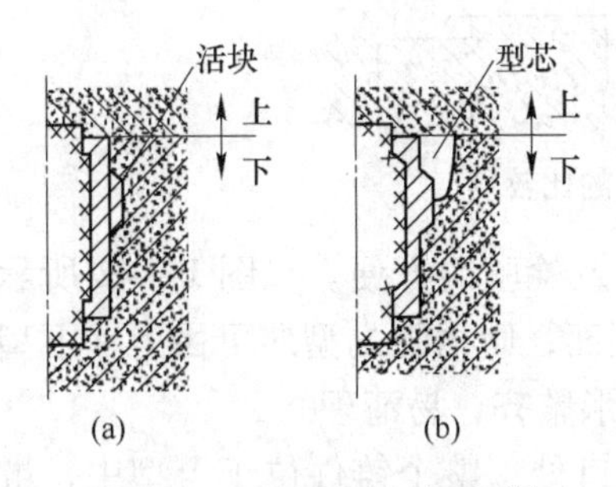

图1-37　用型芯以避免活块
（a）带活块的方案；
（b）用型芯来避免活块的方案

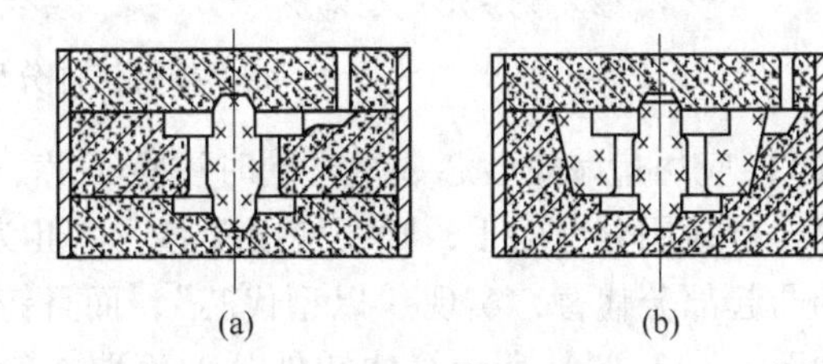

图1-38　用型芯来减少分型面
（a）有两个分型面的方案；
（b）用型芯来减少分型面的方案

应当指出，对于一些形状复杂的大中型铸件，由于影响分型面选择的因素较多，有时采用多个分型面反而可以简化铸型工艺，保证铸件质量。

（3）重要加工面应位于同一砂型中。应尽量使铸件的重要加工面或大部分加工面和加工基准面位于同一砂型中，以免产生错型、飞翅，否则难以保证铸件尺寸精度，也会增加清理的工作量。

如图1-39所示的箱体，若采用分型面Ⅰ，则铸件尺寸 a、b 变动较大，以箱体底面为基准面加工A、B面时，凸台的高度、铸件的壁厚均难以保证；若采用分型面Ⅱ，使铸件全部位于上型，则可避免上述问题。

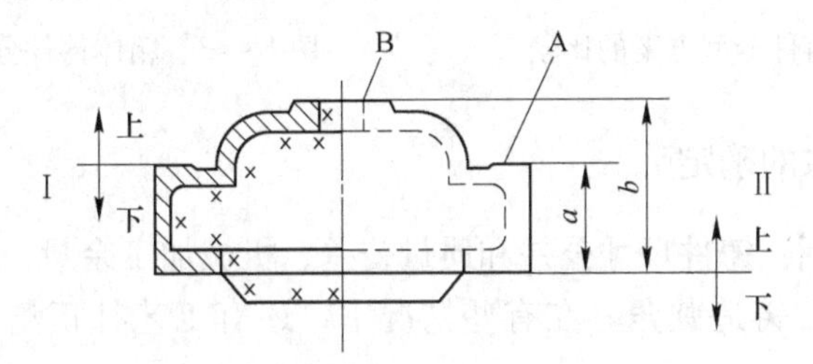

图1-39　箱体铸件分型方案的比较
Ⅰ—不正确；Ⅱ—正确

（4）尽量采用平直的分型面。应尽量采用平直的分型面，以简化造型操作和模样、模板的制造。

如图1-40所示的起重臂铸件，采用分型面Ⅰ就不如用平直分型面Ⅱ更为合理。但在大量生产时，某些铸件也可采用非平直分型面（如折面、曲面）以减少分型面数量和清理工作量。如图1-41所示的摇臂铸件，采用分型面Ⅱ与分型面Ⅰ相比，可大大减少清理飞翅的工作量，而且外形美观整齐。虽然工艺装备制造费用有所增加，但因为是大量生产，总的说来还是经济的。

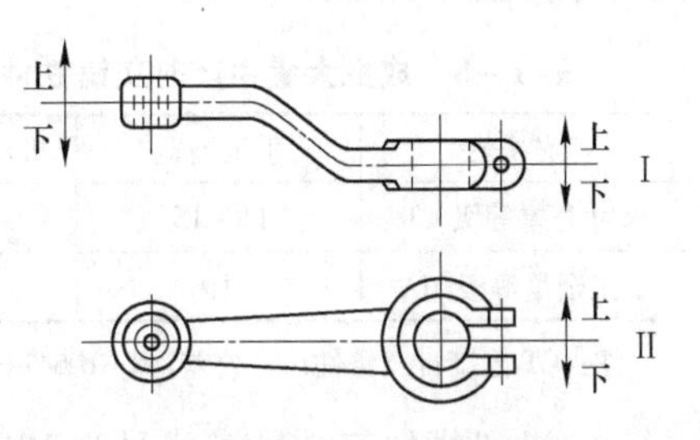

图1-40　起重臂铸件分型方案的比较

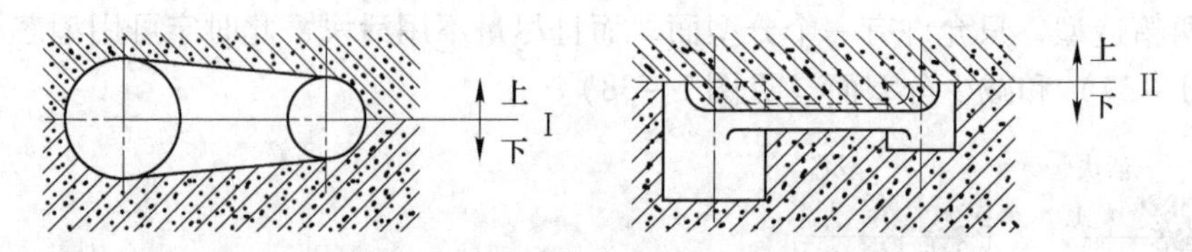

图 1－41　摇臂铸件分型方案的比较

（5）应尽量减少砂芯数量，同时注意下芯、合型及检验的方便。如图 1－42 所示接头铸件，若采用分型面Ⅰ，则要使用型芯。以Ⅱ为分型面，则内孔的型芯可由上、下型上相应的凸起部分代替，实现“以型代芯”，而且铸件外形整齐，易清理。

如图 1－43（a）所示箱体铸件分型面取在箱体开口处，整个铸件位于上型中，虽然下芯方便，但合型时无法检验型芯位置，易产生箱体四周壁厚不均现象，所以不够合理，应改为图 1－43（b）所示的分型方案。

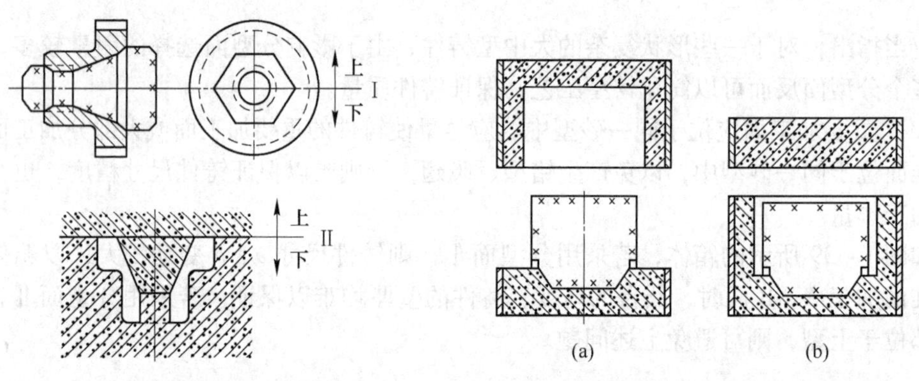

图 1－42　接头铸件分型方案的比较　　图 1－43　箱体铸件分型方案的比较

1.3.3　铸造工艺参数的确定

铸造工艺参数包括：铸件尺寸公差和质量公差、机械加工余量、铸造收缩率、起模斜度、最小铸出孔和槽、铸造圆角。在有些情况下，还有工艺补正量、分型负数、砂芯负数、反变形量等。

（1）铸件尺寸公差（代号为 CT）。铸件尺寸公差等级分为 16 级。从 1 级至 16 级，公差数值递增，可根据铸件基本尺寸查取。

各种铸造合金采用不同的铸造工艺，针对不同生产批量，在正常生产情况下所能达到的尺寸公差等级见表 1－8。

表 1－8　成批大量生产时灰铸铁件的尺寸公差等级及其与之配套使用的机械加工余量等级

工艺方法	手工制造	机器造型及壳型	金属型	低压铸造	熔模铸造
尺寸公差等级 CT	11 ~ 13	8 ~ 10	7 ~ 9	7 ~ 9	5 ~ 7
加工余量等级 MA	H	G	F	F	D

注：CT 值摘自《铸件尺寸公差》（GB 6414—86）；MA 值摘自《铸件机械加工余量》（GB/T11350—89）。

（2）机械加工余量（代号为 MA）和铸孔。为了保证铸件加工面尺寸和零件精度，铸件要有机械加工余量。在铸造工艺设计时预先增加的、在机械加工时要切除的金属层厚度，称之为机械加工余量。加工余量过大，不仅浪费金属，而且也切去了晶粒较细致、性能较好的铸件表层；余量过小，则达不到加工要求，影响产品质量。加工余量应根据铸造合金种类、造型方法、加工要求、铸件的形状和尺寸及浇注位置等来确定。铸钢件表面粗糙，其加工余量应比铸铁大些；非铁合金价格贵，铸件表面光洁，其加工余量应小些。机器造型的铸件精度比手工造型的高，加工余量可小些；铸件尺寸越大，或加工表面处于浇注时的顶面时，其加工余量也应越大。

机械加工余量等级由精到粗分为A，B，C，D，E，F，G，H，J共九个等级。

采用不同的铸造工艺方法，针对不同生产批量，各种铸造合金的MA等级有所不同(见表1-8)。表1-9所示为用于成批大量生产时灰铸铁件与尺寸公差配套使用的机械加工余量。

表1-9 与尺寸公差配套使用的灰铸铁件机械加工余量

尺寸公差等级 CT		8	9	10	11	12	13
加工余量等级 MA		G	G	G	H	H	H
基本尺寸		加工余量数值/mm					
大于	至						
—	100	2.5 2.0	3.0 2.5	3.5 2.5	4.5 3.5	5.0 3.5	6.5 4.5
100	160	3.0 2.5	3.5 3.0	4.0 3.0	5.5 4.5	6.5 5.0	8.0 5.5
160	250	4.0 3.5	4.5 4.0	5.0 4.0	7.0 5.5	8.0 6.0	9.5 7.0
250	400	5.0 4.5	5.5 4.5	6.0 5.0	8.5 7.0	9.5 7.5	11 8.0
400	630	5.5 5.0	6.0 5.0	6.5 5.5	9.5 8.0	11 8.5	13 9.5
630	1000	6.5 6.0	7.0 6.0	8.0 6.5	11 9.0	13 10	15 11

注：摘自《铸件机械加工余量》(GB/T 11350—89)，表中“基本尺寸”是指有加工要求的表面上的最大基本尺寸和该表面距其加工基准间隔尺寸二者中较大的尺寸。

实际生产中，可根据铸件的基本尺寸查取与铸件尺寸公差配套使用的MA具体数值。

对某一选定的尺寸公差等级所对应的几个加工余量等级而言，若底面和侧面的加工余量等级为其中最低的一级，则顶面的加工余量等级应选用尺寸公差等级降一级后所对应的同名加工余量等级。例如，底侧面为CT10级，MA-H级。顶面则为CT11级，MA-H级。底面和侧面的加工余量等级如果不是最低的一级，则顶面的加工余量等级选用同一尺寸公差等级中低一级的加工余量等级。例如，若侧面为CT10级，MA-G级，顶面则为CT10级，MA-H级。

如有特殊要求，也可采用非标准的机械加工余量。一般情况下，如果无侧面、底面、顶面和铸孔之分，那么一种铸件只能选用一个尺寸公差等级和一个加工余量等级。

为了节约金属，减少加工工时，零件上的孔、槽（尤其是形状复杂的异形孔和槽）应尽可能铸出。但若孔眼、沟槽过于细小，深度又大，则可不必铸出，采用机械加工的方法做出反而更经济、更容易保证质量。最小铸出孔的直径与铸件的生产批量、合金种类、铸孔处的壁厚等有关。例如：灰铸铁单件生产时为25～35mm，大量生产时为12～15mm；铸钢件为55mm左右。

（3）铸造收缩率。铸件线收缩率

$$\varepsilon_l = \frac{L_{模} - L_{件}}{L_{件}} \times 100\%$$

式中 $L_{模}$——模样尺寸，mm；

$L_{件}$——铸件尺寸，mm。

铸件冷却后，因为合金的线收缩会使铸件尺寸变得比模样小一些，所以制造模样时其尺寸要比铸件放大一些。放大的比例主要根据铸件在实际条件下的线收缩率，即铸件线收缩率来确定。铸件的实际受阻收缩率与合金种类有关，同时还受铸件结构、尺寸、铸型种类等因素的影响。表1-10为砂型铸造时几种合金铸件线收缩率的经验数据。

表1-10 砂型铸造时几种合金的铸件线收缩率

合金种类		铸件线收缩率/%	
		自由收缩	受阻收缩
灰铸铁	中小型铸件	0.9～1.1	0.8～1.0
	中大型铸件	0.8～1.0	0.7～0.9
	特大型铸件	0.7～0.9	0.6～0.8
球墨铸铁		0.9～1.1	0.6～0.8
碳钢和低合金钢		1.6～2.0	1.3～1.7
锡青铜		1.4	1.2
无锡青铜		2.0～2.2	1.6～1.8
硅黄铜		1.7～1.8	1.6～1.7
铝硅合金		1.0～1.2	0.8～1.0

通常情况下，简单、厚实的铸件的收缩可视为自由收缩，其余的均视为受阻收缩。另外，铸件线收缩率还随着铸件壁厚的增加而增加。

（4）起模斜度。为了在造型和造芯时便于起模，应该在模样或芯盒的起模方向上加上一定的斜度，即起模斜度，亦称为拔模斜度。若铸件本身没有足够的结构斜度，就要在铸造工艺设计时给出铸件的起模斜度。

砂型铸造所用的起模斜度可采取增加铸件壁厚、加减铸件壁厚或减少铸件壁厚三种方式，如图1-44所示。

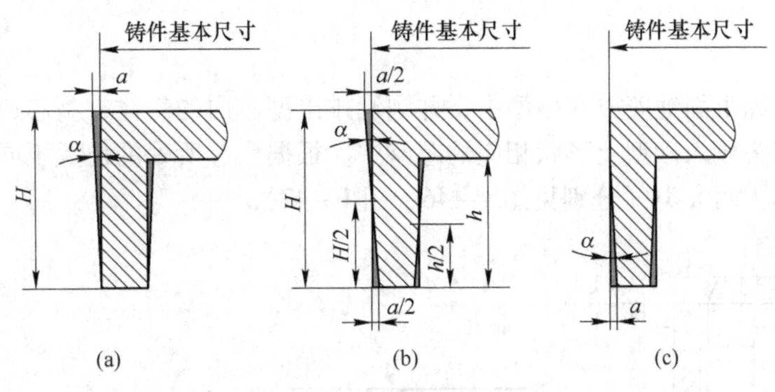

图 1-44　起模斜度的形式

（a）增加铸件壁厚；（b）加减铸件壁厚；（c）减少铸件壁厚

对于垂直于分型面的孔，当其孔径大于其高度时（见图 1-45），可采用在模样上挖孔，造型起模后，形成吊砂或自带型芯，并由此形成铸件孔的形状。考虑模样上孔内壁起模时与型砂摩擦力较其外壁大些，故其起模斜度值 α_1、α_2 及 α_3 应大于外壁的斜度 α。

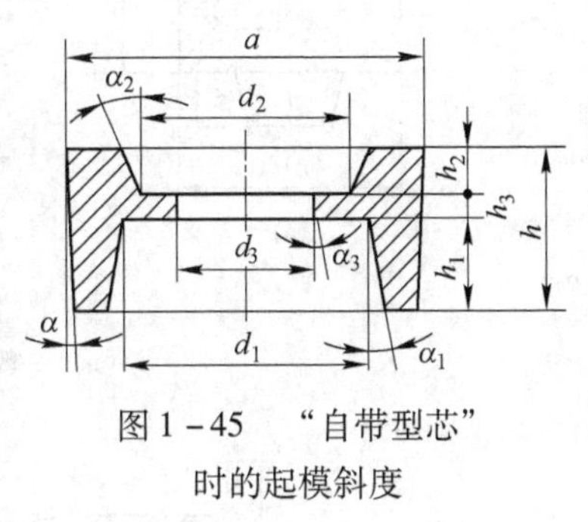

图 1-45　"自带型芯"时的起模斜度

起模斜度在工艺图上用倾斜角度 α 表示，或用起模斜度使铸件增加或减少的尺寸 a 表示。起模斜度的大小应根据模样的高度、模样的尺寸和表面粗糙度，以及造型方法来确定，如表 1-11 所示。

表 1-11　砂型铸造时模样外表面及内表面的起模斜度

测量面高度 H/mm	模样外表面起模斜度（≤）				测量面高度 H/mm	模样外表面起模斜度（≤）			
	金属模样、塑料模样		木模样			金属模样、塑料模样		木模样	
	α	a/mm	α	a/mm		α	a/mm	α	a/mm
≤10	2°20′	0.4	2°55′	0.6	≤10	4°35′	0.8	5°45′	1.0
>10～40	1°10′	0.8	1°25′	1.0	>10～40	2°20′	1.6	2°50′	2.0
>40～100	1°30′	1.0	0°40′	1.2	>40～100	1°05′	2.0	1°45′	2.2
>100～160	0°25′	1.2	0°30′	1.4	>100～160	0°45′	2.2	0°55′	2.6
>160～250	0°20′	1.6	0°25′	1.8	>160～250	0°40′	3.0	0°45′	3.4
>250～400	0°20′	2.4	0°25′	3.0	>250～400	0°40′	4.6	0°45′	5.2
>400～630	0°20′	3.8	0°20′	3.8	>400～630	0°35′	6.4	0°40′	7.4
>630～1000	0°15′	4.4	0°20′	5.8	>630～1000	0°30′	8.8	0°35′	10.2
>1000～1600	—	—	0°20′	8.0	>1000	—	—	0°35′	—

注：摘自《铸件模样起模斜度》（JB/T 5105—91）。

（5）铸造圆角。铸件上相邻两壁之间的交角，应做出铸造圆角，以防止在尖角处产生冲砂及裂纹等缺陷。圆角半径一般约为相交两壁平均厚度的 1/3～1/2。

1.3.4 型芯

为使型芯准确牢固地安放在砂型中，并顺利排出型芯内的气体，型芯通常都带有芯头部分，下芯时芯头放入砂型上形状相应的芯座中。根据型芯所处的位置不同，芯头分为垂直芯头和水平芯头两大类（分别见图1-46、图1-47）。

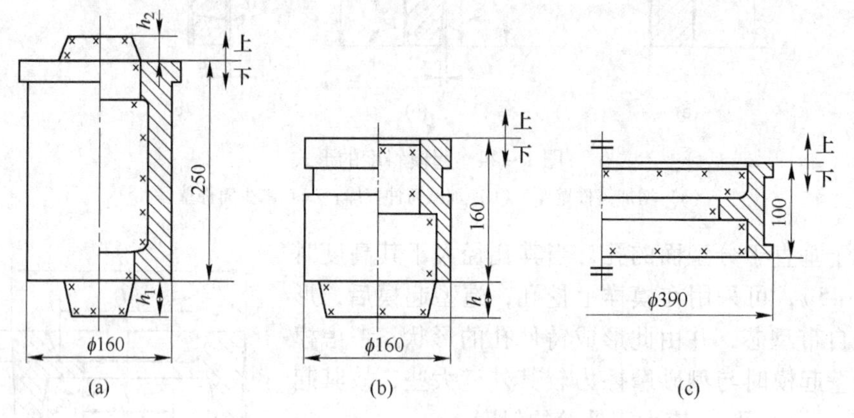

图1-46 垂直芯头的形式

（a）一般形式；（b）只有下芯头；（c）无芯头

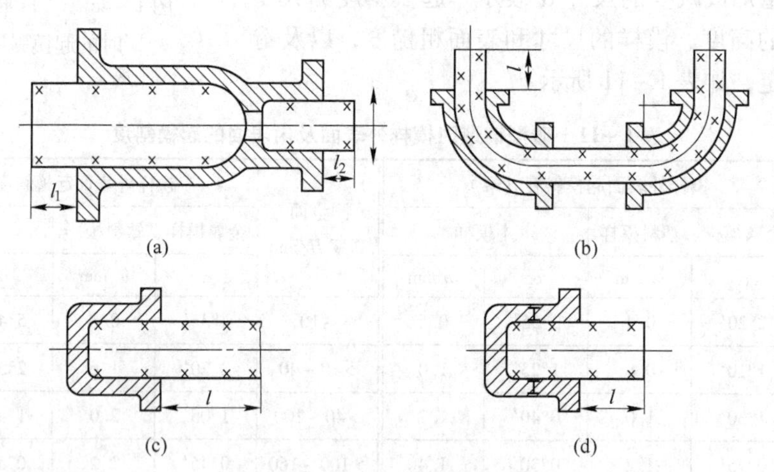

图1-47 水平芯头的形式

（a）一般形式；（b）联合芯头；（c）加长芯头；（d）芯头加型芯撑

垂直型芯一般都有上、下芯头（见图1-46（a））。为了型芯安放和固定的方便，下芯头要比上芯头高一些，斜度要小些，并且要在芯头和芯座之间留一定间隙。截面较大、高度不大的型芯可只有下芯头或无芯头（见图1-46（b）、（c））。

水平型芯一般也有两个芯头。当型芯只有一个水平芯头，或虽有两个芯头仍然定位不稳而发生转动或倾斜时，还可采用联合芯头、加长或加大芯头、安放型芯撑支撑型芯等措施（见图1-47）。

上述各工艺参数（芯头高度、斜度、芯头间距等）的确定均可参考有关手册。

1.3.5　铸造工艺方案及铸造工艺图示例

1.3.5.1　常用铸造工艺符号及表示方法

表1－12为常用铸造工艺符号及表示方法。适用于砂型铸钢件、铸铁件及非铁合金铸件。

表1－12　常用铸造工艺符号及表示方法（摘自《铸造工艺设计工艺装备标准》（JB2435—78））

序号	名称	工艺符合及表示方法	图　例
1	分型线	用细实线表示，并写出“上、中、下”字样（在蓝图上用红色线绘制） 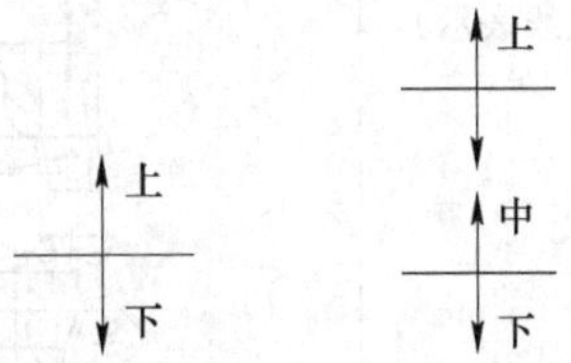 上 下 两开箱　上 中 下 三开箱	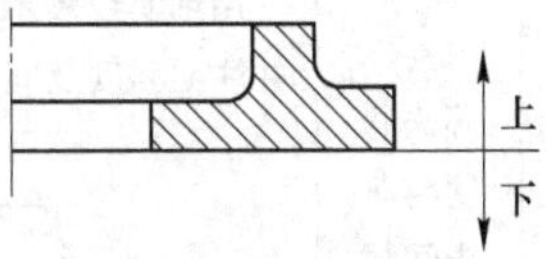 上 下
2	分模线	用细实线表示，在任一段划“<”号（在蓝图上用红色线表示）	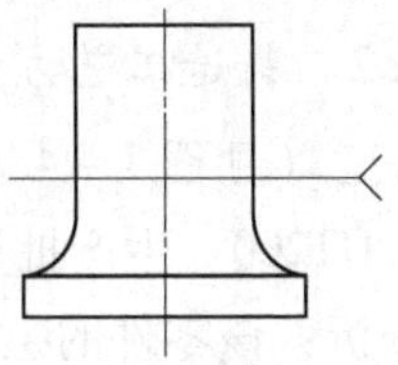
3	分型分模线	用细实线表示（在蓝图上用红色线表示） 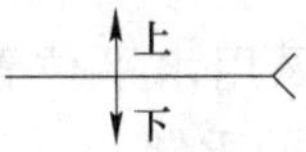 上 下	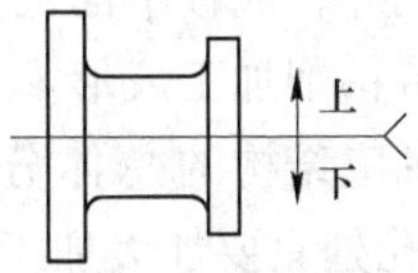 上 下
4	机械加工余量	加工余量的表示有两种方法，可任选其一：（1）粗实线表示毛坯轮廓，双点划线表示零件形状，并注明加工余量数值（在蓝图上用红色线表示，在加工符号附近注明加工余量数值如右下图所示）；（2）粗实线表示零件轮廓，在工艺说明中写出“上、侧、下”字样，注明加工余量数值，凡带斜度的，在加工余量应注明斜度	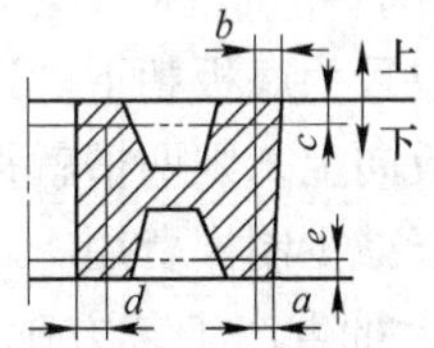 b c e d a 上 下 用墨线绘制的工艺图 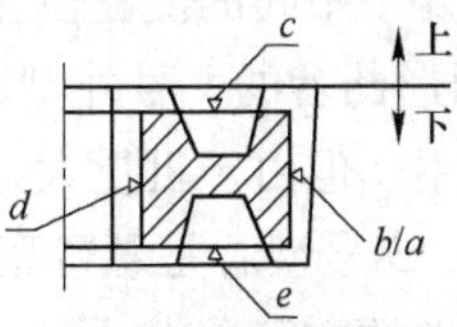 c d b/a e 上 下 在蓝图上绘制的工艺图
5	不铸出的孔和槽	不铸出的孔或槽在铸件图不画出（在蓝图上用红线打叉表示）	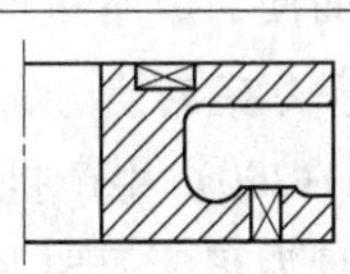

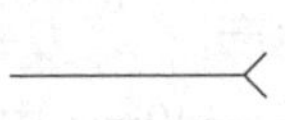

续表 1－12

序号	名称	工艺符合及表示方法	图　例
6	砂芯编号、边界符号及芯头边界	芯头边界用细实线表示（蓝图上用蓝色线表示），砂芯编号用阿拉伯数字 1、2 等标记。边界符号一般只在芯头及砂芯交界处用砂芯编号相同的小号数字表示。铁芯须写出“铁芯”字样 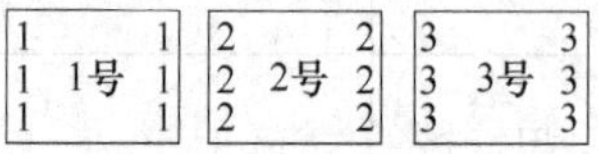	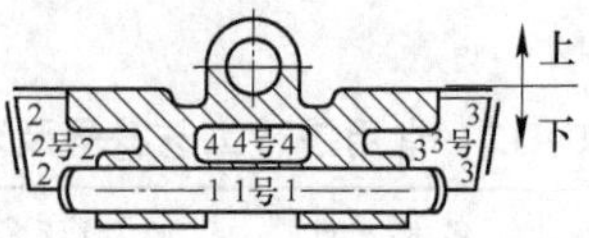
7	芯头斜度与芯头间隙	用细实线表示（蓝图上用蓝色线表示）。并注明斜度及间隙数值 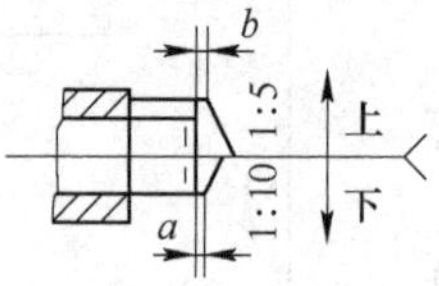	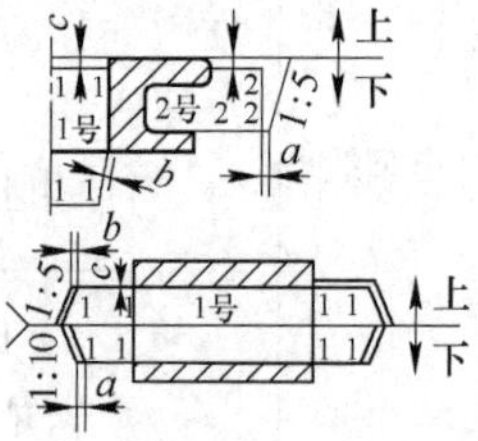

1.3.5.2　铸造工艺方案示例

A　轴座（见图 1－48）

材质：HT200。生产批量：单件小批或大批生产。

工艺分析：该零件的主要作用是支撑轴件，故 ϕ40mm 内孔表面是应当保证质量的重要部位。此外，底板平面也有一定的加工及装配要求，底板上的四个 ϕ8mm 的螺钉孔可不铸出，留待钻削加工成形。

从对轴座结构的总体分析来看，该件适于采用水平位置的造型、浇注方案，此时 ϕ40mm 内孔处只要加大加工余量，仍可保证该处的质量。

（1）单件小批生产工艺方案。如图 1－48 中方案（1）所示采用两个分模面、三箱造型，浇注位置为底板朝下。这样做可使底板上的长方形凹槽用下型的砂垛形成。如将轴孔朝下而底板向上，则凹槽就得用吊砂，使造型操作麻烦。该方案只需制造一个圆柱形内孔型芯，利于减少制模费用。

（2）大批生产工艺方案。如图 1－48 中方案（2）所示，采用一个分模面、两箱造型，轴孔处于中间的浇注位置。该方案造型操作简便，生产效率高，但增加了四个形成 ϕ16mm 圆形凸台的 1 号外型芯及一个形成长方形四坑的 3 号外型芯，因而增加制造芯盆及造芯的费用。但由于批量大，该费用均分到每个铸件上的成本就较低，因而是合算的。

另外，3 号型芯是悬臂型芯，其型芯头的长度较长。大批生产时，还可考虑一箱中同时铸造两件的方案（见图 1－49），使悬臂型芯成为挑担型芯，这样可使芯头长度缩短，且下芯定位简便，成本更低。

B　车床刀架转盘

材质：HT200。生产批量：小批生产。

刀架转盘为车床刀架上的重要件，其下为转盘，其上为燕尾形导轨。转盘面和导轨面

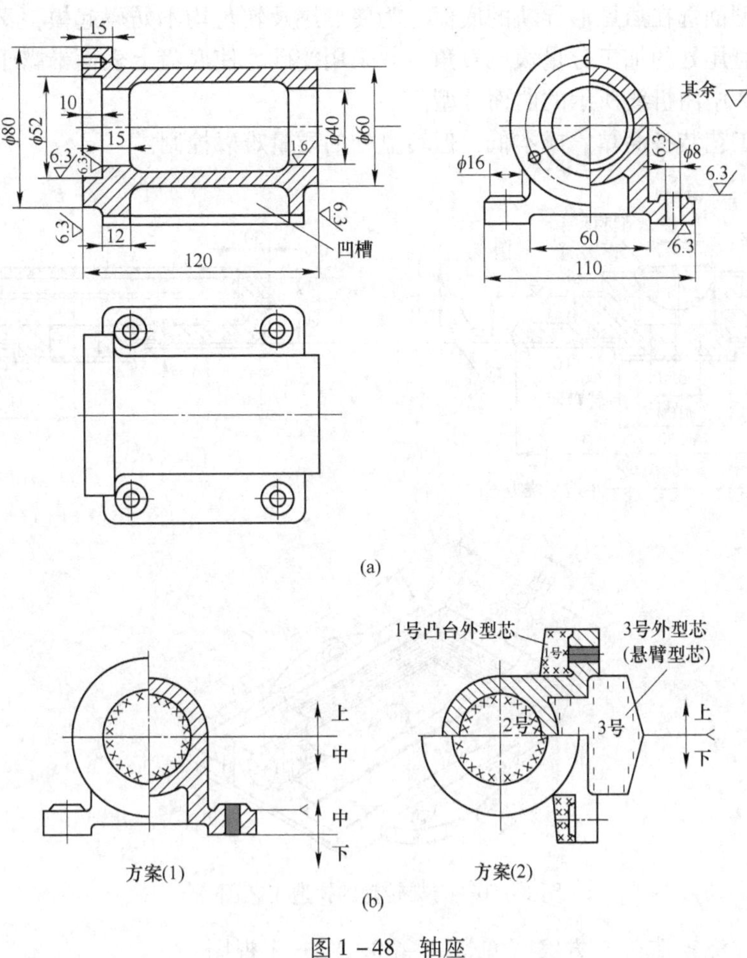

图 1-48 轴座

（a）轴座的零件图；（b）轴座铸件的两种工艺方案

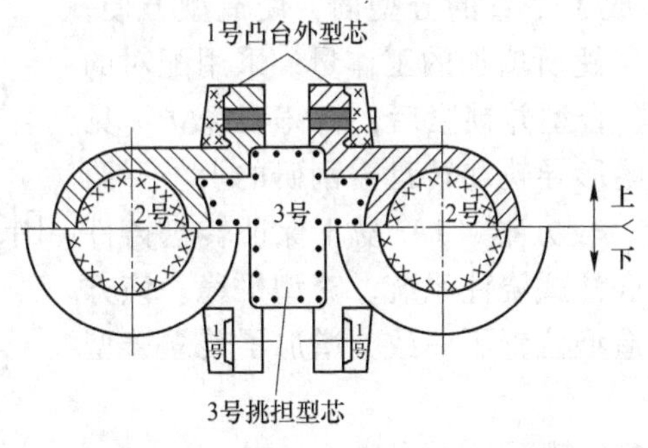

图 1-49 轴座铸件的一型两铸方案

虽然都是需要刮研的重要面，不容许有砂眼、气孔、夹渣等表面缺陷，但导轨更易受磨损、更要求耐磨，又属外露表面，故质量要求更高。

(1) 平造平浇工艺方案（见图 1-50 中 *A—A* 视图右半边）采用导轨面朝下的浇注位置，利于防止导轨面产生铸造缺陷。为保证朝上的转盘面的质量。应加大其加工余量，并加强浇注系统的挡渣及防止砂眼、气孔的工艺措施。

铸件的分型面选在燕尾形导轨的底面。为使燕尾及转盘均不妨碍起模，又可避免活块和外型芯，将燕尾处的加工分量填成直角，并采用挖砂，使底盘上表面暴露于分型面，以形成如图 1 - 50 中曲折线所示的曲面分型面。

本方案的工艺装备简单、成本低，但转盘处的质量难以控制。

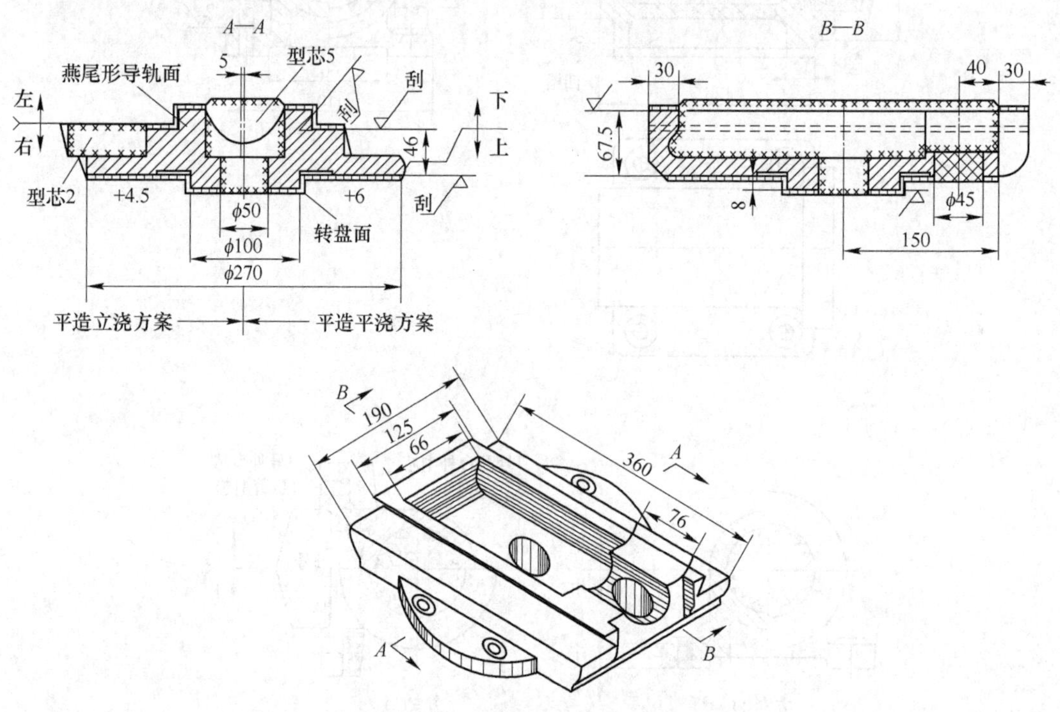

图 1 - 50 刀架转盘的铸造工艺图

（2）平造立浇铸造工艺方案（见图 1 - 50 中 *A—A* 视图左半边）。该方案与平造平浇方案相比的优点是：增加了两个 2 号型芯取代挖砂，形成了平直的分型面，使造型方便，并减少了清理曲面分型的飞翅所增加的工作量；采用配对的专用砂箱，经造型、下芯、合型并锁紧后，将铸型竖立（见图 1 - 51）进行浇注；燕尾形导轨和转盘需刮研的上、下两面均处于侧立的浇注位置，较方案（1）易于保证转盘铸件重要面的质量；便于采用底注式浇注系统，充型平稳。该方案的缺点是：浇注位置与造型位置不一致，增加了转立铸型的操作。

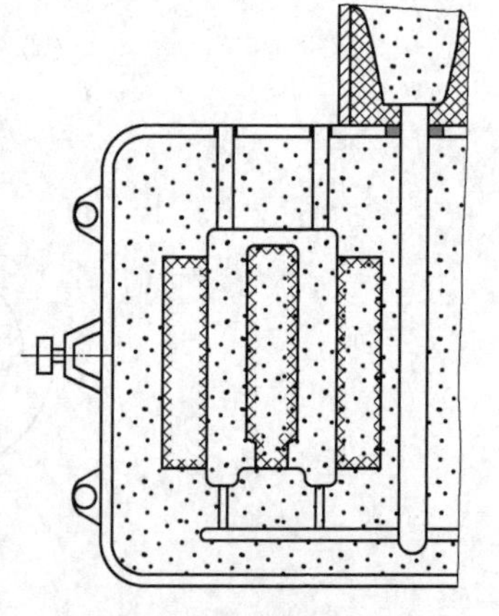

图 1 - 51 刀架转盘铸件的平造立浇方案

C 车床床身（CW6140 型）

材质：HT300。生产批量：大量生产。

床身的基本技术要求是：具有一定的强度，良好的刚度和减震性。主要工作部位是导轨面，不允许有任何铸造缺陷，要有较高的耐磨性、较高的尺寸精度和较低的表面粗糙度，其工艺方案如图 1 - 52 所示。

造型方法：干型，抛砂造型。

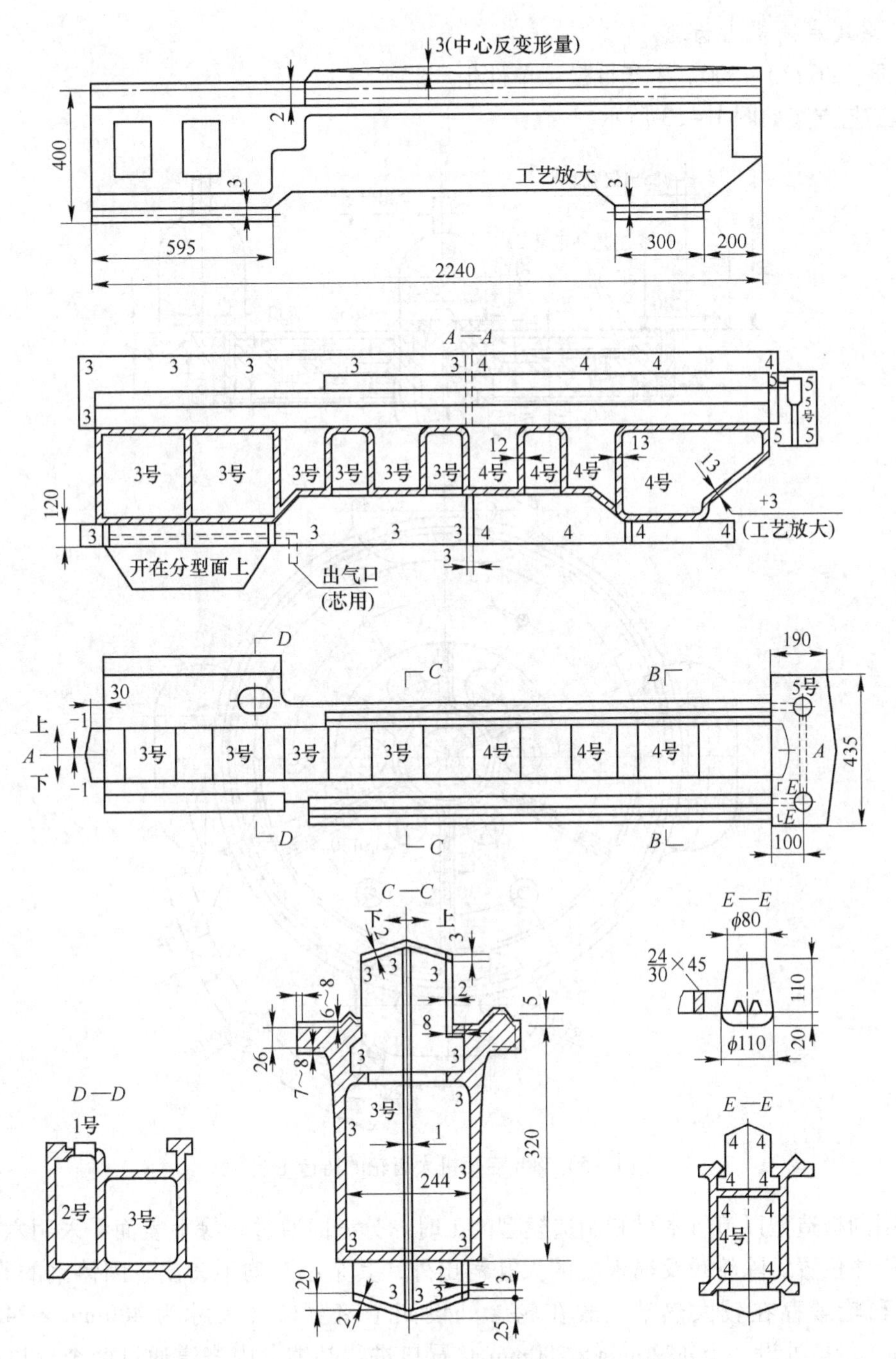

图 1－52　CW6140 型车床床身的铸造工艺

铸型工艺：两箱造型。沿床身纵向分型和分模，使造型、合型简便。为保证导轨面质量，在下芯合型后特铸型翻转 90°浇注，使导轨面朝下。为使床身主体砂芯的长度不过大，将其分为 3 号、4 号两个砂芯，其间留 2mm 装配负数，并且将 3 号、4 号砂芯分为两半，以便于制造。两半芯各留 0.5mm 分芯负数，烘干后装配成整体。浇注系统为从一端的底部沿导轨面引入，共设四个内浇道，并在前、后床脚座处设出气冒口以加强排气。

D　80t 启闭机大齿轮

材质：ZG270－500。生产批量：单件生产。

其工艺方案如图 1－53 所示。

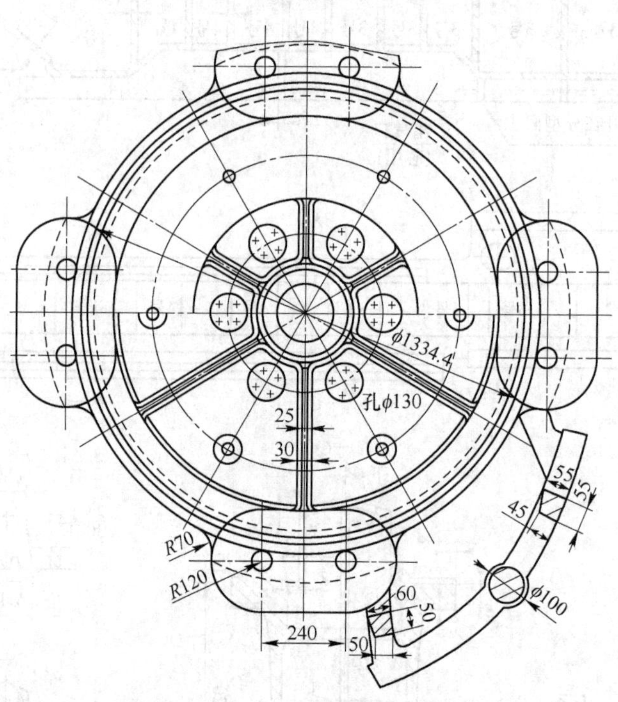

图 1－53　80t 启闭机大齿轮的铸造工艺

采用刮板造型以节省木材和制造模型的工时。分型面通过轮缘上表面，采用六条筋条向上的浇注位置。除轮毂及辐板处的大孔铸出外，其余小孔均不铸出。因铸钢的收缩大，面轮缘和轮毂存在较大热节，故在轮缘处设四个暗冒口（尺寸为 480mm × 240mm × 310mm），轮毂处设一个 φ220mm × 280mm 暗冒口进行补缩。内浇道通过两个冒口引入钢液，使冒口温度较高，并在冒口处设出气孔以加强排气。

E　6100 型汽车曲轴

材质：QT60－2（铸态）。生产批量：大量生产。

其工艺方案如图 1－54 所示。采用一箱两件，分型面通过 1、6 连杆颈和主轴颈轴线，第 2、3、4、5 连杆颈用砂芯形成以便于起模。

球铁曲轴的浇注，冷却位置常用立浇立冷、横浇立冷和横浇横冷三种。前两种方案将曲轴大端的冒口置于高位，有利于补缩，但难以适应大量生产的要求。故采用图1－54所示的横浇横冷方案，使充型平稳，便于大量生产。为了增强补缩效果，铁液经过冒口引入型腔。

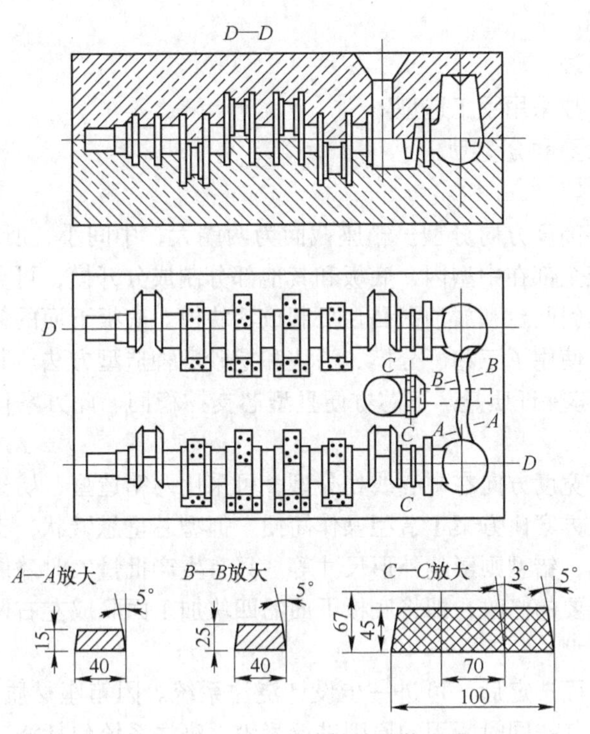

图1－54 6100型曲轴铸型装配图

1.3.5.3 铸造工艺图示例

以减速器箱座（见图1－55，材质为HT150；生产批量为单件小批）为例，说明铸造工艺图的绘制步骤。

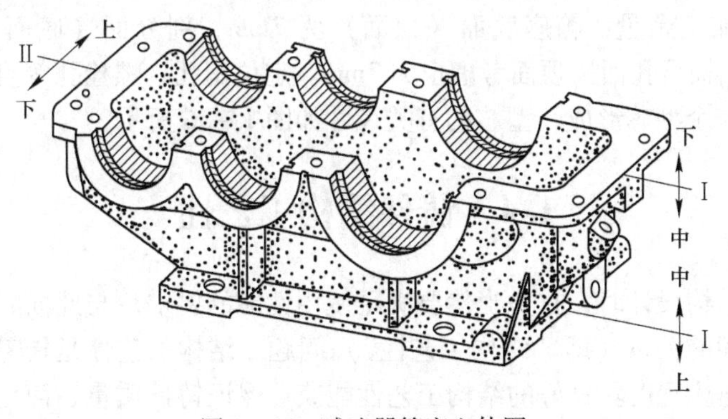

图1－55 减速器箱座立体图

A 分析铸件质量要求和结构特点

该箱座是装配减速器的基准件，上面为剖分面，用定位销和螺栓与箱盖连接，内腔安装齿轮、轴和滚动轴承等，并储存润滑油。其右端有一个带孔的斜凸台，供插入测量储油量的油针，下面还有一个放油孔凸台。底板下面设计有铸槽，以减少加工面面积并可增强安装时的密合度。其壁厚大部分为8mm，基本上是均匀的。

箱座上的加工面有：剖分面、底面、轴承孔及其端面、斜凸台上的孔及其端面、放油孔螺纹及其端面、各定位销孔和螺栓孔等。其中的剖分面质量要求最高，加工后不准有缩松、气孔等铸造缺陷。

B　选择造型方法

因生产数量少，故采用手工造型。

C　选择浇注位置和分型面

可有如下两种方案。

方案Ⅰ　沿箱座高度方向分型。箱座截面为两端大、中间小，所以应有两个分型面，采用三箱造型。型腔全部在中型内，底板和其他部分制成分开模，可分别从中型的上下两面起模。阻碍起模的斜凸台和放油孔凸台可制成活块模。底板下面的铸槽部分采用挖砂造型。可见此方案同时使用了三箱、分模、活块和挖砂四种造型方法。其优点是重要加工面（剖分面）朝下，能够保证质量。下芯方便且型芯支撑稳固。此方案仅适用于单件小批生产时的手工造型。

方案Ⅱ　沿箱座宽度方向在中心线处分型，可采用两箱造型，妨碍起模的底板铸槽可制成四个活块模。此方案比方案Ⅰ造型操作简便，但型芯呈悬臂状，支撑不牢固。上型有吊砂，容易发生塌箱；错型则影响外形尺寸等。只有生产批量大时才能考虑此方案，但此时应对箱座结构作必要的修改，即将底板下面的四块加工面联成左右两块，使之不妨碍起模，便可进行机器造型。

浇注位置及分型面选定后，可进一步设计浇注系统。因箱座材质为收缩小的HT150，且壁厚均匀，故可使其按同时凝固的原则进行凝固。浇注系统包括浇口盆、直浇道、横浇道和两个内浇道。内浇道从剖分面一端引入，属底注式浇注系统。不设冒口，仅在底板处设置四个直径为20mm的出气口。

然后确定设备工艺参数，并绘制铸造工艺图。图1－56为采用方案Ⅰ的铸造工艺图。该箱座最大尺寸为730mm，位于剖面，该加工面与基准面的距离为200mm，由表1－9可确定各加工面的加工余量：箱座底面（顶面）为7mm，剖分面（底面）和轴承孔端面（侧面）为5mm，轴承孔面按顶面考虑也为7mm。定位销孔、螺栓孔等直径较小，均不铸出，内腔部分由一个型芯形成，型芯的有关尺寸如图1－56所示。

1.4　铸件结构工艺性

进行铸件的结构设计时，首先当然要满足使用性能的要求，与此同时也应充分考虑结构与铸造工艺之间的关系（即“结构工艺性”）问题。结构工艺性是指零件的结构设计对加工工艺过程的适应程度。良好的结构工艺性能获得保证铸件质量、简化工艺过程、提高生产率、降低材料消耗和生产成本的效果。在某些情况下，改善结构工艺性所带来的技术经济效益可以和生产过程的合理性、机械化、自动化的作用相提并论。只有同时具有良好的使用性能和工艺性的铸件结构设计才是完美的，因此掌握铸件结构设计的工艺原则和规律是十分必要的。

铸件结构工艺性是一个涉及多方面因素的综合性问题，与所用材料的铸造性能、铸件

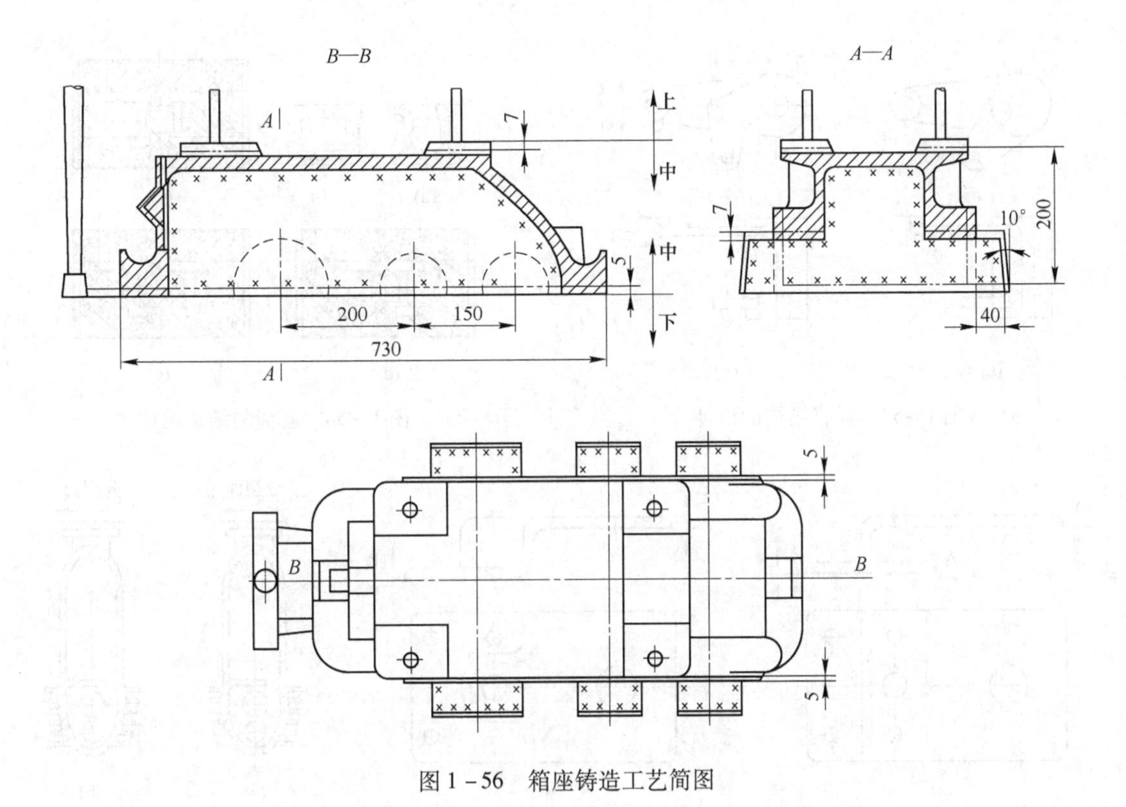

图 1-56 箱座铸造工艺简图

的质量要求、产量，铸造工艺，生产条件及后续加工工艺（机械加工、热处理、装配、运输等）都有直接关系。

1.4.1 铸造工艺对铸件结构的要求

铸件的结构在保证使用性能的前提下，应尽量使铸造工艺过程简化（如使造型、造芯清理方便，简化模样和芯盒的制作），以利于提高生产率和降低成本。铸造工艺对铸件结构的要求如下。

（1）尽量使分型面简单且数量最少。摇臂结构的原设计如图 1-57（a）所示，造型时只能采用不平的分型面，必须挖砂才能起模；改为图 1-57（b）结构，三个孔的中心距不变，但分型面可变为平面，简化了造型工艺，提高了生产率。

套筒结构的原设计如图 1-58（a）所示，必须采用图 1-58（c）所示的三箱造型；生产量大时，改为图 1-58（d）所示的整模两箱造型，但要增加一个环形外型芯，如将结构改为图 1-58（b）的设计，只采用普通的两箱造型即可（见图 1-58（e））。

（2）尽量减少活块和型芯的数量。例如发动机油箱结构如图 1-59（a）所示，散热筋片与其连接的铸件表面呈放射状，致使部分筋片与分型面不垂直，只好采用活块（或型芯）造型，使工艺复杂化。若改为图 1-59（b）结构，使筋片全部垂直于分型面，则可顺利起模，避免了活块。

例如托架的原设计如图 1-60（a），则造型时 A 处需用型芯。若改为图 1-60（b）结构，不但省去型芯，还增加了托架的刚度。

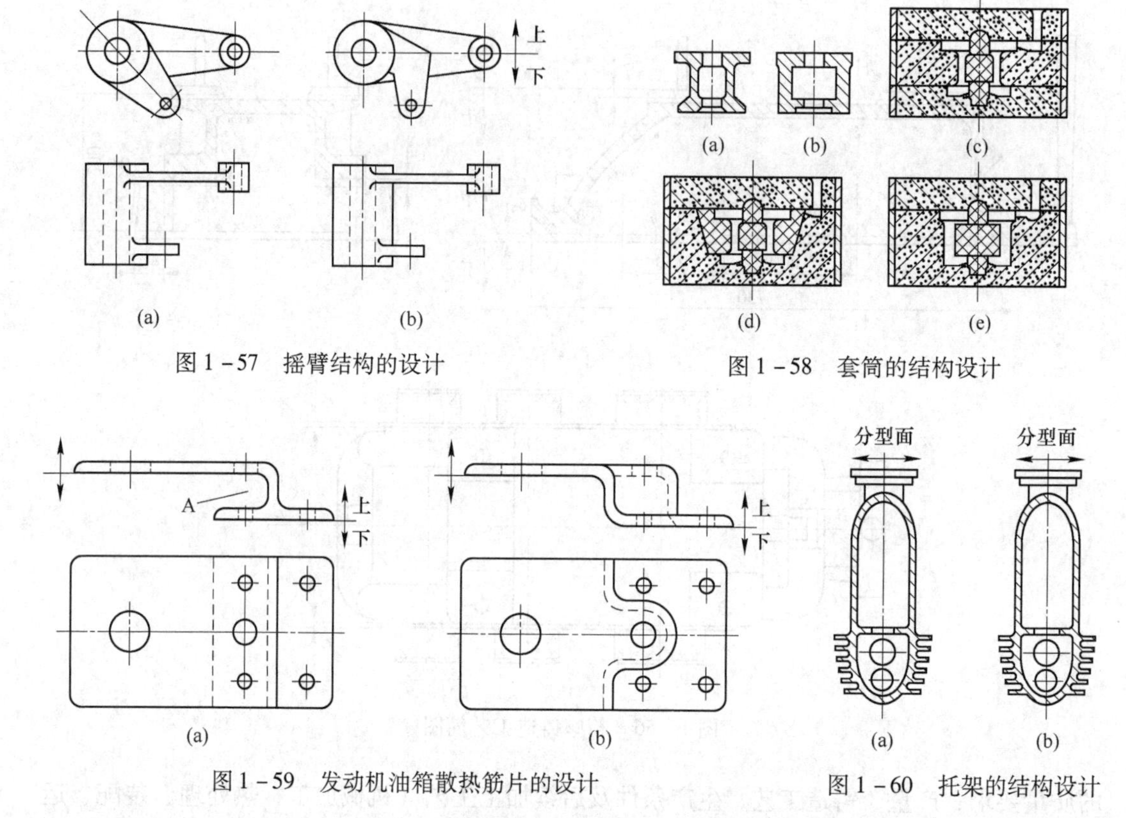

图1－57 摇臂结构的设计

图1－58 套筒的结构设计

图1－59 发动机油箱散热筋片的设计

图1－60 托架的结构设计

如图1－61所示，铸件垂直于分型面的侧壁上的凸台，若采用图1－61（a）的设计，将妨碍起模，必须用活块或型芯。当凸台中心与水平壁的距离较小时，可将凸台延伸至水平壁（见图1－61（b）），于是问题得以解决。

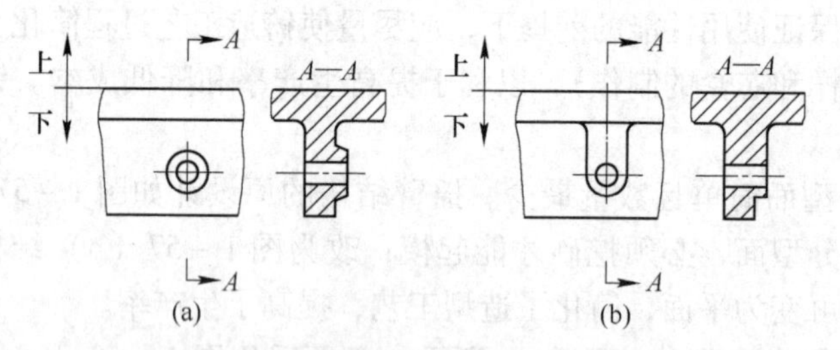

图1－61 铸件垂直壁上凸台的设计

凸台间距离较小时，可将分散的凸台（见图1－62（a））设计成一个整体（见图1－62（b）），以解决A，B凸台妨碍起模的问题。

图1－63所示铸件，原设计（见图1－63（a））都需要型芯和外型芯来成形，如改为图1－63（b）结构，则可采用“以型代芯”的方法，简化造型工艺。

又如轴承架的原设计如图1－64（a）所示，需要两个型芯。如果强度和刚度能满足要求，将箱形断面改为工字形断面（见图1－64（b）），则可少用一个型芯。如果允许将轴承孔旋转90°（见图1－64（c）），则两个型芯均可省去。

（3）使用型芯时，应尽量便于下芯、固定、排气和清理。图1－65（a）所示轴承座，

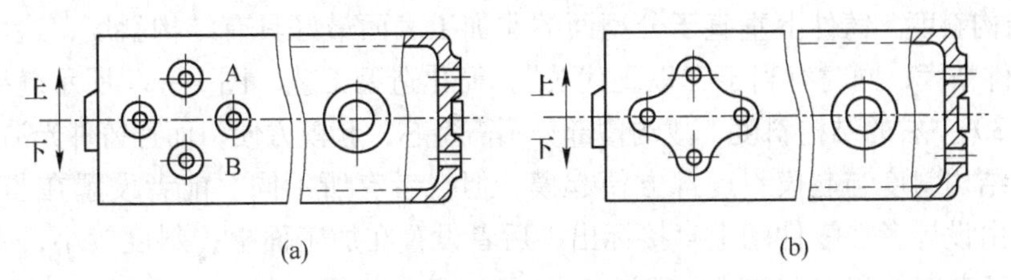

图 1－62 分散凸台的改进

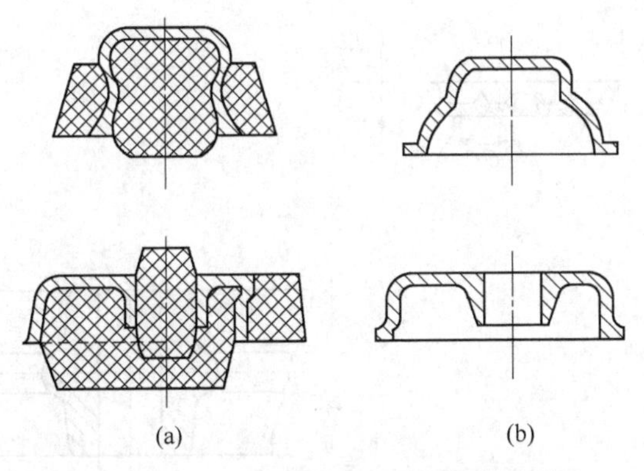

图 1－63 铸件外形及内腔结构的改进

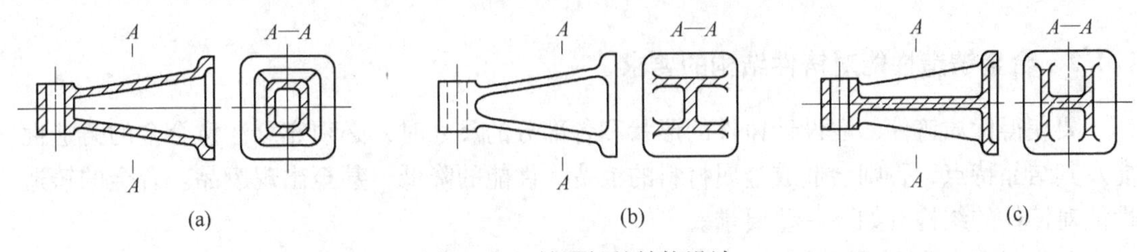

图 1－64 轴承架的结构设计

型芯处于不稳定的悬臂状态，虽可用型芯撑辅助固定，但稳定性仍不够好。若在其侧壁增加两个孔（图 1－65（b））的孔 A（这种从工艺角度出发而开设的孔称为工艺孔，若在使用要求上不允许工艺孔存在，可在机械加工时用螺钉、螺栓或其他方法堵住），就相应增加了两个芯头，可使型芯固定很牢靠，同时型芯内气体可由三个芯头排出，清理芯砂也变得方便。

在设计中也可通过将几个互不相通的内腔打通而连成整体的办法来增加型芯的稳定性，改善型芯排气和清理条件。如图 1－66 所示的轴承座，将设计由图 1－66（a）改为图 1－66（b），便可达到上述目的。

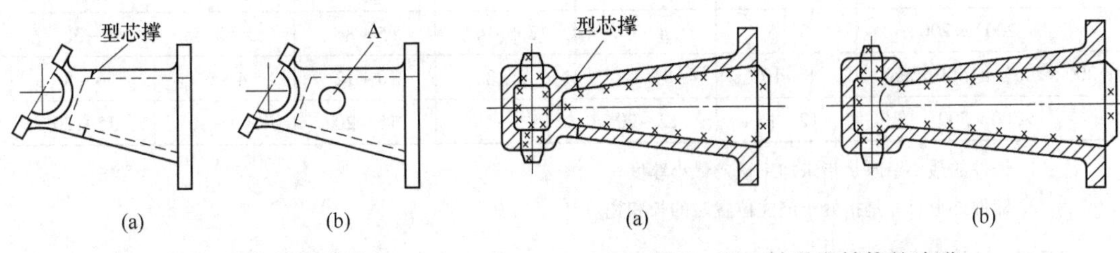

图 1－65 轴承座的结构设计

图 1－66 轴承座结构的改进

（4）结构斜度。铸件上垂直于分型面的非加工表面最好具有结构斜度，这可以方便起模，提高铸件精度，同时有利于“以型代芯”，简化造型工艺。图1－67所示缝纫机边脚的侧边均设有30°左右的结构斜度，故沟槽部分不需型芯，起模方便，而且铸件光洁、美观。

铸件的结构斜度与起模斜度都方便起模，但二者有所不同。前者设置在非加工表面，斜度较大，由设计者在零件图上直接标出；后者设置在加工面上，斜度较小，由工艺人员在制定铸造工艺时给出（见图1－68）。

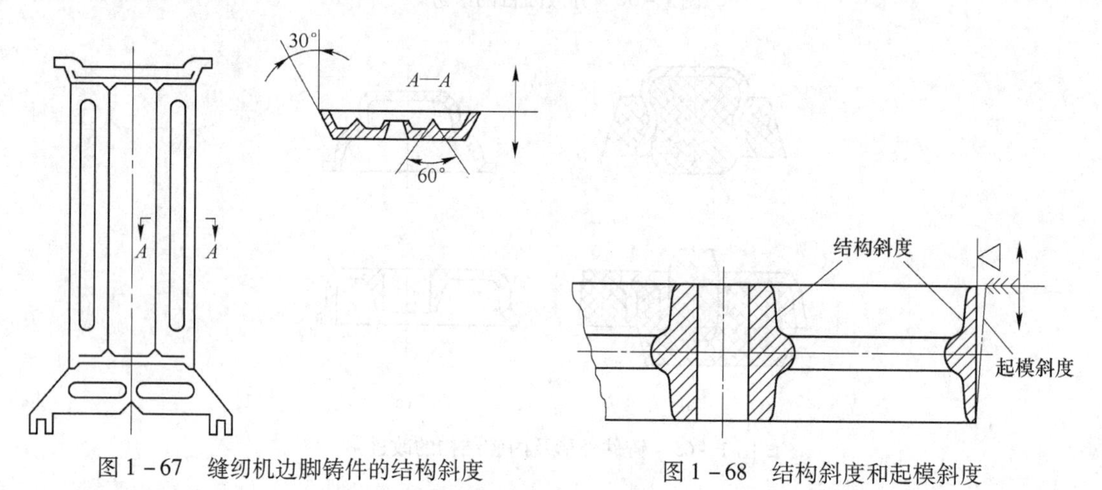

图1－67　缝纫机边脚铸件的结构斜度

图1－68　结构斜度和起模斜度

1.4.2　合金铸造性能对铸件结构的要求

要获得优质铸件，在设计铸件的形状和各部分的尺寸时，必须充分注意合金的铸造性能及其结晶特点，否则会造成金属材料的浪费、性能的降低，甚至出现废品。合金的铸造性能对铸件的结构有如下一些要求。

（1）铸件的壁厚尺寸应当合理。确定铸件的壁厚时，一般应综合考虑三个方面：保证铸件所需的强度和刚度；尽可能节约金属；铸造时没有很大困难。

确定的壁厚不能过小，制造薄壁铸件时，此问题尤为突出。这是因为合金的流动性各有不同，导致不同合金在一定的铸造条件下所能浇注出铸件的最小壁厚也不同。所确定的铸件壁厚不应小于最小壁厚值，否则将难以保证充型，容易产生浇不足、冷隔缺陷。

最小壁厚的数值与合金种类、铸造方法、铸件大小和形状等因素有关。表1－13为砂型铸造时铸件最小壁厚的经验值。

表1－13　砂型铸造时铸件壁厚最小经验值　（mm）

铸件外形尺寸/mm	灰铸铁	球墨铸铁	可锻铸铁	铸钢	铝合金	铜合金
（0～200）×200	3～5	4～6	2.5～4	5～8	3～3.5	3～3.5
（200×200）～（500×500）	8～10	8～12	6～8	10～12	4～6	6～8
>500×500	12～15	12～20	—	15～20	—	15～20

注：1. 铸件的最小壁厚是指未加工壁的最小厚度；

2. 铸件外形尺寸是指处于浇注位置时的长和宽。

同时，铸件壁厚也不宜过大。因为壁厚时，铸件的晶粒粗大而且容易产生缩孔、偏析等缺陷，从而使力学性能有所下降，所以为了充分发挥金属力学性能的潜力，节约金属，各种铸造合金都存在一个临界壁厚。铸件壁厚超过这个临界值之后，其承载能力并不按比例地随着壁厚的增加而增加。据一些资料推荐，在砂型铸造时，各种合金铸件的临界壁厚值约为其最小壁厚的三倍。

为了提高零件的承载能力和刚度而不过分增加铸件的壁厚，应采用合理的截面形状（见图 1-69），必要时还可采用加强筋的结构形式。铸件上的加强筋不仅能增加强度和刚度，减轻质量，而且还能起到防止裂纹、变形和缩孔的作用。有时为了改善充型和补缩条件，也可在铸件上设筋。

图 1-69 铸造零件常用的截面形状

图 1-70 所示平板（或具有宽大平面的）铸件，其特点是厚度小、尺寸大，浇注时产生图 1-70（a）所示的漫流而不易充满型腔，经常出现冷隔、浇不足等缺陷。若增设几条筋（见图 1-70（b）），可使充型液流优先沿阻力小的筋流动，然后再均匀地充满平板的各个部分。

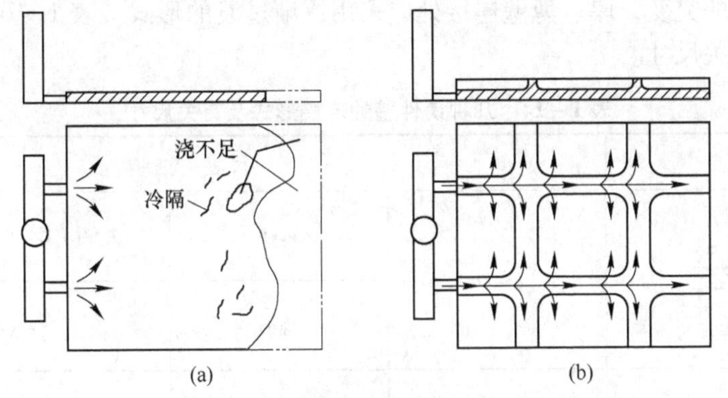

图 1-70 平板铸件的结构设计

另外，铸件各部分的壁厚应尽量均匀一致。因为壁厚差别过大，会引起较大的铸造应力，使铸件产生变形和裂纹，同时在金属聚集的地方还可能出现缩孔。

顶盖的原设计（见图 1-71（a））壁厚相差悬殊，图上注出易产生缩孔和裂纹的位置。改进后（见图 1-71（b）），壁厚变得均匀，防止了缺陷的产生。

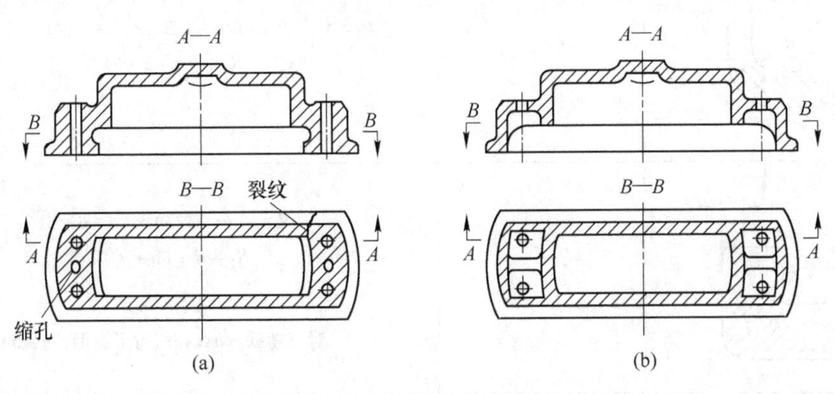

图 1-71 顶盖的结构设计

为了达到同时凝固、冷却的目的，在确定壁厚时，还应考虑各部位的散热条件。一般说来，铸件的外壁、内壁和筋的厚度之比大致为1:0.8:0.6。

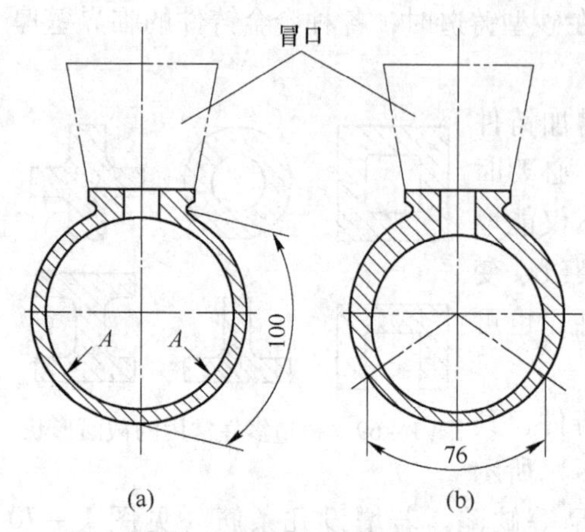

图1－72　铸造合金钢壳体的结构设计

但对于收缩大的合金或致密性要求高的铸件，则应按着有利于顺序凝固的原则来确定铸件的壁厚。如图1－72所示铸造合金钢壳体，原设计的壁厚均匀（见图1－72（a））。但是，由于冒口补缩距离有限，易在A处产生缩松，造成水压试验时渗漏，改为图1－72（b）所示结构，在壳体底部76mm范围内保持均匀壁厚，由底部向上按1.5°～3°的角度将壁厚逐渐增大直到与法兰相接，这样就可保证壳体实现顺序凝固，消除了A处的缩松。

（2）壁的连接形式应合理。铸件各部分的壁厚常常难以做到均匀一致，此时，在壁的连接处应避免壁厚的突变，厚、薄壁连接处应采用逐渐过渡的形式。表1－14为几种铸件壁的连接形式和有关尺寸。

表1－14　几种铸件壁的连接形式及有关尺寸

图　例	尺　寸		
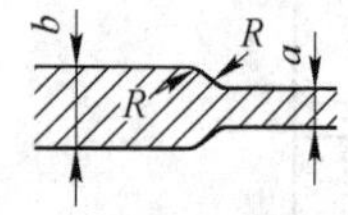	$b \leqslant 2a$	铸铁	$R \geqslant (1/6 \sim 1/3) \times (a+b)/2$
		铸钢	$R \approx (a+b)/2$
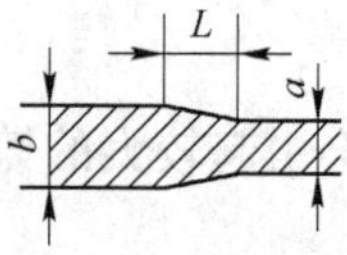	$b > 2a$	铸铁	$L \geqslant 4(b-a)$
		铸钢	$L \approx 5(b-a)$
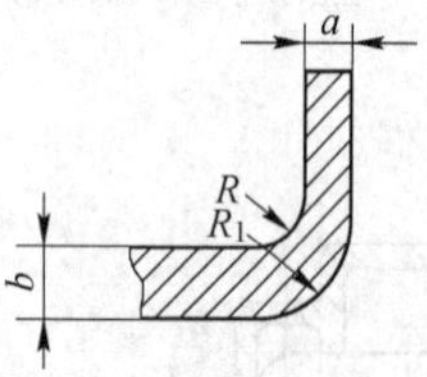	$b \leqslant 2a$	$R \geqslant (1/6 \sim 1/3) \times (a+b)/2$； $R_1 \geqslant R + (a+b)/2$	
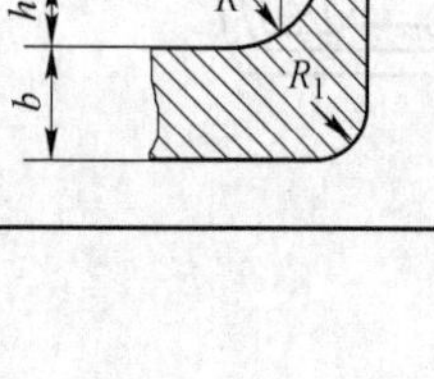	$b > 2a$	$R \geqslant (1/6 \sim 1/3) \times (a+b)/2$； $R_1 \geqslant R + (a+b)/2$； $c \approx 3(b-a)^{\frac{1}{2}}$； 对于铸铁，$h \geqslant 4c$；对于铸钢，$h \geqslant 5c$	

由表1－14可知，相邻两壁厚度差不大时，可采用圆弧过渡形式。因为在铸件壁直角相交处会形成晶间脆弱面，并且该处形成金属聚集而易产生缩孔，加上该处会产生应力集中现象（见图1－73（a）），所以容易产生裂纹导致破坏。改为圆弧过渡（见图1－73（b）），即可克服上述缺点。因此，设计铸件结构时，壁的转角及壁的连接处均应有结构圆角。当相邻壁厚度差别很大时，仅有圆角还不够，还必须有壁厚渐变的过渡段（如表1－14中的L和h）。铸件的收缩越大，过渡段应越长。

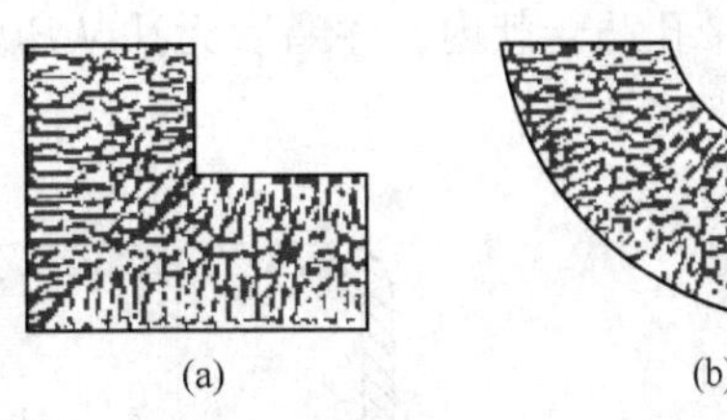

图1－73　铸件转角处结晶示意图

另外还应尽量避免壁的锐角连接和交叉（见图1－74）以减少金属聚集和应力集中程度。

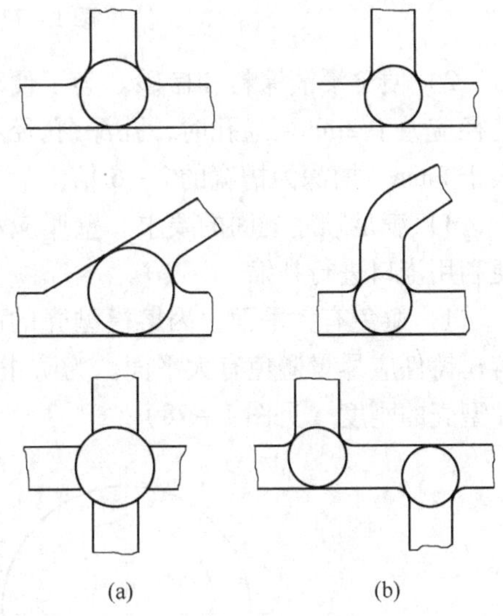

图1－74　锐角连接和交叉连接结构的改进
（a）不合理；（b）合理

（3）避免受阻收缩，以免铸造应力过大而产生裂纹。图1－75所示皮带轮铸件，从模样制作方便考虑，将轮辐设计成直的（见图1－75（a））。但铸件收缩大时，可将轮辐改成弯曲的（见图1－75（b）），这样可以借轮辐的微量变形减小铸造应力，避免轮辐被拉裂。

（4）避免大的水平面。罩壳的原设计（见图1－76（a））因大平面在浇注时处于水平位置，金属液中的气体和夹杂物容易滞留在该处形成气孔和夹渣，而且也易产生夹砂缺陷。若改成图1－76（b）所示结构，浇注时金屑液沿斜面上升，则可避免上述铸造缺陷。

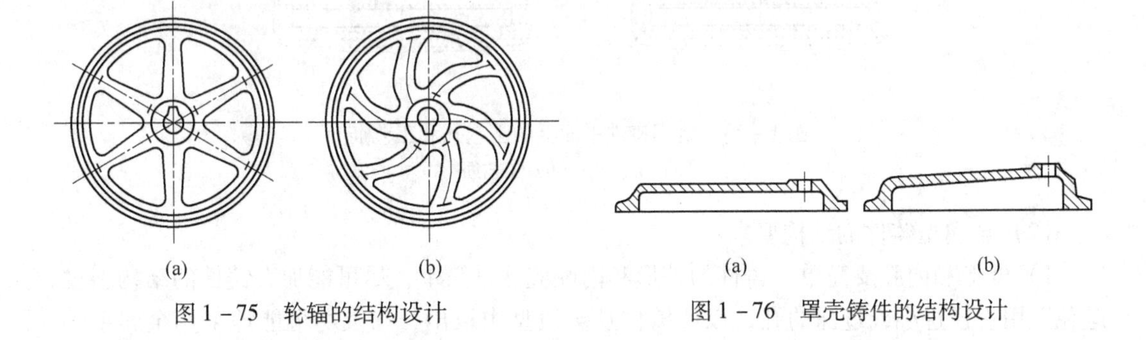

图1－75　轮辐的结构设计

图1－76　罩壳铸件的结构设计

1.4.3　铸造方法对铸件结构的要求

设计铸件结构时，除了要适应铸造工艺和铸造合金方面的要求以外，还要考虑所采用的铸造方法对铸件结构的特殊要求。

（1）熔模铸件的结构要求：

1）蜡模和型芯应便于取出。应便于从压型中取出蜡模和型芯。图1－77（a）所示结构由于带孔凸台朝内，注蜡后无法从压型中抽出型芯，改为图 1-77（b）所示结构，则克服了上述缺点。

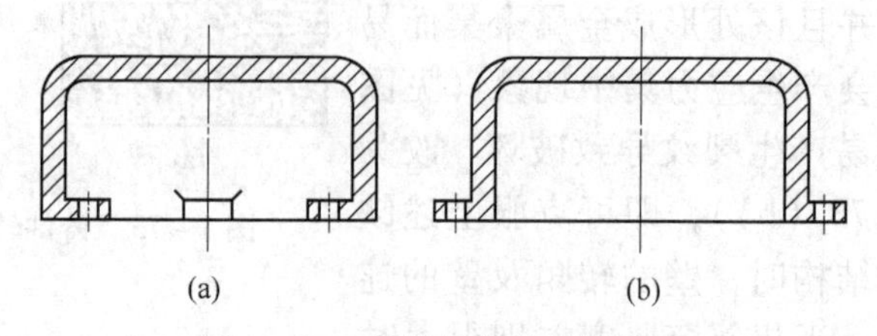

图 1-77　熔模铸件的结构设计

2）便于浸渍涂料和撒砂。为了便于浸渍涂料和撒砂，孔、槽不宜过小或过深，通常孔径应大于 2mm。通孔时，孔深/孔径不大于 4~6；盲孔时，孔深/孔径不大于 2。槽宽应大于 2mm，槽深为槽宽的 2~6 倍。

3）满足顺序凝固的要求。壁厚应尽可能满足顺序凝固要求，不要有分散的热节，以便利用浇口进行补缩。

4）避免有大平面。因熔模型壳的高温强度低、易变形，而平板型壳的变形尤甚，故熔模铸件应尽量避免有大平面。为防止上述变形，可在大平面上设工艺孔或工艺筋，以增加型壳的刚度（见图 1-78）。

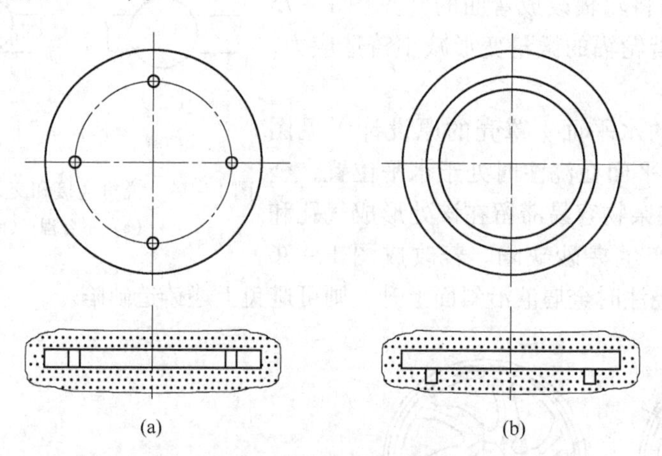

图 1-78　熔模铸件平面上的工艺孔和工艺筋
（a）工艺孔；（b）工艺筋

（2）金属型铸件的结构要求：

1）外形和内腔要简单。铸件的外形和内腔应尽量简单，尽可能加大铸件的结构斜度，避免采用直径过小或过深的孔，以便铸件从金属型中取出，以及尽可能地采用金属型芯。图 1-79（a）所示铸件，其内腔内大外小，而 ϕ18mm 孔过深，金属型芯难以抽出。在不影响使用的条件下，改成图 1-79（b）所示结构，增大内腔结构斜度，减小孔深，则金属芯抽出顺利。

2）壁厚差不能太大。铸件的壁厚差别不能太大，以防出现缩松或裂纹。同时为防止浇不足、冷隔等缺陷，铸件的壁厚不能太薄，如铝合金铸件的最小壁厚为 2~4mm。

（3）压铸件的结构要求。压铸件的外形应便于铸件从压铸型中取出，内腔也不应使金

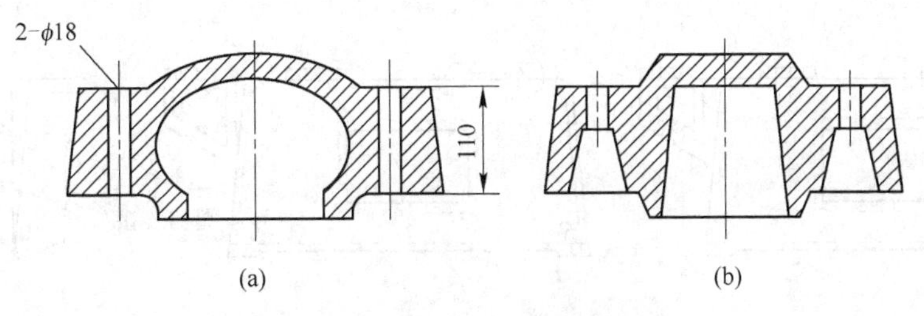

图 1－79 铸件结构与抽芯机构

属型芯抽出困难，因此要尽量消除侧凹。在无法避免而必须采用型芯的情况下，至少应便于抽芯，以便压铸件从压铸型顺利地取出。图 1－80 为压铸件的两种设计方案。图 1－80（a）所示的结构图侧凹朝内，无法抽芯。改为图 1－80（b）所示结构后，使侧凹朝外，按箭头方向抽出外型芯后，便可从压铸型的分型面取出压铸件。

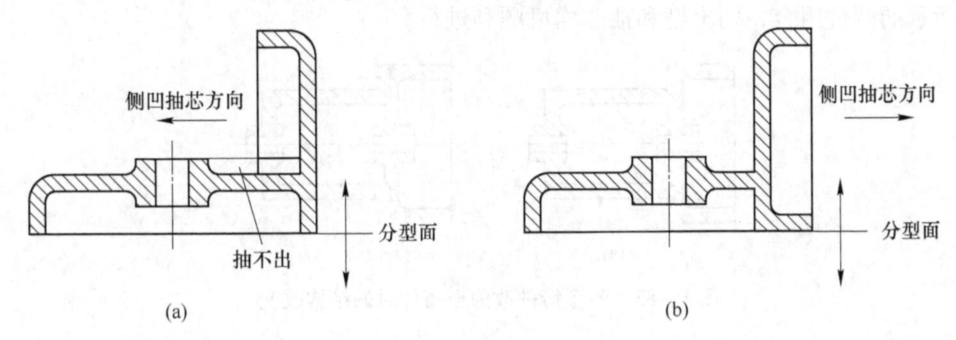

图 1－80 压铸件的结构设计

压铸件壁厚应尽量均匀一致，且不宜太厚。对厚壁压铸件，应采用加强筋减小壁厚，以防壁厚处产生缩孔和气孔。

充分发挥镶嵌件的优越性，以便制出复杂件，改善压铸件局部性能和简化装配工艺。

1.4.4 铸件结构的剖分与组合

（1）铸件的剖分设计：

1）大铸件（或形状复杂铸件）采用剖分设计。将大铸件或形状复杂的铸件设计成几个较小的铸件，经机械加工后，再用焊接或螺栓、螺钉连接等方法将其组合成整体。其优点如下：

①能有效解决铸造熔化设备、起重运输设备能力和场地等不足的问题，实现以小设备能力制造大型铸件的目的；

②易于做到结构合理，简化铸造工艺，保证铸件质量，铸件各部分还可根据使用要求用不同材料铸造；

③易于解决整铸时切削加工工艺或设备上的某些困难。

图 1－81 所示为铸钢大机座，为便利铸造剖分成两半，铸造后焊接成整体。图 1－82（a）所示的整铸床身铸件，形状复杂，工艺难度大。其可采用图 1－82（b）所示的方案，剖分成两件，铸造成形后，再用螺钉装配起来。

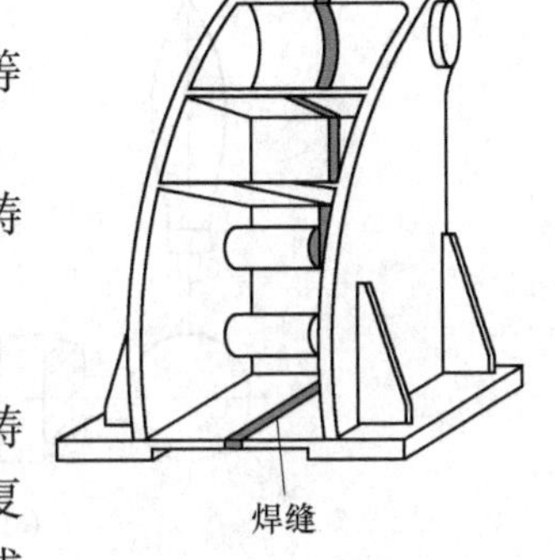

图 1－81 底座的铸焊结构

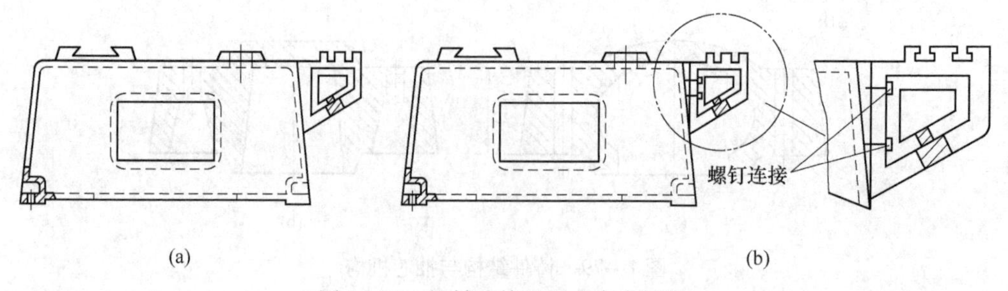

图 1-82　机械连接的组合床身铸件

2）无法整铸的结构采用剖分设计。因所采用的铸造方法的局限性无法整铸的结构需采用剖分设计。如图 1-83（a）所示，原来砂型铸造件，因内腔采用砂芯，故铸造并无困难；但改为压铸件时，既难出型也无法抽芯，因而无法压铸这个铸件。若改成图 1-83（b）所示的两件组合，则出型和抽芯均可顺利进行。

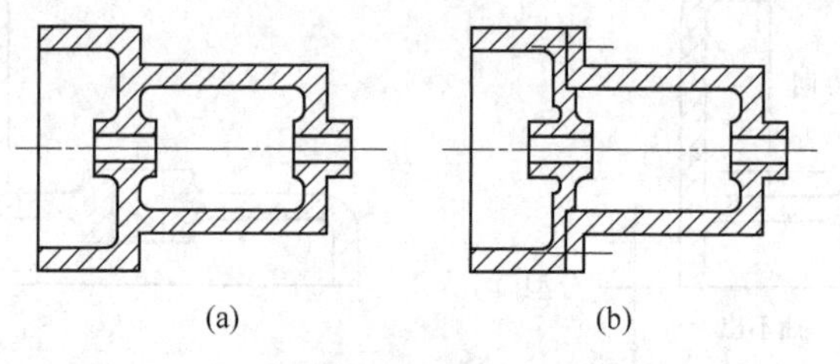

图 1-83　砂型铸件改为压铸件时的结构改变

3）性能要求不同的部分采用剖分设计。当零件上各部分存在对耐磨、导电或绝缘等不同的性能要求时，常采用剖分结构。分开制造后，再镶铸成一体，如图 1-84 所示。

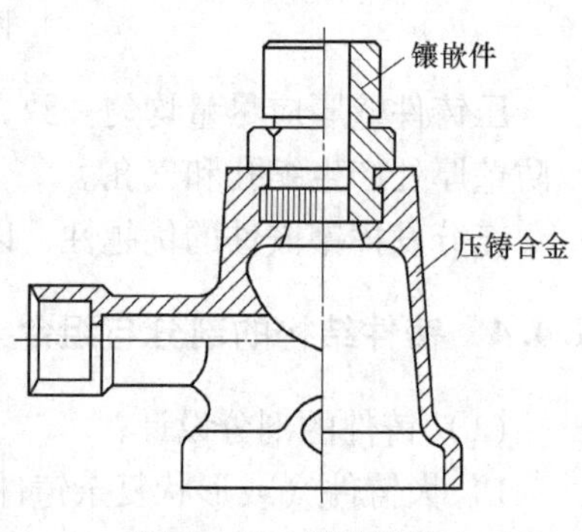

图 1-84　镶嵌铸件

（2）铸件的组合设计。利用熔模及气化模等成形工艺不需起模，并能铸出复杂铸件的特点，可将原需加工装配的组合件改为整铸件，以简化制造过程，提高生产效率，并方便使用。如图 1-85 所示为车床上的摇手柄由加工装配结构（图 1-85（a））改为熔模铸造成形的

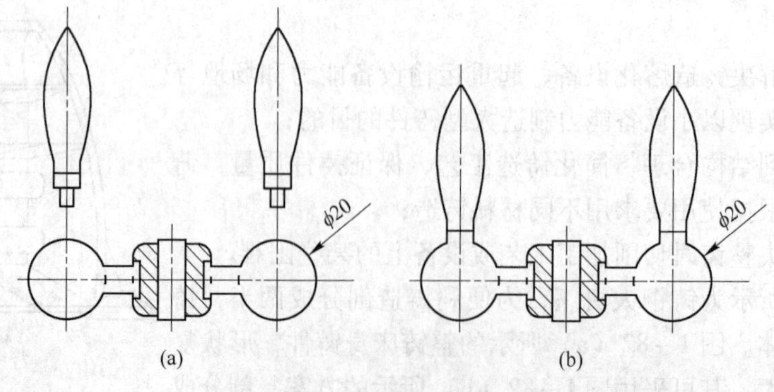

图 1-85　车床摇手柄的设计

（a）原设计（加工装配）；（b）改进设计（整铸）

整铸结构（图1-85（b））。

再举两个例子：波音747、767等客机发动机上的重要部件——前机匣，是钛合金圆柱形大型框架类部件，轮廓最大尺寸为1320.8mm，原来由88个较小的零件组装而成，现采用熔模铸造整铸工艺，可以大大简化生产工艺过程，强度提高，质量减少，尺寸控制得更加精确；摩托车车架换向接头采用整体熔模铸件代替原来由13个零件组装而成的装配结构，大大减少了焊接、矫直工作，部件尺寸更为精确。

1.5　不断发展的铸造技术

随着各领域科学技术的飞速发展，特别是计算机、信息技术的广泛应用，铸造技术也有了长足的进步，各种铸造新工艺、新方法层出不穷。传统铸造行业的面貌正在发生着巨大的变化。工艺的复合化，制品的净形化和强韧化，生产过程的自动化、信息化、敏捷化、柔性化以及绿色化正在逐步成为现实。

1.5.1　第三代造型技术及铸造技术

1.5.1.1　气流冲击造型

气冲造型过程是利用压缩空气直接紧实型砂，即先将型砂填入砂箱内，然后快速开启阀门，压力罐内的压缩空气（气压0.3~0.7MPa）突然释放，产生很强的冲击压力波，作用在松散的型砂背面，使之迅速向模板方向运动，受到模板阻挡，由于惯性力的作用型砂在约0.25ms内被冲压紧实。

气冲造型是20世纪80年代开发的机器造型技术，具有紧实速度快、砂型紧实度分布合理、噪声相对较低、造型机结构简单和能生产复杂铸件等优点。主要用于汽车、缝纫机、纺织机械所用的铸件。

1.5.1.2　真空密封造型法（简称“V”法）

1969年日本发明了“V”法，这是一种新型的物理（第三代）造型方法，即先在模板上覆上一层塑料薄膜，再套上特制的砂箱，然后将无粘结剂的干砂填入砂箱内，用塑料薄膜将砂箱密封后抽真空。利用铸型内外的压力差使型砂紧密。“V”法造型具有造型过程简单、铸件表面粗糙度低、尺寸精度高、噪声低和无需传统的砂处理过程等许多优点。可用于生产面积大、壁薄、形状不太复杂及要求表面光洁、轮廓清晰的铸件，如艺术铸件、大型标牌、浴缸等。

1.5.1.3　实型铸造（简称FM法）

实型铸造法是用泡沫聚苯乙烯塑料（EPS）模代替通常的木模或金属模进行造型，不起模而使铸型成为实体铸型，浇注过程中，塑料模在高温金属液的作用下，迅速燃烧和汽化而消失，金属液取代了塑料模原来的位置，凝固后得到铸件的一种成形方法。因此这种方法又被称为消失模铸造（简称EPC法）、汽化模铸造、无型腔铸造。

该法是美国人H. F. Shroyer于1956年首先试验成功的。20世纪90年代德国、英国、俄国、日本等国相继将此法应用于工业生产，该法出现之初是采用有粘结剂的型砂造型的。

随着塑料、化工和机械工业的发展，以及实型铸造工艺的日趋成熟，铸造工作者在成功地应用本法的基础上，采用泡沫塑料模结合其他新材料、新技术进行试验研究，进而发展形成实型空腔法、实型精密铸造、实型陶瓷型铸造，以及无粘结剂干砂的实型铸造、磁型铸造和实型负压造型等方法，如图1-86所示。其中，后三种属于第三代造型法。

所谓第三代造型法，就是采用干燥的，没有粘结剂的造型材料，借助重力、负压或磁场力代替粘结剂来紧实铸型的一种物理造型法。这种造型方法是铸造生产的未来，它将在许多方面取代传统的机械（第一代）造型法和化学（第二代）造型法。

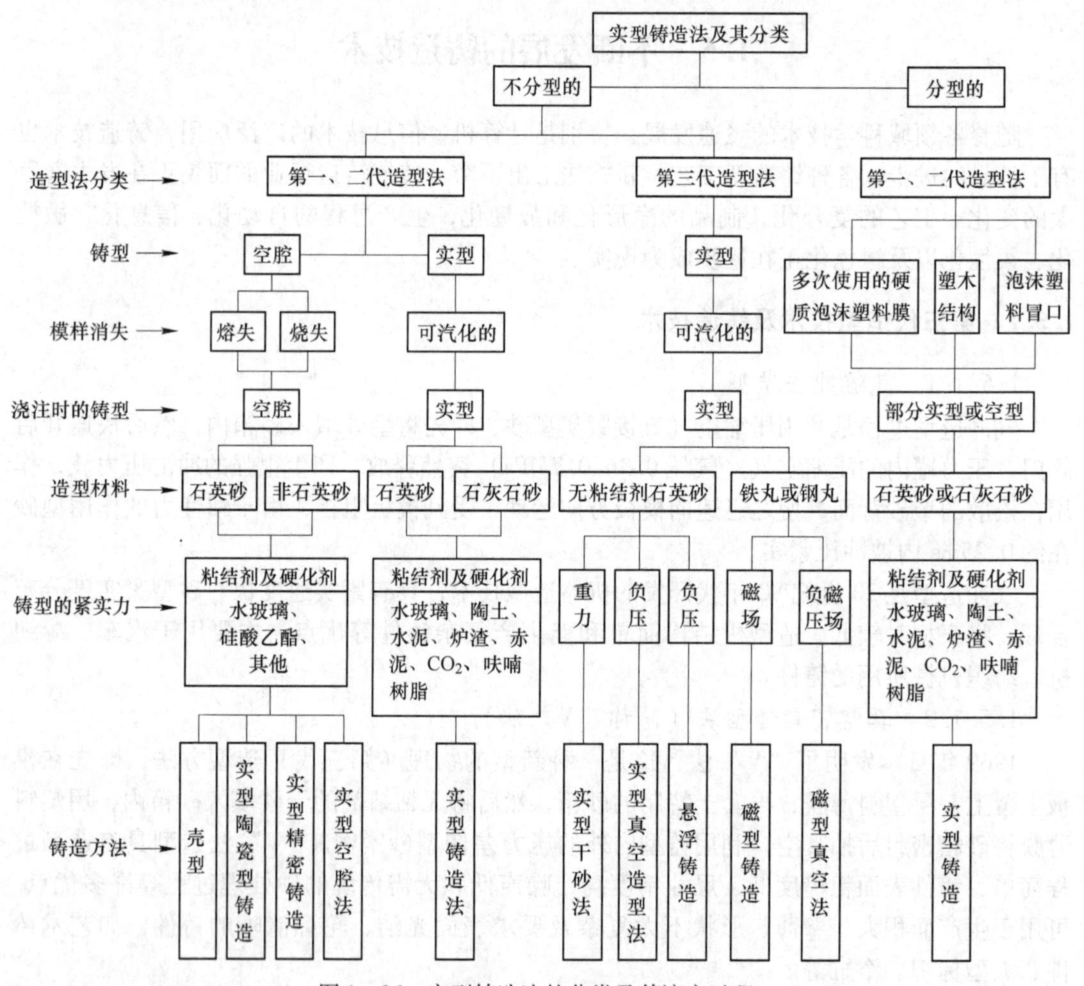

图1-86 实型铸造法的分类及其演变过程

上述各种造型法，既继承了常规实型铸造法的部分优点，又弥补了各自的不足，充分发挥了本法的特长。尤其是第三代造型法的出现，为今后的不用混砂、没有噪声和污染、劳动强度低、铸件精度高和易实现自动化生产的铸造生产方式指明了方向。

A 几种实型铸造法的工艺过程

（1）实型干砂铸造法。洁净干燥的无粘结剂砂能用于实型铸造的主要原因是：在造型和浇注过程中铸型始终是由泡沫塑料模和金属液所占有。当模样被金属液逐步取代时，模样产生的气体压力、汽化产物渗入干砂颗粒空隙内的凝结物，以及耐火涂料层和金属液与未汽化残存的模样共同支撑着砂型，使其保持紧实的铸型结构，直至浇注结束，泡沫塑料模全部汽化被金属液所取代。

实型干砂铸造法的工艺过程如图 1 - 87 所示。

1）把带有浇冒口的模样经浸、淋或喷涂均匀覆盖一层耐火涂料。

2）在上端开口的砂箱内，先填入部分干砂；然后将覆有涂料的泡沫塑料模（附有浇冒口）置入箱内，使其保持要求的工艺位置；随即继续填砂至砂箱顶端。

3）在填砂过程中，同时振动砂箱，使铸型具有一定的紧实度；然后把多余的砂从砂箱顶部刮去。

4）为防止浇注时抬箱，在铸型的顶部放上多孔盖板或压铁。

5）把浇口盆放在直浇道部位，即可进行浇注。

6）待铸件表皮冷凝层形成后便可先除去压铁等重物，直至铸件凝固后吊出铸型，或通过翻转机构把铸件和型砂一起倾入落砂工位，使铸件与干砂分离。

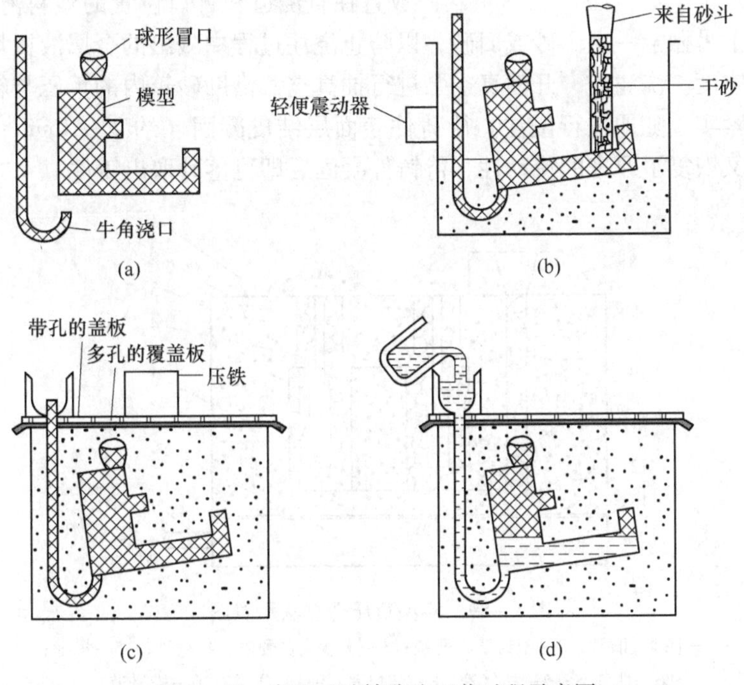

图 1 - 87 实型干砂铸造法工艺过程示意图

（2）磁型铸造法。干砂法的铸型强度和紧实度低，易溃散。为了克服这些不足，20 世纪 60 年代中期，德国的 A. Wittmoser 在干砂法基础上开发了用可磁化的造型材料（如铁丸）代替干砂，借助磁场力紧固铸型的磁型铸造法（又称“磁力造型”法）。

其工艺过程的基本原理如图 1 - 88 所示。即将表面覆有耐火涂料的泡沫塑料模置入上端开口的导磁铁质砂箱内，然后填入无粘结剂的、流动性好的粒状磁性材料（铁丸或钢丸），使其充填入模样的内外型腔；经微震紧实后，置入固定的磁型机内；在浇注前给磁型机通磁，借助磁场力的作用，磁性造型材料互相吸引结合形成既有一定强度和紧实度，又有良好透气性的磁性铸型；浇注时，泡沫塑料模逐步汽化，待铸件冷却凝固后即可去磁落砂，随着磁场的消失，铁丸又恢复其流动性，便可容易地取（或倾）出铸件。

（3）实型负压（或真空）造型法（简称 FV 法）。实型负压造型法又称实型真空密封

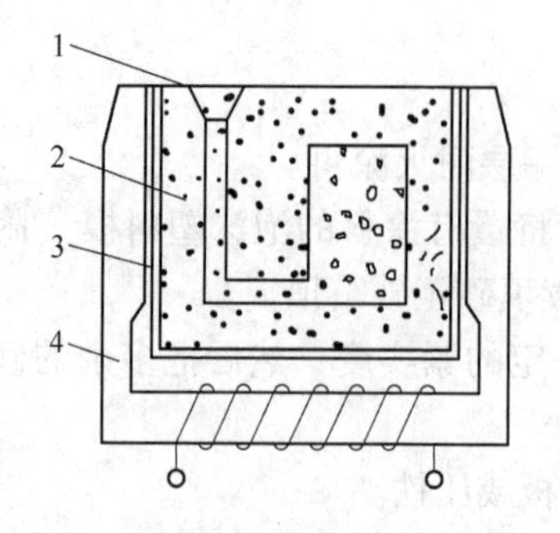

图 1-88　磁型铸造原理示意图

1—表面覆有耐火涂料的泡沫塑料模；2—粒状磁性材料；3—铁质砂箱；4—磁型机

造型法或实型真空造型法。它是在实型法的基础上，综合了干砂法、磁型法和真空密封造型法三者的工艺特点，进而发展起来的一种新工艺。其目的是克服实型铸造法污染环境的缺点和减少实型铸件常见的铸造缺陷。

其工艺过程的基本原理如图 1-89 所示，即将覆有涂料的泡沫塑料模置于可抽真空的特制砂箱内，填入干砂或铁丸，使其充填模样的内外型腔直至砂箱的上口，并加以微震紧实呈实体的铸型。然后，用塑料薄膜盖住砂箱上口，以确保铸型呈密封状态。再将浇口盆和冒口圈放置在直浇道和冒口位置的塑料薄膜上。同时，又在密封薄膜上另撒上一层干砂或旧砂，以防止浇注过程中溅出的金属液烫坏塑料薄膜影响铸型内的真空度。浇注前，开动真空泵进行抽真空，借助砂箱内的负压与箱外形成的压力差，使铸型紧实，随即进行浇注。待铸件表面层结皮凝固（约 2～10min）后，便可停泵，造型材料又恢复了原来的流动性，待铸件凝固后即可落砂取出铸件。

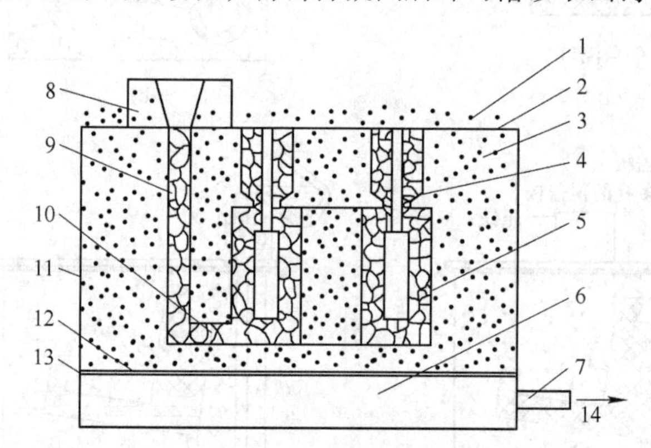

图 1-89　实型负压造型法示意图

1—干砂或旧砂；2—密封塑料薄膜；3—干砂或自硬砂；4—冒口；5—模样；6—抽气室；7—抽气管；8—浇口盆；9—直浇道；10—横浇道；11—有底砂箱；12—金属丝网；13—多孔隔板；14—连接真空泵

B　实型铸造法的特点及应用

实型铸造法采用遇液态金属即汽化的泡沫塑料模造型，铸型无分型面，不用起模，不用砂芯，采用无水分、无粘结剂和附加物的干砂造型，在负压下使铸型获得强度并进行浇注，这有别于常规的砂型铸造方法，所以有其独特的优越性。

（1）它是一种近乎无余量的精密成形技术，铸件尺寸公差等级高，表面粗糙度低，接近熔模铸造的水平。

（2）铸件质量减少，切削加工量减少，铸件成本大大降低（据不完全统计，实型铸件的制造费用仅为普通铸件的 20%～60%）。

（3）生产环境大大改善，被国内外铸造专家和企业家普遍称为“21 世纪的铸造新技术”、“铸造的绿色工程”。聚苯乙烯在低温下无害，浇注时排放的有机物比树脂砂少，且易于集中处理后排放。因铸件无飞翅、表面光洁，故大大减轻了清理工作量，同时也减少了噪声、一氧化碳、石英粉尘的危害。

（4）为铸件结构设计提供了充分的自由度。原来由多个零件经加工后组装的结构，可通过分片制造模样后再粘合成整体的办法整体铸出，原需经加工形成的孔、槽等也可直接铸出。

（5）节约木材，工艺过程简化，易于实现机械化、自动化生产，且设备投资较少，占地面积小。

该法的工艺日臻完善，应用范围也日趋广泛，几乎所有的金属（包括钢、铁及非铁合金），质量从1kg到50t，壁厚从5mm到1m的各类、各种批量的铸件都可采用这种方法生产。而且该法生产的机械化、自动化程度越来越高。从20世纪80年代以后，美、日及西欧等国家先后建成一条条高度机械化、自动化的实型铸造生产线，实型铸造专业车间和专业工厂也相继建成，生产出了铝合金进气管、缸体、缸盖和铸铁排气管、缸体、曲轴、轮毂、刹车盘等铸件，使它在汽车（特别是轿车）、机械等行业中占有相当重要的地位。据报道，1995年美国实型铸造件的质量已达其年产铸件总质量的15%。目前，该法在我国也已经推广应用。

1.5.1.4 冷冻造型和冷砂造型

冷冻造型法也是一种物理（第三代）造型方法，其基本原理是用液氮作为冷却介质，使型砂中的水分冷冻而得到具有一定强度的冷冻铸型。此类方法有吹入法（英国）、浸渍法（日本）、冷冻模板法（前苏联）等。该法的优点是：所生产的铸件表面粗糙度低，型砂溃散性好，不污染环境，生产成本较低等等。但该法存在生产率低、冷冻时间长、液氮利用率低、保型时间短的缺点。

为了克服上述缺点，在冷冻造型的基础上发展起来的冷砂造型法是利用冰膜砂、黏土水冰膜砂、双层覆膜砂、冰雪冷砂等冷砂，采用冷板技术制造冷砂型，有较好的发展前景。这两种造型法的比较见表1－15。

表1－15 冷砂造型与冷冻造型的比较

型别	冷砂造型	冰冻造型
生产率	60～120箱/h，造型时不需冷冻，只混冷砂，简化了工艺操作过程，原工装设备可利用	15箱/h，造型时要冷冻，工艺复杂，需要特殊工装设备
成本	液氮利用率80%以上，旧砂回收率97%，可用天然冷源，可用－35℃以下冷砂	液氮利用率6%～7%，旧砂回收率80%～90%，不能用天然冷源，可用－70～－100℃以下冷砂
品质	冷型硬度均匀，温度一致，冷型存放时间2～4h	冷型硬度有差别，冷型各处有温差，冷型存放时间1～2h

1.5.1.5 无木模铸型制造技术（简称PCM）

这种造型方法是快速成形（RP）技术与传统树脂砂铸造技术相结合的产物。其基本原理如图1－90所示。

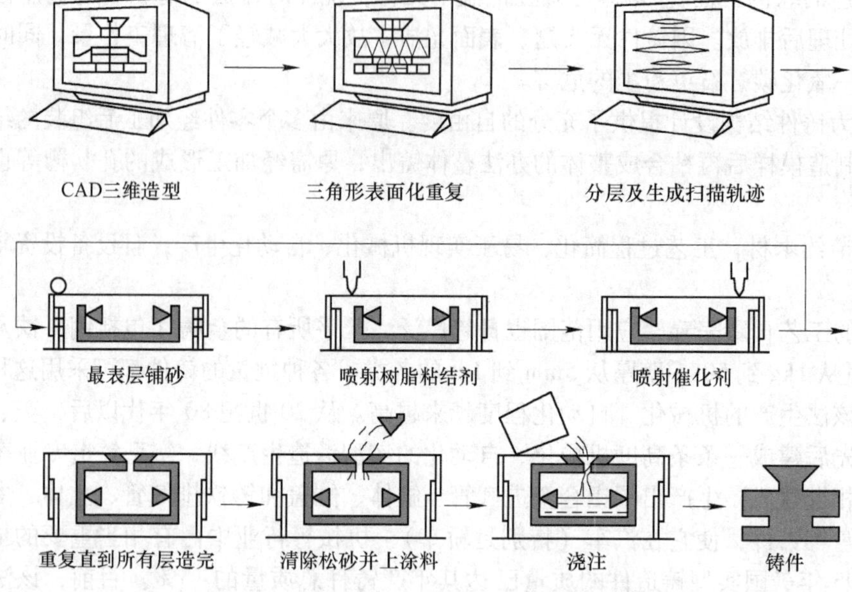

图1-90 无木模砂型制造工艺原理示意图

其基本过程包括数据处理、铸型制造、铸型后处理及浇注三个阶段。造型前首先进行数据处理，综合考虑铸造过程的工艺要求，由零件的三维CAD模型经修改、翻型得到铸型CAD模型，经RP数据处理软件分层得到截面轮廓数据，将此信息转换产生层面扫描数控代码。

造型过程中，由计算机向数控系统循环发送数控代码、驱动造型设备。首先在砂箱中铺一层型砂（铺平并压实），第一个喷头在型砂表面上精确地喷射粘结剂，随后第二个喷头沿同样路径喷射催化剂，粘结剂在催化剂作用下发生胶联反应而迅速固化，将所喷射到的位置的型砂粘结在一起。当完成前层加工后，工作台下降一定高度（一个层厚），再铺一层砂，如此反复直至整个铸型制作完成。粘结剂和催化剂共同作用处的型砂被固化在一起，固化部分层层粘结，得到一个空间实体，粘结剂未喷射到的位置仍是干砂。造型结束后，对铸型进行后处理之后就可直接浇注金属。

PCM工艺最突出的优点是无需木模，直接由CAD模型驱动制造出可浇注的砂型，完全节省了制造木模所花费的时间和费用，大大降低了成本，缩短了制造周期，尤其适合单件小批量生产或新产品开发。该方法是由清华大学激光快速成形中心提出的。目前，将RP技术引入砂型铸造的还有德国的Generis公司。

1.5.2 计算机技术在铸造工程中的应用

用计算机信息技术改造并带动传统铸造行业的发展是铸造技术发展的必然趋势。运用计算机对铸造过程进行建模与模拟仿真、设计、质量控制及信息管理，可以达到优化工艺设计、缩短产品试制周期、降低生产成本、提高材料利用率和确保持件质量的效果。

（1）铸造过程计算机辅助工程分析（简称铸造CAE）。计算机技术在铸造工程中的研究和应用经历了近40年的发展之后，其中的铸造CAE技术已逐渐成熟，并已大量用于铸造过程的宏观及微观模拟仿真和铸造工艺设计的分析及优化。铸造生产正在从单纯依靠实践经验走向由科学理论指导的道路。

铸造过程计算机模拟仿真主要是指温度场、流动充型过程、应力场以及凝固过程的计算机数值模拟。运用相应的数值模拟技术可对设计好的工艺方案进行屏幕试浇，这可以帮助工作人员在实际铸造之前，对铸件可能出现的各种缺陷（如缩孔、缩松、热裂、变形及残余应力等）及其大小、部位和发生的时间予以有效的预测，也可以预测出铸件的凝固态微观组织（晶粒大小、晶粒形态，如球墨铸铁中石墨球的数量、尺寸，铁素体、珠光体数量等），以及由此决定的力学性能和使用性能。以便对工艺方案进行全面的评价，从而提出工艺改进措施，进行新一轮工艺设计、屏幕试浇、工艺校核，直至取得最佳工艺方案。

美国等工业发达国家已大量采用计算机模拟仿真方法来研究开发飞机、导弹、汽车、航空及汽车发动机等的设计、成形加工。据报道，采用此项技术可缩短产品试制周期40%，降低成本30%，提高材料利用率25%。

铸造 CAE 正在与并行工程、敏捷化工程及虚拟制造相结合，已成为网络化异地设计与制造的重要内容。

（2）铸造工艺计算机辅助设计（简称铸造 CAD）。在对铸造工艺方案包含的全部项目（其中最主要的是浇注系统及冒口的设计）进行分析研究而建立起的设计理论的指导下，开发相应的计算机辅助设计程序，把传统的工艺设计问题转化为计算机辅助设计。只要将铸件图样、铸型材料、铸造合金热物性参数、凝固特性等有关参数输入计算机，通过计算机辅助造型、绘图和计算，调用工艺数据库及各种标准件库的数据，即可完成工艺设计与分析优化。图 1－91 为铸造 CAD 的流程。显然，运用铸造 CAD 可以大大提高铸造工艺方案的科学性、可靠性。

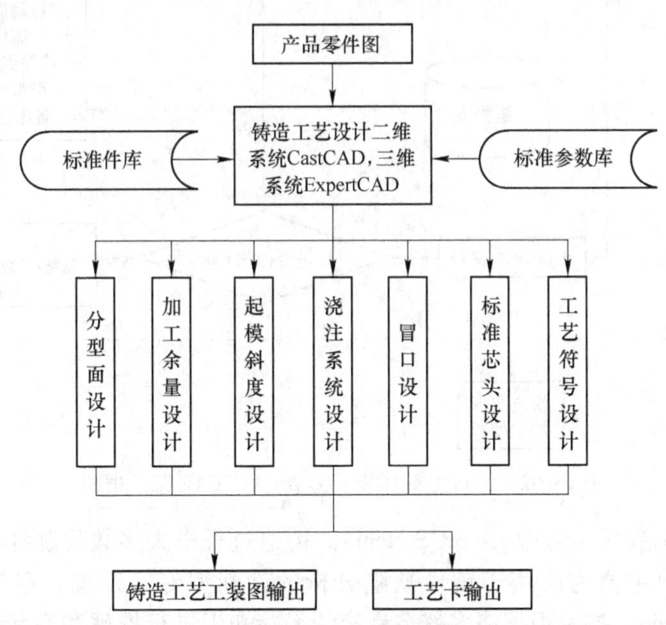

图 1－91　铸钢件铸造工艺 CAD 程序系统结构图

（3）铸造工程中并行工程的应用。20 世纪 80 年代中期以来，旨在加速产品开发过程、提高产品质量、降低产品成本而提出的并行工程（简称 CE）的定义是："CE 是对产品及相关过程（包括制造过程和支持过程）进行并行一体化设计的一种系统化的工作模式。这种模式力图使开发者从一开始就考虑到产品的全部生命周期（从概念形成到产品报废）中的所有因素，包括质量、成本、进度与用户需求。”

CE 既是一种系统化的工作模式，又是一种追求 TQCS（Time，Quality，Cost，Service，即缩短新产品开发周期、提高质量、压缩成本、提供优质服务）的经营哲理，对产品及相关过程实施集成的并行设计是 CE 的核心环节。

采用铸造方法进行生产的毛坯（或零件）要实现并行设计，必然要使产品设计与铸造工艺设计同步进行，提供信息的共享（这是 CE 的基本要素之一），使铸造人员也进入到产品设计的初期阶段，其系统流程如图 1－92 所示。在产品设计部分，设计人员利用结构分析软件对产品原始设计的强度性能、抗疲劳性能、结构稳定性等进行分析，优化结构；在工艺设计部分，铸造人员利用模拟软件模拟铸件的充型凝固过程，进行缺陷分析，改进工艺设计，并在必要时与设计部门联系修改产品结构。

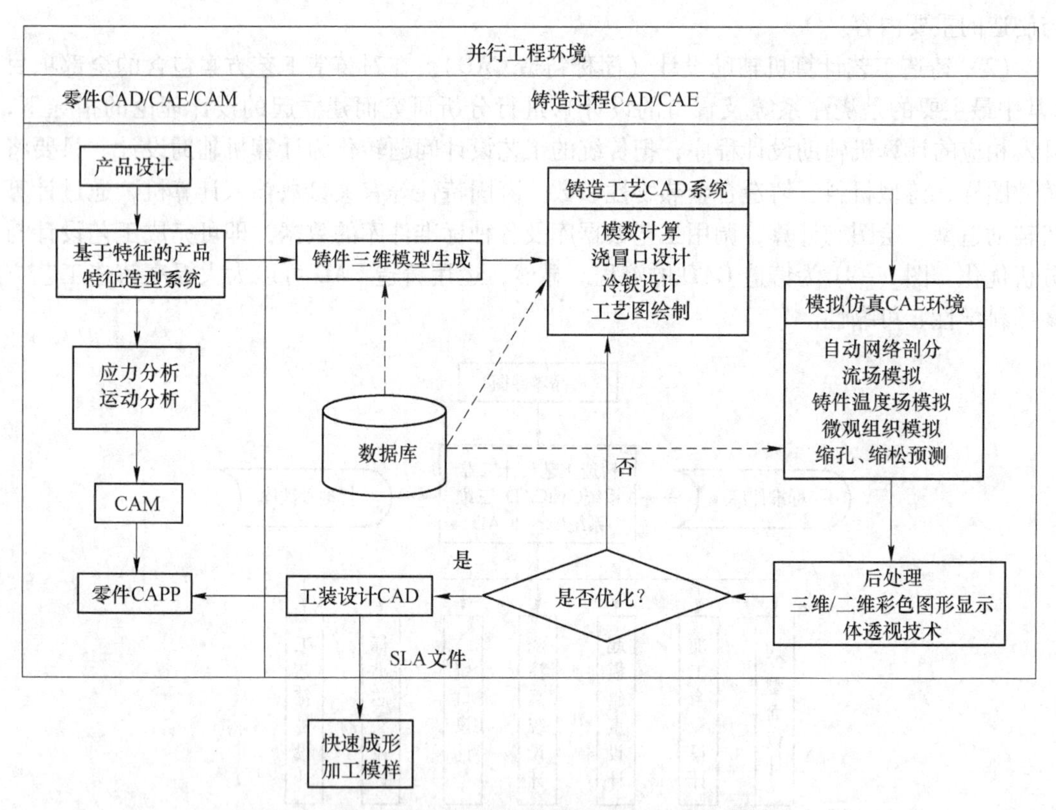

图 1－92　并行工程环境下铸造 CAD/CAE 系统框图

（4）铸造专家系统（铸造 Expert System）。铸造过程中大多数问题都非常适合于专家系统的开发，目前主要为应用于铸件缺陷分析的诊断型专家系统。它是应用人工智能（artificial intelligence）技术根据诸多铸造专家的经验知识进行推理和判断，模拟人类专家作决策的思维过程，来解决原来只有工业专家自己才能解决的复杂问题。例如，清华大学开发的“型砂质量分析和管理专家系统”可对型砂质量进行评估，分析因造型材料质量引起的铸造缺陷，建立造型材料性能数据库。

（5）计算机技术在铸造设备上的应用。计算机技术在铸造设备和铸造厂中的应用，可大大提高设备的可靠性和效率，同时计算机还可以具有人工智能，把技术人员长期积累的经验以及其他有关信息输入计算机，从而实现生产过程的集成化、智能化控制，最终实现生产高质量铸件的目的。

例如，现在一般的造芯车间往往由人工进行更换芯盒和砂芯组装的工作，更换一个芯盒往往需要一个甚至几个小时，效率很低。如汽车汽缸盖砂芯由进气道砂芯、排气道砂芯及水套砂芯组合而成，它的组装通常需要六个操作者来完成。德国 Laempe 公司开发的带有机器人的自动化造芯中心可完成砂芯的取出、去毛刺、检查、上粘结胶或固定钉、组装及上涂料，最后将组合砂芯放到存芯架或输送带上，实现了无人操作。该系统芯盒自动更换仅用 3min。

此外，用计算机实现对压铸机、低压铸造机、造型机（线）、砂处理系统的控制等等，也是这方面的成功范例。

（6）铸造企业的计算机信息管理。企业管理信息系统（简称 MIS）是计算机在铸造企业应用中的重要方面之一。MIS 不仅是现行管理体系的计算机化，而且也是融合了先进管理思想、网络技术、数据库技术的集成系统。

企业管理信息系统关系图如图 1－93 所示。MIS 借助产品和部件的构成数据（即物料

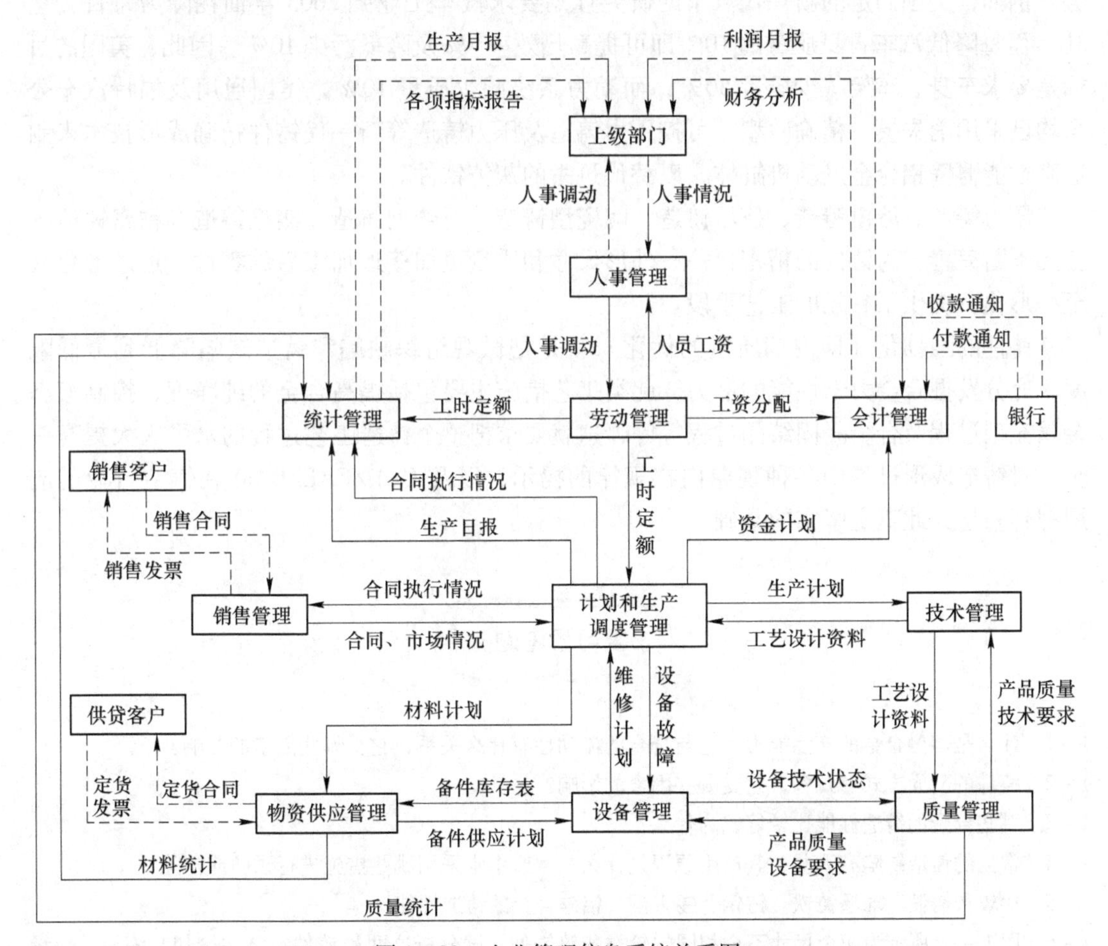

图 1－93 企业管理信息系统关系图

清单 BOM)、工艺数据和设备状态数据，把市场对产品的需求转变为对加工过程和外购原料、零部件的需求，从而在一定意义上实现了优化的科学管理。用计算机完成生产计划、物料需求计划、能力平衡计划、采购库存和控制、生产成本核算及供应链计划控制等，使原来需要大量人力、大量时间也难以做到的计划优化和调整成为可能，从管理角度提高了企业对市场的应变能力。

1.5.3　铸件精确成形技术

为了增强铸造技术与其他成形技术的竞争力，并扩大其应用范围，就必须使铸造制品的品质不断优化，甚至出现革命性的飞跃。于是，近年来铸件精确成形技术便应运而生，该类技术发展的主要内容是铸件的轻量化、强韧化、精密化以及工艺的复合化。

铸件的轻量化不但可以降低材料消耗，而且能产生降低能耗、减少环境污染等效果。轻量化的途径之一是减小铸件的壁厚及合理的结构设计；其二是更多地使用轻合金，而且镁合金、钛合金等比强度更高的合金的应用有从航空航天领域不断向其他领域扩展的趋势。例如，美国制定的新一代汽车的研究计划要求汽车工业到 2003 年油耗降为每百公里 3L，而每降低汽车自身质量的 10% 即可提高热效率 7% 及降低污染 10%。因此，美国的目标是要求车身、车架减少质量 50%，而动力系统减少质量 10%。美国通用及福特汽车公司均已采用消失模、精确砂型、可控压力铸造及压力铸造等新一代铸件精确成形技术来制造高性能薄壁铝合金发动机缸体，以替代过去的灰铸铁件。

压力铸造、熔模铸造、挤压铸造、陶瓷型铸造、石膏型铸造、实型铸造等精密铸造工艺的不断完善，为铸件的精密化——外形尺寸和质量更加接近加工后的零件、近净形化甚至净形化，提供了有效的工艺手段。

铸件的强韧化（即内部质量的优化）就是把微观组织缺陷和铸造缺陷降低到最低限度，充分发掘合金力学性能的潜力。此类工艺措施主要包括提高合金的纯净度，控制液态金属充型过程及合金凝固结晶过程等等，这就要求把整个铸造工艺过程的水平大大提高一步。对铸造成形过程中各种现象内在规律的揭示，以及 CAD/CAE/CAM 在铸造行业的应用都越来越为此奠定坚实的基础。

复习思考题

1-1　什么是熔融合金的充型能力，它与合金的流动性有什么关系，它受哪些因素的影响？

1-2　铸件的凝固方式有几种，它受哪些因素的影响？

1-3　哪些合金的铸造性能比较好，为什么？

1-4　常见的铸造缺陷有哪些，其产生原因是什么，生产中常采用哪些措施进行预防或消除？

1-5　比较灰铸铁、球墨铸铁、铸钢、锡青铜、铝硅合金的铸造性能。

1-6　图 1-94 所示为两个尺寸不全相同的轮类灰铸铁件，试分析这两种铸件在浇注冷却收缩后，轮缘和轮辐处的残余应力状态，并估计可能产生冷裂的部位。

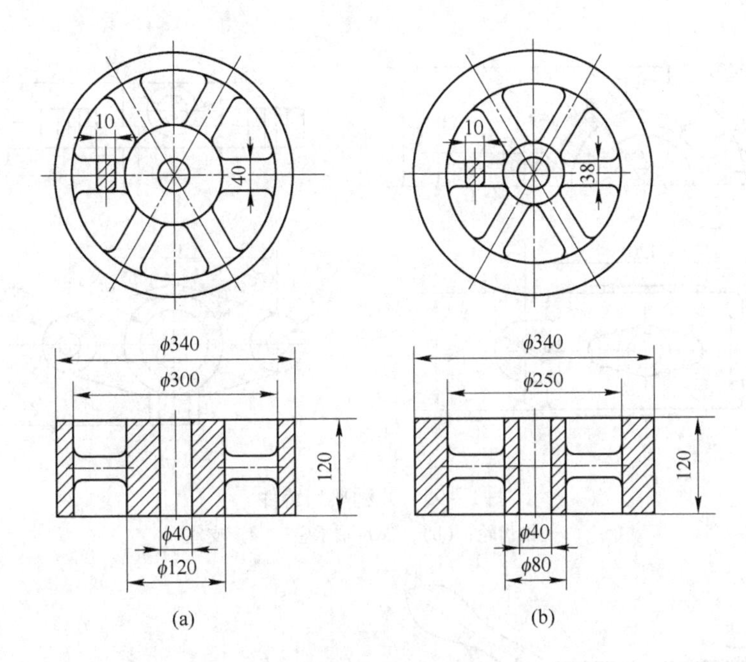

图 1 - 94　题 1 - 6 图

（a）皮带轮；（b）飞轮

1 - 7　下列铸件在大批量生产时宜采用什么铸造方法？

车床床身、摩托车发动机壳体、铝合金活塞、汽轮机叶片、柴油机缸套、大口径铸铁污水管、大模数齿轮滚刀、缝纫机头。

1 - 8　改革砂型铸造方法的途径有哪些？试说明重力金属型铸造、压力铸造、熔模铸造等方法与砂型铸造的主要区别。除现有的特种铸造方法之外，设想几种全新的铸造方法。

1 - 9　举例说明设计铸件结构时，除了应满足使用功能的要求之外，还应考虑哪些问题？

1 - 10　下列铸件在单件生产时应采用哪种造型方法？（见图 1 - 95）

1 - 11　确定图 1 - 96 ~ 图 1 - 100 所示铸件的铸造工艺方案。要求如下：（1）按单件小批生产和大批大量生产两种生产条件，分析确定最佳方案；（2）按所选方案绘制铸造工艺图（包括浇注位置、分型面、分模面、型芯及浇注系统等）。

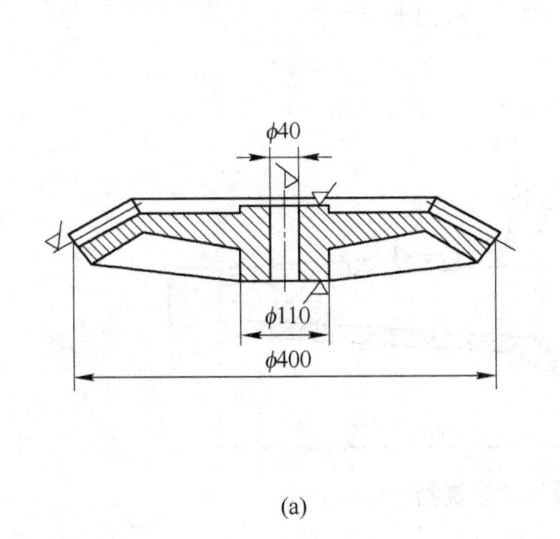

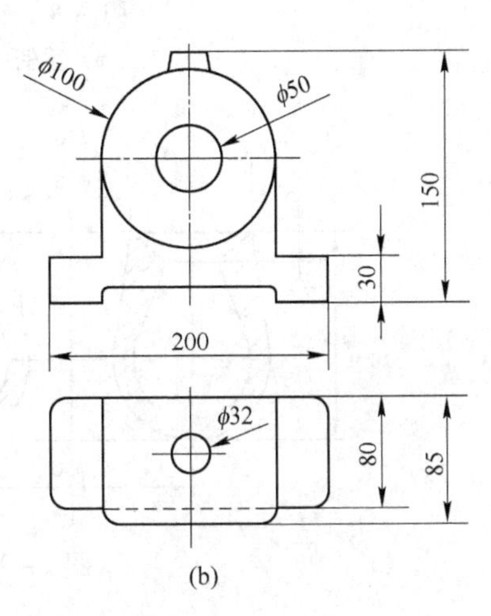

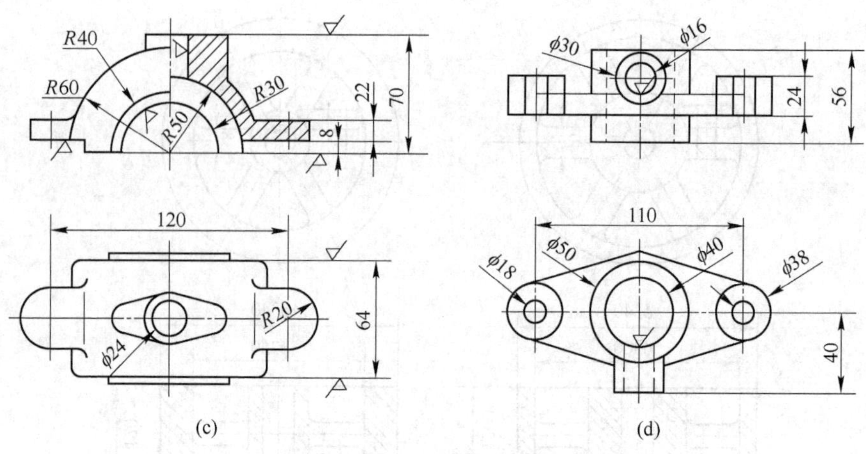

图 1-95 几种典型铸件

（a）锥齿轮；（b），（c）轴承座；（d）支座

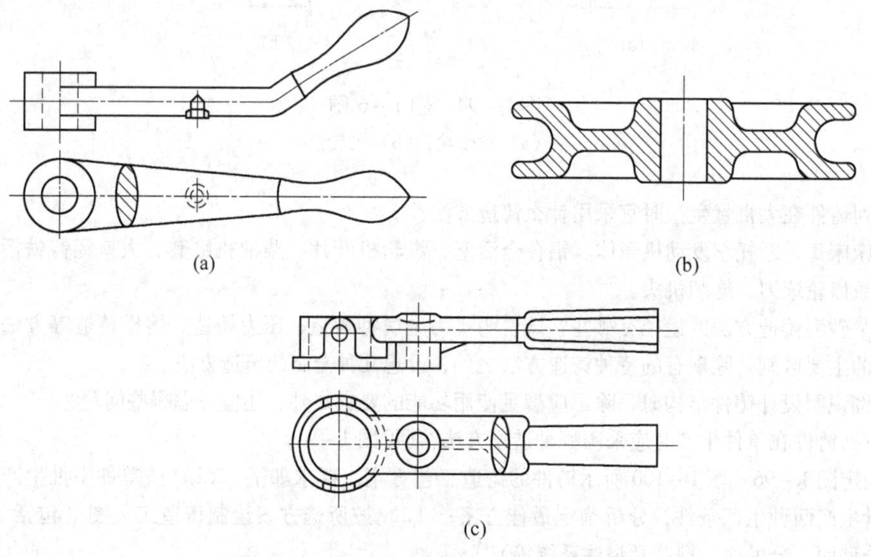

图 1-96 铸造设备中手柄与槽轮

（a）手柄；（b）槽轮；（c）手柄

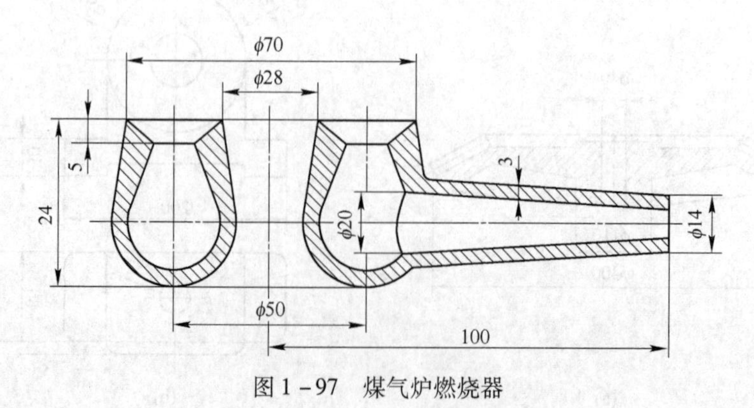

图 1-97 煤气炉燃烧器

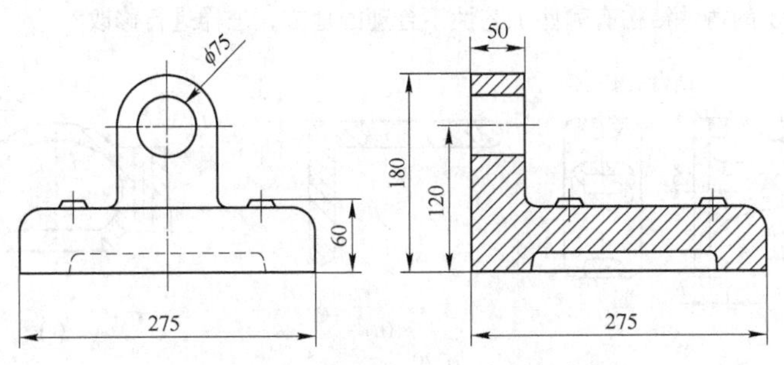

图 1－98　底座（图中次要尺寸从略）

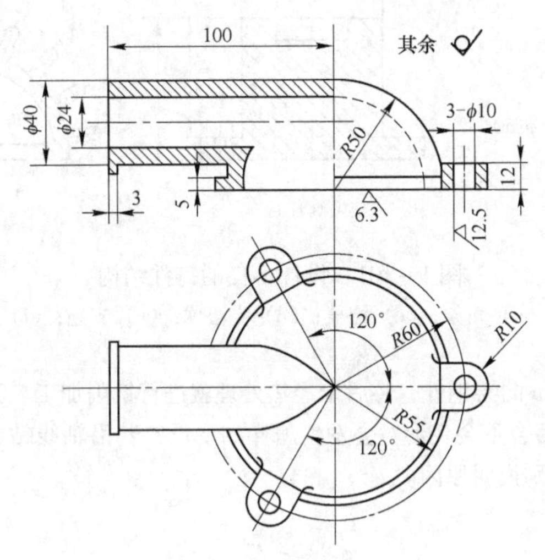

图 1－99　节温器盖

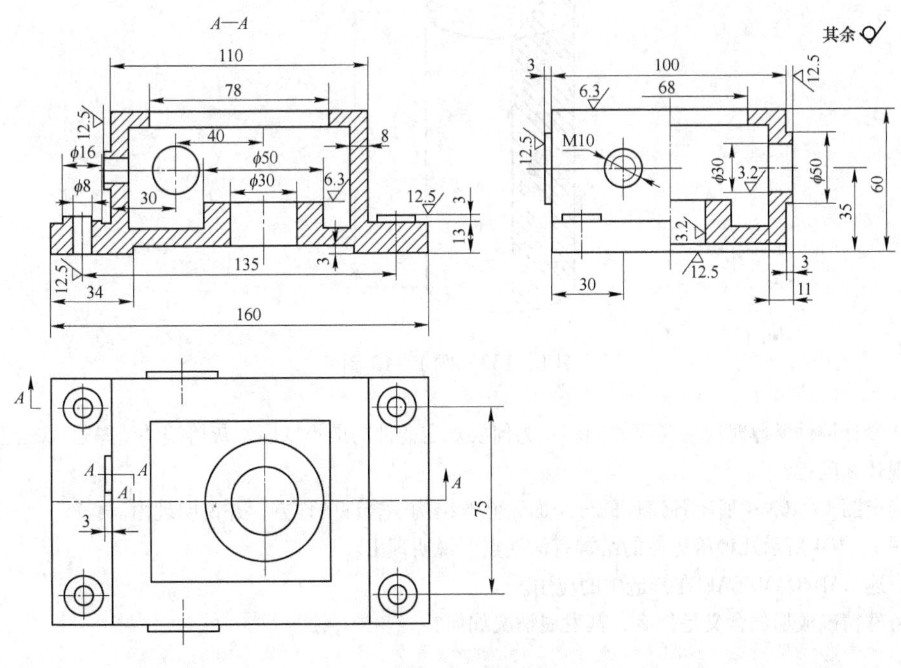

图 1－100　变速箱体

1－12 图1－101所示的铸件结构有哪些工艺性不合理的地方，怎样进行修改？

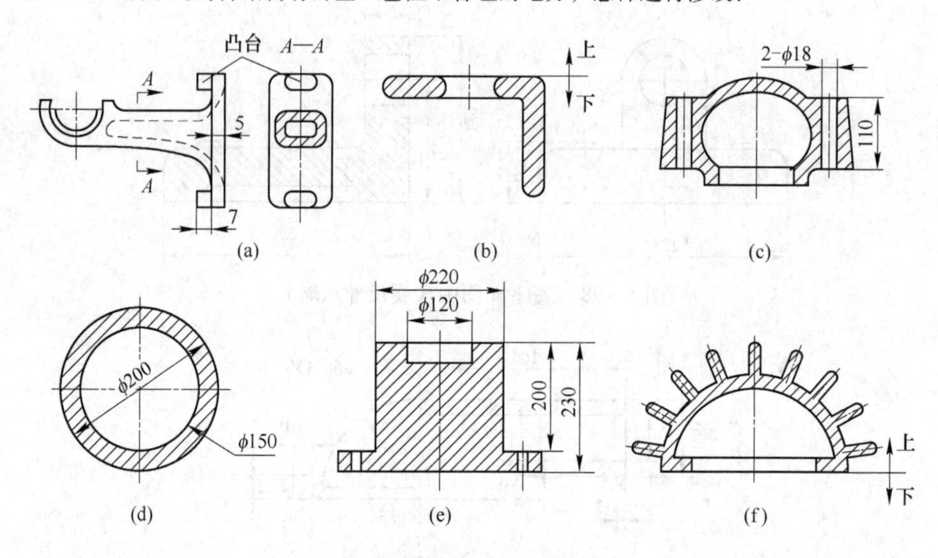

图1－101 设计不良的铸件结构

（a）轴托架；（b）角架；（c）圆盖；（d）空心球；（e）支座；（f）压缩机缸盖

1－13 一个ϕ200mm×500mm的铸钢件，铸后未经热处理就进行铣削加工。沿轴向铣去1/3（图1－102中斜线所示）。铣削后会不会变形？会发生怎样的变形？若沿轴线钻一个ϕ100mm的通孔，铸件长度会有何变化？分别说明原因。

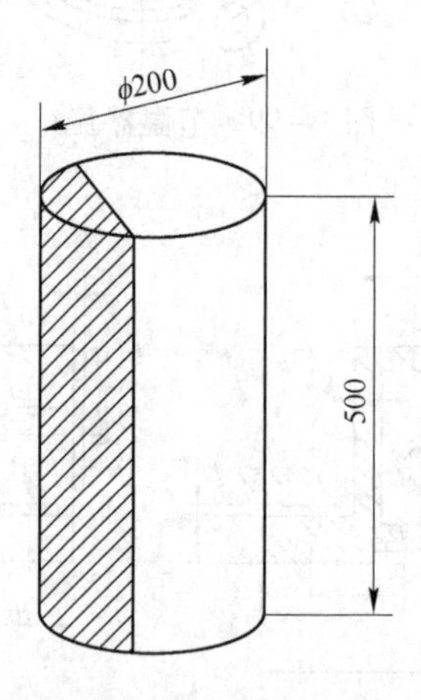

图1－102 题1－13图

1－14 在设计铸件壁厚时应注意哪些问题？为何要规定铸件的最小壁厚，灰铸铁件壁厚过大或过小会出现什么问题？

1－15 确定图1－103中所示各铸件的分型面，修改结构不合理的地方，并说明理由。

1－16 图1－104所示几种压铸件的结构有何缺点？说明理由。

1－17 简述CAD/CAM/CAE在铸造中的应用。

1－18 铸件精确成形的含义是什么，其发展情况如何？

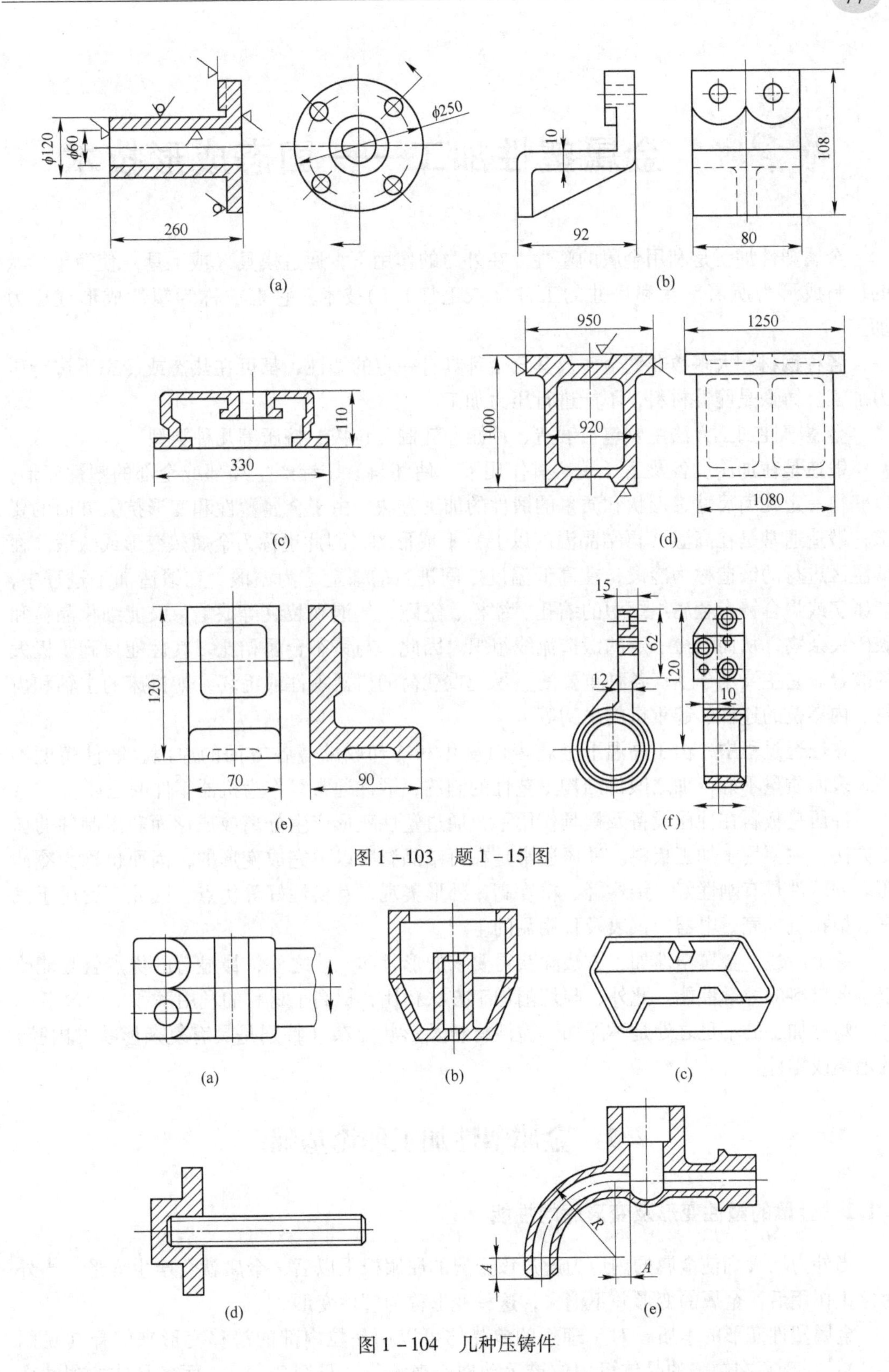

图 1－103　题 1－15 图

图 1－104　几种压铸件

2 金属塑性加工——固态成形技术

金属塑性加工是利用金属的塑性，在外力的作用下，通过模具（或工具）使简单形状的坯料成形为所需形状和尺寸的工件（或毛坯）的技术。它也被称为塑性成形或压力加工。

各种钢材和大多数非铁金属及其合金都具有一定的塑性，都可在热态或冷态下进行压力加工。铸铁是脆性材料，不能进行压力加工。

金属塑性加工方法主要包括锻造、冲压、轧制、拉拔、挤压等几种类型。

锻造是在加压设备及工（模）具作用下，使坯料、铸锭产生局部或全部的塑性变形，以获得一定几何尺寸、形状和质量的锻件的加工方法。由于金属塑性和变形抗力方面的要求，锻造通常是在高温（再结晶温度以上）下成形的，因此也称为金属热变形或热锻。在低温区进行的锻造称为冷锻，在高低温度之间进行的锻造称为温锻。在锻造加工过程中，能压实或焊合铸态金属组织中的缩孔、缩松、空隙、气泡和裂纹等缺陷，又能细化晶粒和破碎夹杂物，从而获得一定的锻造流线组织。因此，与铸态金属相比，其性能得到了极大的改善。它主要用于生产各种重要的、承受重载荷的机器零件或毛坯，如机床的主轴和齿轮、内燃机的连杆、起重机的吊钩等。

在锻造过程中，由于高温下金属表面氧化和冷却收缩等各方面的原因，锻件精度不高、表面质量不好，加之锻件结构工艺性的制约，锻件通常只作为机器零件的毛坯。

冲压是板料在冲压设备及模具作用下，通过塑性变形产生分离或成形而获得制件的加工方法，主要用于加工板料。冲压通常是在再结晶温度以下完成变形的，因而也称为冷冲压。冲压件具有刚性好、结构轻、精度高、外形美观、互换性好等优点，因此广泛用于汽车、拖拉机外壳，电器，仪表及日用品的生产。

综上所述，金属塑性加工方法除获得要求的形状和尺寸之外，最显著的优点就是能改善金属材料的力学性能。此外，与切削加工方法相比，提高了材料的利用率和生产效率。

塑性加工的不足之处是不能加工脆性材料及形状复杂（特别是具有复杂形状的内腔）的毛坯或零件。

2.1 金属塑性加工理论基础

2.1.1 金属的塑性变形及变形后的性能

当外力增大到使金属的内应力超过该金属的屈服极限以后，金属就会产生变形。当外力停止作用后，金属的变形并不消失，这种变形称为塑性变形。

金属塑性变形的本质，对于理想的单晶体可以用晶粒内部的滑移变形来解释（见图2-1）；对于存在缺陷的晶体可用位错运动理论来解释（见图2-2）；而多晶体的塑性变形可以看成是组成多晶体的许多单个晶粒内部产生变形，以及晶粒间产生滑移和晶粒转动的综合效果（见图2－3）。

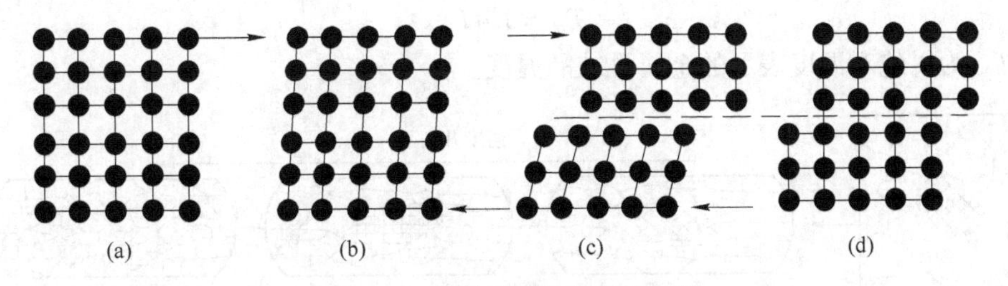

图2－1 单晶体滑移变形示意图

（a）未变形；（b）弹性变形；（c）弹塑性变形；（d）塑性变形

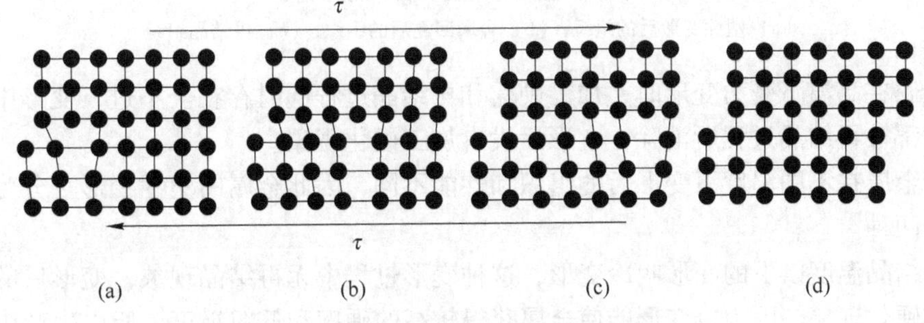

图2－2 位错运动引起塑性变形示意图

（a）未变形；（b），（c）位错运动；（d）塑性变形

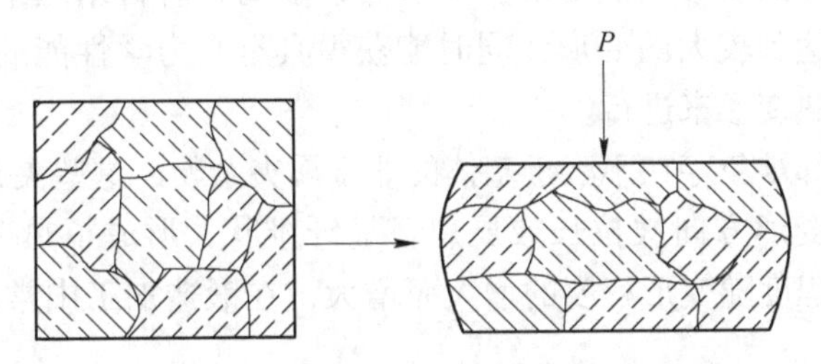

图2－3 多晶体塑性变形示意图

金属在常温下经过塑性变形后，内部组织将发生如下变化：（1）晶粒沿变形最大的方向伸长；（2）晶格与晶粒均发生扭曲，产生内应力；（3）晶粒间产生碎晶。

金属的力学性能随其内部组织的改变而发生明显变化。变形程度增大时，金属的强度及硬度升高，而塑性和韧性下降。这种现象称为加工硬化。加工硬化是一种不稳定现象，具有自发地回复到稳定状态的倾向，但在室温下不易实现。提高温度，原子获得热能，热运动加剧，使原子得以回复到正常排列，消除了晶格扭曲，可使加工硬化得到部分消除。这一过程称为“回复”（见图2－4（b）），这时的温度称为回复温度，即

$$T_{回} = (0.25 \sim 0.3) T_{熔}$$

式中 $T_{回}$——以绝对温度表示的金属回复温度；

$T_{熔}$——以绝对温度表示的金属熔化温度。

当温度继续升高到该金属熔点温度的40%时，金属原子获得更多的热能，则开始以某

些碎晶或杂质为核心结晶成新的晶粒，从而消除了全部加工硬化现象，这个过程称为再结晶（见图2-4（c）），这时的温度称为再结晶温度，即

$$T_{再}=0.4T_{熔}$$

式中，$T_{再}$ 为以绝对温度表示的金属再结晶温度。

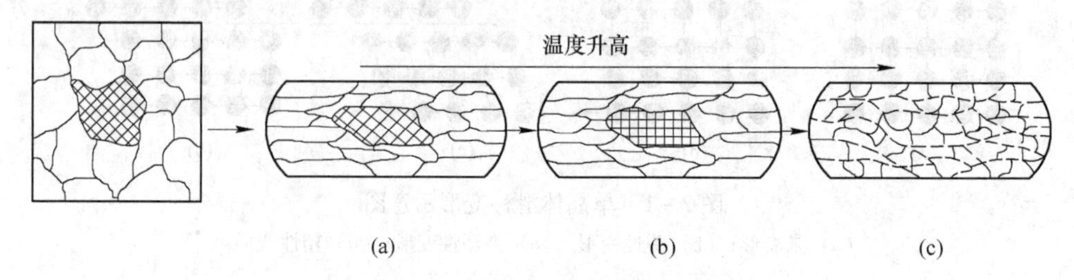

图2-4 金属的回复和再结晶示意图

（a）塑性变形后的组织；（b）金属回复后的组织；（c）再结晶组织

当金属在高温下受力变形时，加工硬化和再结晶过程同时存在。不过，变形中的加工硬化随时都被再结晶过程所消除，变形后没有加工硬化现象。

由于金属在不同温度下变形后的组织和性能不同，因此金属的塑性变形可分为冷变形和热变形两种。

在再结晶温度以下的变形叫冷变形，这种变形过程中无再结晶现象，变形后的金属只具有加工硬化现象。因为冷变形能使金属获得较高的硬度和低粗糙度，所以生产中常用冷变形方法来提高产品的性能。

在再结晶温度以上的变形叫热变形。变形后，金属具有再结晶组织，而无加工硬化。热变形能以较小的功达到较大的变形，同时能获得具有高力学性能的再结晶组织。因此，金属压力加工多采用热变形来进行。

铸锭成形后，内部难免存在不溶于基体的非金属夹杂物，这些夹杂物在随后的热变形中，将随金属晶粒的变形方向被拉长或压扁，呈纤维状，形成了热变形中常见的纤维组织。纤维组织的明显程度随变形程度的增大而增大，在锻造加工中常用锻造比 $Y_{锻}$ 来表示金属变形程度的大小。

拔长时：

$$Y_{锻}=F_0/F$$

镦粗时：

$$Y_{锻}=H_0/H$$

式中 H_0，F_0——分别为坯料变形前的高度和横截面积；

H，F——分别为坯料变形后的高度和横截面积。

显然，锻造比越大，坯料的变形程度越大。

由于纤维组织的形成，使金属的力学性能具有了各向异性，平行纤维组织方向的金属强度、塑性和韧性均比垂直于纤维组织方向的性能高，因此在产品的设计和制造中要充分地考虑。

图2-5所示为曲轴毛坯的锻造纤维组织的分布情况。图2-5（a）所示的曲轴是经弯曲锻造而成，其纤维组织沿曲轴轮廓分布。曲轴工作时最大拉应力与纤维组织方向平行，而冲击力与纤维组织方向垂直，这样的曲轴不易发生断裂。而图2-5（b）所示的曲轴是经机械加工而成，因其纤维组织方向分布不合理，曲轴工作时极易沿轴肩处发生断裂。

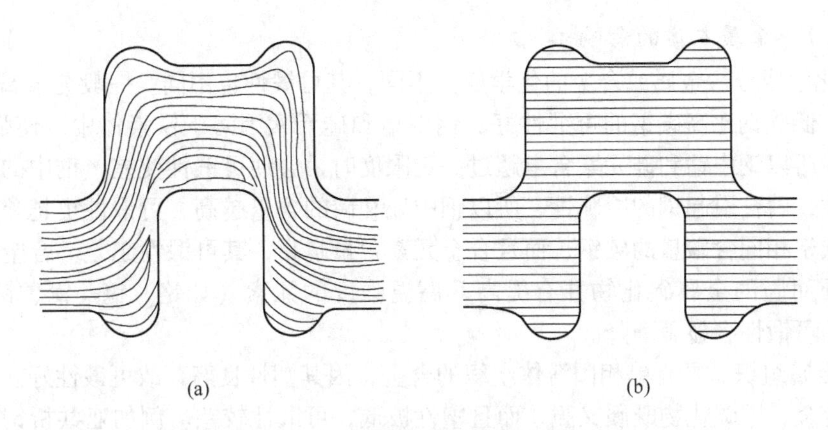

图2－5　锻钢曲轴中纤维组织分布

图2－6所示是用不同方法制造的齿轮的纤维组织分布情况。图2－6（a）所示是用轧制棒料直接切削加工成的齿轮，其工作时齿根处的正应力与纤维组织方向垂直，齿轮的力学性能最差。图2－6（b）所示是用轧制钢板经切削加工制成的齿轮，其工作时齿根处有的部位正应力与纤维组织方向平行，力学性能好；而有的部位正应力与纤维组织方向垂直，力学性能差。图2－6（c）所示是用棒料镦粗后，经切削加工制成的齿轮，其纤维组织弯曲呈放射状，所有齿根处的正应力都平行于纤维组织方向，所以力学性能都较好。图2－6（d）所示是用热轧法直接轧制出齿轮齿形，其纤维组织沿齿形轮廓分布，并且未被切断，力学性能最好。

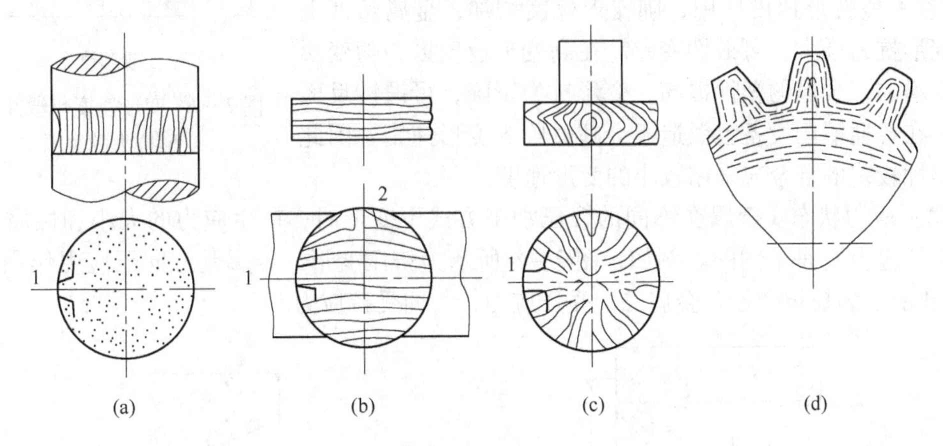

图2－6　不同方法制造齿轮其纤维比较

2.1.2　金属的锻造性能

金属的可锻性是指金属在经受压力加工时，获得优质锻件难易程度的工艺性能。

金属的可锻性常用金属的塑性和变形抗力来综合衡量。金属的塑性高，变形抗力小，变形时不易开裂，且变形中所消耗的能量也少。这样的金属可锻性良好；反之，可锻性差。

影响金属可锻性的因素与金属的本质和变形条件有关。

2.1.2.1 金属本质的影响

（1）化学成分。金属或合金的化学成分不同，其可锻性也不同。一般纯金属比合金的可锻性好，低碳钢比高碳钢的可锻性好。钢中锰和硅元素因溶于铁素体中，使强度提高，塑性下降，所以钢中锰和硅元素含量超过一定限度时，会使可锻性变差。钢中的硫会引起钢的热脆性，磷会引起钢的冷脆性，所以钢中硫和磷的含量越高，可锻性也越差。合金钢的可锻性低于相同含碳量的碳钢，而且合金元素含量越高，其可锻性越差。合金中如果含有可形成硬而脆的金属碳化物并有提高其高温强度的元素（如铬、钨、铜、钒、铁等）时，合金的可锻性会显著下降。

（2）金属组织。具有单相固溶体组织的合金，因其塑性良好，故可锻性好。含有较多碳化物的合金，因碳化物既硬又脆，而且塑性极低，可锻性较差。例如亚共析钢有一个相当大的高温区间是由单一奥氏体组成的，很易锻造；而过共析钢因在高温区间有渗碳体，锻造就较困难。高速钢不仅具有高温强度，而且含有大量钨、铬、钛等易形成碳化物的元素，特别难锻造。铸态柱状组织和粗晶结构的金属不如晶粒细小而组织又均匀的金属可锻性好。

2.1.2.2 变形条件的影响

（1）变形速度。变形速度是指单位时间内的变形程度。可锻性的影响，可通过图2－7来分析。

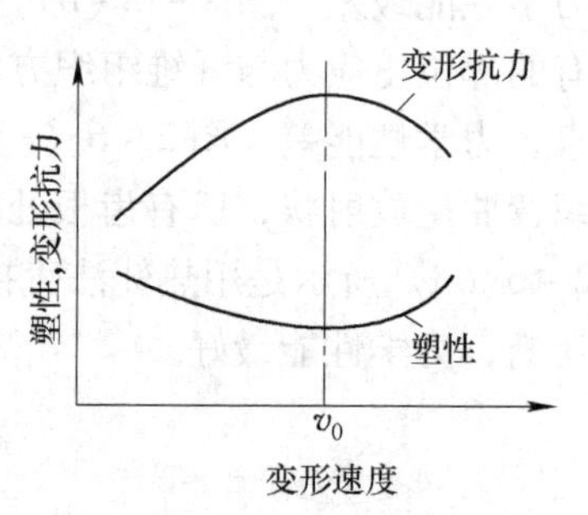

图2－7 变形速度与塑性和变形抗力的关系

图2－7中v_0为临界变形速度。小于v_0的变形速度区为“一般变形速度区”，大于v_0的变形速度区为“高变形速度区”。在一般变形速度区中，随变形速度增加，金属塑性下降，变形抗力增大，可锻性变差。在高变形速度区，随变形速度的增加，金属的塑性提高，变形抗力下降，可锻性反而变好。在普通锻压设备上锻造不会超过临界变形速度，因此对于塑性较差的合金应采用较小的变形速度。

（2）应力状态。金属在不同的锻压加工方式下变形时，产生应力的大小和性质（压应力或拉应力）是不同的。例如，图2－8所示为挤压变形，金属受三向压应力作用，而图2－9所示为拉拔变形，金属二向受压应力，一向受拉应力。

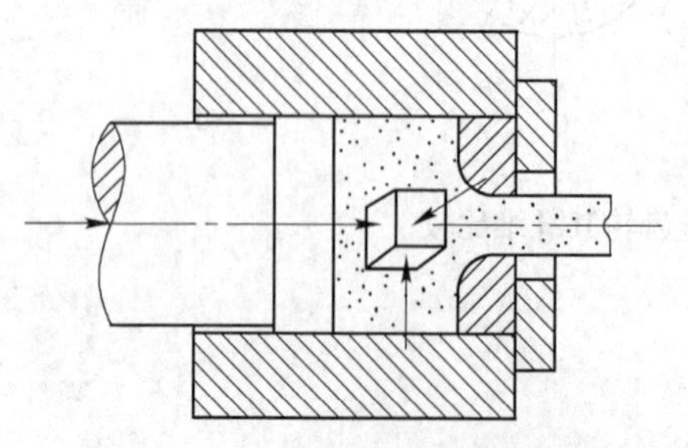
图2－8 挤压金属应力状态

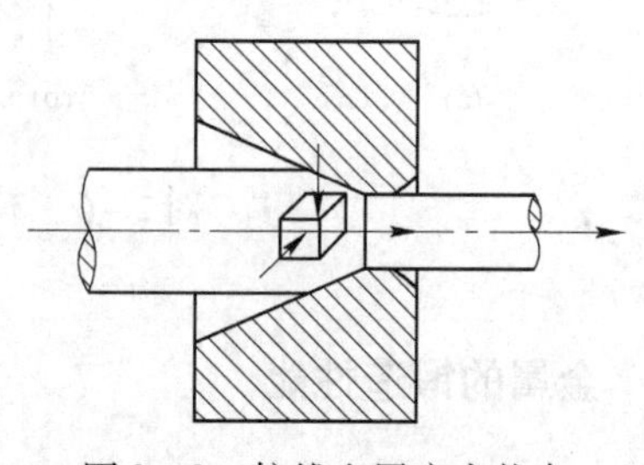
图2－9 拉拔金属应力状态

如果金属内部存在气孔、小裂纹等缺陷，当承受拉应力作用时，缺陷处易产生应力集中，以致有可能使金属破坏而失去塑性。但拉应力又使金属容易产生滑移变形，使变形抗力减小；当金属承受压应力作用时，使其内部原子间距减小，塑性提高。但压应力又使金属内部摩擦力增大，变形抗力增加。所以三个方向上受压应力数目越多，金属的塑性越好，而拉应力数目越多，金属的塑性越差。同号应力状态比异号应力状态的变形抗力大。

（3）变形温度。提高金属的变形温度不仅是改善其可锻性的有效措施，而且对生产率、产品质量和金属的有效利用均有很大的影响。

金属在加热时，随着变形温度的升高，原子的热运动速度增大，原子的能量增加，削弱了原子间的结合力，减小了滑移阻力，因而塑性提高，变形抗力减小，改善了金属的可锻性。变形温度升高至再结晶温度以上时，由于再结晶速度高于变形过程中产生加工硬化的速度，使金属获得完全再结晶组织而没有加工硬化；随着温度进一步升高，某些具有同素异构组织的合金还会有组织转变，如高温时碳钢中的渗碳体溶于固溶体而变为具有面心立方晶格的单相奥氏体的固溶体组织。这些均会提高金属的塑性，降低变形抗力，从而改善金属的可锻性。

但是变形温度不能太高，否则会产生过热、过烧、脱碳和严重氧化等缺陷，甚至造成产品报废。图2-10表示以Fe-C合金相图为依据的碳钢的锻造温度范围。

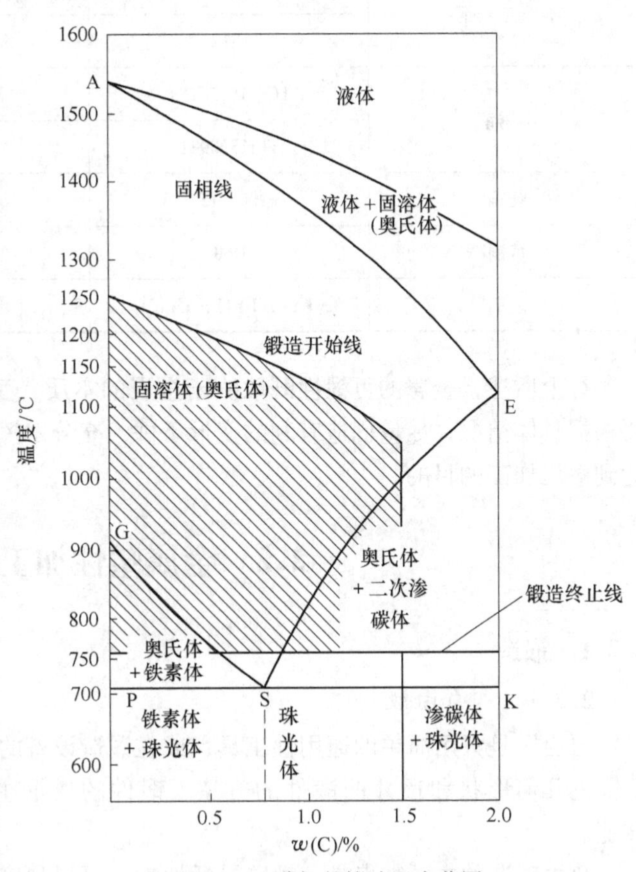

图2-10　碳钢的锻造温度范围

金属加热后开始锻造的温度称为始锻温度，始锻温度应低于AE线以下200℃左右。金属锻造中允许的最低变形温度称为终锻温度。一般低、中碳钢的终锻温度控制在800℃左右。常见的金属锻造温度范围见表2-1。

表2-1　常见金属锻造温度范围

合金种类	牌　号	锻造温度范围/℃	
		始锻温度	终锻温度
碳钢	15，25	1250	800
	40，45	1200	800
	T9A，T10	1100	770
合金结构钢	20Cr，40Cr	1200	800
	20CrMnTi	1200	800
	30Mn2	1200	800

续表 2-1

合金种类	牌　号	锻造温度范围/℃	
		始锻温度	终锻温度
合金工具钢	9SiCr	1100	800
	Cr12	1080	840
不锈钢	1Cr13，2Cr13	1150	750
	1Cr18Ni9Ti	1180	850
紫铜	T1 ~ T5	950	800
黄铜	H68	830	700
硬铝	LY1，LY11，LY12	470	380

综上所述，金属的可锻性既取决于金属的本质，又取决于变形条件。在锻压过程中，要根据具体情况，尽量创造有利的变形条件，充分发挥金属的塑性，降低其变形抗力，以达到锻压加工的目的。

2.2　金属塑性加工方法

2.2.1　锻造

2.2.1.1　自由锻

自由锻是只用简单的通用性工具，或在锻造设备的上下砧间直接使坯料变形从而获得所需的几何形状和尺寸的锻件的方法。锻件的成形主要取决于工人采用的操作方法和技能。

自由锻造的主要特点是：锻造灵活性大，可以生产不足 100kg 的小件，也可以生产大至 300t 以上的重型件；所用工具为简单的通用工具；锻件成形是使坯料分区域逐步变形，因而，锻造同样锻件所需锻造设备的吨位比模型锻造要小得多；对设备的精度要求低；生产周期短。

自由锻的不足之处是：生产效率比模型锻造低得多；锻件形状简单、尺寸精度低、表面粗糙；工人劳动强度高，而且要求技术水平也高，不易实现机械化和自动化。

（1）自由锻造的主要设备。自由锻造的设备分为锻锤和液压机两大类。锻锤是产生冲击力使金属毛坯变形的设备，生产中使用的锻锤有空气锤和蒸汽-空气锤。空气锤吨位较小，可锻 100kg 以下的锻件；蒸汽-空气锤的吨位较大，可锻 1500kg 以下的锻件。液压机是使毛坯在静压力的作用下变形的设备，其有水压机和油压机两种类型，液压机可锻质量达 300t 的大型锻件。自由锻所用设备及工具均有极大的通用性，因而，广泛用在单件小批生产中。

（2）自由锻造工序。锻件形状不同，其锻造工艺过程也各不相同，但根据各种锻件的锻造工艺过程，可以归纳出带有普遍性的自由锻造工序，即基本工序、辅助工序、精整工序三大类。

自由锻造的基本工序是使金属产生一定程度的塑性变形，以达到所需形状及尺寸的工艺过程。如镦粗、拔长、冲孔、弯曲、切割、扭转、错移及锻接等，而实际生产中最常用的是镦粗、拔长、冲孔等三种工序，如表2－2所示。

表2－2 自由锻造主要工序图例及应用

序号	工序名称	定义	图例	操作规则	应用
1	（1）镦粗（见图（a））；（2）局部镦粗（见图（b））；（3）带尾稍镦粗（见图（c））；（4）展平镦粗（见图（d））	（1）毛坯的高度减低，截面积增大的工序称为镦粗；（2）将毛坯的一部分加以镦粗称为局部镦粗	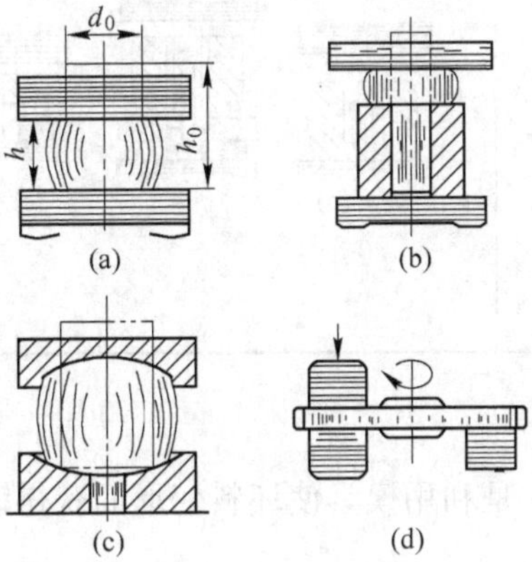 d_0 h h_0 (a) (b) (c) (d)	（1）毛坯原始高度 h_0 与直径 d_0 之比应小于2.5，即 $h_0/d_0 \leqslant 2.5$，否则会镦弯；（2）镦粗部分加热要均匀，以使变形均匀；（3）镦粗面必须垂直于轴线	（1）用于制造高度小、截面大的工件，如齿轮、圆盘、叶轮等；（2）作为冲孔前的准备工序；（3）增加以后拔长的锻造比
2	（1）拔长（见图（a））；（2）带心轴拔长（见图（b））；（3）心轴上扩孔（见图（c））	（1）缩小毛坯截面积，增加其长度的工序称为拔长；（2）减小空心毛坯的壁厚和外径，增加其长度称为带心轴拔长；（3）减小空心毛坯的壁厚，增加其内径和外径，以心轴代替下抵铁称为心轴上扩孔	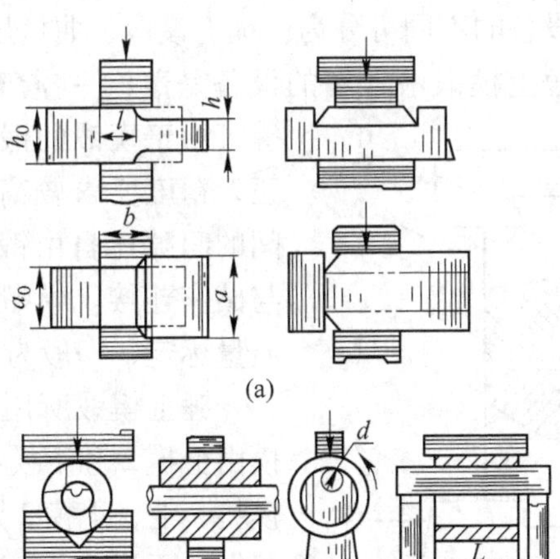 h_0 l h b a_0 a (a) d L (b) (c)	（1）拔长面的 $l < a_0$，愈小效率愈高，$l=(0.4\sim0.8)b$（见图（a））；（2）$a/h \leqslant 2.5$，以免毛坯翻转90°后造成弯折；（3）拔长中不断翻转毛坯；（4）心轴上扩孔的 $d \geqslant 0.35L$，心轴要光滑	（1）用于制造长而截面小的工件，如轴、拉杆、曲轴等；（2）制造空心件，如炮筒、透平主轴、圆环、套筒等

续表 2－2

序号	工序名称	定义	图 例	操作规则	应用
3	（1）实心冲子冲孔（见图（a））；（2）空心冲子冲孔（见图（b））；（3）板料冲孔（见图（c））	在毛坯中冲出透孔或不透孔的工序	上垫 冲子 A h Δh (a) (b) (c)	（1）冲孔面应该镦平；（2）Δh =（15%～25%）h，大的孔；（3）d < 450mm 的孔，用实心冲子冲孔；d > 450mm 的孔，用空心冲子冲孔（见图（b））；（4）d < 25mm 的孔，一般不冲出	（1）制造空心，如齿轮坯、圆环、套筒等；（2）锻件质量要求高的大工件，如大透平轴，可用空心冲孔，以去除质量较低的中心部分

2.2.1.2　模锻

模型锻造简称模锻，它是利用模具使坯料变形而获得锻件的锻造方法。模锻与自由锻相比有很多优点：

（1）锻件形状和精度由模膛保证。

（2）锻件尺寸精确，表面光洁。

（3）可锻出形状复杂的锻件，加工余量少，生产率高。

但也有不足之处，例如，锻模价格高，需要专用设备等。对于成批大量的生产，模锻是可取的。模锻按所用设备的不同可分为：锤上模锻、曲柄压力机模锻、平锻机上模锻及摩擦压力机上模锻等。锤上模锻最常用的设备是蒸汽－空气模锻锤、无砧座锤和高速锤等。由于模锻的锻模在锻造时需上下模准确对正，精度要求较高，故模锻锤的锤头与导轨之间的间隙比自由锻锤要小得多，而且机架直接与砧座连接。模锻锤的吨位以锤头落下部分的质量标定，一般为0.5～16t。

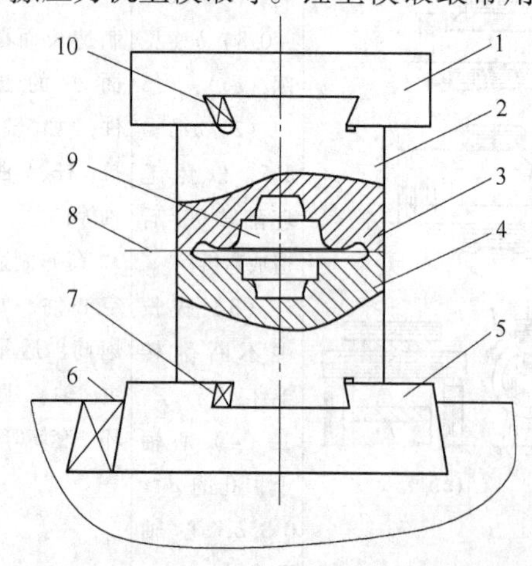

图 2－11　锤上模锻所用的锻模

1—锤头；2—上模；3—飞边槽；4—下模；5—模垫；6，7，10—紧固楔铁；8—分模面；9—模膛

锤上模锻所用的锻模如图 2－11 所示。锻模由上模 2 和下模 4 两部分组成。下模 4 紧固在模垫 5 上，上模 2 紧固在锤头 1 上，并与锤头一起做上下运动。9 为模膛，锻造时毛坯放在模膛中，上模随锤头向下运动对毛坯施加冲压力，使毛坯充满模膛，最后获得与模膛形状一致的锻件。

模膛根据其功用不同可分为模锻模膛和制坯模膛两大类。

（1）模锻模膛。模锻模膛又分为预锻模膛和终锻模膛两种。

1）预锻模膛。预锻模膛的作用是使毛坯变形到接近于锻件的形状和尺寸，这样在进行终锻时，金属容易填满模膛而获得锻件所需要的尺寸。对于形状简单的锻件或批量不大时可不设预锻模膛。预锻模膛的圆角和斜度要比终锻模膛大得多，而且没有飞边槽。

2）终锻模膛。终锻模膛的作用是使毛坯最后变形到锻件所要求的形状和尺寸，因此，它的形状应和锻件的形状相同；但因锻件冷却时要收缩，故终锻模膛的尺寸应比锻件尺寸放大一个收缩量。钢锻件收缩量取1.5%。另外，沿模膛四周有飞边槽，用以增加金属从模膛中流出的阻力，促使金属充满模膛，同时容纳多余的金属。

（2）制坯模膛。对于形状复杂的锻件，为了使毛坯形状基本符合锻件形状，以便使金属能合理分布和很好地充满模膛，就必须预先在制坯模膛内制坯。制坯模膛又分为以下几种类型。

1）拔长模膛。它是用来减少毛坯某部分的横截面积，以增加该部分的长度。拔长模膛分为开式和闭式两种，如图2－12所示。操作时毛坯除送进外还需翻转。

2）滚压模膛。它是用来减少毛坯某一部分的横截面积，以增加另一部分的横截面积，从而使金属按锻件形状来分布。滚压模膛分为开式和闭式两种，如图2－13所示。当模锻件沿轴线截面相差不很大或做整修拔长后的毛坯时，可采用滚压模膛。操作时每击一次毛坯要翻转一下。

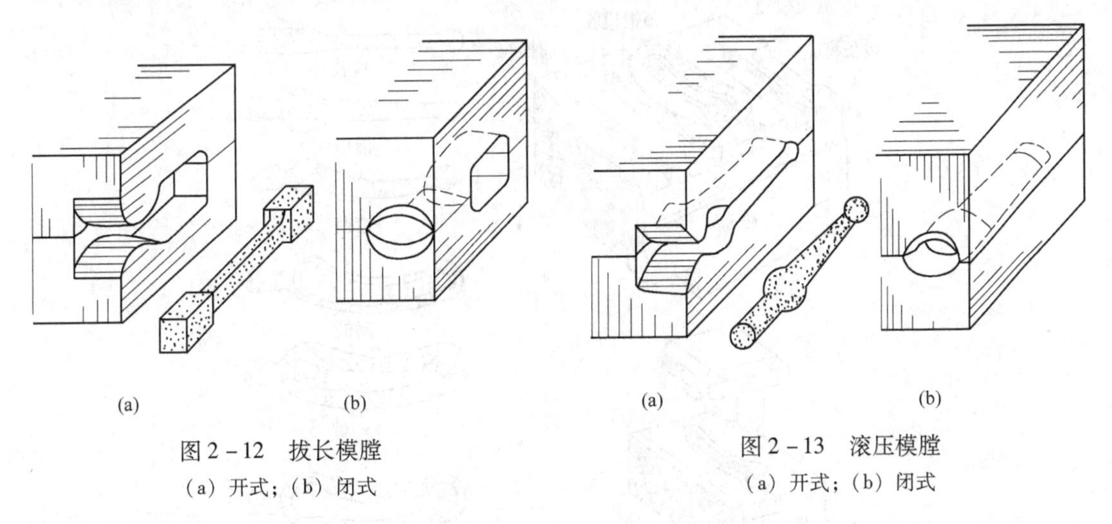

图2－12　拔长模膛
（a）开式；（b）闭式

图2－13　滚压模膛
（a）开式；（b）闭式

3）弯曲模膛。对于弯曲的杆类模锻件，需用弯曲模膛来弯曲毛坯，如图2－14所示。毛坯可直接或先经其他制坯工序后放入弯曲模膛进行弯曲变形。弯曲后的毛坯需翻转90°再放入模锻模膛成形。

4）切断模膛。它是在上模与下模的角上组成一对刀口，用来切断金属，如图2－15所示。当一个毛坯要锻成两个以上锻件时，把锻好的锻件从毛坯上切下，以使毛坯能继续锻造。

此外，还有成形模膛、镦粗台及击扁面等制坯模膛。

根据模锻件的复杂程度不同，所需变形的模膛数量不等，可将锻模设计成单膛或多膛锻模。多膛锻模是在一副锻模上具有两个以上模膛的锻模，最多不超过七个模膛。如图

2－16 所示是弯曲连杆模锻件的锻模，即为多膛锻模。

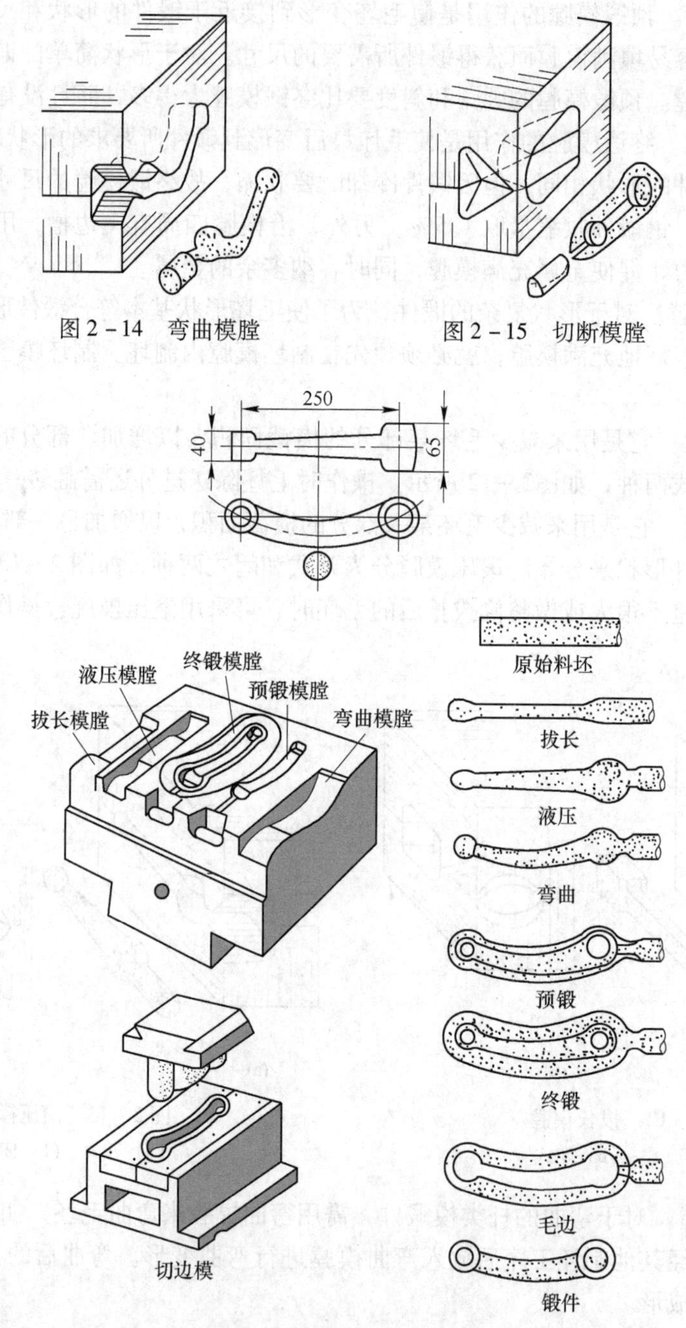

图 2－14　弯曲模膛

图 2－15　切断模膛

图 2－16　弯曲连杆锻造过程

2.2.1.3　胎模锻

胎模锻是采用自由锻方法制坯，然后在胎模中最后成形的一种锻造方法，也可以看作是介于自由锻与模锻之间的锻造方法。胎模锻适合于中小批量生产，在没有模锻设备的中小型企业应用普遍。

胎模锻和自由锻相比，具有较高的生产率，锻件质量好，节省金属材料。与模锻相比，不需要专用锻造设备，模具简单，容易制造。但是，锻件质量不如固定模膛成形的模锻件高，工人劳动强度大，胎模寿命短，生产率低。

胎模种类较多，其主要类型有扣模、筒模和合模三种。

(1) 扣模。如图 2－17 所示，扣模用来对毛坯进行全部或者局部扣形，生产长杆非转体锻件，也可为合模锻造制坯。用扣模锻造时毛坯不转动。

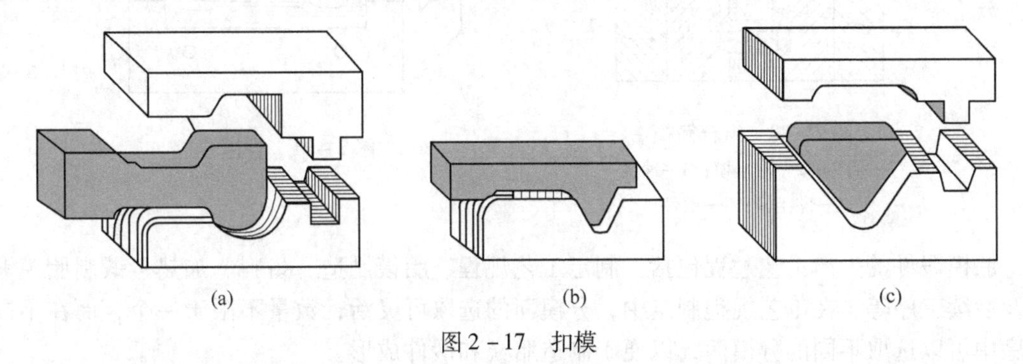

图 2－17 扣模

(2) 筒模。锻模为圆筒状，有分开式和闭式两种。开式筒模如图 2－18 所示，用于锻造法兰盘、齿轮类锻件。闭式筒模如图 2－19 所示，多用于回转体锻件的锻造。如两端面带凸台的齿轮等，有时也用于非回转体锻件的锻造。闭式筒模锻造属无飞边锻造。

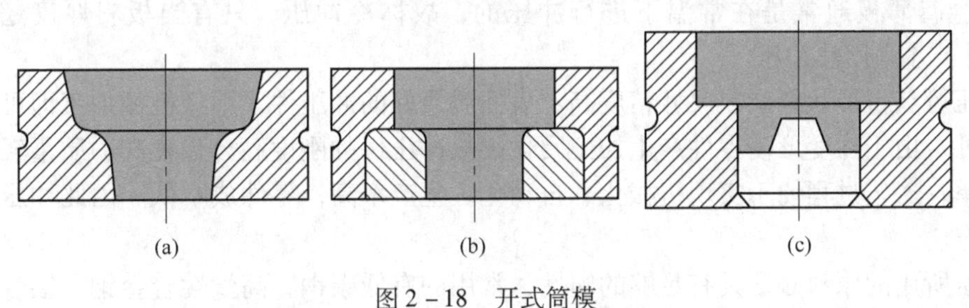

图 2－18 开式筒模
(a) 整体筒模；(b) 镶块筒模；(c) 带垫模筒模

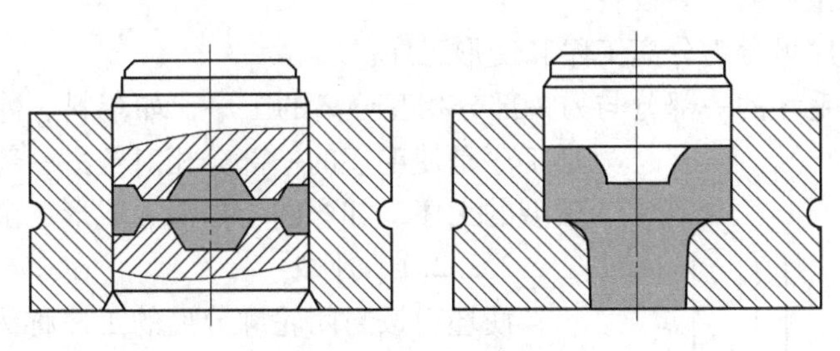

图 2－19 闭式筒模

对于形状复杂的胎模锻件，需在筒模内再加两个半模（即增加一个分模面）制成组合筒模，如图 2－20 所示。毛坯在由两个半模组成的模膛内成形。

(3) 合模。通常上下模两部分组成，如图 2－21 所示。为了使上下模吻合及不使锻件产生错移，经常用导柱和导销定位。合模多用于生产形状复杂的非回转体锻件，如连杆、叉形锻件等。

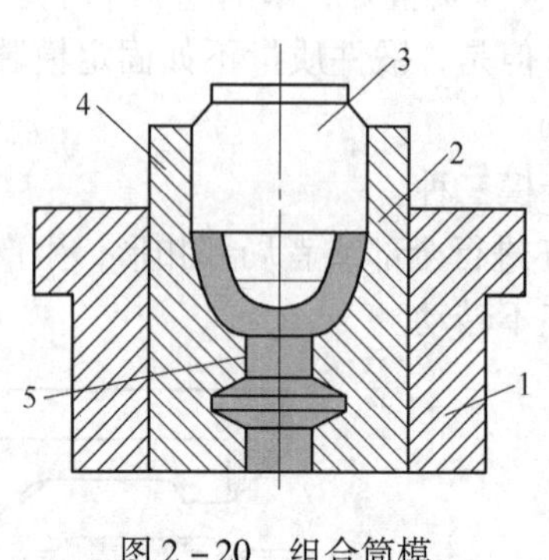

图 2-20 组合筒模
1—筒模；2—右半模；3—冲头；
4—左半模；5—锻件

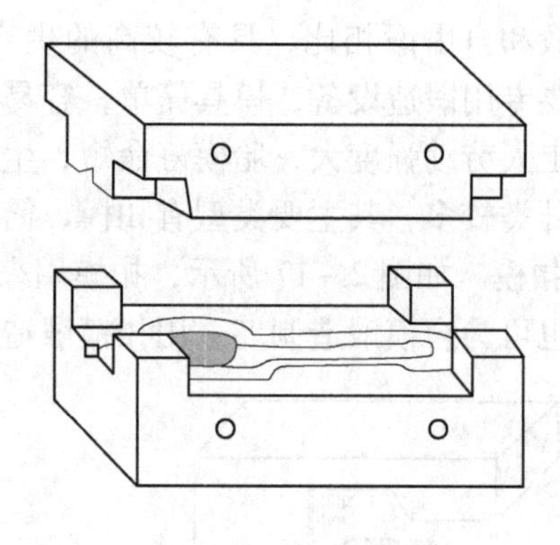
图 2-21 合模

胎模锻件的生产工艺过程包括：制定工艺规程、胎模制造、备料、加热、锻制胎模锻件及后续工序等。在工艺规程制定中，分模面的选取可灵活，数量不限于一个，而在不同工序中可以选取不同的分模面，以便于制造胎模和锻件成形。

2.2.2 板料成形

使板料经分离或变形而得到制件的成形工艺统称为板料成形（也称冲压）。厚度小于4mm 的金属薄板通常是在常温下进行冲压的，故称冷冲压。只有当板料厚度超过 8 ~ 10mm 时，才采用热冲压。

冲压可获得形状复杂、尺寸精度高、表面质量好的冲压件，不经机械加工即可进行装配。此外，由于冷变形使零件产生加工硬化，故冲压件的刚度高、强度高、质量轻。冲压操作简单，工艺过程便于实现机械化、自动化，生产率高，零件成本低。因此冲压适于大批量生产。

冲压所用的原料必须具有足够的塑性，常用的有低碳钢、高塑性合金钢、铝合金、镁合金等。冲压的设备主要有剪床和冲床。剪床用于冷剪板料，为冲压提供一定尺寸的条料；冲床则是冲压生产的主要设备。

冲压的基本工序可分为分离工序和变形工序。

分离工序是使毛坯的一部分与另一部分相互分离的工序，如落料、冲孔、切料等；变形工序是使毛坯的一部分相对于另一部分产生位移而不破裂的工序，如弯曲、拉深、成形、翻边、收口等。

2.2.2.1 冲裁

使坯料按封闭轮廓分离的工序称为冲裁（见图 2-22），它主要包括落料、冲孔、切边、切口、剖切、整修等。冲裁所得到的制件可直接作为零件使用，也可作为弯曲、拉深、成形、挤压等其他工序的毛坯。

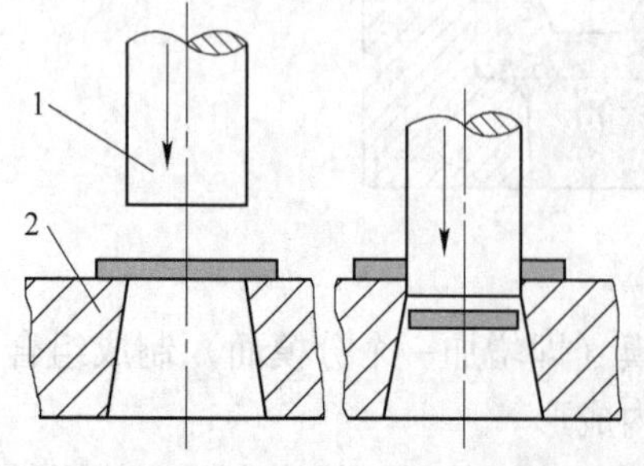

图 2-22 冲裁过程示意图
1—凸模；2—凹模

冲裁中，落料和冲孔应用最多。落料是利用冲裁取得一定外形的制件或毛坯的冲压方法，冲落部分为成品，周边为废料。而冲孔是将冲压坯内的材料以封闭的轮廓分离开来，得到带孔制件的一种冲压方法，冲落部分为料，周边为成品。

冲裁的分离过程可分为三个阶段。

（1）弹性变形阶段。当凸模开始接触板料下压时，凸模与凹模刃口周围的板料产生应力集中现象，使板料产生弹性压缩、弯曲和拉伸等复杂的变形。此时，凸模下的材料略有弯曲，凹模上的材料则向上翘曲。间隙越大，弯曲和上翘越明显。随着凸模继续压入，直到材料内部的压力达到弹性极限，如图2-23（a）所示。

（2）塑性变形阶段。凸模继续压入，当板料内的应力到达屈服强度时，则产生塑性变形，如图2-23（b）所示。凸模切入板料，板料挤入凹模洞口。凸模继续下行时，应力不断增大，达到材料的抗拉强度时，在板料与凸模和凹模的接触处出现微裂纹，塑性变形阶段结束。在这一阶段中，板料的变形，除了变形区内的拉伸和弯曲变形外，还有凸模与凹模刃口上、下挤压切入引起的材料变形。

（3）剪裂阶段。凸模继续下行，已形成的上、下微裂纹扩大并向板料内扩展，如楔形发展。上、下裂纹相遇重合后，板料即被分离。凸模再下行，将已分离的材料从板料中推出，冲裁变形过程结束，如图2-23（c）所示。

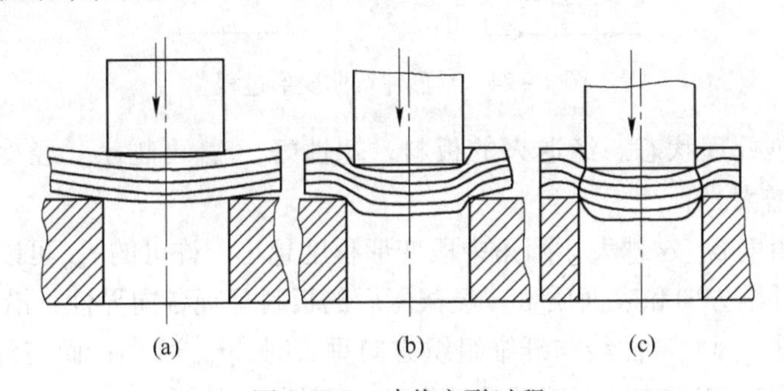

图2-23　冲裁变形过程

（a）弹性变形阶段；（b）塑性变形阶段；（c）剪裂阶段

由此可见，冲裁变形过程是很复杂的，除剪切变形之外，还有拉伸、弯曲和横向挤压等变形。

2.2.2.2　弯曲

将板料、型材或管材在弯矩作用下弯成具有一定曲率或角度制件的工序称为弯曲。

A　弯曲变形过程

V形件的弯曲是板料弯曲中最基本的一种。弯曲变形过程如图2-24所示。开始弯曲时，板料的弯曲半径 r_1，r_2，…，r_n，与支点的距离 s_1，s_2，…，s_n 逐渐减小，直到板料与凸、凹模完全贴合，其内侧的弯曲半径与凹模弯曲半径相同，弯曲过程结束。

B　弯裂及最小弯曲半径

弯曲时，变形只发生在圆角范围内，其内侧受压缩，外侧受拉伸。当外侧的拉力超过板料的抗拉强度时，即会造成外层金属破裂。板料越厚，内弯曲半径 r 越小，压缩及拉伸应力就越大，也越易破裂。为防止弯裂，必须规定出最小弯曲半径 r_{min}，通常 $r_{min}=(0.25\sim1)t$，t 为板厚。塑性好的材料，其弯曲半径可小些。

影响最小弯曲半径的主要因素如下。

（1）材料的力学性能。材料的塑性越好，r_{min} 可越小。

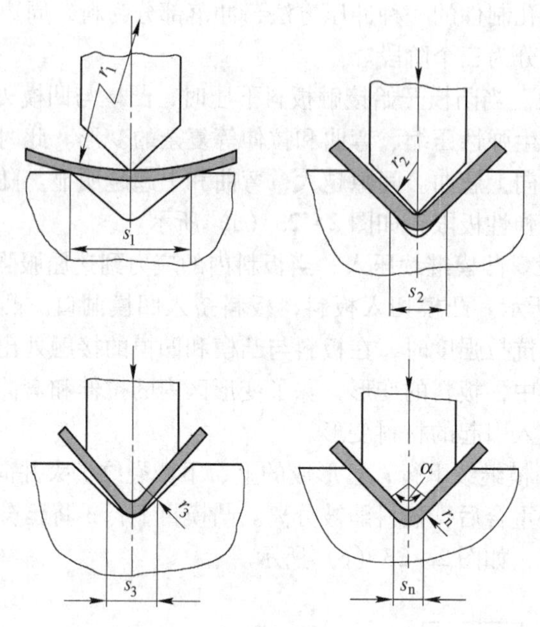

图 2-24　V 形件弯曲变形过程

（2）材料的热处理状态。经退火的板料，塑性好，r_{min}可越小。经冷作硬化的板料，塑性降低，r_{min}应增大。

（3）弯曲件角度 α。α 越大，圆角中段变形程度越小，许可的 r_{min} 可以越小。

（4）板料的纤维方向和表面质量。经辗压后的板料呈现各向异性，沿纤维方向的力学性能好，不易弯裂。因此弯曲线与纤维组织方向垂直时，r_{min}可小；而与纤维方向平行时，需增大 r_{min}；板料表面粗糙时，易产生应力集中，需增大 r_{min}。

C　弯曲时的回弹

在材料弯曲变形结束，工件不受外力作用时，由于弹性恢复，使弯曲件的角度和弯曲半径与模具的尺寸和形状不一致，这种现象称为回弹。这种差异将直接影响弯曲件的精度。因此，在设计弯曲模时，应使模具的弯曲角 α_p 比弯曲件弯曲角 α 小一个回弹角 $\Delta\alpha$（$\Delta\alpha = \alpha - \alpha_p$），回弹角一般小于 10°。影响回弹的因素主要有板料性质、相对弯曲半径 r/t（t 为板厚）和模具结构等。材料的屈服强度越高，回弹值越大；相对弯曲半径越大，回弹值越大。当弯曲半径为定值时，板厚越大，回弹值越小。

弯曲回弹一般不可能完全消除，可采取合理结构的弯曲件、弯曲工艺及模具设计等措施来减少或补偿由于回弹所产生的误差。

2.2.2.3　拉深

利用模具使冲裁后得到的平板毛坯变形成开口空心零件的工序称为拉深。

A　拉深变形过程

圆筒形件的拉深过程如图 2-25 所示。将直径为 D、厚度为 t 的圆形毛坯放在凹模上，在凸模的作用下，毛坯被拉入凸、凹模的间隙中，形成直径为 d、高度为 h 的开口筒形工件。在拉深变形过程中，毛坯的中心部分形成筒形件的底部，基本不变形，为不变形区，只起传递拉力的作用。毛坯的凸缘部分（即 $D-d$ 的环形部件）是主要变形区。拉深过程实质上就是将凸缘部分的材料逐渐转移到筒壁部分的过程。在转移过程中，凸缘部分材料由于拉深力的作用，在其径向产生拉应力；又由于凸缘部分材料之间的相互挤压作用，故其切向又产生压应力。在这两种应力的共同作用下，凸缘部分的材料发生塑性变形，随着凸模的下行，不断地被拉入凹模口内，形成圆形拉深件。由于整个筒壁变形的状况不同，其厚度自上而下逐渐变薄，特别是筒壁和筒底之间的过渡圆角处壁厚减薄最严重，是拉深件中最薄弱的部位。

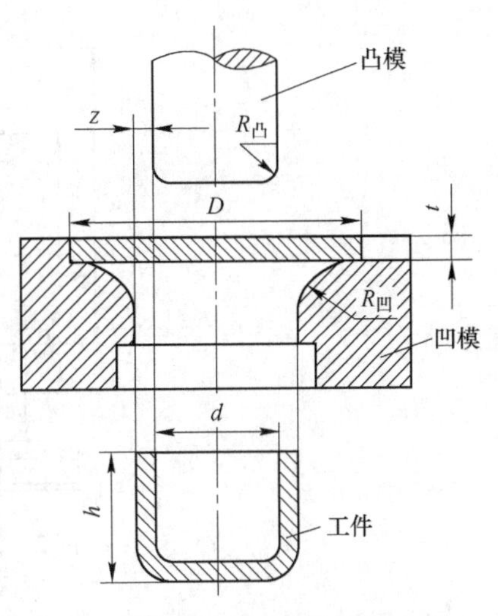

图 2－25 圆筒形件的拉深过程

B 拉深系数与拉深次数

(1) 拉深系数。工件直径 d 与毛坯直径 D 的比值称为拉深系数，用 m 表示，$m=d/D$，即它是衡量拉深变形程度的指标。拉深系数越小，表明拉深件直径越小，变形程度越大。拉深时，若拉深系数取得过小，就会使拉深件起皱、断裂或严重变薄。

影响拉深系数的因素很多，材料的塑性好，变形时不易出现缩颈，m 可小；毛坯相对厚度 t/D 大（t 为毛坯厚度），抵抗失稳和起皱的能力大，m 可小；凸、凹的圆角半径和间隙合适（单边 1.1～1.5t），压边力合理和润滑条件良好：有利于减小 m。生产中希望采用较小的拉深系数，以减少拉深次数，简化拉深工艺。表 2－3 为低碳钢的极限拉深系数。

表 2－3 极限拉深系数值

拉深次数	拉深系数	t/D					
		0.05%～0.15%	0.15%～0.3%	0.3%～0.6%	0.6%～1.0%	1.0%～1.5%	1.5%～2.0%
1	M_1	0.63	0.60	0.58	0.55	0.53	0.50
2	M_2	0.82	0.80	0.79	0.78	0.76	0.75
3	M_3	0.84	0.82	0.81	0.80	0.81	0.80
4	M_4	0.86	0.85	0.83	0.82	0.81	0.80
5	M_5	0.88	0.87	0.86	0.85	0.84	0.82

(2) 拉深次数。有些深腔拉深件（如弹壳、笔帽等），由于 m 小于极限拉深系数，不能一次拉深成形，则可采用多次拉深工艺，如图 2－26 所示。此时，各道工序的拉深系数为

$$m_1 = \frac{d_1}{D},\quad m_2 = \frac{d_2}{d_1},\quad m_n = \frac{d_n}{d_{n-1}}$$

总拉深系数 $m_{总}$ 表示从毛坯 D 拉深至 d_n 的总的变形量

$$m_{总} = m_1 m_2 \cdots m_{n-1} m_n = \frac{d_n}{D}$$

必须指出，连续拉深次数不宜太多，如低碳钢或铝，不多于 4～5 次，否则工件因加工硬化会使塑性下降，导致拉裂。

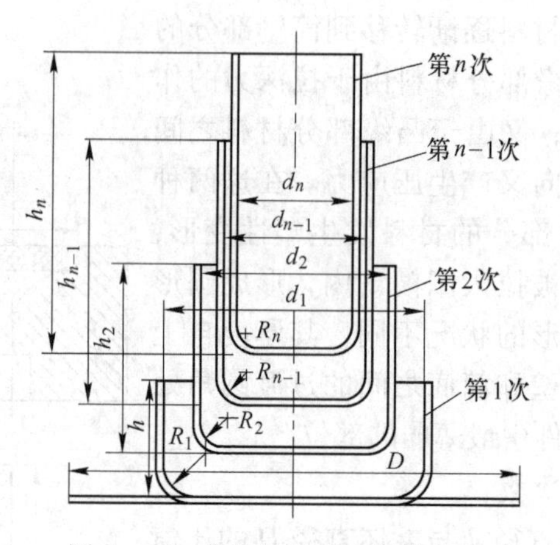

图2－26　多次拉深时直径的变化

2.2.3　其他塑性加工方法

（1）辊轧。辊轧是坯料靠摩擦力咬入轧辊，在轧辊相互作用（或两轧辊旋转方向相反或两轧辊旋转方向相同）下，产生连续变形的工艺。辊轧常用的有辊锻、斜轧、横轧、辗环等生产方法。

辊轧具有生产率高、零件质量好、节约金属和成本低等优点。

1）辊锻。用一对相向旋转的扇形模具使坯料产生塑性变形，从而获得所需锻件或锻坯的锻造工艺，称为辊锻，如图2－27所示。

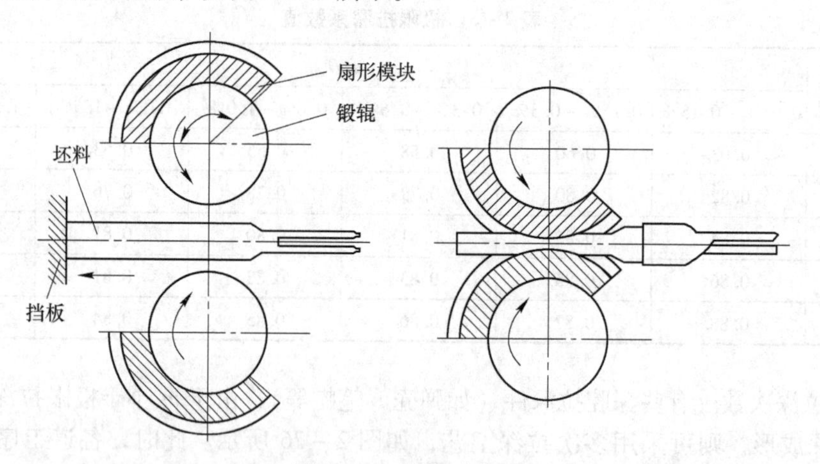

图2－27　辊锻示意图

辊锻生产率为锤上模锻的5～10倍，节约金属6%～10%。各种扳手、麻花钻、柴油机连杆、蜗轮叶片等都可以辊锻成形。

2）斜轧。轧辊相互倾斜配置，以相同方向旋转，轧件在轧辊的作用下反向旋转，同时还作轴向运动，即螺旋运动，这种轧制称为斜轧，亦称为螺旋轧制或横向螺旋轧制，如图2－28所示。斜轧可以生产形状呈周期性变化的毛坯或

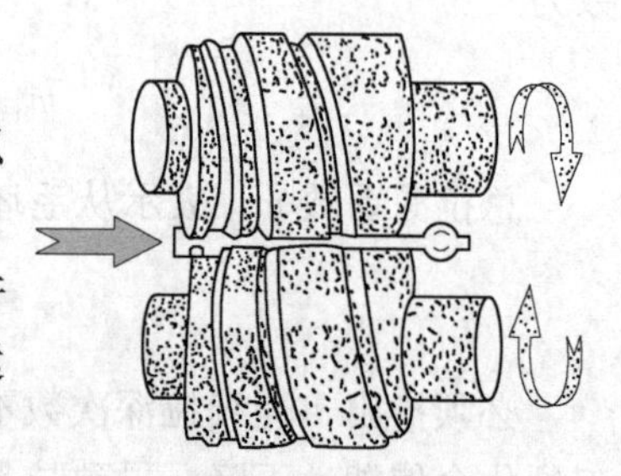

图2－28　斜轧

零件，如冷轧丝杠等。

3）横轧。轧辊轴线与轧件轴线平行且轧辊与轧件作相对转动的轧制方法称为横轧。横轧轧件内部锻造流线与零件的轮廓一致，使轧件的力学性能较高，因此，横轧在国内外受到普遍重视，可用于齿轮的热轧生产。图 2－29 为横轧示意图。

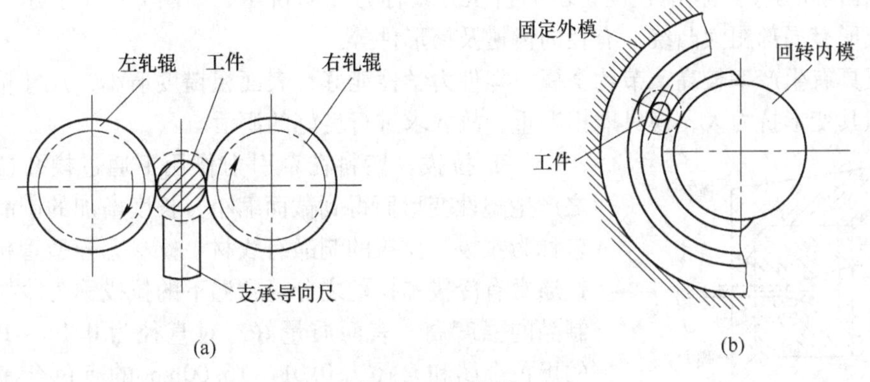

图 2－29　横轧
（a）外回转楔形模横轧；（b）内回转楔形模横轧

4）辗环。环形毛坯在旋转的轧辊中进行轧制的方法称为辗环。环形原毛坯在主动辊与从动辊组成的孔型中扩孔，壁厚减薄，内外径增大，断面形状同时也发生变化。辗环变形实质上属于纵轧过程，用这种方法可以生产火车轮箍、轴承座圈、法兰等环形锻件。图 2－30 为辗环示意图。

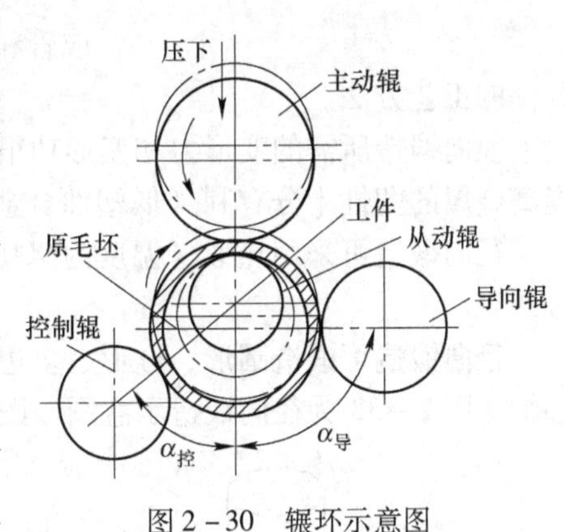

图 2－30　辗环示意图

（2）挤压。挤压是坯料在三向不等压应力作用下，从模具的孔口或缝隙挤出，使之横截面积减小、长度增加，成为所需制品的加工方法。根据挤压时金属流动方向和凸模运动方向的关系，挤压分为正挤压、反挤压、复合挤压和径向挤压等。

1）正挤压。坯料从模孔中流出部分的运动方向与凸模运动方向相同的挤压方式称为正挤压，该法可挤压各种截面形状的实心件和空心件，如图 2－31 所示。

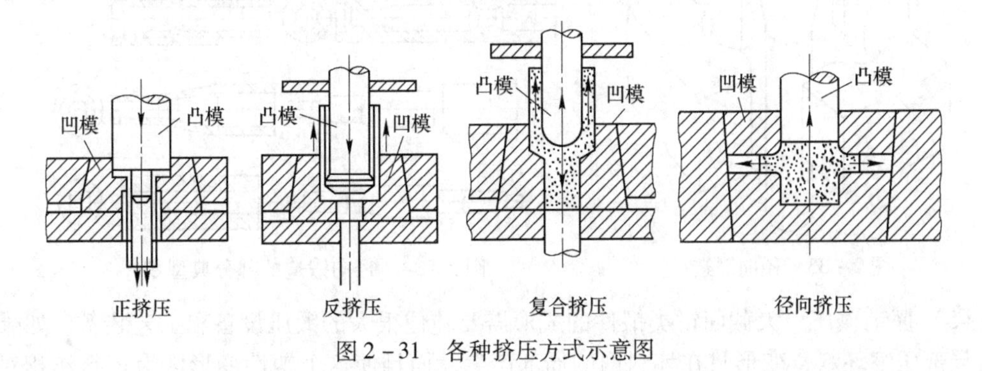

图 2－31　各种挤压方式示意图

2）反挤压。坯料的一部分沿着凸模与凹模之间的间隙流出，其流动方向与凸模运动方向相反的挤压方式称为反挤压，如图 2－31 所示。该法可挤压不同截面形状的空心件。

3）复合挤压。同时兼有正挤、反挤时金属流动特征的挤压称为复合挤压，如图 2－31 所示。

4）径向挤压。坯料沿径向挤出的挤压方式称为径向挤压，如图 2－31 所示。用这种方法可成形有局部粗大凸绕、有径向齿槽及筒形件等。

挤压具有生产率较高，节约金属，零件力学性能好，表面粗糙度值小，尺寸精度高等优点；但其变形抗力大，模具磨损严重，故要求进行良好的润滑。

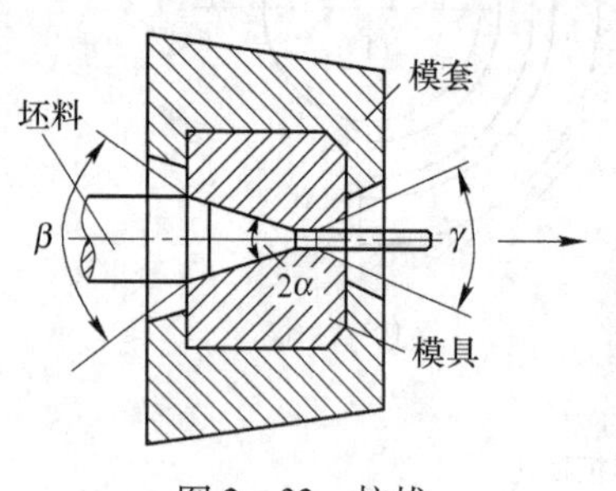

图 2－32　拉拔

（3）拉拔。坯料在牵引力作用下通过模孔拉出，使之产生塑性变形而得到截面缩小、长度增加的制品，此工艺称为拉拔。拉拔的制品有线材、棒材、异型管材等。拉拔通常有冷拔和拉丝之分。常温下的拉拔称为冷拔，冷拔制品的强度高、表面质量好。对直径为 0.14～10.00mm 的黑色金属和直径为 0.01～16.00mm 的有色金属的拉拔称为拉丝。图 2－32 为拉拔示意图。

（4）径向锻造。径向锻造是对轴向旋转送进的棒料或管料施加径向脉冲打击力，锻成沿轴向具有不同横截面制件的工艺方法。

径向锻造所需的变形力和变形功很小，脉冲打击使金属内外摩擦降低。变形均匀，对提高金属的塑性十分有利（低塑性合金的塑性可提高 2.5～3 倍）。

径向锻造可采用热锻（温度为 900～1000℃）、温锻（温度为 200～700℃）、冷锻三种方式。

径向锻造可锻造圆形、方形、多边形的台阶轴和内孔复杂或内径很小而长度较长的空心轴。图 2－33 为径向锻造示意图。图 2－34 为径向锻造的部分典型零件。

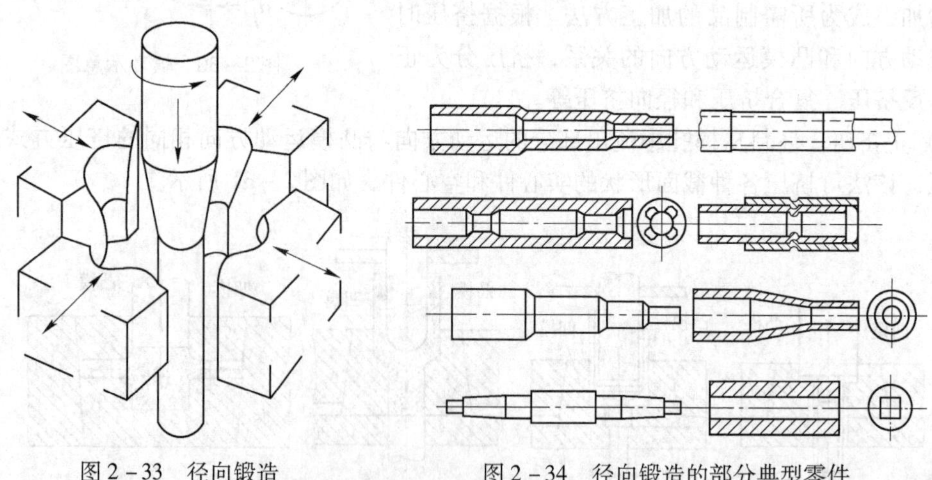
图 2－33　径向锻造　　图 2－34　径向锻造的部分典型零件

（5）摆动辗压。大截面饼类锻件的成形需要吨位很大的锻压设备和工艺装备。如果使模具局部压缩坯料，变形只在坯料内的局部产生，而且使这个塑性变形区沿坯料作相对运动，使整个坯料逐步变形，这样就能大大降低锻造压力和设备吨位容量。

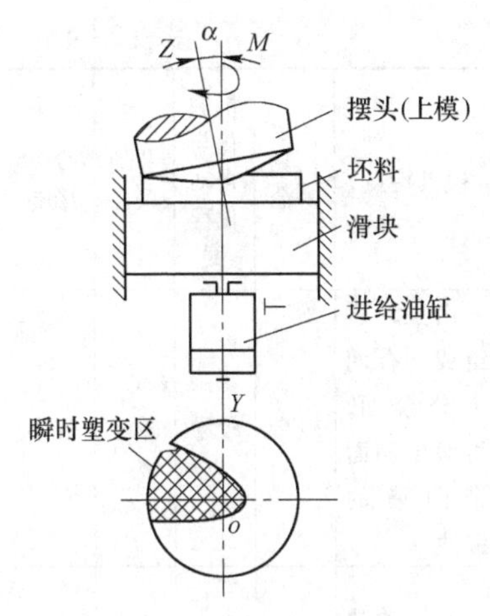

图2－35 摆动辗压工作原理

图2－35所示为摆动辗压的工件原理。具有圆锥面的上模（摆头），其中心线oZ与机器主轴中心线oM相交成α角（α常取$1°\sim3°$），此角称为摆角。当主轴旋转时，oZ绕oM旋转，使其产生摆动。与此同时，油缸使滑块上升对坯料施加压力。这样，上模母线在坯料表面连续不断地滚动，使坯料整个截面逐步变形。上模每旋转一周，坯料被压缩的压下量为s。如果上模母线是一直线，则辗压的工件表面为平面；如果上模母线为一曲线，则被辗压的工件表面为曲面。

摆动辗压主要适用于加工回转体的轮盘类或带法兰的半轴类锻件，如汽车后半轴、扬声器导磁体、碟形弹簧、齿轮毛坯和铣刀毛坯等。

2.2.4 常用金属塑性加工方法的比较

各种压力加工方法综合比较见表2－4。

表2－4 各种压力加工方法比较

加工方法		使用设备	适用范围	生产率	锻件精度	锻件表面粗糙度	模具特点	模具寿命	机械化与自动化程度	劳动条件	对环境影响
自由锻		空气锤，蒸汽－空气锤，水压机	小型锻件，单件小批生产中大型锻件	低	低	高	无模具		难	差	振动和噪声大
胎模锻		空气锤，蒸汽－空气锤	中小型锻件，中小批量生产	较高	中	中	模具简单，且不固定在设备上，取换方便	较低	较易	差	振动和噪声大
模锻	锤上模锻	蒸汽－空气锤，无砧座锤	中小型锻件，大批量生产，适合锻造各种类型模锻件	高	中	中	模具简单，且不固定在设备上，取换方便	较低	较易	差	振动和噪声大
	曲柄压力机上模锻	热模锻曲柄压力机	中小型锻件，大批量生产，不易进行拔长和滚压工序	高	高	低	组合模，有导柱导套和顶出装置	较高	易	好	较小

续表 2－4

加工方法		使用设备	适用范围	生产率	锻件精度	锻件表面粗糙度	模具特点	模具寿命	机械化与自动化程度	劳动条件	对环境影响
模锻	平锻机上模锻	平锻机	中小锻件，大批量生产，适合锻造法兰轴和带孔的模锻件	高	较高	较低	由三块模组成，有两个分模面，可锻出侧面带凹槽的锻件	较高	较易	较好	较小
	摩擦压力机上模锻	摩擦压力机	小型锻件，中批量生产，可进行精密模锻	较高	较高	较低	一般单膛锻模	中	较易	较好	较小
挤压		热挤压	适合各种等截面型材，大批量生产	高	较高	较低	因为变形力较大，所以凹凸模要有很高的强度、硬度和很低的表面粗糙度	较高	较易	好	无
		冷挤压	适合钢和有色金属及合金的小型锻件，大批量生产	较高	高	低	变形力较大，凹凸模的强度、硬度要求高，表面粗糙度要低	较高	较易	好	无
		温挤压	适合中碳钢和合金钢的小型锻件，大批量生产	高	高	低	变形力比冷挤压小，比热加压大；凹凸模要有较高的强度、硬度，较低的表面粗糙度	较高	较易	好	无
轧制	纵轧	辊锻机	适合连杆、扳手、叶片等零件的大批量生产也可为曲柄压力机模坯制坯	高	高	低	在轧辊上固定有两个扇形模具	高	易	好	无
		扩孔机	适合大小环类件大批量生产	高	高	低	金属在具有一定孔形驱动辊和芯辊间变形	高	易	好	无

2.3　塑性加工工艺设计

2.3.1　自由锻工艺规程的制定

自由锻工艺规程是指导锻件生产的依据，也是生产管理和质量检验的依据。其主要内容包括绘制锻件图，毛坯质量计算，锻造工序选择及设备的确定；锻造温度范围和加热、冷却及热处理方法和规范等。

（1）绘制锻件图。锻件图是以零件图为基础，并考虑以下几个因素绘制而成的，它是锻造锻件时的主要依据。

1）锻件敷料。敷料是为了简化锻件形状，便于锻造而加上去的一部分附加金属。当零件上带有较小的凹槽、台阶、凸肩、法兰和孔时，皆需增加敷料，如图2－36（a）所示。因为增设了敷料，增加了金属的消耗和切削加工工作量，所以，敷料的增设需合理、得当。

2）锻件余量。自由锻造的精度和表面质量都较差，所以，凡是零件上需要切削加工的表面都应在锻件的相应部分增加一部分多余的金属层，作为锻件的切削加工余量。

3）锻件公差。由于操作技术水平的差异以及对锻件收缩量估计误差等因素的影响，锻件的实际尺寸与其基本尺寸（名义尺寸）之间必存在偏差，所允许的偏差值称为锻件公差。其数值的大小需根据锻件形状、尺寸来确定。

如图2－36（b）所示，在锻件图上用双点划线画出零件的主要轮廓形状，并在锻件尺寸线的下面用圆括弧标出零件尺寸。对于大型锻件，为了锻后对锻件组织性能进行检验，还需在同一毛坯上锻出做性能检验用的试样部分，其形状和尺寸也应在图上标出。

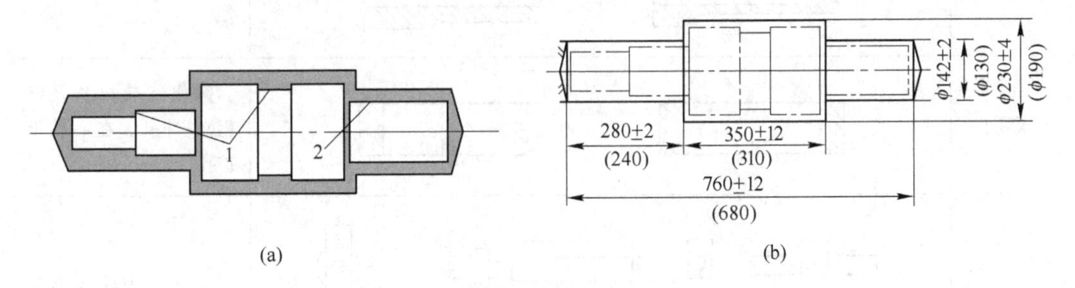

图2－36　典型锻件图
（a）锻件的余量及敷料；（b）锻件图
1—敷料；2—余量

（2）毛坯质量的计算。中小型锻件一般用型钢作为毛坯，其质量可按下式计算

$$m_{毛坯}=m_{锻件}+m_{烧损}+m_{料头}$$

式中　$m_{毛坯}$——锻造前的毛坯质量；

$m_{锻件}$——锻造后的锻件质量；

$m_{烧损}$——加热时毛坯表面氧化而烧损的质量（一般以毛坯质量的百分比δ表示，对室式煤炉$\delta=2.5\%\sim4.0\%$，对煤气炉$\delta=2\%\sim3\%$，毛坯再次加热，δ可减半）；

$m_{料头}$——在锻造过程中被冲掉或被切掉的那部分金属质量。

当锻造大型锻件采用钢锭作为毛坯时，还要考虑切掉的钢锭头部和钢锭尾部的质量。

确定毛坯尺寸时，应考虑到毛坯在锻造过程中必要的变形程度，即锻造比的问题。对于以碳素钢锭为毛坯并采用拔长方法锻造时，锻造比一般不小于2.3~3；如果采用轧材作为毛坯，则锻造比可取1.3~1.5。

根据计算所得的毛坯质量和截面尺寸，即可确定毛坯长度尺寸或选择适当的钢锭。

（3）锻造工序的选择。自由锻造工序是根据锻件形状和工序特点来确定的。其中包括：确定锻件所必需的基本工序、辅助工序和精整工序，确定工序顺序，设计工序尺寸等。另外，毛坯加热次数与每一火次中毛坯成形所经工序都应明确规定出来，写在工艺卡上。对一般锻件的大致分类及所采用的工序如表2-5所示。

表2-5　锻件分类及所需锻造工序

锻件类别	图　例	锻造工序
盘类锻件	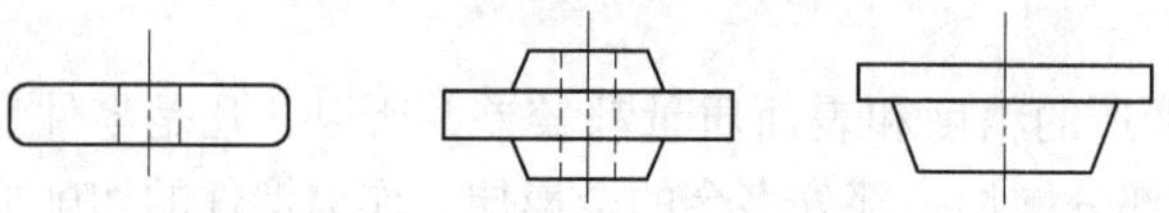	镦粗（或拔长及镦粗）、冲孔
轴类零件	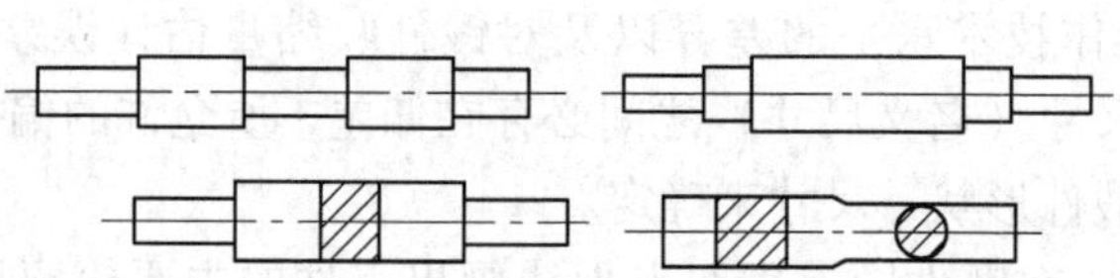	拔长（或镦粗及拔长）、切肩或者锻台件
筒类零件	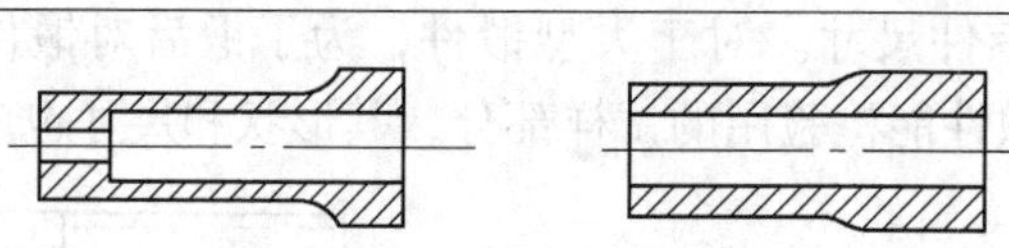	镦粗（或拔长及镦粗）、冲孔、在心轴上拔长
环类零件		镦粗（或拔长及镦粗）、冲孔、在心轴上扩孔
曲轴类零件	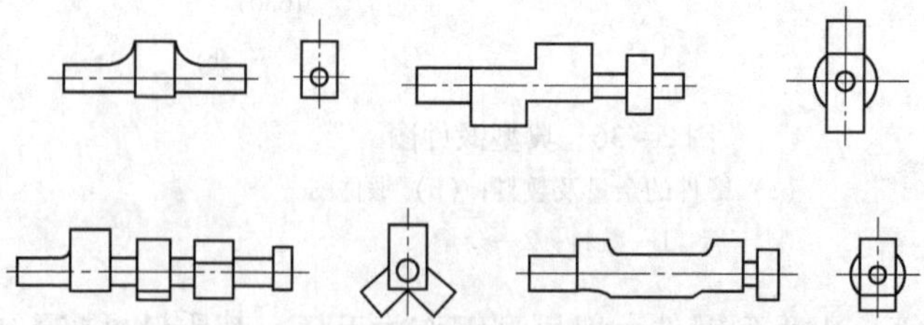	拔长（或镦粗及拔长）、错移、锻台件、扭转
弯曲类锻件	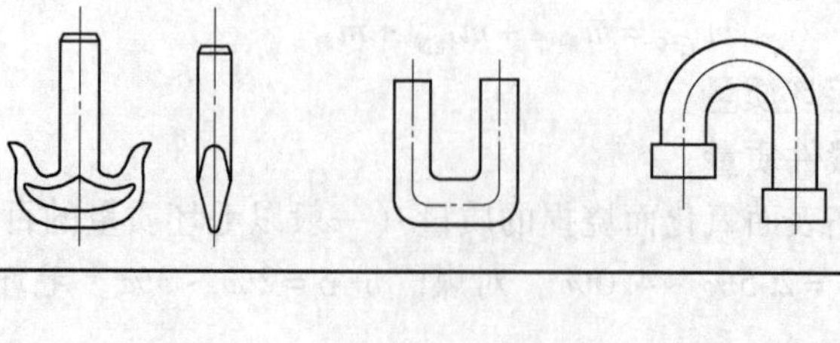	拔长和弯曲

工艺规程的内容还包括：确定所用的工夹具、加热设备、加热规范、冷却规范、锻造设备和锻件的后续处理等。

典型自由锻件（半轴）的锻造工艺卡如表2－6所示。

表2－6 半轴自由锻工艺卡

锻件名称	半轴	图例
毛坯质量	25kg	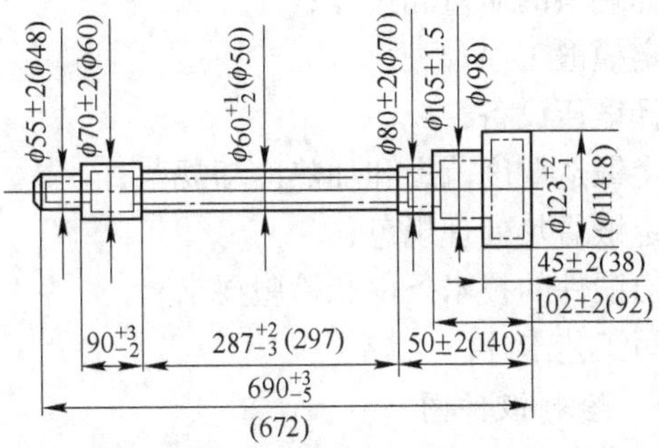
毛坯尺寸	ϕ130mm×240mm	
材料	18CrMnTi	
火次	工序	图例
1	锻出头部	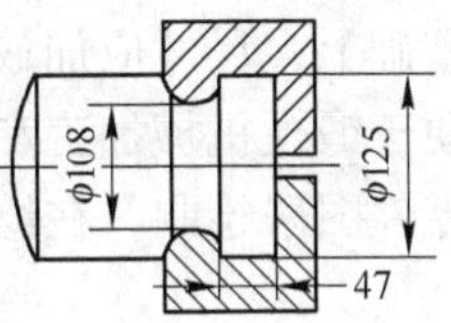
	拔长	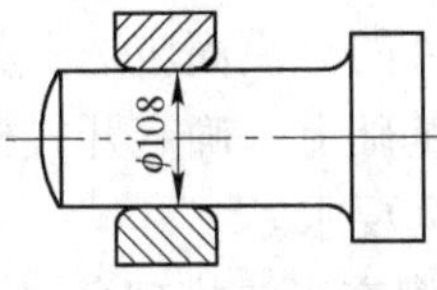
	拔长及修整台阶	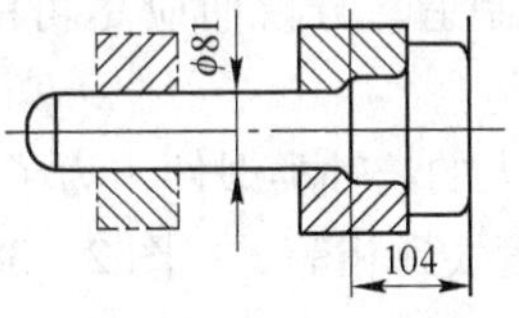
	拔长并留出台阶	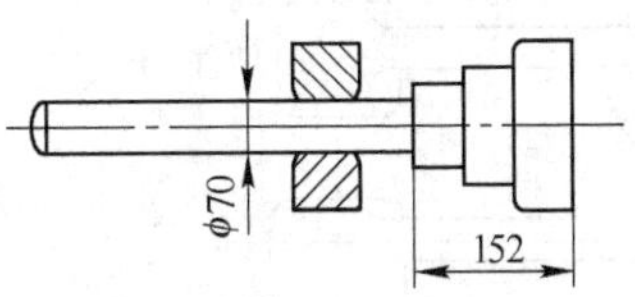
	锻出凹挡及拔长端部并修整	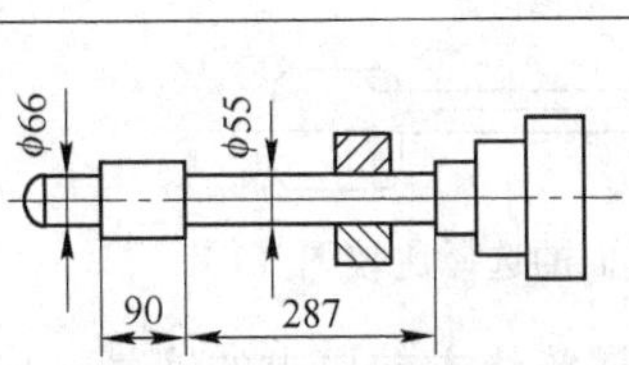

2.3.2　模锻工艺规程的制定

模锻工艺规程是指导模锻件生产、规定操作规范、控制和检测产品质量的依据。其主要内容包括：

（1）根据零件图绘制锻件图；
（2）计算坯料的质量和尺寸；
（3）确定模锻工序；
（4）选择锻压设备；
（5）确定锻造湿度范围和加热冷却规范；
（6）确定锻后热处理规范；
（7）提出锻件的技术条件和检验要求；
（8）填写工艺卡片。

2.3.2.1　绘制锻件图

模锻件的锻件图分为冷锻件图和热锻件图两种。冷锻件图用于最终锻件检验，热锻件图用于锻模设计和加工制造。这里主要讨论冷锻件图的绘制，而热锻件图是以冷锻件图为依据，在冷锻件图的基础上，尺寸应加放收缩率，尺寸的标注也应遵循高度方向尺寸以分模为基准的原则，以便于锻模机械加工和准备样板。

冷锻件图要根据零件图来绘制，在绘制过程中要考虑以下几个问题。

A　分模面

选择分模面的最基本原则是：保证锻件形状尽可能与零件形状相同，锻件容易从锻模模膛中取出，为此，锻件的分模面应选在具有最大水平投影尺寸的截面上。

在满足上述原则的基础上，确定开式模锻的分模面时，为了提高锻件质量和生产过程的稳定性，还应考虑下列要求。

（1）为防止上、下模产生错模现象，分模面的位置应保证其上、下模膛的轮廓相同。

（2）为便于模具制造，分模而应尽可能采用直线分模。图 2－37 中，*a*—*a* 截面分模比 *b*—*b* 截面分模要好。

（3）头部尺寸较大的长轴类锻件，为了保证整个锻件全部充满成形，应以折线式分模，从而使上、下模膛深度大致相等。如图 2－38 中，折线分模比直线分模的充填效果好。

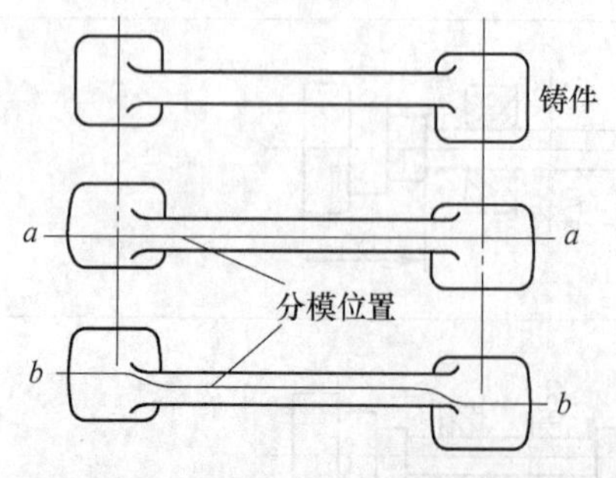

图 2－37　分模面的选择比较图（1）

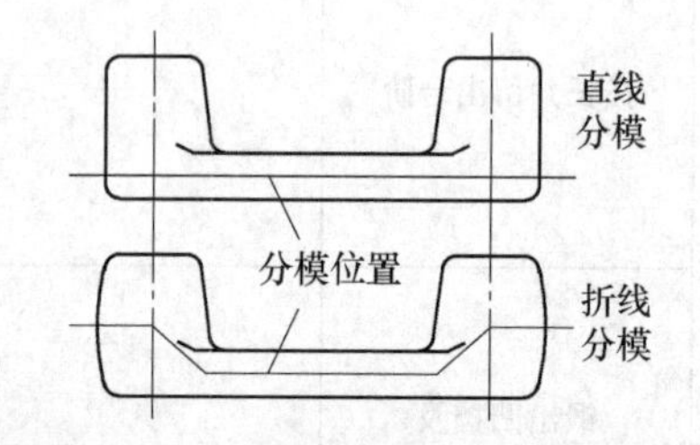

图 2－38　分模面的选择比较图（2）

（4）对于有金属流线方向要求的锻件，应考虑到锻件在工作中的承力情况。如图 2－39 这种锻件，Ⅱ—Ⅱ处在工作中承受剪应力，其流线方向与剪切方向垂直，因此，考虑到模锻时金属流动的特性，应取Ⅰ—Ⅰ作为分模面。

图2-39　分模面的选择比较图（3）

普通锻件由于毛坯在高温条件下产生表皮氧化、脱碳等，导致锻件表面质量不高；此外，由于模膛壁带有斜度，以及锻模磨损和上、下模的错移现象，导致锻件尺寸出现偏差。所有这些原因，使得锻件还需要经切削加工才能成为零件，因此，锻件需要留有加工余量和锻造公差（见表2-7）。

模锻件的加工余量和公差比自由锻件的要小。加工余量一般为1.4mm，极限偏差一般取±(0.3~3)mm。

表2-7　锤上模锻件的余量和公差

锻锤吨位	锻件余量/mm		锻件公差/mm	
	高度方向	水平方向	高度方向	水平方向
1t夹板锤	1.25	1.25	+0.8，-0.5	按自由公差表2-8选定
1t模锻锤	1.5~2.0	1.5~2.0	+1.0，-0.5	
2t模锻锤	2.0	2.0~2.5	+1.0（1.5），-0.5	
3t模锻锤	2.0~2.5	2.0~2.5	+1.5，-1.0	
5t模锻锤	2.25~2.5	2.25~2.5	+2.0，-1.0	
10t模锻锤	3.0~3.5	3.0~3.5	+2.0（2.5），-1.0	

表2-8　自由公差

尺寸/mm	<6	6~18	18~50	50~120	120~260	260~500	500~800
自由公差	±0.5	±0.7	±1.0	±1.4	±1.9	±2.5	±3.0

B　确定冲孔连皮

当模锻件上有孔径$d \geqslant 25$mm且深度$h \leqslant 24$的孔时，此孔应锻出。但模锻无法锻出通

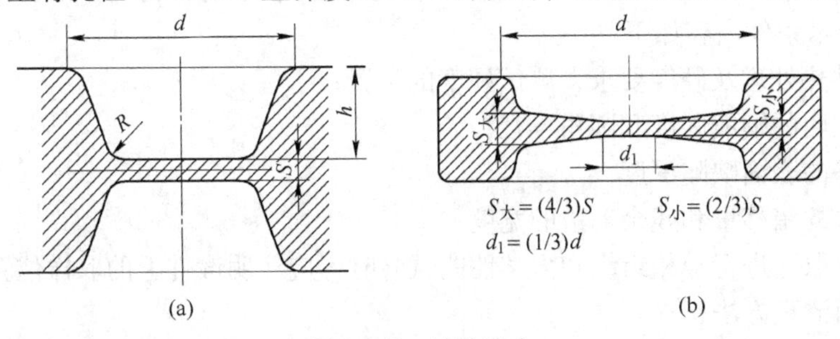

图2-40　冲孔连皮

（a）平底连皮；（b）斜底连皮

孔，孔内需留有一层称为“连皮”的金属层（如图2－40所示）。冲孔连皮的厚度与孔径 d 有关，当孔径为30～80mm时，其厚度为4～8mm。

C　确定模锻斜度和圆角半径

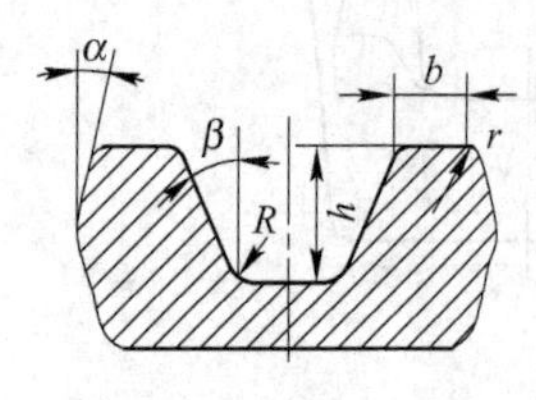

图2－41　模锻斜率和圆角半径

和铸件的起模斜度类似，为了使锻件易于从模膛中取出，锻件与模膛侧壁接触部分同样需带一定斜度，锻件上的这一斜度称为模锻斜度。锻件外壁上的斜度称为外壁斜度 α（锻件冷却收缩时锻件与模壁离开的表面称为外壁），锻件内壁上的斜度称为内壁斜度 β（锻件冷却收缩时锻件与模壁夹紧的表面称为内壁），如图2－41所示。

模锻斜度应取3°、5°、7°、10°、12°等标准度数。模膛深度与宽度的比值增大时，模锻斜度应取较大值。通常外壁斜度 α 取5°或7°，内壁斜度 β 应比相应的外壁斜度大一级。

为了使金属在模膛内易于流动，防止应力集中，模锻件上的两表面相交处都应有适当的圆角过渡。通常锻件的外圆角半径 r 取2～12mm，内圆角半径 R 比外圆角半径大3～4倍（如图2－41所示）。

上述各参数确定后便可绘制模锻件的冷锻件图。绘制方法如图2－42所示，以粗实线表示锻件的形状；为了便于了解零件的形状和尺寸，用双点划线表示零件的形状。

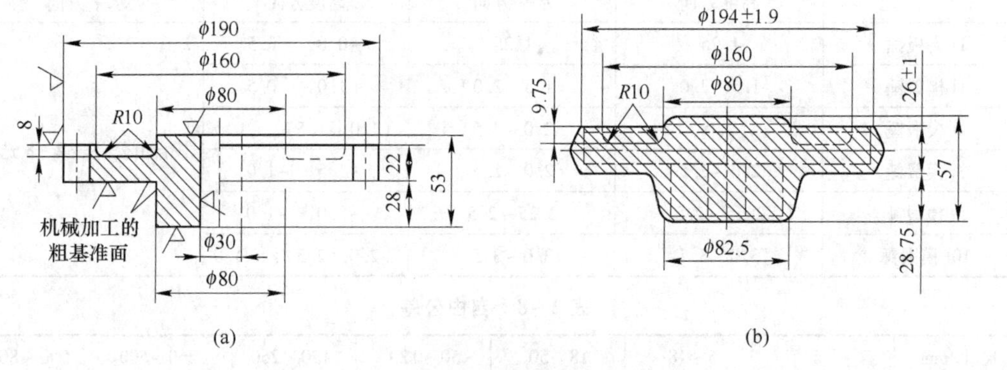

图2－42　齿轮的零件图和锻件图（示意图）
（a）零件图；（b）锻件图

2.3.2.2　提出锻件的技术条件和检验要求

有关锻件质量及其他检验要求，凡在锻件图上无法表示的，均列入锻件图的技术说明中。一般的技术条件内容如下：

（1）锻件热处理及硬度要求，测试硬度的位置；
（2）未注明的模锻斜度和圆角半径；
（3）允许的表面缺陷深度；
（4）允许的错移量和残余毛边的宽度；
（5）需要取样进行金相组织和力学性能试验时，应注明锻件上的取样位置；
（6）表面清理方法；
（7）其他特殊要求，如锻件同轴度、弯曲度等。

2.3.2.3 计算毛坯质量和尺寸

模锻件毛坯质量的计算比自由锻件要求更为准确。毛坯的质量等于锻件质量和飞边质量及氧化烧损金属质量的总和，可按下式计算

$$m_{坯} = m_{锻} + m_{飞} + m_{烧}$$

式中 $m_{坯}$——毛坯质量；

$m_{锻}$——模锻件质量；

$m_{飞}$——飞边质量，取锻件质量的20%～25%；

$m_{烧}$——毛坯加热时烧损的金属质量，取锻件与飞边质量之和的3%～4%。

根据毛坯的体积 $V_{坯}$（根据毛坯的质量可以算出），再考虑变形方式、模膛种类等因素来确定毛坯的尺寸。

2.3.2.4 确定模锻工序

模锻件的成形一般包括三种类型的工步，即模锻工步（包括预锻和终锻）、制坯工步（包括镦粗拔长、滚挤、卡压、成形、弯曲等制坯工步）、切断修整工步（包括切断、切边、冲孔、校正、精压等）。

预锻工步是使制坯后的坯料进一步变形，以保证终锻时获得饱满、无折叠、无裂纹或其他缺陷的优质锻件。所以，当锻件形状复杂，成形困难．且生产批量较大时，一般都采用预锻，然后再终锻。

制坯工步主要是根据锻件的形状和尺寸来确定的。锤上模锻件按形状可分为两大类：一类是圆饼类（或称盘类）模锻件，其特点是在分模面的投影为圆形呈长度接近宽度的锻件，如齿轮、法兰盘等；另一类是长轴类模锻件，其特点是在分模面上的投影长度与宽度相差比较大，如台阶轴、曲轴、连杆、弯曲摇臂等。

（1）圆饼类锻件的制坯。圆饼类锻件一般使用镦粗制坯，形状较复杂的采用成形镦粗制坯。

（2）长轴类锻件的制坯。轴类锻件有直长轴线锻件、弯曲轴线锻件、带枝芽的长轴件和叉形件等。由于形状的需要，长轴类锻件的制坯由拔长、滚挤、弯曲、卡压、成形等制坯工步组成。

1）直长轴线锻件。这是较简单的一种锻件，一般需用拔长、滚挤、卡压、成形制坯工步等，以保证终锻时获得优质锻件。

2）弯曲轴线锻件。这种锻件的变形工序与前一种相同，但仍须增加一道弯曲工步。

3）带枝芽的长轴件。这种锻件所用的变形工序与前面的大致相同，但是必须要有一道成形制坯工步。

4）叉形件。这种锻件的变形工序除具有前三种的特点外，可能还要用弯曲工步或预锻劈开来达到叉部成形的目的。

长轴类锻件制坯工步是根据锻件轴向横断面面积变化的特点，使坯料在终锻前金属材料的分布与锻件的要求相一致来确定的。按金属流动效率，制坯工步的优先次序是：拔长、滚挤、卡压工步。为了得到弯曲的、带枝芽的或叉形的锻件，还要用到弯曲或成形工步。

模锻件完整的工艺过程应该是：下料—毛坯质量检验—加热—制坯—预锻—终锻—切断—切边冲孔—表面清理—校正—精压－热处理—检验入库。

2.3.2.5　选择锻压设备

常用的模锻设备有：模锻锤、曲柄压力机、摩擦螺旋压力机、平锻机等。具体选用何种设备，要根据锻件的尺寸大小、结构形状、精度要求、生产批量以及现有条件等综合考虑。

各种吨位的模锻锤所能锻制的模锻件质量可参看表2－9确定。

表2－9　选择模锻锤吨位的概略数据

模锻锤吨位/t	≤0.75	1.0	1.5	2.0	3.0	5.0	7～10	16
锻件质量/kg	<0.5	0.5～1.5	1.5～5	5～12	12～25	25～40	40～100	>100

2.3.2.6　确定锻造温度范围和加热冷却规范

金属在锻造前的加热是为了提高金属的塑性，降低变形抗力，减小锻造设备的吨位。

确定锻造温度范围的一般原则是：在保证不出现过热和过烧的前提下尽可能提高始锻温度，使材料具有良好的塑性和较低的变形抗力。选择的依据是合金状态图。

锻压生产中常用的加热规范有：一段、二段、三段、四段及五段加热规范，其加热曲线如图2－43所示。

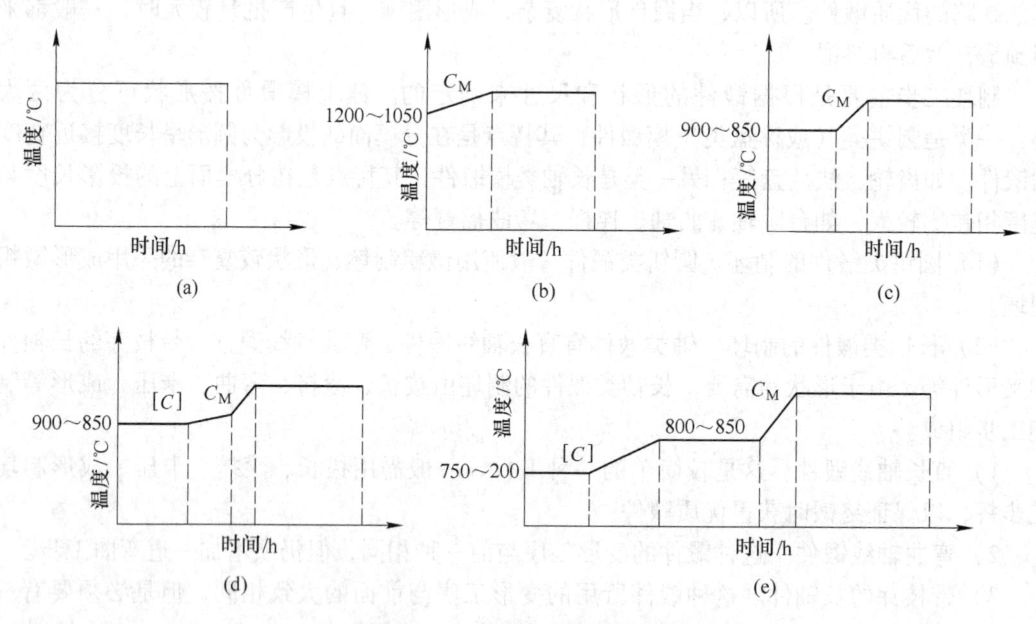

图2－43　锻造加热曲线类型

(a) 一段加热曲线；(b) 二段加热曲线；(c) 三段加热曲线；(d) 四段加热曲线；(e) 五段加热曲线

[C]—钢料允许的加热速度；C_M—最大可能的加热速度

在模锻生产中，钢材与中小钢坯的加热规范如下：

直径小于150～200mm的碳素结构钢材和直径小于100mm的合金结构钢材，采用一段加热规范，一般炉温控制在1300～1350℃。

直径为200～350mm的碳素结构钢坯和合金结构钢坯，采用三段加热规范。装料炉温稍低一些，约在1150～1200℃范围，装炉后要进行保温，保温时间约为整个加热时间的

5%～10%，当加热到始锻温度后需均热，这时保温时间也为整个加热时间的5%～10%；对导温性差、热敏感性强的合金钢坯（如高铬钢、高速钢），装料炉温为400～650℃。

锻件在锻后冷却时根据对冷却速度快慢的要求不同，分为三种方法：小、中型碳钢和低合金钢锻件，锻后置于车间地面冷却；成分复杂的合金钢锻件，锻后在地坑中冷却；对于高合金钢锻件，则必须按其冷却规范装炉缓慢冷却。

2.3.3 冲压工艺规程的制定

在制定冲压工艺规程时，通常是根据冲压件的特点、生产批量、现有设备和生产能力等，拟定出数种可能的工艺方案，在综合分析研究零件成形性的基础上，以材料的极限变形参数，各种变形优质的复合程度及趋向性，当前的生产条件和零件的产量、质量要求为依据，提出各种可能的零件成形总体工艺方案。根据技术上可靠、经济上合理的原则、对各种方案进行对比分析，从而选出最佳工艺方案（包括成形工序和各辅助工序的性质内容、复合程度、工序顺序等），并尽可能进行优化。

（1）选择冲压基本工序。落料、冲孔、切边、弯曲、拉深、翻边等是常见的冲压工序、各工序有其不同的性质、特点和用途。有些可以从产品零件图上直观地看出冲压该零件所需工序的性质。例如平板件上的各种型孔只需要冲孔、落料或剪切二序；开口筒形件则需拉深工序。有些零件的工序性质，必须经过分析和计算才能确定。如图2－44（a）和（b）分别为油封内夹圈和外夹圈冲压件，两个冲压件形状基本相同，只是直边高度和外径不同。经分析计算，内夹圈可选用落料、冲孔、翻边工序；而外夹圈选用落料、拉深、冲孔和翻边等四道工序来加工较为合理。

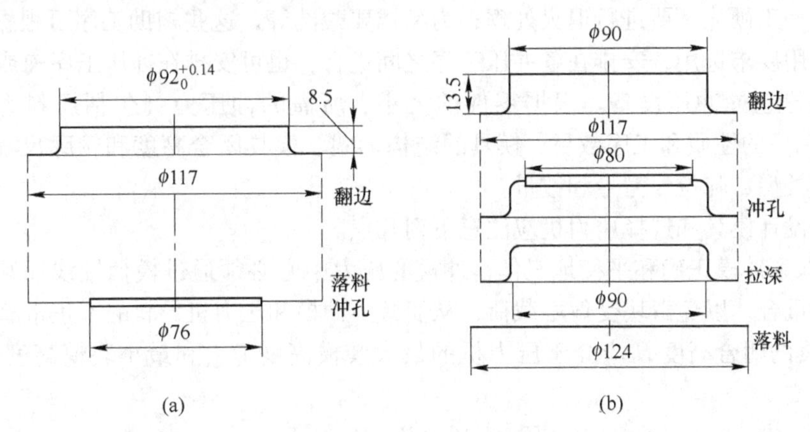

图2－44 油封内夹圈和外夹圈的冲压工艺过程（材料为08钢；厚度为0.8mm）
（a）油封内夹圈；（b）油封外夹圈

（2）确定冲压次数和冲压顺序。对于拉深件，可根据它的形状和尺寸，以及板料许可的变形程度，计算出拉深次数。其他如弯曲件、翻边件等的冲压次数也是根据具体形状和尺寸以及极限变形程度来决定。

冲压顺序的安排应有利于发挥材料的塑性以减少工序数量。主要根据工序的变形特点和质量要求来安排。确定冲压顺序的一般原则如下：

1）对于有孔或有缺口的平板件，如选用简单模时，一般先落料，再冲孔或切口；使用连续模时，则应先冲孔或切口，后落料。

2）对于带孔的弯曲件，孔边与弯曲区的间距较大，可先冲孔，后弯曲。如孔边在弯曲区附近或孔与基准面有较高要求时，必须先弯曲后冲孔。

3）对于带孔的拉深件，一般都是先拉深后冲孔，但是孔的位置在零件底部，且孔径尺寸要求不高时，也可先在毛坯上冲孔，后拉深。

4）多角弯曲件，应从材料变形和弯曲时材料移动两方面考虑确定先后顺序，一般情况下先弯外角，后弯内角。

5）对于形状复杂的拉深件。为便于材料变形和流动，应先成形内部形状，再拉深外部形状。

6）整形或校平工序，应在冲压件基本成形以后进行。

（3）工序的组合方式。一个冲压件往往需要经过多道工序才能完成，因此，编制工艺方案时，必须考虑是采用简单模逐个工序冲压，还是将工序组合起来，用复合模或连续模生产。通常，模具的选用主要取决于冲压件的生产批量、尺寸大小和精度要求等因素。生产批量大，冲压工序应尽可能地组合在一起，采用复合模或连续模冲压；小批量生产，常选用单工序简单模。但对于尺寸过小的冲压件，考虑到单工序模上料不方便和生产率低，也常选用复合模或连续模生产；若选用自动送料，一般用连续模冲压；为避免多次冲压约定位误差，常选用复合模生产。

（4）辅助工序。对于某些组合冲压件或有特殊要求的冲压件，在分析了基本工序、冲压次数、顺序及工序的组合方式后，尚须考虑非冲压辅助工序，如钻孔、铰孔、车削等机械加工，以及焊接、铆合、热处理、表面处理、清理和去毛刺等工序。多次拉深工序之间，为消除加工硬化，要进行退火处理；为除锈要酸洗等，这些辅助工序可根据冲压件结构特点和使用要求选用，安排在各冲压工序之间进行，也可安排在冲压工序前或后完成。

（5）合理选择冲压设备。根据零件的大小、所需的冲压力（包括压料力、卸料力等）、冲压工序的性质和工序数目、模具的结构形式、模具闭合高度和轮廓尺寸，来决定所需设备的类型、吨位、型号和数量。

通常，设计模具和选择压力机应注意下列几点。

1）为保证冲模正确和平衡地工作，冲模的压力中心必须通过模柄轴线而和压力机滑块中心线相重合，以免滑块受偏心载荷，从而减少冲模和压力机导轨的不正常磨损。

2）模具的闭合高度 H 应介于压力机的最大装模高度 H_{max} 和最小装模高度 H_{min} 之间，即满足关系式

$$H_{min} + 10 < H < H_{max} - 5$$

压力机的装模高度是指滑块在下死点时，滑块下表面至工作台垫板上表面之间的距离。

3）拉深、弯曲工序一般需要较大行程。在拉深中，为了便于安放毛坯和取出工件，要校核模具出件时压力机的行程，其行程不小于拉深件高度的2.5倍。

（6）制定冲压工艺卡。为了科学地组织和实施生产，在生产中准确地反映工艺设计中确定的各项技术要求，保证生产过程的顺利进行，应根据不同的生产类型，编写冲压工艺过程卡，内容包括：工序名称、工序次数、工序草图（半成品形状和尺寸）、所用模具、所选设备、工序检查要求、板料规格和性能、毛坯形状和尺寸等。

（7）冲压工艺举例。图2－45所示汽车消音器零件，其冲压加工工艺由三次拉深，一次冲孔，两次翻边和一次切槽等七个工序组成。

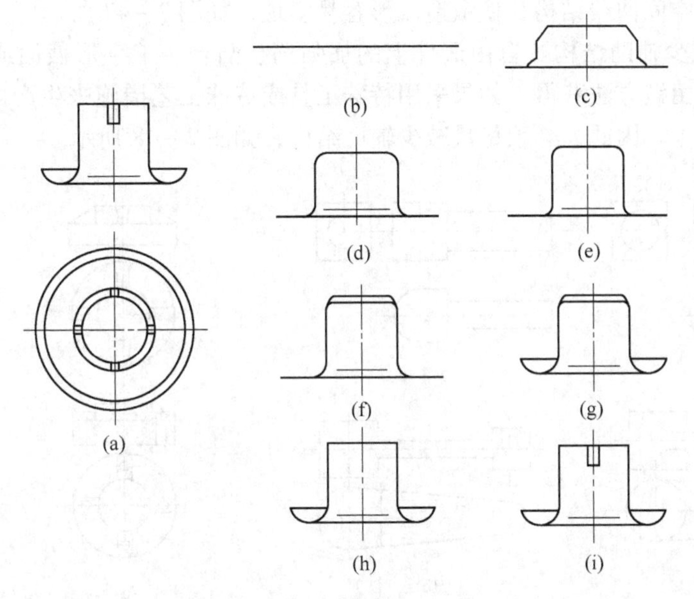

图2－45　消音器的冲压工艺
（a）零件；（b）坯料；（c）一次拉深；（d）二次拉深；（e）三次拉深；
（f）冲孔；（g），（h）翻边；（i）切槽

2.4　锻件结构工艺性

2.4.1　自由锻件结构工艺性

在设计自由锻造的零件时，除满足其使用性能的要求外，还必须具有良好的结构工艺性。锻件结构合理，可达到锻造方便、节约金属、保证锻件质量和提高生产率的目的。

（1）尽量避免锥体或斜面结构。锻件上具有锥体或斜面的结构（图2－46（a）），从工艺上考虑是不合理的，因为锻造这种结构，必须使用专用工具，锻件成形比较困难。图2－46（b）为合理设计的结构。

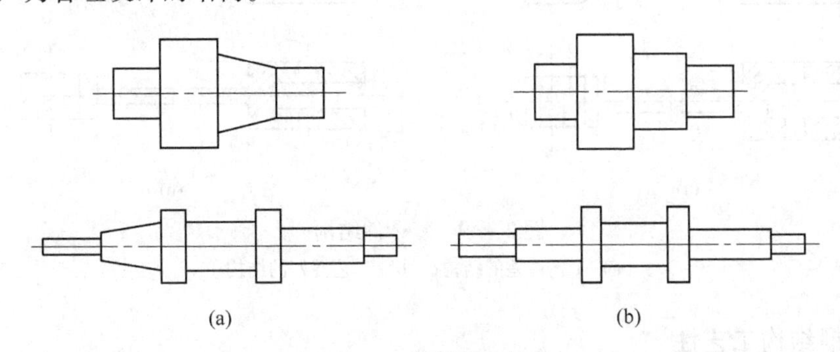

图2－46　轴类锻件结构
（a）工艺性差的结构；（b）工艺性好的结构

（2）不能有空间曲线。锻件是由几个简单的几何体构成的，几何体的相贯线不应形成空间曲线，否则锻造成形极为困难，有时根本就不能成形。应设计成平面与圆柱、平面与平面相接，消除空间曲线结构，使锻造成形容易实现，如图 2－47 所示。

（3）尽量减少辅助结构。自由锻件上的加强筋、凸台、工字形截面或空间曲线形表面，都难以用自由锻方法获得。如果采用特殊工具或特殊工艺措施来生产，必将降低生产率，增加产品成本。因此，必须尽量减少辅助结构，如图 2－48 所示。

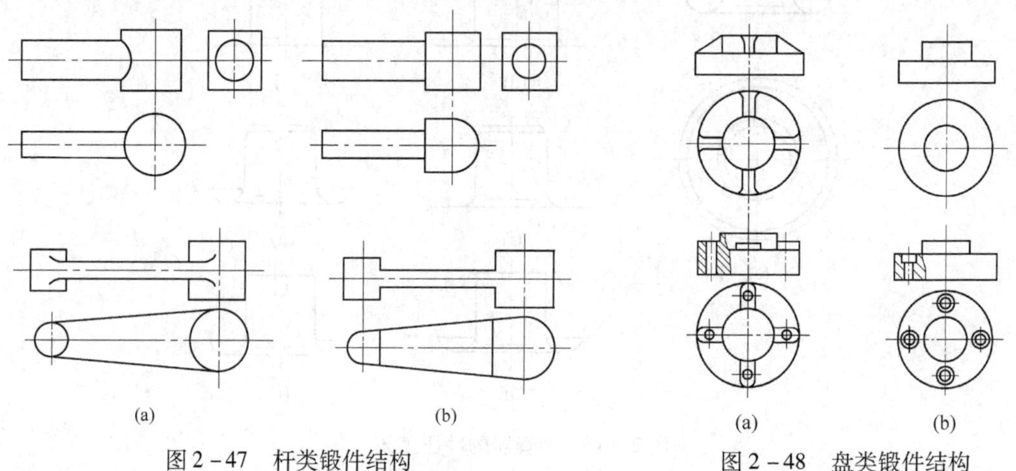

图 2－47　杆类锻件结构
（a）工艺性差的结构；（b）工艺性好的结构

图 2－48　盘类锻件结构
（a）工艺性差的结构；（b）工艺性好的结构

（4）复杂零件可设计成简单件的组合体。自由锻件的横截面积有急剧变化或形状较复杂时，应设计成由几个简单件构成的组合体。锻造成形后，再用焊接或机械连接方式构成整体零件，如图 2－49 所示。

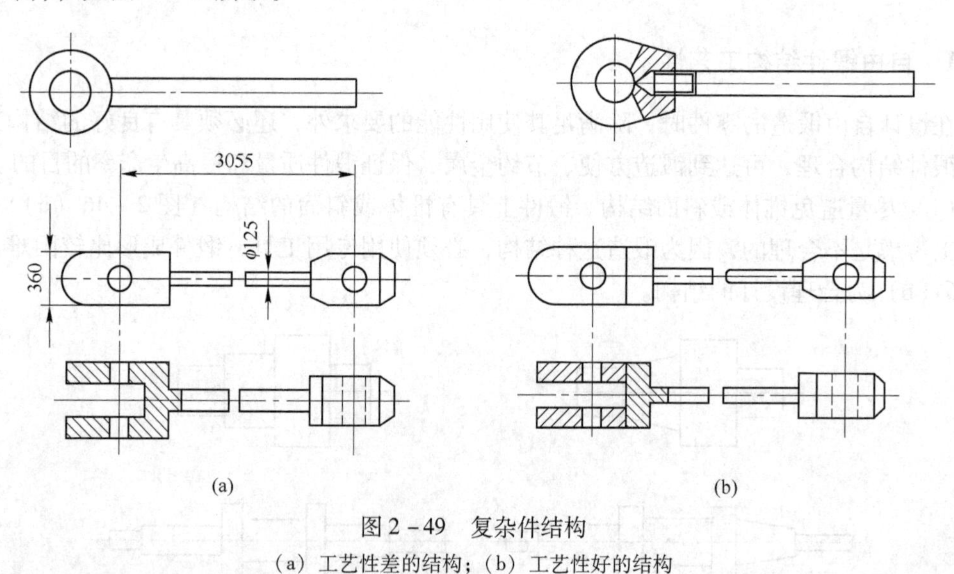

图 2－49　复杂件结构
（a）工艺性差的结构；（b）工艺性好的结构

2.4.2　模锻结构工艺性

模锻件的成形条件比自由锻件优越，因此，模锻件的形状可以比自由锻件复杂。例如，可以允许有空间相贯曲线、合理的台阶、工字形截面等轮廓形状。设计时应遵循以下几条原则。

（1）必须有一个合理的分模面，使敷料最少，锻模制造容易。

（2）模锻件形状应力求简单。为使金属容易充满模膛和减少工序，零件的外形仍需力求简单、平直、对称。避免零件截面间差别过大或具有薄壁、高肋、凸起等。如图 2－50 所示的锻件，其最小截面与最大截面之比如小于 0.5，就不宜采用模锻。此外，该零件的凸缘凸起太薄太高，中间凹下很深也是不适宜的。又如图 2－51 所示的零件很扁很薄，锻造时薄的部分不易锻出。再如图 2－52（a）所示的零件上有一个高面薄的凸缘，使锻模的制造和锻件的取出都较困难，如改为图 2－52（b）所示的形状，对零件的功用没有影响，但锻造却非常方便。

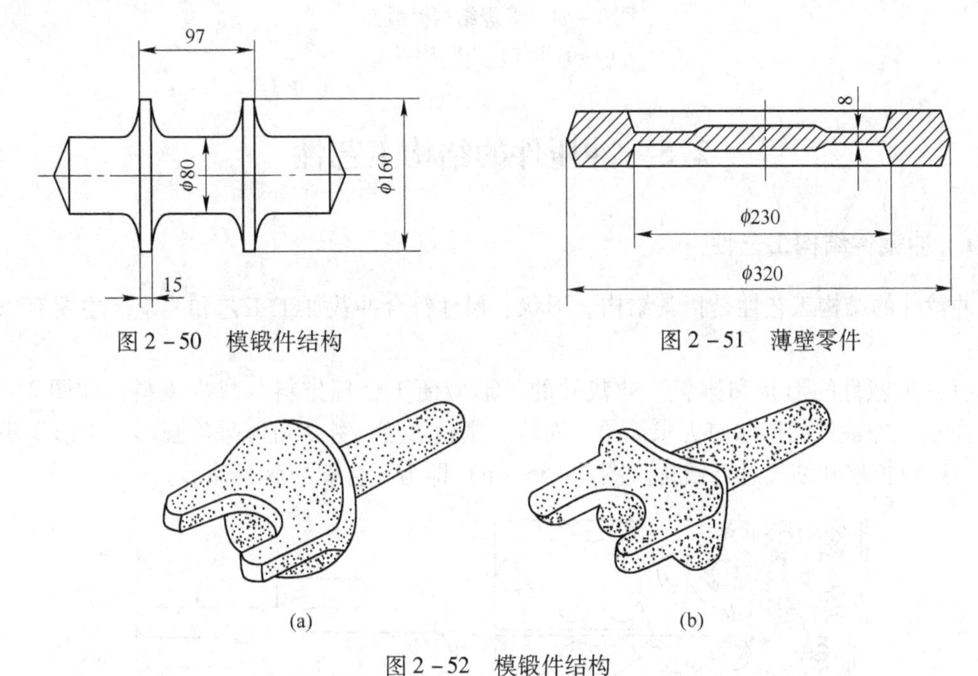

图 2－50　模锻件结构

图 2－51　薄壁零件

图 2－52　模锻件结构

（3）由于模锻件尺寸精度高、表面粗糙度低，因此，零件上只有与其他机件配合的表面才需要进行机构加工，其他表面应设计为非加工表面。零件上与锤击方向平行的非加工表面应设计出斜度，非加工表面所形成的角应按圆角设计。

（4）在零件结构允许的情况下，应尽量避免设计有深孔或多孔的结构。如图 2－53 所示，零件上四个 ϕ20mm 的孔就不能锻出，只能用机械加工成形。

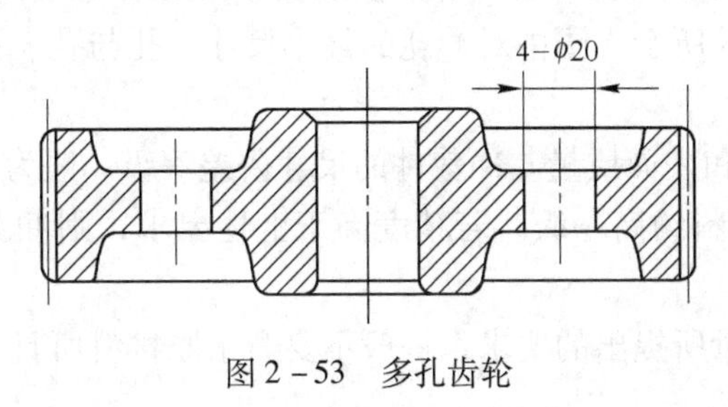

图 2－53　多孔齿轮

（5）采用组合工艺。在可能的条件下，将复杂的锻件设计成锻–焊组合的工件，以减少敷料，简化模锻工艺，如图2–54所示。

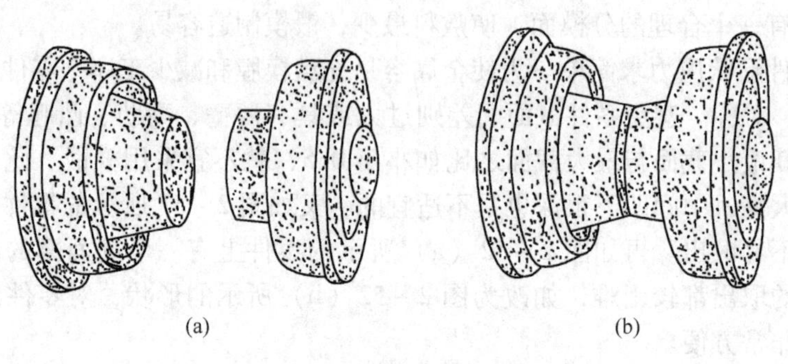

图2–54　锻焊结构模锻件
（a）模锻件；（b）焊合件

2.5　冲压件的结构工艺性

2.5.1　冲裁件结构工艺性

冲裁件的结构工艺性是指其结构、形状、尺寸符合冲裁加工工艺和要求。主要有以下几点：

（1）冲裁件的形状和排料。冲裁件的外形应便于合理排料，减少废料，如图2–55（a）所示。冲裁件的形状应力求简单、对称，圆角过渡，并尽可能采用圆形、矩形等规则形状，避免长槽和细长悬臂结构。图2–55（b）即为不合理的落料外形。

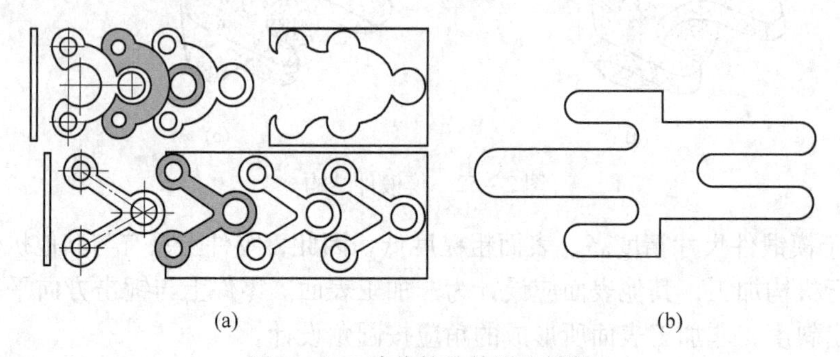

图2–55　冲裁件的外形和排料

（2）冲裁件尺寸。冲裁时由于受凸、凹模强度和楔具结构的限制，冲裁件的最小尺寸有一定限制，如图2–56所示。图中对冲孔的最小尺寸，孔与孔、孔与边缘之间的距离等尺寸都有一定的限制。

（3）冲裁件的精度和表面质量。冲裁件的尺寸公差等级一般为IT10～IT12，较高时可达IT8～IT10，冲孔比落料约高一级。若精度高于上述要求，则冲裁后需通过修整或采用精密冲裁等工序。

对于冲裁件表面质量所提出的要求，一般不要高于原材料所具有的表面质量，否则将增加切削加工等工序。

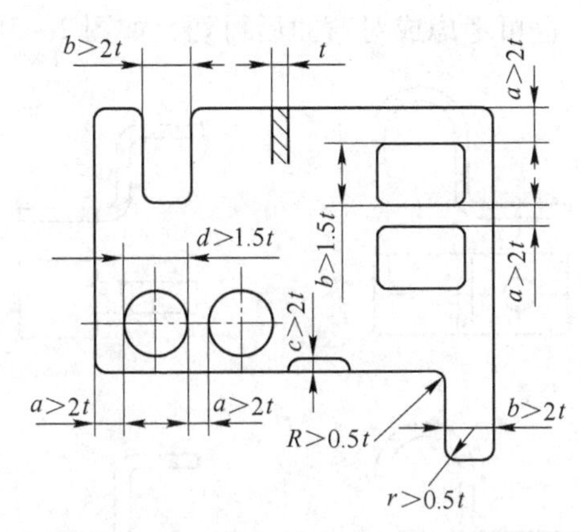

图2-56 冲裁件有关尺寸的限制

2.5.2 弯曲件的结构工艺性

（1）弯曲件的弯曲半径。弯曲件的最小弯曲半径 r_{min} 不能小于材料许可的最小弯曲半径，否则将弯裂。

（2）弯曲件的直边高度。弯曲件的直边高度 $H>2t$。若 $H<2t$，则应增加直边高度，弯好后再切掉多余材料，如图2-57（a）所示。

（3）弯曲件孔边距。弯曲预先已冲孔的毛坯时，必须使孔位于变形区以外，以防止孔在弯曲时产生变形，并且孔到弯曲半径中心的距离应根据料厚取值（如图2-57（a）），即：

当 $t<2$mm 时，$L\geqslant t$；

当 $t\geqslant 2$mm 时，$L\geqslant 2t$。

若 L 过小，可采取凸缘形缺口或月牙槽的措施，也可在弯曲线处冲出工艺孔，以转移变形区，如图2-57（b）~（d）所示。

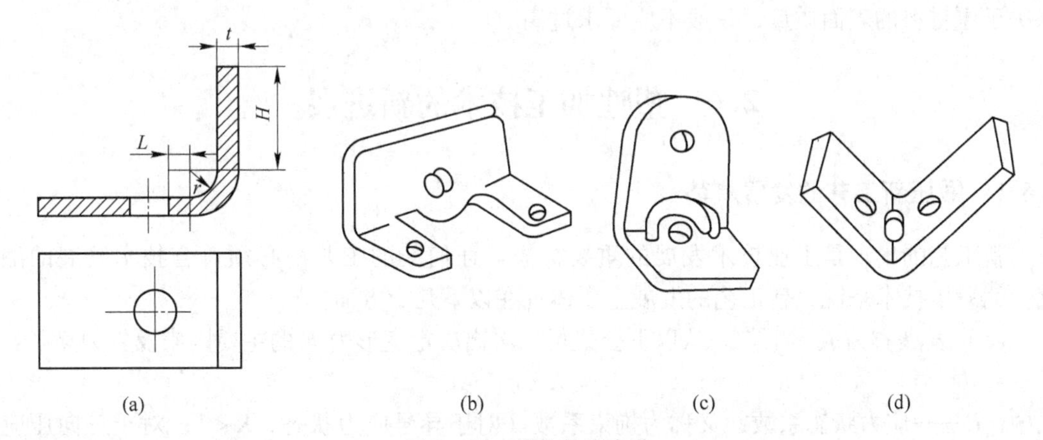

图2-57 带孔件的弯曲

（a）弯曲件的直边高度和孔边距；（b）冲出凸缘形缺口；（c）冲出月牙槽；（d）冲出工艺孔

（4）弯曲件的形状。弯曲件的形状应尽量对称，弯曲半径应左右一致，保证板料受力时平衡，防止产生偏移。

当弯曲不对称制件时，也可考虑成对弯曲后再切，如图 2－58 所示。

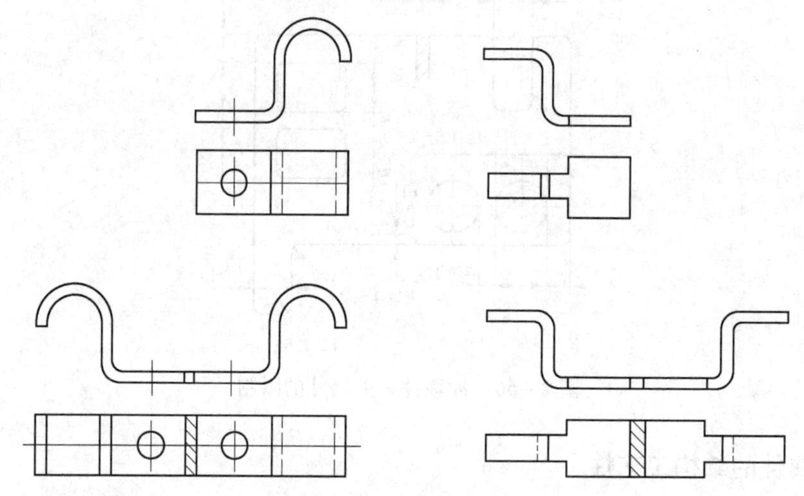

图 2－58 成对弯曲成形

2.5.3 拉深件的结构工艺性

（1）拉深件的形状。拉深件的形状应力求简单、对称，尽量采用圆形、矩形等规则形状，以有利于拉深。其高度应尽量减小，以便用较少的拉深次数成形。

（2）拉深件的圆角半径。拉深件的圆角半径应尽量大些，以便于成形和减少拉深次数及整形工序。一般情况下，$r_{凹} \geqslant r_{凸}$，$r_{凸} \geqslant 2t$，$r_{凹} \geqslant (2 \sim 4)t$，$t$ 为板厚。

（3）拉深件各部分的尺寸比例。拉深件各部分的尺寸比例应合理，其凸缘的宽度应尽量窄而一致，以便使拉深工艺简化。

（4）拉深件的公差等级及表面质量。拉深件直径尺寸的公差等级为 CT9～CT10，高度尺寸公差等级为 CT8～CT10，经整形工序后公差等级可达 CT6～CT7，拉深件的表面质量取决于原材料的表面质量，一般不应要求过高。

2.6 塑性加工技术的新进展

2.6.1 锻压新工艺的发展趋势

新工艺的出现是工业技术发展的重要标志。任何新的工艺都必须符合技术发展的潮流，就锻压技术来说，新工艺的发展主要体现在以下几个方面。

（1）发展省力成形工艺。从以下公式可以看出决定变形力 F 的主要因素及省力途径：

$$F = K \cdot \sigma_{P} \cdot A$$

式中 K——应力状态系数，又称为拘束系数（对于异号应力状态，$K<1$；对于三向压应力状态，$K>1$，可能高达 $K=6$ 甚至更高）；

σ_{P}——流变应力，它表征材料在特定条件下抗塑性变形的能力；

A——接触面积在主作用力方向上的投影。

可以看出，省力的主要途径有以下三个方面。

1）减小拘束系数。根据塑性变形的规律，塑性变形应满足如下塑性条件（或称屈服准则）：

$$\sigma_1 - \sigma_3 = \beta \cdot \sigma_s$$

式中，σ_1、σ_3 分别为代数值最大和最小的主应力。

由该式可见，对于异号应力状态，任何一个主应力的绝对值都小于 σ_s，此时 $K<1$。对于同号应力状态，由该式同理可见，必有一个主应力的绝对值大于 σ_s，对于三向压应力成形工序，如果绝对值最小的主应力数值较大，相当于拘束较严重，则变形所需绝对值最大的主应力也相应增大，这将导致变形力大幅度地增加。由此可知，改善成形工序的应力状态是减小拘束系数、降低成形力的有效措施。

2）降低流变应力 σ_P。属于这一类的成形方法有超塑性成形及液态模锻，前者属于较低应变速率的成形，后者属于特高温度下成形。

3）减少接触面积 A。减少接触面积不仅使总压力减小，而且也使变形区单位面积上的作用力减小，原因是减小了摩擦对变形的拘束。属于这类的成形工艺有旋压、辊锻、摆动辗压等。

（2）提高成形的柔度。塑性加工通常是将工件借助模具或其他工具成形，模具或工具的运动方式及速度受设备的控制。所以提高塑性加工柔度的方法有两种途径：一是从机器的运动功能上着手，例如多向多动压力机、快换模系统及数控系统；二是从成形方法着手，可以归结为无模成形、单模成形、点模成形等多种成形方法。

图 2－59 是不等截面坯料的无模成形示意图，它是利用感应线圈对坯料局部加热冷却来控制成形。图中 v_2 为感应线图移动速度，v_1 为工件夹头移动速度，当两者的配比不同时可以得到不同的外形。

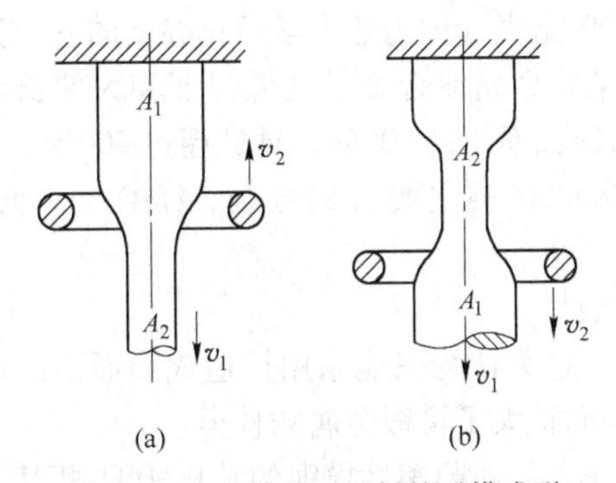

图 2－59　不等截面坯料的无模成形

单模成形是指仅用凸模或凹模成形，当产品形状尺寸变化时不需要同时制造凸、凹模。属于这类成形方法的有：爆炸成形、电液成形、电磁成形、聚氨酯橡胶成形及液压成形等。

点模成形也是一种柔性很高的成形方法。例如成形船板一类的曲面，其曲面可用 $z=f(x, y, z)$ 来描述，图 2－60 为多点成形这类曲面的示意图。

（3）提高成形的精度。近年来“近无余量成形”很受重视。其主要优点是减少材料消耗，简化后续加工，当然成本就会降低。提高产品精度一方面要使金属能充填模腔中很精细的部位，另一方面又要有很小的模具变形。等温锻造由于模具与工件的温度一致，工

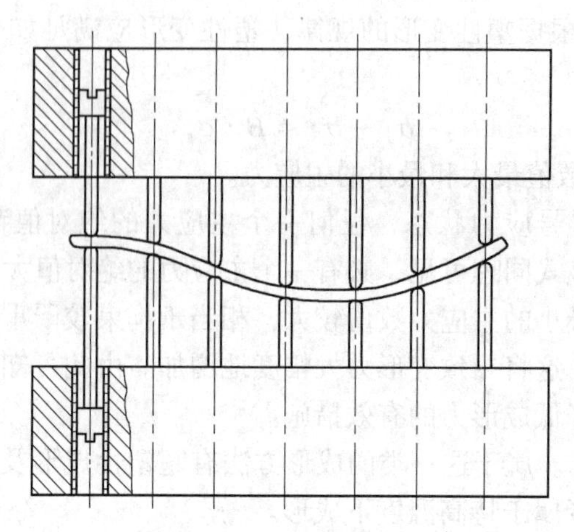

图 2－60　多点成形

件流动性好，变形力小，模具弹性变形小，是实现精锻的好方法。

（4）产品、工艺、材料一体化。以前，塑性成形往往是“来料加工”，近来由于机械合金化的出现，可以不通过熔炼得到各种性能的粉末，人们可以自配材料经热等静压（HIP）再经等温锻造获得产品。

复合材料，包括颗粒增强及纤维增强的复合材料的成形，也成为人们面临的新课题。材料工艺一体化正给锻压技术展现出一片新的天地。

2.6.2　超塑性成形

（1）金属超塑性的概念。超塑性是指在特定的条件下，即在低的应变速率（$\varepsilon=10^{-2}\sim10^{-4}s^{-1}$），一定的变形温度（约为热力学熔化温度的一半）和稳定而细小的晶粒度（0.5～5 μm）的条件下，某些金属或合金呈现低强度和大伸长率的一种特性。其伸长率可超过100%以上，如钢的伸长率超过500%，纯钛超过300%，铝锌合金超过1000%。

目前常用的超塑性成形的材料主要有铝合金、镁合金、低碳钢、不锈钢及高温合金等。

（2）超塑性成形的特点：

1）金属塑性大为提高。过去认为只能采用铸造成形而不能锻造成形的镍基合金，也可进行超塑性模锻成形，因而扩大了可锻金属的种类。

2）金属的变形抗力很小。一般超塑性模锻的总压力只相当于普通模锻的几分之一到几十分之一，因此，可在吨位小的设备上模锻出较大的制件。

3）加工精度高。超塑性成形加工可获得尺寸精密、形状复杂、晶粒组织均匀细小的薄壁制件，其力学性能均匀一致，机械加工余量小，甚至不需切削加工即可使用。因此，超塑性成形是实现少或无切削加工和精密成形的新途径。

（3）超塑性成形的应用：

1）板料成形。其成形方法主要有真空成形法和吹塑成形法。

真空成形法有凹模法和凸模法。将超塑性板料放在模具中，并把板料和模具都加热到预定的温度，向模具内吹入压缩空气或将模具内的空气抽出形成负压，使板料贴紧在凹模或凸模上，从而获得所需形状的工件。对制件外形尺寸精度要求较高时或浅腔件成形时用凹模法，而对制件内侧尺寸精度要求较高时或深腔件成形时则用凸模法。

真空成形法所需的最大气压为10^5Pa，其成形时间根据材料和形状的不同，一般只需20～30s。它仅适于厚度为0.4～4mm的薄板零件的成形。

2）板料深冲。在超塑性板料的法兰部分加热，并在外围加油压，一次能拉出来非常深的容器。深冲比H/d可为普通拉深的15倍左右。

3）挤压和模锻。超塑性模锻高温合金和钛合金不仅可以节省原材料，降低成本，而且大幅度提高成品率。所以，超塑性模锻对那些可锻性非常差的合金的锻造加工是很有前途的一种工艺。

2.6.3 精密模锻

（1）精密模锻的概念。精密模锻是在模锻设备上锻造出形状复杂、锻件精度高的模锻工艺。如精密模锻伞齿轮，其齿形部分可直接锻出而不必再经切削加工。模锻件尺寸公差等级可达CT12～CT15，表面粗糙度Ra为3.2～1.6μm。

（2）精密模锻的工艺。一般精密模锻的工艺过程大致是：先将原始坯料普通模锻成中间坯料；再对中间坯料进行严格的清理，除去氧化皮或缺陷；最后采用无氧或少氧化加热后精锻（见图2－61）。为了最大限度地减少氧化，提高精锻件的质量，精锻的加热温度较低，对碳钢锻造温度在900～450℃之间，称为温模锻。精锻时需在中间坯料中涂润滑剂以减少摩擦，提高锻模生命和降低设备的功率消耗。

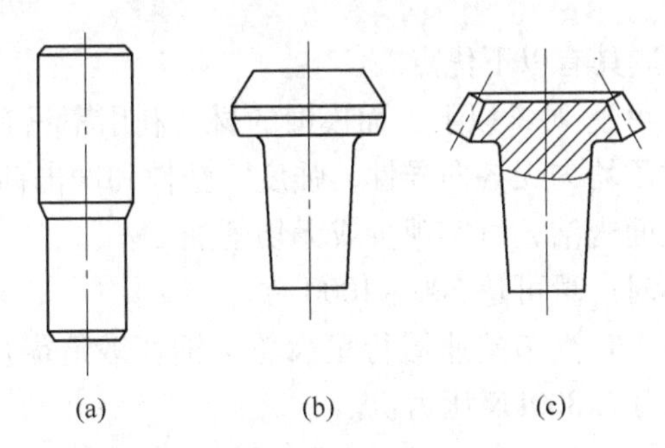

图2－61 精密模锻的大致工艺过程

（3）精密模锻工艺特点：

1）需要精确计算原始坯料的尺寸，严格按坯料质量下料；否则会增大锻件尺寸公差，降低精度。

2）需要精细清理坯料表面，除净坯料表面的氧化皮、脱碳层及其他缺陷等。

3）为提高锻件的尺寸精度和降低表面粗糙度，应采用无氧化或少氧化加热法，尽量减少坯料表面形成的氧化皮。

4）精密模锻的锻件精度在很大程度上取决于锻模的加工精度，因此，精锻模膛的精度必须很高。一般情况下，它要比锻件精度高两级。精锻模一定有导柱导套结构，保证合模准确。为排除模膛中的气体，减小金属流动阻力，使金属更好地充满模膛，在凹模上应开有排气小孔。

5）模锻时要很好地进行润滑和冷却锻模。

6）精密模锻一般都在刚度大、精度高的模锻设备上进行，如曲柄压力机、摩擦压力机或高速锤等。

2.6.4 粉末锻造

粉末锻造是粉末冶金成形方法和锻造相结合的一种金属加工方法，它是将粉末预压成形后，在充满保护气体的炉子中烧结制坯，将坯料加热至锻造温度后模锻而成。其工序如图2-62所示。

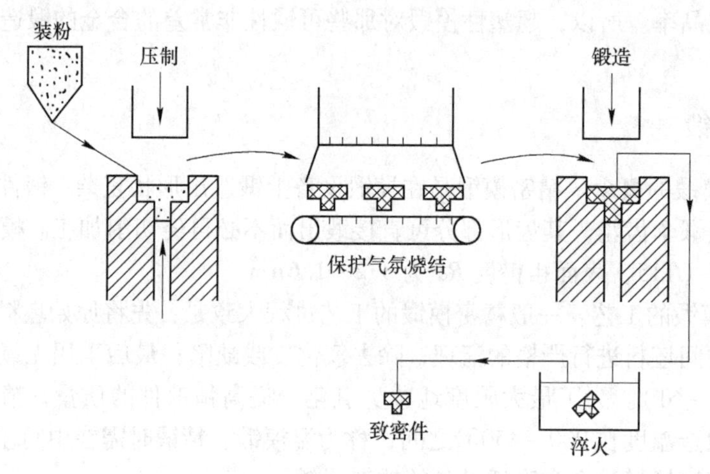

图2-62 粉末锻造简图

与模锻相比，粉末锻造具有以下优点。

（1）材料利用率高，可达90%以上；而模锻的材料利用率只有50%左右。

（2）机械性能高。材质均匀无各向异性，强度、塑性和冲击韧性都较高。

（3）锻件精度高，表面光洁，可实现少或无切削加工。

（4）生产率高，每小时产量可达500~1000件。

（5）锻造压力小，如130汽车差速器行星齿轮，钢坯锻造需用总力为2500~3000kN压力机，粉末锻造只需总力为800kN压力机。

（6）可以加工热塑性差的材料，如难以变形的高温铸造合金，可用粉末锻造方法锻出形状复杂的零件。采用粉末锻造出的零件有差速器齿轮、柴油机连杆、链轮、衬套等。

2.6.5 高能高速成形

高能高速成形是一种在极短时间内释放高能量而使金属变形的成形方法。高能高速成形的历史可追溯到100多年前，但由于成本太高及当时工业发展的局限，该工艺在当时并未得到应用。随着高新技术的发展及某些重要零部件的特殊需求，近些年来，高能高速成形得以飞速发展。

高能高速成形主要包括：利用高压气体使活塞高速运动来产生动能的高速成形，利用火药爆炸产生化学能的爆炸成形，利用电能的电液成形，以及利用磁场力的电磁成形。

这些特殊的成形工艺不仅赋予了成形后的材料特殊的性能，而且与常规成形方法相比还有以下特点。

（1）高能高速成形几乎不需模具和工装以及冲压设备，仅用凹模就可以实现成形。

（2）高能高速成形时，零件以极高的速度贴模，这不仅有利于提高零件的贴模性，而且可以有效地减小零件弹复现象。所以得到的零件精度高，表面质量好。

（3）因为是在瞬间成形，所以材料的塑性变形能力提高，对于塑性差的用普通方法难以成形的材料，采用高能高速成形仍可得到理想的成形产品。

（4）高能高速成形方法对制造复合材料具有独特的优越性，例如，在制造钢－钛复合金属板中，采用爆炸成形瞬间即可完成。

（5）高能高速成形是特殊的成形工艺，成本高、专业技术性强是这种工艺的不足之处。

2.6.6 静液挤压

利用高压黏性介质给坯料外力而实现挤压的方法，称为静液挤压法。静液挤压的原理如图2－63所示。

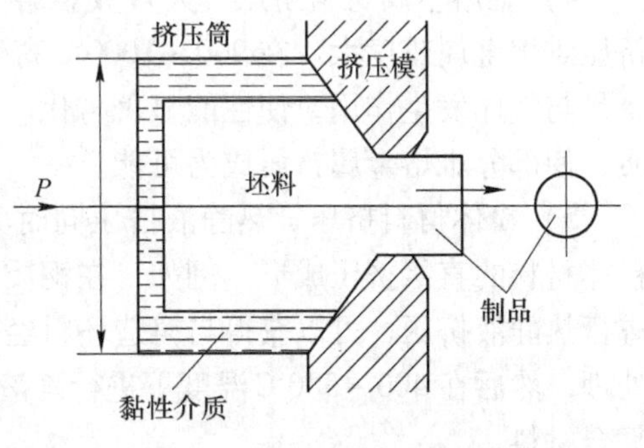

图2－63 静液挤压原理图

静液挤压所使用的高压介质，一般有黏性液体和黏塑性体。前者如蓖麻油、矿物油等，主要用于冷静液挤压和500～600℃以下的温、热静液挤压；后者如耐热脂、玻璃、玻璃～石墨混合物等，主要用于较高熔点金属的热静液挤压（坯料加热温度在700℃以上的挤压）。

与普通挤压法一样，根据需要，静液挤压可在不同的温度下进行。一般将金属和高压介质均处于室温时的挤压过程，称为冷静液挤压；在室温以上变形金属的再结晶温度以下的挤压过程，称为温静液挤压；而在再结晶温度以上的挤压过程，称为热静液挤压。

（1）静液挤压的特点。静液挤压时的金属流动均匀，特别适合于各种包覆材料的挤压成形，如钛包铜电极、多芯低温超导线材的成形。

静液挤压时坯料处于高压介质中，有利于提高坯料的变形能力，因而静液挤压适于难加工材料的成形、精密型材成形。

静液挤压的材料主要有铝合金、铜合金、钢铁等金属材料，以及各种复合材料、粉体材料等。

用于静液挤压的坯料准备比普通挤压时的要求高。为了在挤压初期顺利地在挤压筒内建立起工作压力，一般需要将坯料的头部车削成与所用挤压模模腔相一致的形状。为了提高挤压制品的质量，防止污染高压介质，需要对坯料进行车皮处理。坯料表面的车削状态对挤压制品的表面质量影响较大。当挤压比较小时，要求表面粗糙度在几个微米的范围内；当挤压比较大时，要求表面粗糙度在十几个微米以下。对于用于管材挤压的坯料，还要进行镗孔。

（2）静液挤压的应用：

1）异型材挤压。由于静液挤压时可以获得良好的润滑条件和均匀涂层流动状态，因而特别适合于内表面或外表面带有细小复杂筋条，且形状与尺寸精度和表面质量要求高的各种异型管材与棒材的成形。静液挤压可以在较低温度下实现大变形程度的高速挤压，所以对于一些高强度铝合金，由于高温脆性的缘故，在普通挤压机上，只能采取很低的速度进行挤压；而静液挤压可以将挤压湿度降低至200~300℃，这样既可以避免高温脆性又可以大幅度提高挤压速度。采用静液挤压法，铜及铜合金小尺寸管材可用高达数百的挤压比实现一次挤压成形，大大简化了生产工艺。同时，由于挤压温度较低，可获得细小再结晶组织的制品。

2）难加工材料挤压。钛合金型材，特别是薄壁型材，采用普通挤压方法成形十分困难。采用静液挤压法挤压钛合金时，挤压温度可大大降低，且挤压制品具有尺寸精度高，表面质量好，性能均匀等特点的同时，还可以提高挤压制品的力学性能。

3）高温合金挤压。利用静液挤压强烈的三向压应力作用，可以改善金属的变形能力，进行镍基合金、金属间化合物等高温合金零部件的直接成形。

4）难熔金属材料挤压。大多数难熔金属因其变形抗力大、塑性差，采用常规挤压法挤压难熔金属难度大。在900~1000℃高温下，难熔金属不能在空气介质中成形，因为金属易与气体发生作用，使性能显著劣化。采用静液挤压法，以玻璃-石墨混合物为高压介质，使部分难熔金属挤压成为可能。

5）粉体材料挤压。热静液挤压同时具有热等静压和挤压成形两种功能，尤其适合于粉体材料的直接挤压成形。例如，在钢质包套中以70%的相对密度填充高速钢粉末，然后进行热静液挤压，可以获得与铸造坯料经锻造后材料力学性能的制品。采用热等静压工艺处理，然后在400~500℃温度下进行静液挤压，可以获得致密无缺陷的SiC纤维强化铝基复合材料。

6）包覆材料挤压。利用金属流动均匀和具有高静水压力作用等特点，静液挤压非常适合于各种包覆材料（或称层状复合材料）的成形。例如，冷静液挤压的铜包铝复合材料，在高温下金属间化合物的包覆材料的成形。由于高温和高压作用，容易获得具有完全冶金接合的界面接合质量。

2.6.7 连续挤压

与轧制、拉拔等加工方法相比，常规挤压（包括正挤压、反挤压、静液挤压）的最大缺点是生产的不连续性，一个挤压周期中非生产性间隙时间长，对挤压生产效率的影响较大。并且，由于这种间隙性生产的缘故，使得挤压生产的几何废料（压余与切头尾）比例大量增加，成品率下降。因此，挤压加工领域很早以来一直致力于尽可能地缩短挤压周期中的非生产性间隙时间，并同时力求减少挤压生产几何废料。因此，自20世纪70年代起，各国都在致力于连续挤压新技术的开发和研究。连续挤压方法（包括半连续挤压法）大致可以分为两大类。第一类是基于Green的Conform连续挤压原理的方法，其共同特征是通过槽轮或链带的连续运动（或转动），实现挤压筒的“无限”工作长度，而挤压变形所需的力，则由与坯料相接触的运动件所施加的摩擦力提供。例如，连续摩擦筒挤压法（Fuchs等，1973年）、轧挤法（Avitzur，1974年）、轮盘式连续挤压法（Sekiguchi等，1975年）、链带式连续挤压法（Black等，1976年）、连续铸挤（英国Alform公司，1983年）等均属此类。第二大类是源于20世纪60年代后期为了克服静液挤压生产周期中间隙时间过长的缺点，而试图使挤压生产连续化的研究。这一类方法的共同特点是，利用高压液体的压力或黏性摩擦力，或再辅之以外力作用，实现半连续或连续的挤压变形。例如，半连续静液挤压-拉拔法（Sabroff等，1967年）、粘住流体摩擦挤压法（Fuchs，1973

年)、连续静液挤压－拉拔法（松下富春等，1974 年）等属于此类。所有这些方法中，Conform 连续挤压法是目前应用范围最广、工业化程度最高的方法。

（1）Conform 连续挤压原理。为了实现连续挤压，必须满足以下两个基本条件：

1）不需借助挤压轴和挤压垫片的直接作用，即可对坯料施加足够的力实现挤压变形；

2）挤压筒应具有无限连续工作长度，以便使用无限长的坯料。

为了满足第一个条件，其方法之一是采用如图 2－64（a）所示的方法，用带矩形断面槽的运动槽块和将挤压模固定在其上的固定矩形块（简称模块）构成一个方形挤压筒，以代替常规的圆形挤压筒。当运动槽块中箭头所示方向连续向前运动时，坯料在槽内接触表面摩擦力的作用下向前运动而实现挤压。但因为运动槽块的长度是有限的，所以仍无法实现连续挤压。

为了满足上述的第二个条件，其方法之一就是采用槽轮（习惯上称为挤压轮）来代替槽块，如图 2－64（b）所示。随着挤压轮的不断旋转，即可获得“无限”工作长度的挤压筒。挤压时，借助于挤压轮凹槽表面的主动摩擦力作用，坯料（一般为连续线杆）连续不断地被送入，通过安装在挤压靴上的模子挤出成为所需断面形状的制品。这一方法称为 Conform 连续挤压法，是由英国原子能局（UKAEA）斯普林菲尔德研究所的 D. Green 于 1971 年提出来的。

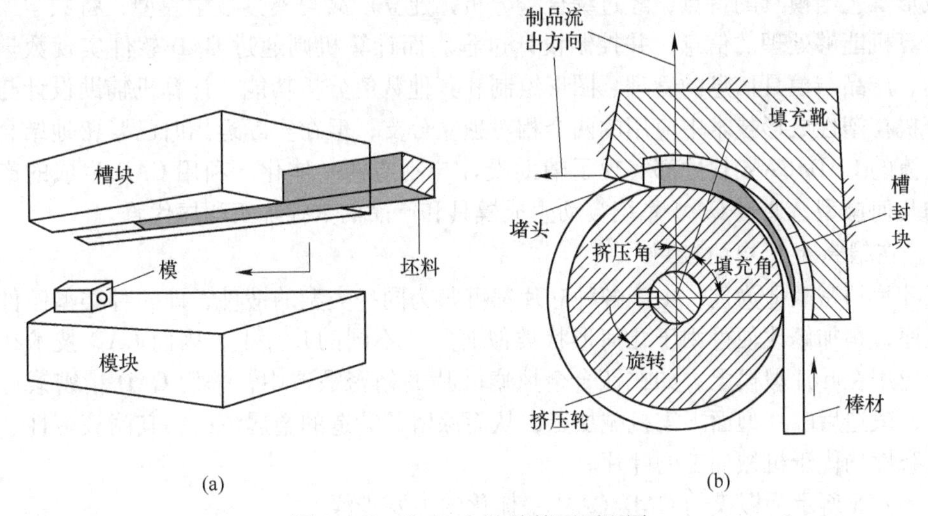

图 2－64 Conform 连续挤压原理图

（2）Conform 连续挤压的特点：

1）由于挤压型腔与坯料之间的摩擦大部分得到有效利用，挤压变形的能耗大大降低。据计算，在其他条件基本相同的条件下，Conform 连续挤压可比常规挤压的能耗降低 30% 以上。

2）Conform 连续挤压时，作用于坯料表面上的摩擦所产生的摩擦热，连同塑性变形热，可以使坯料上升到 400～500℃（铝及铝合金）甚至更高（铜及铜合金），以至于坯料不需加热或采用较低温度预热即可实现热挤压。

3）可以实现真正意义上的无间断生产，获得长达数千米乃至数万米的成卷制品，明显地简化了生产工艺，缩短了生产周期，并且大幅度地减少挤压压余、切头尾等几何废料。

4）Conform 连续挤压方法生产的制品沿长度方向组织、性能的均匀性大幅提高。

5）Conform 连续挤压方法具有广泛的适用范围。从材料种类来看，目前已成功地应用于铝及铝合金，铜及铜合金，制品包括管材、线材、型材，以及以铝包钢线为代表的包覆材料。

2.6.8 计算机技术在塑性成形技术中的应用

20 世纪六七十年代，计算机技术就开始在塑性成形技术中得到了应用。随着计算机技术的飞速发展，计算机在塑性成形领域得到了越来越广泛的应用，并促进了塑性成形技术的进步。运用计算机技术能缩短塑性成形工艺与模具的设计周期，提高设计的可靠性和科学性，减轻设计人员的劳动强度，降低设计成本。目前，计算机在塑性成形技术中的应用概括起来主要体现在以下几个方面。

2.6.8.1 计算机辅助设计与制造（CAD/CAM）

计算机辅助设计与制造（computer aided design/computer aided manufacturing）是计算机在塑性成形技术中最先开始也是最基本的运用。计算机辅助设计（CAD）是人与计算机相结合的设计方法，充分发挥人与计算机各自的优势。设计人员根据设计产品的要求及其塑性成形工艺与模具的特点，经过综合、分析，建立产品与模具数学模型，将数学模型转化成计算机能够处理的信息，并控制设计过程。而计算机则通过 CAD 软件实现数学模型的表达、产品与模具信息的管理、图形绘制和其他数值分析功能。计算机辅助设计与制造是计算机在塑性成形技术中应用的两个相对独立分支，但在实际运用时已紧密地结合。目前，主流的 CAD/CAM 软件都实现了辅助设计与制造的一体化。利用 CAD 生成的产品和模具的几何模型，通过 CAM 系统自动生成模具和产品的数控加工程序代码。

A 在锻造生产中的应用

以叶片精密锻造为例，由于各种叶片都可归为同一类型的锻件，即一种类型锻件的计算机程序，稍加修改便可用于几何形状类似而尺寸不同的叶片上，因而 CAD 技术在国外较早地应用在叶片锻模上。如在钛合金风扇叶片的精密锻造中，采用 CAD 精密锻造工艺和模具，锻造后叶片型面不需机械加工，从而保留了锻造的金属流线，其耐疲劳性、耐蚀性和耐磨性均优于机械加工的叶片。

图 2-65 所示为锻模的 CAD/CAM 一体化的主要步骤。

首先从锻件图入手，应用计算机语言把锻件按基本几何体，如平板、圆柱、圆锥等进行描述；再选用合适的截面，便得到锻件各截面形状。这些描述锻件各截面形状的数据是基本数据，将其输入计算机；然后再输入其他必要的数据，如材料的性能、锻件设计规则等。利用计算机分析各截面上的应力，并计算出锻造载荷和其他工艺参数，如体积和投影面积等。而后，计算机自动分析设计出顶锻型槽，最后完成毛边设计，设计出终锻型槽。

在设计过程中，借助于对话式图像仪在屏幕上显示设计结果，并对设计中发现的问题进行修改，直到获得最佳设计方案为止。

此外，计算机技术还可应用于锻造生产中的以下几个方面：

（1）利用计算机辅助估算各种费用（其中包括锻造毛坯质量的费用、模具制造费用、各锻造工序及辅助工序的费用等）。

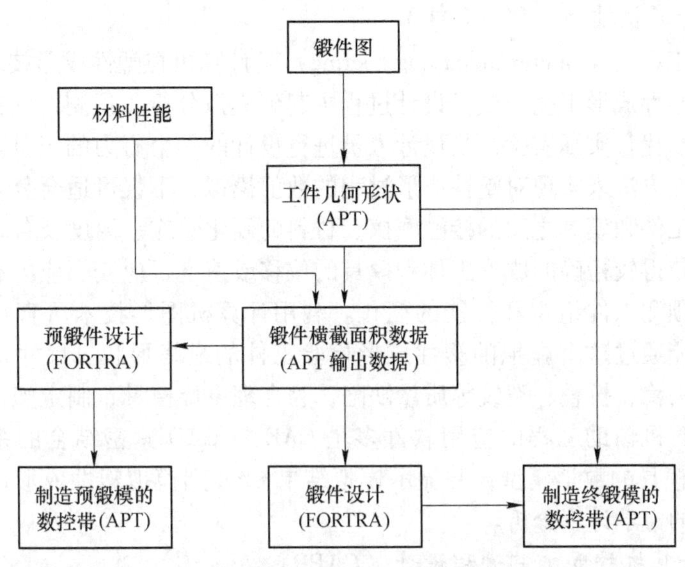

图2-65 锻模的CAD/CAM一体化的主要步骤

（2）利用计算机程序对给定的锻造工序预算所需的锻造载荷和锻打能量。

（3）用计算机辅助设计预锻件的横截面。

（4）用数控作图和加工样板、锻模及电加工机床用的石墨电极等。

B 在冲压生产中的应用

在冲裁中，利用计算机对冲裁零件的排样进行优化设计。将零件在板料上各种可能的排样方案设计出来，从中选出最佳者，从而提高了材料的利用率。

在胀形过程中，利用计算机模拟整个胀形过程，以控制局部变薄程度，避免造成缺陷，出现废品。

冲压生产的主要工艺装备是模具。在模具设计和制造中，目前国内外广泛采用模具CAD/CAM一体化方式生产。它是将工件从计算机描述—工程分析—模具设计—数控编程—控制加工连成一体，进行全方位计算机控制。这是当今世界上最先进的生产方式。它保证了模具生产的质量和生产周期，为锻压生产加工的生产高效率、高产品质量奠定了基础。

C 采用CAD/CAM的优点

由上述内容可以看出，在锻压生产中采用CAD/CAM技术具有下列优点：

（1）节省了人力。能节省设计人员和时间，使设计人员从繁琐的设计运算中解脱出来。

（2）提高了生产率。采用CAD/CAM技术，可使设计和制造过程自动化，工作效果好，生产率高。

（3）提高了质量。由于计算机系统内存储有综合化的各种有关专业技术知识，为模具的设计和制造提供了科学基础，利用人机对话交互关系，充分发挥有利因素，使设计和制造达到最优化，从而提高了产品质量和模具寿命，降低了产品成本。

（4）缩短了周期。由于CAD/CAM技术可提高制模效率和质量，自然也就缩短了制模周期。

2.6.8.2 计算机辅助工程（CAE）

计算机辅助工程（computer aided engineering）是计算机在塑性成形技术中应用的一个重要领域。它在塑性成形工艺与模具设计过程中起到模拟分析、预测、优化以及评价设计结果的作用，可以代替实际实验，是设计人员进行设计的一个有力的工具。计算机辅助工程一般采用有限元方法来实现对塑性成形过程的数值模拟，不仅可适合复杂变形体的几何形状，还可考虑工件和模具之间的接触摩擦、材料的硬化效应、温度及各种工艺参数等变形条件，从而能获得较精确的成形工件和模具的位移或速度、应变、应力和温度等场变量的分布，甚至可预测工件组织和性能的变化。利用计算机图形技术可直观地表现分析结果，使设计人员能通过这个虚拟的塑性成形检验工件的最终形状、尺寸是否符合设计要求，是否会出现失稳、折叠、裂纹等质量缺陷，为合理设计模具、制定塑性成形工艺等提供理论依据。计算机辅助工程的应用软件多是 CAE 与 CAD 紧密结合的系统。系统运用 CAD 建立产品和模具的数学模型，并显示模拟结果 CAE 则模拟塑性成形过程的变形条件并进行变形过程的力学计算分析。

2.6.8.3 计算机辅助工艺过程设计（CAPP）

计算机在塑性成形技术中应用的另一个重要领域是计算机辅助工艺过程设计（computer aided process planning），它是模具 CAD/CAE 之间的一个连接桥梁。塑性成形是工业生产中的一个主要加工方法，应用极为广泛。由于产品的种类繁多，其成形工艺也随产品的形状与要求而不同，合理的成形工艺是保证生产合格产品的关键。在塑性成形工艺的设计中，不但需要正确的理论指导，还需大量的实践经验。人工设计塑性成形工艺存在设计效率低，设计质量不稳定，不能对工艺方案进行优化，也不便于将工艺设计人员积累的设计经验和知识集中起来充分利用等缺点。而采用计算机辅助工艺过程设计（CAPP）则能克服以上缺点，并方便工艺文件的统一管理与维护，特别是在目前新工艺、新技术飞速发展的时代，产品需求的多样化，小批量多品种的生产，在采用 CAPP 与 CAD/CAE/CAM 集成的一体化系统后，更能体现计算机辅助工艺过程设计的优势。

总的来说，计算机技术已渗透到塑性加工的每一个环节，除了以上的主要应用外，计算机在塑性加工的生产与物资管理、加工过程的检测和控制等各个领域都有运用。塑性成形技术的发展也促使计算机技术在本加工领域的进一步应用与发展，最终实现运用以 CAD 建立产品与模具的模型，以 CAPP 设计塑性成形工艺方案，以 CAE 模拟与优化塑性成形过程，以 CAM 进行模具的数控加工，以及计算机辅助塑性成形过程的检测与控制。

复习思考题

2-1 如何确定模锻件分模面的位置？

2-2 模锻件为什么有冲孔连皮和飞边？

2-3 叙述图 2-66 所示零件在绘制锻件图时应考虑的因素。

2-4 在图 2-67 所示的两种砧铁上拔长时，效果有何不同？

2-5 金属塑性变形的机理是什么？

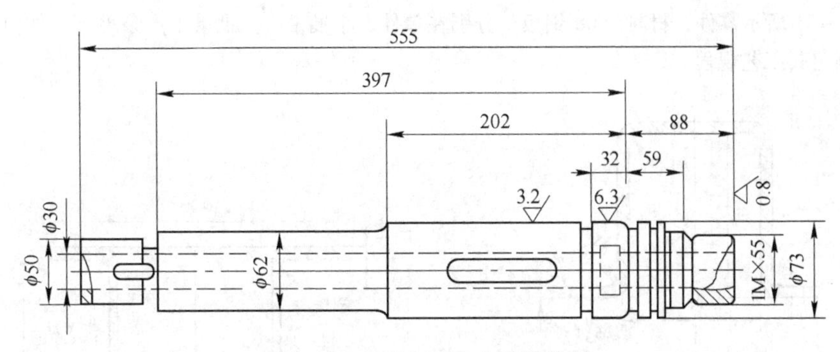

图 2－66　C618 车床主轴零件图

2－6　确定碳钢始锻和终锻温度的依据是什么？

2－7　成批大量生产图 2－68 所示的垫圈时，应选用何种模具进行冲制，才能保证外圈与孔的同轴度？

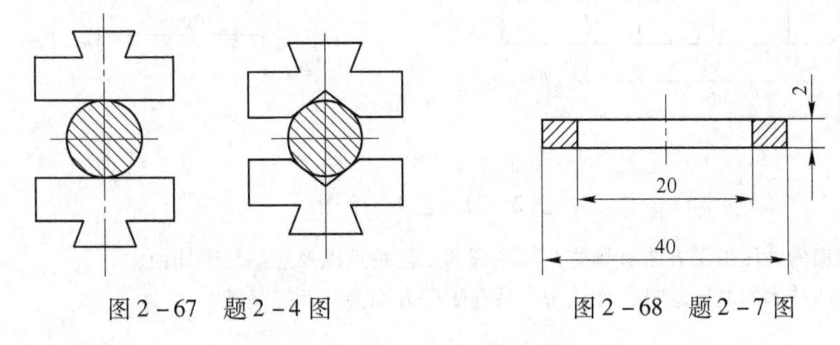

图 2－67　题 2－4 图　　图 2－68　题 2－7 图

2－8　图 2－69 所示零件，用同样板料拉深时哪个容易，哪个困难，为什么？

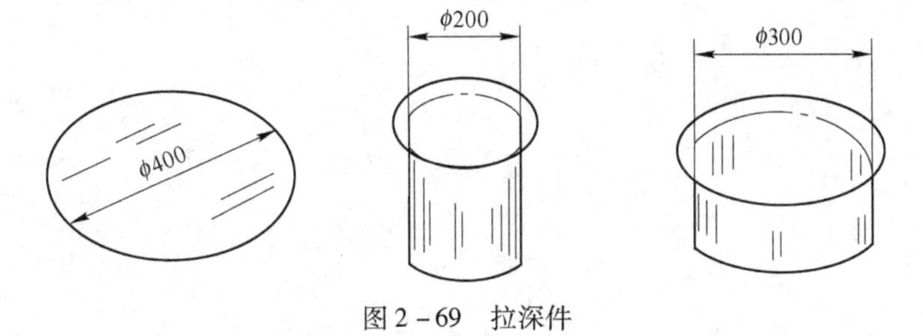

图 2－69　拉深件

2－9　图 2－70 所示各零件，材料为 45 钢，分别在单件、小批量、大批量生产条件下，可选择哪些加工方法，哪种加工方法最好，其生产工艺过程是怎样的？并请制定工艺规程。

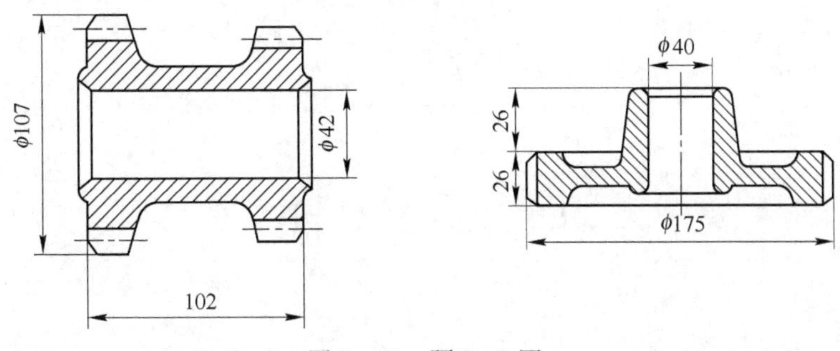

图 2－70　题 2－9 图

2－10 图2－71所示零件，材料为08钢板，分别在单件、小批量、大批量生产条件下，如何进行生产？请制定其工艺规程。

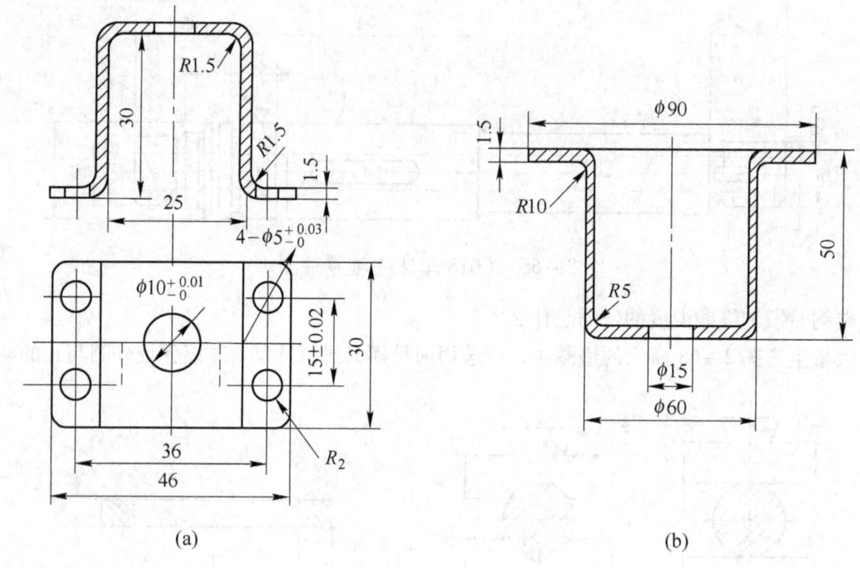

图2－71 题2－10图

2－11 你所知道的锻压加工方法有哪些？其原理和工艺特点以及应用范围如何？

2－12 根据锻压技术的发展趋势，你认为今后在哪些方面会有新的突破？

焊接——固-液、固-固态连接成形技术

在金属结构和机械零件的制造过程中，经常需要将分离的金属机件连接成整体，其连接方法有机械连接（如螺纹连接、销钉连接、铆接等）和焊接。机械连接是可拆卸的；而焊接是指通过加热或加压，或二者并用，并且使用或不使用填充材料，使焊件达到原子结合的一种加工方法，连接后不能拆卸，是永久性连接。

焊接与铆接等其他加工方法相比，具有节省金属材料，减轻结构质量，简化加工与装配工序，接头的致密性好、强度高，经济效益好，能改善劳动条件等一系列特点。

随着现代技术的高速发展，焊接质量不断提高，焊接已成为一种最有效的金属连接方式，广泛应用于冶金、机械、电子、化工、建筑、能源、交通和航天等技术领域。

焊接方法种类很多，按焊接过程的特点可分为三大类。

（1）熔焊，指焊接过程中，将焊件接头加热至熔化状态，不加压力完成焊接的方法，如电弧焊、气焊、电子束焊等。熔焊适用于各种常用金属材料的焊接，是现代工业生产中主要的焊接方法。

（2）压焊，指焊接过程中，必须对焊件施加压力（加热或不加热）以完成焊接的方法，如电阻焊、摩擦焊、冷压焊等。压焊只适宜于塑性较高的金属材料的焊接。

（3）钎焊，指采用比母材熔点低的金属材料做钎料，将焊件和钎料加热到高于钎料熔点、低于母材熔点的温度，利用液态钎料润湿母材，填充接头间隙并与母材相互扩散实现焊接的方法，如钢焊、银焊、锡焊等。钎焊适用于各种异类金属的焊接。

3.1 焊接理论基础

3.1.1 熔焊冶金过程

熔焊是指焊接过程中将焊件接头加热至熔化状态且不加压力完成焊接的方法。熔焊不仅可以使金属材料永久地连接起来，也可以使某些非金属材料达到永久连接的目的，如玻璃焊接、塑料焊接等，但在生产中主要是用于金属的焊接。

钢材的熔焊，一般要经过如下的过程：加热—熔化—冶金反应—结晶—固态相变—形成接头。熔焊是最重要的焊接工艺方法，常用的方法有：电弧焊、气焊、电渣焊、高能束焊（电子束焊、激光焊和等离子焊）等，其中以电弧为加热热源的电弧焊是熔焊中最基本、应用最广泛的金属焊接方法。下面以电弧焊为例，介绍焊接加工中的一些基本概念。

3.1.1.1 焊接电弧

焊接电弧是由焊接电源供给的，是具有一定电压的两电极间或电极与焊件间，在气体介质中产生强烈而持久的放电现象。电弧实质是一种气体放电现象。一般情况下，气体是不导电的，要使两极间能够连续地放电，必须使两极间的气体电离，连续不断地产生带电粒子（电子，正、负离子）；同时，在两极间应有足够电压，带电粒子在电场的作用下向两极做定向运动，即形成导电体并通过很大的电流，产生强烈的电弧放电。

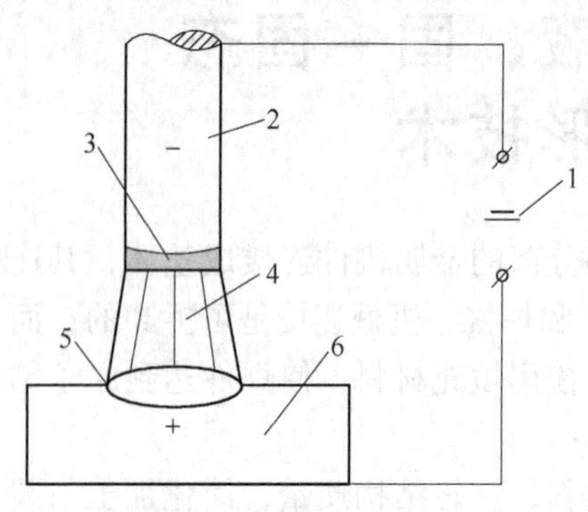

图3-1　电弧的构造
1—电源（直流）；2—焊条；3—阴极区；4—弧柱；5—阳极区；6—焊件

如图3-1所示，焊接电弧由阳极区、阴极区和弧柱组成。阳极区和阴极区在电弧长度方向上的尺寸均很小（$10^{-4} \sim 10^{-5}$ m），故弧柱长度可视为电弧长度。阴极区产生电子发射，产生的热量约占电弧热的36%。用钢焊条焊接时，该区平均温度为2400 K。阳极区因阳极表面受高速电子的撞击，产生的热量稍高于阴极区。用钢焊条焊接时，该区平均温度为2600K，产生的热量约占电弧热13%。弧柱产生的热量约占电弧热的21%，但由于电弧的热交换在弧柱区最为激烈，因而弧柱温度高，约为6000～8000K。

使用直流弧焊电源焊接时，当焊件厚度较大，要求用较大热量迅速熔化时，宜将焊件接电源正极，焊条接负极，这种接法称为正接法；当要求熔深较小，焊接薄钢板及有色金属时，宜采用反接法，即将焊条接正极、焊件接负极。当使用交流弧焊电源焊接时，由于极性是交替变化的，因此，两个极区的温度和热量分布基本相等。

3.1.1.2　焊接的冶金过程

电弧焊时，母材和焊条受到电弧高温作用而熔化形成熔池。金属熔池可看作一个微型冶金炉，其内要进行熔化、氧化、还原、造渣、精炼及合金化等一系列物理、化学过程。由于大多数熔焊是在大气空间进行的，金属熔池中的液态金属与周围的熔渣及空气接触，产生复杂、激烈的化学反应，这就是焊接冶金过程。

在焊接过程中，熔池周围充满各种气体。这些气体主要来自以下几个方面：（1）焊条药皮或焊剂中造气剂产生的气体；（2）周围的空气；（3）焊芯、焊丝和母材在冶炼时的残留气体；（4）焊条药皮或焊剂未烘干在高温下分解出的气体；（5）母材表面未清理干净的铁锈、水分、油等，在电弧作用下分解出的气体。这些气体都不断地与熔池金属发生作用，有些还将进入到焊缝金属中，其主要成分有CO、CO_2、H_2、O_2、N_2、H_2O以及少量的金属与溶渣的蒸气，气体中以O_2、N_2、H_2对焊缝质量影响最大。

A　氧的影响

氧在电弧高温作用下分解为更为活泼的氧原子，使铁和其他元素氧化。

$$Fe + O \longrightarrow FeO$$

$$Mn + O \longrightarrow MnO$$

$$Si + 2O \longrightarrow SiO_2$$

$$C + O \longrightarrow CO$$

其中FeO能溶于液态金属。由于有FeO存在，其他金属还将进一步氧化。

$$FeO + C \longrightarrow CO + Fe$$

$$FeO + Mn \longrightarrow MnO + Fe$$

$$2FeO + Si \longrightarrow SiO_2 + 2Fe$$

由于氧化的结果，焊缝中有益元素大量熔损。氧化的产物（如 SiO_2，MnO）一般上浮到熔渣中，有时也会以杂质形式存在于焊缝中，影响焊缝质量。不同元素与氧的亲和力的大小是不同的，几种常见金属按与氧的亲和力大小顺序排列为：Al→Ti→Si→Mn→Fe。

在焊接过程中，我们将一定量的脱氧剂，如 Ti、Si、Mn 等加在焊丝或药皮中进行脱氧，其生成物不溶于液态金属而呈渣浮出，从而提高焊缝质量。

B 氢的影响

氢通常情况下不与金属化合，但它能溶于 Fe、Ni、Cu、Cr 等金属，焊接时的冷却速度很大，容易造成过饱和的氢残余在焊缝金属中，当焊缝金属的结晶速度大于它的逸出速度时，就形成气孔。即使溶入的氢不足以形成气孔，固态焊缝中多余的氢也会在焊缝中的微小缺陷处集中，形成氢分子。这种氢的聚集往往在微小的空间内形成局部的极大压力，使焊缝变脆（氢脆）。

C 氮的影响

氮在高温时溶入熔池，并能继续溶解在凝固的焊缝金属中。氮随着温度下降，溶解度降低，析出的氮与铁形成化合物，以夹杂物的形式存在于焊缝金属中，从而使焊缝严重脆化。目前使用的气体保护电弧焊、埋弧自动焊或常用的手工电弧焊，均能较好保护熔池，因而能显著地降低焊缝中的含氮量。

焊接的冶金过程与炼钢和铸造冶金过程比较，有以下特点：

（1）金属熔池体积很小（约 $2\sim3cm^3$），熔池处于液态的时间很短（10s 左右），各种冶金反应进行得不充分（例如冶金反应产生的气体来不及析出）。

（2）熔池温度高，使金属元素产生强烈的熔损和蒸发；同时，熔池周围又被冷的金属包围，使焊缝处产生应力和变形，严重时甚至会开裂。

为了保证焊缝质量，可从以下两方面采取措施：

（1）减少有害元素进入熔池。其主要措施是机械保护，如气体保护焊中的保护气体（CO_2 和 Ar），埋弧焊焊剂所形成的熔渣及焊条药皮产生的气体和熔渣等，使电弧空间的熔滴和熔池与空气隔绝，防止空气进入。此外，还应清理坡口及两侧的锈、水、油污；烘干焊条，去除水分等。

（2）去除已进入熔池中的有害元素，增添合金元素。主要通过焊接材料中的铁合金等，进行脱氧、脱硫、脱磷、去氢和渗合金，从而保证和调整焊缝的化学成分，如：

$$Mn + FeO \longrightarrow MnO + Fe$$

$$Si + 2FeO \longrightarrow SiO_2 + 2Fe$$

$$MnO + FeS \longrightarrow MnS + FeO$$

$$CaO + FeS \longrightarrow CaS + FeO$$

3.1.2 焊接接头的组织与性能

焊接接头由焊缝区、熔合区和热影响区构成。图 3－2 所示为低碳钢焊接接头的组织变化情况，其性能变化如图 3－3 所示。

（1）焊缝区。电弧焊的焊缝是由熔池内液态金属凝固而形成的。它属于铸造组织，晶粒呈垂直于熔池壁的柱状晶形态，其结晶过程使化学成分和杂质易在焊缝中心形成偏析，引起焊缝金属力学性能下降，因此焊接时以适当摆动和渗合金等方式加以改善。

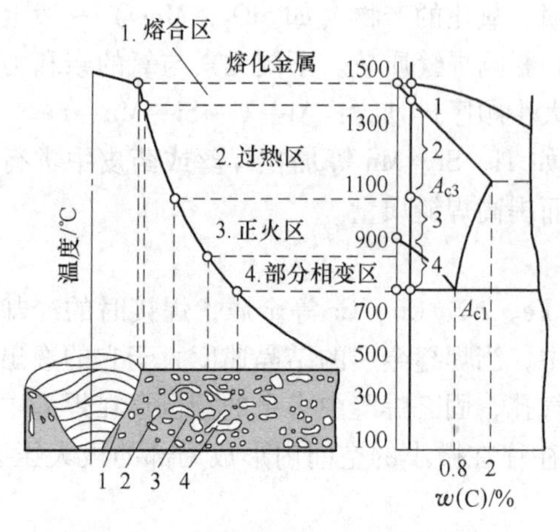

图3-2 低碳钢焊接接头的组织变化

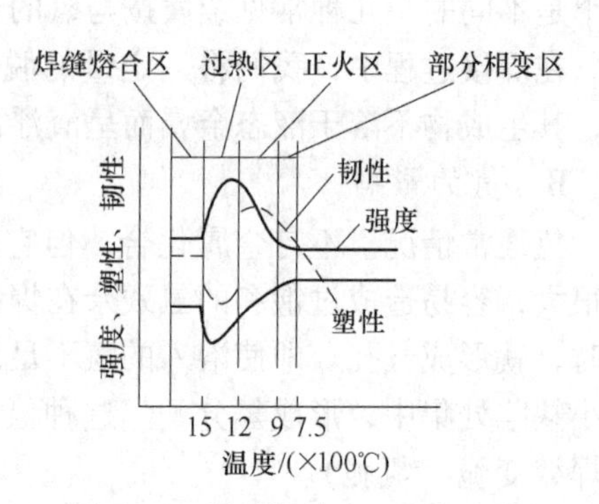

图3-3 低碳钢接头的性能分布

（2）熔合区。熔合区是焊接接头中焊缝金属向热影响区过渡的区域。该区很窄，两侧分别经过完全熔化焊缝区和完全不熔化的热影响区。熔合区加热的最高温度范围在合金的固、液相线之间。熔合区具有明显的化学不均匀性，从而引起组织不均匀。其组织特征为少量铸态组织和粗大的过热组织，因而塑性差、强度低、脆性大，易产生焊接裂纹和脆性断裂，是焊接接头最薄弱的环节之一。

（3）热影响区。焊接热影响区是指在焊接过程中，母材因受热影响（但未熔化）而发生组织和力学性能变化的区域。焊接热影响区包括过热区、正火区和部分相变区。焊接热影响区的组织和性能，基本上反映了焊接接头的性能和质量。

1）过热区。在焊接热影响区中，具有过热组织或晶粒显著粗化的区域称为过热区。该区被加热的最高温度范围为固相线至1100℃，宽度约1～3mm。由于晶粒粗大，使材料的塑性和韧性降低且常在过热处产生裂纹。

2）部分相变区。该区被加热的最高温度范围为A_{c1}～A_{c3}之间，只有部分组织发生相变，由于部分金属发生了重结晶，冷却后可获得细化的铁素体和珠光体，而未重结晶的部分则得到粗大的铁素体。由于晶粒大小不一，故力学性能较差。

一般情况，焊接时焊件被加热到A_{c1}以下的部分，钢的组织不发生变化。对于经过冷塑性变形的钢材，则在450℃～A_{c3}的部分，还将产生再结晶，使钢材软化。

热影响区的大小和组织性能变化的程度取决于焊接方法、焊接规范和接头形式等因素。热源热量集中、焊接速度快时，热影响区就小。所以电子束焊的热影响区最小，总宽度一般小于1.44mm；气焊的热影响区总宽度一般达到27mm。实际上，接头的破坏常常是从热影响区开始的。为减轻热影响区的不良影响，焊前可预热工件，以减缓焊件上的温差及冷却速度。对于淬硬性高的钢材，例如中碳钢、高强度合金钢等，热影响区中最高加热温度在A_{c3}以上的区域，焊后易出现淬硬组织马氏体；最高加热温度在A_{c1}～A_{c3}的区域，焊后形成马氏体—铁素体混合组织。所以，淬硬性高的钢焊接热影响区的硬化和脆化比低碳钢严重很多，并且碳的质量分数、合金元素的质量分数越大越严重。

3.1.3 焊接应力与变形

焊接过程的局部加热导致被焊结构产生较大的温度不均匀，除引起接头组织和性能不均匀外，还将产生焊接应力与变形。焊接后焊件内产生的应力，将会影响其后续的机械加工精度，降低结构承载能力，严重时导致焊件开裂。变形则会使焊件形状和尺寸发生变化，且焊后需进行大量复杂的矫正工作，严重的会使焊件报废。掌握应力与变形的规律并采取相应对策，将大大地减少其危害。

3.1.3.1 焊接应力与变形产生的原因

焊件在焊接过程中受到局部加热和冷却是产生焊接应力和变形的主要原因，图3－4为低碳钢平板对接焊时产生压力和变形的示意图。

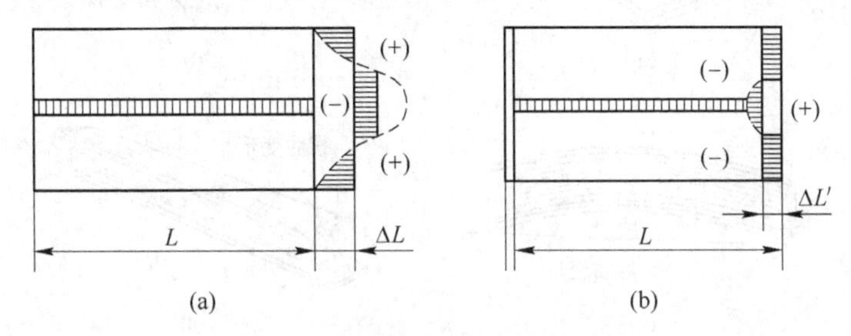

图3－4 平板对焊的应力与分布

（a）焊接过程中；（b）冷却后

焊接加热时，图3－4（a）中虚线既表示接头横截面的温度分布，也表示金属能自由膨胀时的伸长量分布。实际上接头是个整体，由于受工件未加热部分的冷金属产生的约束，无法进行自由膨胀，平板只能在整个宽度上伸长 ΔL，因此焊缝区中心部分因膨胀受阻而产生压应力（用符号“－”表示），两侧则形成拉应力（用符号“＋”表示）。焊缝区中心部分的压应力超过屈服强度时，产生压缩塑性变形，其变形量为图3－4（a）中被虚线包围的无阴影部分。

焊后冷却时，金属若能自由收缩，则焊件中将无残余应力，也不会产生焊接变形，但由于焊缝区中心部分已经产生的压缩塑性变形，不能再恢复，冷却到室温将缩短至图3－4（b）中的虚线位置，两侧则缩短到焊前的原长 L。这种自由收缩同样是无法实现的，平板各部分收缩会互相牵制，焊缝区两侧将阻碍中心部分的收缩，因此焊缝区中心部分产生拉应力，两侧则形成压应力。在平板的整个宽度上缩短 $\Delta L'$，即产生了焊接变形。

由此可见，焊接应力与变形总是同时存在的。对塑性好的材料，焊接变形较大而应力较小；反之，则应力较大而变形较小。完成焊接之后，焊接区总是产生收缩并有拉应力存在。不同的结构形式，其应力与变形的大小可相互转化，变形实质上是应力的释放。

3.1.3.2 焊接变形的几种基本形式

焊接变形的基本形式可归纳为图3－5所示的五种。

（1）收缩变形。收缩变形是工件整体尺寸的减小，它包括焊缝的纵向和横向收缩变形。

（2）角变形。当焊缝截面上下不对称或受热不均匀时，焊缝因横向收缩上下不均匀，引起角变形。V形坡口的对接接头和角接接头易出现角变形。

（3）弯曲变形。由于焊缝在结构上不对称分布，焊缝的纵向收缩不对称，引起工件向一侧弯曲，形成弯曲变形。

（4）扭曲变形。对多焊缝和长焊缝结构，因焊缝在横截面上的分布不对称或焊接顺序和焊接方向不合理等，工件易出现扭曲变形。

（5）波浪变形。焊接薄板结构时，焊接应力使薄板失去稳定性，引起不规则的波浪变形。实际焊接结构的真正变形往往很复杂，可同时存在几种变形形式。

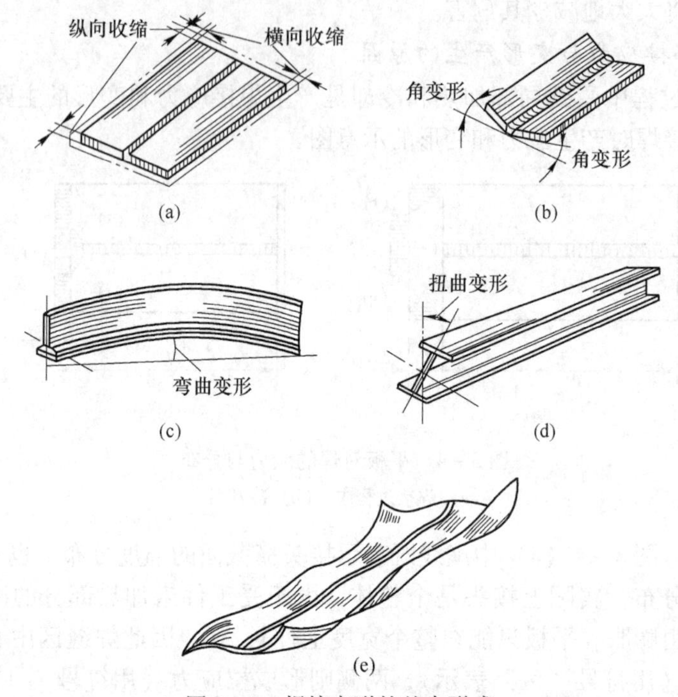

图3-5 焊接变形的基本形式
（a）收缩变形；（b）角变形；（c）弯曲变形；（d）扭曲变形；（e）波浪变形

3.1.3.3 焊接变形的防止与矫正

焊接变形的存在改变了构件的形状和尺寸。从控制焊接变形的角度出发，可以通过合理的结构设计和一些具体的工艺措施来防止和减小焊接变形。

A 在结构设计方面的措施

设计焊接结构时，焊缝的位置应尽量对称于结构中性轴；在保证结构有足够承载能力的条件下，尽量减少焊缝的长度和数量。

B 在焊接工艺方面的措施

在结构设计合理的前提下，可采用如下工艺措施达到防止和减少变形的目的。

（1）反变形法。焊前组装时，采用反变形法。一般按测定和经验估计的焊接变形方向和大小，在组装时使工件反向变形，以抵消焊接变形，如图3-6所示，同样，也可采用预留收缩余量来抵消尺寸收缩。

（2）刚性固定法。采用刚性固定法，限制产生焊接变形，如图3-7所示。但刚性固定会产生较大的焊接应力，此方法对塑性好的小型工件适用。

（3）合理安排焊接顺序。如采用图3-8所示的对焊法，按图（a）中数字顺序焊接，则后焊焊边可抵消前焊焊边产生的变形，若按图（b）中数字顺序焊接，则要产生翘曲变形。图3-9所示结构为避免弯曲变形采用合理安排焊接次序的工艺措施，把可能出现的变形控制在最低程度。

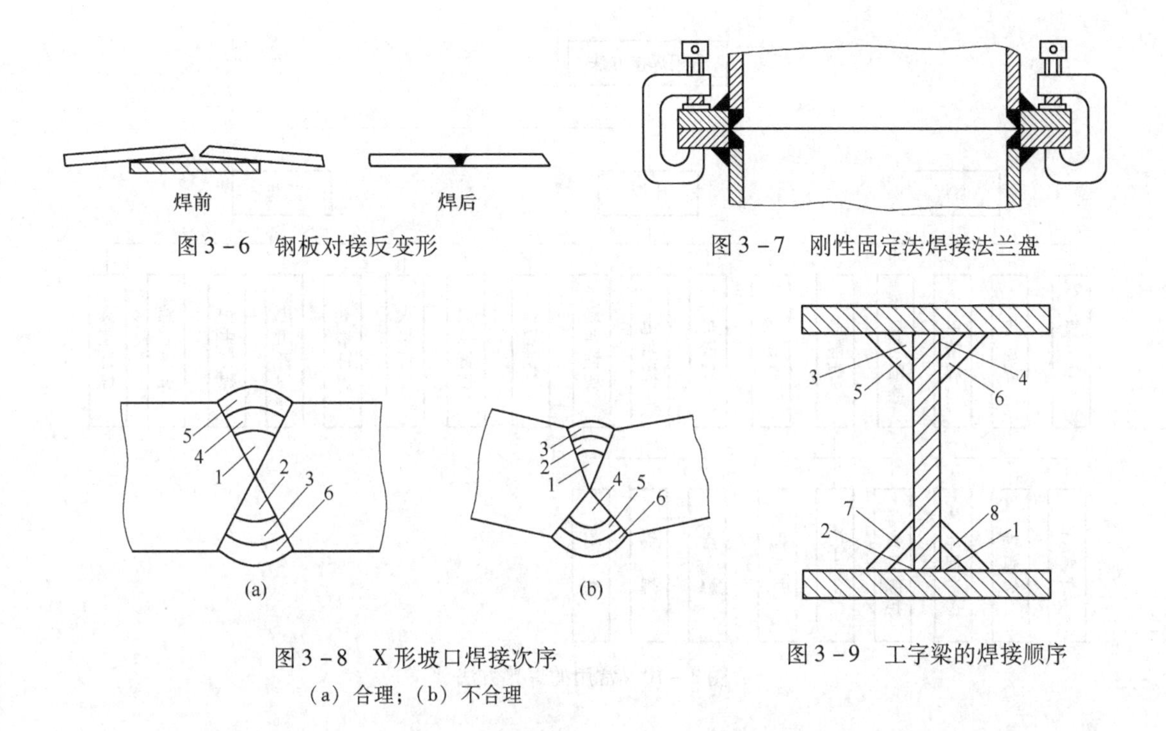

图3-6　钢板对接反变形

图3-7　刚性固定法焊接法兰盘

图3-8　X形坡口焊接次序
(a) 合理；(b) 不合理

图3-9　工字梁的焊接顺序

(4) 预热与缓冷。焊前预热和焊后缓冷是最常用、最有效的方法，其目的是减小焊缝区与其他部分的温差，使工件较均匀地冷却，减少焊接应力和变形。通常在焊前待工件预热到300℃以上再进行焊接，焊后要缓冷。

(5) 焊后热处理。对重要结构件焊后应进行去应力退火，以降低应力，减少变形，提高承载能力。小型工件可整体退火，大型工件可进行局部退火。

C　焊后矫形处理

尽管采取各种措施防止焊后变形的产生，但总避免不了在一些结构中要出现焊接变形。当焊后变形超出允许值时，必须进行焊后矫形。常用的矫正焊接变形的方法有机械矫正法和火焰矫正法两种。

(1) 机械矫形。利用压力机、辗压机、矫直机或手工等方法，在机械外力的作用下，使变形工件恢复到原形状和尺寸。机械矫形可利用机械外力所产生的变形，抵消焊接变形并降低内应力。对塑性差的材料不宜采用机械矫形。

(2) 火焰矫形。采用氧乙炔火焰在被焊工件的适当部位加热，利用冷却收缩产生的新应力造成新变形，来克服和抵消原变形。火焰矫形可使工件的形状恢复，但矫形后的工件应力并未消失。对易淬硬材料和脆性材料不宜采用火焰矫形。

3.2　焊接方法

按照焊接过程的物理特点，焊接方法可以归纳为三大类：熔焊、压焊和钎焊。常用焊接方法如图3-10所示。

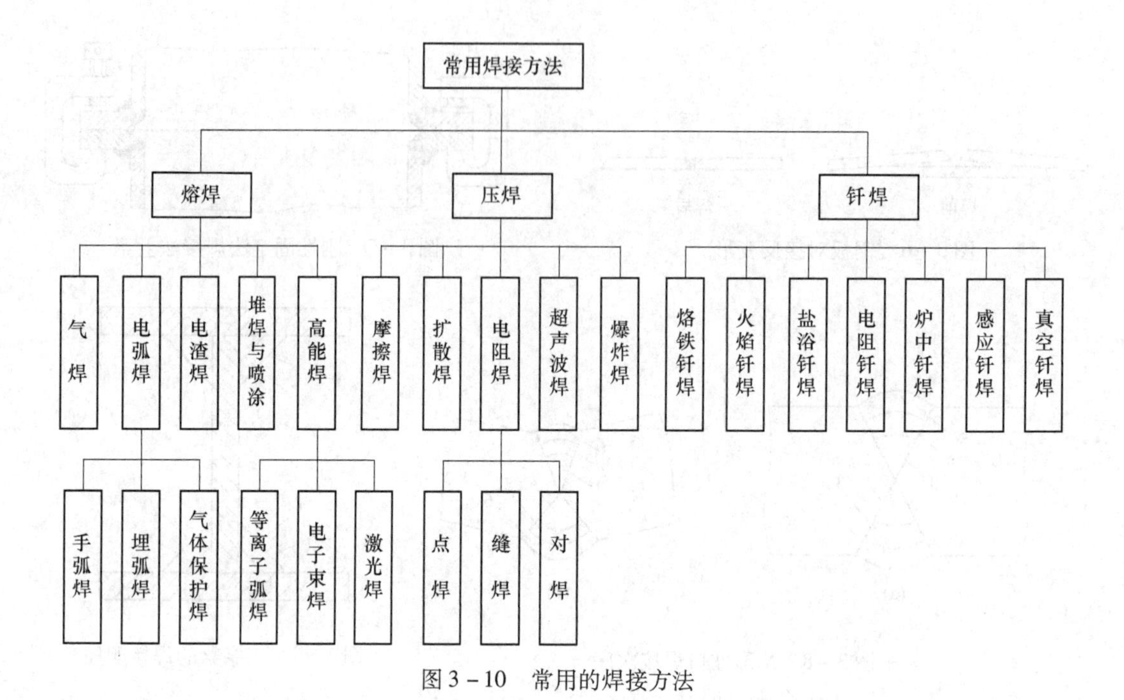

图3-10　常用的焊接方法

3.2.1　熔焊

熔焊是最重要的焊接工艺方法，上节我们介绍了熔焊冶金过程，下面我们介绍一些常用的熔焊方法。

3.2.1.1　电弧焊

A　埋弧焊

埋弧焊是一种电弧在焊剂层下燃烧并进行焊接的电弧焊方法。

（1）焊接过程。

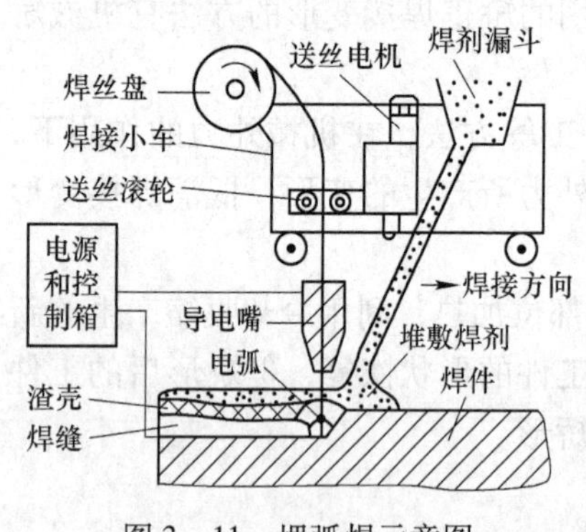

图3-11　埋弧焊示意图

埋弧焊系统如图3-11所示。焊接时送丝机构将焊丝自动送入电弧区，并保证选定的弧长，电弧在焊剂层下面燃烧。电弧靠焊机控制、均匀地向前移动（或焊机不动，工件以匀速运动）。在焊丝前面，颗粒状焊剂从焊剂漏斗不断流出，均匀地撒在工件表面，约40~60mm厚。焊接前和焊接过程中可调整并控制焊机的焊接电流、电弧长度、电弧电压和机头移动速度等工艺参数，并可自动完成引弧和焊缝收尾动作，以保证焊接过程稳定进行。焊接过程中，所产生的气体将电弧周围的熔渣排开，形成一个封闭的气泡，电弧处于这个气泡内。气泡的上部被一层熔渣膜所包围，这层熔渣把空气与电弧和熔池有效地隔离开，这既使电弧更集中，又阻挡了有碍操作的弧光。此外，由于焊丝上没有涂料，且熔渣膜阻止飞溅，故允许采用大电流（300~2000A）进行焊接。

（2）主要特点：

1）焊接生产效率高。埋弧焊采用较大的焊接电流（可达1000A以上），因此熔深大，焊接速度快，焊丝连续进给，节省了焊接辅助时间。

2）节省焊接材料和电能。对中厚板埋弧焊可不开坡口，一次焊透，降低了焊接材料消耗，同时多余焊剂可回收使用。

3）焊缝质量好。由于焊剂层保护效果好，焊接过程有调节作用，因此焊缝质量较高，外观成形均匀、美观。

4）改善劳动条件。埋弧焊的非明弧操作和机械控制方式，减轻了体力劳动，避免了弧光伤害，减小了烟尘。

埋弧焊方法的不足之处是：只适用于钢、镍基合金、铜合金等类金属焊接，只适合于平焊位置、长直焊缝和大直径环缝，不适合薄板和曲线焊缝的焊接，而且对装配要求较高。

B　气体保护焊

气体保护电弧焊是用外加气体作为电弧介质并保护电弧和焊接区的电弧焊方法。保护气体通常为惰性气体（氩气、氦气）和二氧化碳。

（1）氩弧焊：

1）概念及分类。氩弧焊是使用氩气作为保护气体的气体保护焊方法。按电极不同，氩弧焊又分为熔化极氩弧焊和钨极氩弧焊。

2）氩弧焊的焊接过程。如图3－12所示，利用特制的焊炬，使氩气从焊炬端部喷嘴中排出，电弧在氩气保护下燃烧，产生的热量能熔化附加的填充焊丝或自动给送的焊丝及基本金属，待液态金属凝固后即形成焊缝。

熔化极氩弧焊用连续送进的焊丝做电极，焊丝熔化后作为填充金属，当焊接电流较大时熔滴常呈很细颗粒的“喷射过渡”，生产率比钨极氩弧焊高几倍。熔化极氩弧焊为了使电弧稳定，通常采用直流反接，这对于易氧化合金的工件正好有“阴极破碎”作用，适用于焊接3～25mm的中厚板。

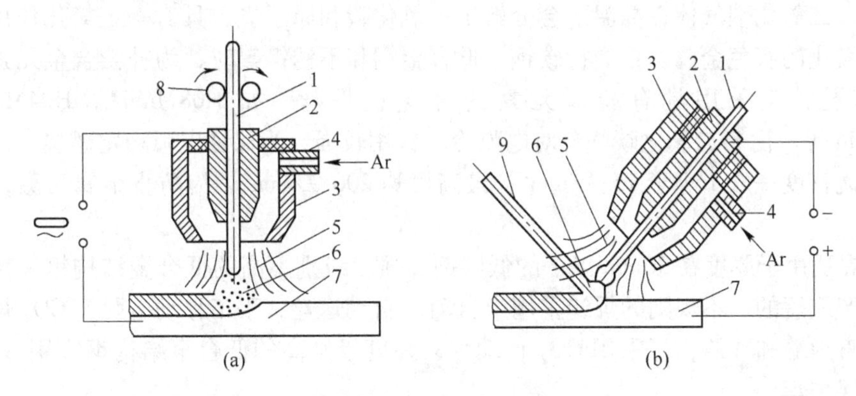

图3－12　氩弧焊示意图

（a）熔化极氩弧焊；（b）钨极氩弧焊

1—焊丝或电极；2—导电嘴；3—喷嘴；4—进气管；5—氩气流；6—电弧；7—工件；8—送丝辊轮；9—填充焊丝

钨极氩弧焊需加填充金属，填充金属可以是焊丝，也可以在焊接接头中附加填充金属条或采用卷边接头等。填充金属可采用母材的同种金属，有时可根据需要增加一些合金元素在熔池中进行冶金处理，以防止气孔等。钨极氩弧焊虽焊接质量优良，但因为钨极载流能力有限，焊接电流不能太大，所以焊接速度不高，而且一般只适用于焊接厚度0.5~4mm的薄板。

3）氩弧焊的主要特点及应用。氩弧焊与其他电弧焊方法比较具有如下特点：

①焊缝性能优良。由于氩气保护性能优良，不必配制相应的焊剂或熔剂，基本是金属熔化和结晶的简单过程，因此，能获得较为纯净及高质量的焊缝。

②焊接变形和应力小。因为电弧受氩气流的冷却和压缩作用，电弧的热量集中，焊接速度较快，所以热影响区很窄，焊接变形和应力小，特别适于焊接很薄的材料。

③可焊的材料范围很广。几乎所有的金属材料都可进行氩弧焊，特别适宜焊接化学性质活泼的金属和合金，多用于焊接铝、镁、钛、铜及其合金，低合金钢、不锈钢及耐热钢等。

④易于实现机械化。因是明弧焊，便于观察与操作，尤其适用全位置焊接，并容易实现焊接的机械化和自动化。

因为氩弧焊具有这些显著的特点，所以，氩弧焊的焊接技术得到了越来越广泛的应用。

（2）二氧化碳气体保护焊。二氧化碳气体保护焊是利用CO_2作为保护气体的电弧焊，简称CO_2焊。CO_2气体保护焊的焊炬是特殊制造的，焊丝由送丝机构驱动，经焊炬导电嘴送出。CO_2气体以一定流量从焊炬端部排出，对电弧和焊接部位形成保护。焊丝按直径的不同，可分为细丝（直径0.5~1.2mm）和粗丝（直径1.6~5mm）两种，前者适用于焊接0.8~4mm的薄板，后者适合焊接5~30mm的中厚板。

CO_2焊在原理、特点与装置上类似于氩弧焊，其优点在于成本低于氩弧焊（仅为埋弧焊和手弧焊的40%左右），焊接速度快，生产率比手弧焊高1~3倍。其缺点在于用较大电流焊接时，飞溅较大，烟雾较多，弧光强烈，焊接表面不够美观，且供气系统比氩弧焊复杂。此外，二氧化碳气体在高温下会分解出一氧化碳和原子氧，具有一定氧化作用，故不能用于易氧化的有色金属。在焊接碳钢、低合金钢和不锈钢等时，为补偿合金元素的烧损和防止气孔，应采用具有脱氧元素的合金钢焊丝，如H08MnSiA，H04Mn2SiTiA，H10MnSiMo等。由于二氧化碳气流对电弧冷却作用较强，为保证电弧稳定燃烧，均用直流电源。电流密度一般不小于75 A/mm^2，最高可达200 A/mm^2，为防止金属飞溅，宜用反接法。

CO_2焊适用于厚度在30mm以下的低碳钢和强度级别不高的低合金结构钢焊接。单件小批量生产或短的、不规则的焊缝采用半自动（自动送丝，手工移动电弧）CO_2焊；成批生产的长直焊缝和环缝，可采用CO_2自动焊；强度级别高的低合金结构钢宜用Ar和CO_2混合气体保护焊。

（3）碳弧焊与碳弧气刨。碳弧焊是利用碳棒作为电极进行焊接的电弧焊方法。

碳弧气刨及碳弧切割是目前被广泛应用在机械、造船等部门的一种工艺方法。它是利用碳极电弧的高温，把金属的局部加热到熔化状态，同时用压缩空气的气流把这些熔化金属吹掉，从而达到对金属进行刨削或切割的目的。

碳弧气刨可提高生产率，没有噪声，易实现机械化，减轻工人劳动强度，在清理焊缝背面焊根时，可剔出细小的缺陷，并可克服风铲因位置较小而无法使用的缺点，特别在仰位和竖位时具有优越性。但碳弧气刨过程中，会产生一些烟尘，工作时应注意采取通风措施。

碳弧气刨广泛应用于清理焊根，焊缝缺陷返修，刨削焊接坡口，治理铸件的毛边、浇冒口及缺陷，还可以用于无法用氧－乙炔火焰切割的各种金属切割。

3.2.1.2 电渣焊

电渣焊是利用电流通过液态熔渣时所产生的电阻热做热源的一种熔焊方法。电渣焊的原理如图3－13所示，把电源的一端接在电极上，另一端接在工件上，电流经过电极并通过渣池后再到工件。由于渣池中的液态熔渣电阻较大，通过电流时就产生大量的电阻热，将渣池加热到很高温度（1700～2000℃）。高温的熔渣把热量传递给电极与工件，以使电极及工件与渣池接触的部位熔化，熔化的液态金属在渣池中因其密度较熔渣大，故下沉到底部形成金属熔池，而渣池始终浮于金属熔池上部。随着焊接过程的连续进行，温度逐渐降低的熔池金属在冷却滑块的作用下强迫凝固，从而形成焊缝。

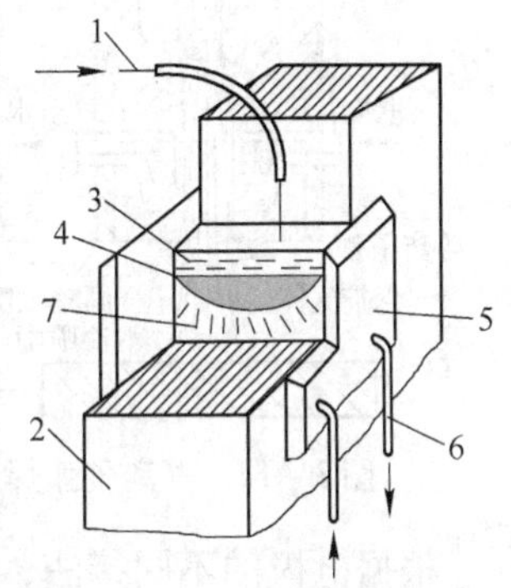

图3－13　电渣焊原理图
1—电极（焊丝）；2—工件；
3—渣池；4—金属熔池；
5—冷却滑块；6—冷却水管；
7—焊缝

为了保证上述过程的进行，焊缝必须处于垂直位置，因为只有在立焊位置时才能形成足够深度的渣池；同时，为防止液态熔渣和金属流出以及得到良好的成形，应采用强迫成形的冷却滑块。

电渣焊的接头形式有对接、角接和T形接头。其中以均匀截面的对接接头最容易焊接，对于形状复杂的不规则截面应改成矩形截面再焊接。

电渣焊与其他焊接方法比较，特点如下：

（1）很厚的工件可一次焊成，如单丝可焊厚度为40～60mm；单丝摆动可焊厚度为60～150mm；而三丝摆动可焊厚度达450mm；

（2）焊接材料消耗少，任何厚度焊件均不开坡口，仅留25～35 mm间隙，即可一次焊成，且工件厚度越大熔池的凝固速率越低，焊接材料消耗少的效果越明显；

（3）焊缝金属较纯净，渣池覆盖在熔池上，保护良好；熔池的凝固速率低，利于熔池中气体和杂质的上浮排出。

但是该方法由于焊接区高温持续时间较长，故热影响区比其他焊接方法都宽，晶粒粗大，易产生过热组织，因此，焊缝力学性能下降。对于较重要构件，焊后须正火处理，以改善其性能。电渣焊主要用于厚壁压力容器和铸－焊、锻－焊、厚板拼焊等大型构件的制造，焊接厚度一般应大于40mm，焊件材料常用碳钢、合金钢和不锈钢等。

3.2.1.3 高能焊

高能焊是利用高能量密度的束流，如等离子弧、电子束、激光束等作为焊接热源的熔焊方法的总称。

A 等离子弧焊和切割

a 等离子弧的概念及分类

等离子弧实质是一种导电截面被压缩得很小、能量转换非常激烈、电离度很大、热量

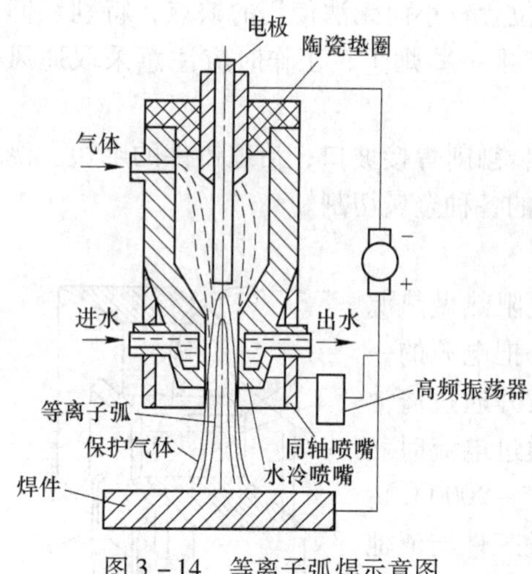

图3-14 等离子弧焊示意图

非常集中的压缩电弧。如果将前述钨极氩弧焊的钨极缩入焊炬内，再加一个带小直径孔道的铜质水冷喷嘴（见图3-14），这样电弧在冲出喷嘴时就会产生三种压缩作用：一是两极间的电弧通过喷嘴细孔道的机械压缩，称为机械压缩效应；二是水冷喷嘴使弧柱外层冷却，迫使带电粒子流向弧柱中心收缩，称为热压缩效应；三是无数根平行导体所产生的自身磁场，使弧柱进一步压缩，称磁压缩效应。这样就将电弧压缩成全部由离子和电子所组成的等离子弧，其温度可达24000~50000K，能量密度可达10^5~10^6W/cm^2（一般钨极氩弧最高温度为10000~24000K，能量密度在10^4W/cm^{2}以下），因而可一次熔化较厚的材料。

根据电极的不同接法，等离子弧可以分为非转移弧、转移弧、联合型弧三种。

（1）非转移弧。电极接负极，喷嘴接正极，等离子弧产生在电极和喷嘴内表面之间（见图3-15（a）），连续送入的工作气体穿过电弧空间之后，成为从喷嘴内喷出的等离子焰来加热、熔化金属。

（2）转移弧。电极接负极，焊件接正极，电弧首先在电极与喷嘴内表面间形成。当电极与焊件间加上一个较高电压后，在电极与焊件间产生等离子弧，电极与喷嘴间的电弧就熄灭，即电弧转移到电极与焊件间，这个电弧就称为转移弧（见图3-15（b））。

（3）联合型弧。转移弧和非转移弧同时存在称为联合型弧（见图3-15（c））。

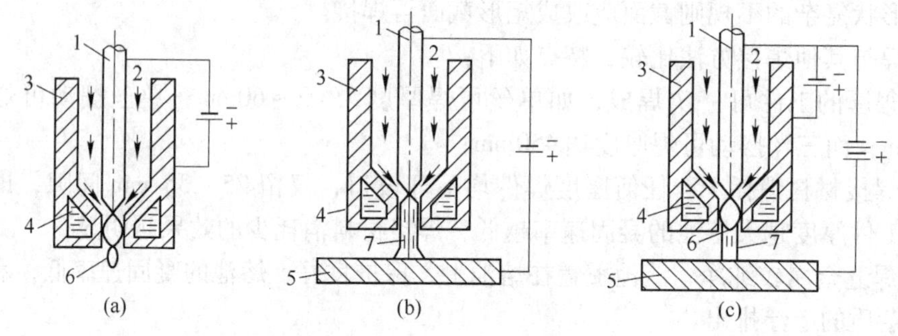

图3-15 等离子弧的形式

（a）非转移弧；（b）转移弧；（c）联合型弧

1—钨极；2—等离子气；3—喷嘴；4—冷却水；5—焊件；6—非转移弧；7—转移弧

b 等离子弧切割

等离子弧切割是以高温、高速的等离子弧为热源，将被切割的金属或非金属局部熔化，并同时用压缩的高速气流的机械冲刷力将已熔化的金属或非金属吹走而形成狭窄的割缝以实现切割的方法。等离子弧是一种比较理想的切割热源，等离子切割特别适用于切割高合金钢，铸铁，铜、铝、镍、钛及其合金，难熔金属和非金属，且切割速度快（每小时几十至上百米），热影响区小，切口狭窄，切割边质量高，切割厚度可达150~200mm。

c 等离子弧焊接

等离子弧焊接是利用特殊构造的等离子弧焊炬所产生的高温等离子弧，并在保护气体的保护下，熔合金属的一种焊接方法。按不同的原理，等离子弧焊接可分为穿透型等离子弧焊接和微束等离子弧焊接。

穿透法焊接采用的焊接电流较大（约 100 ~ 300A），适宜于焊接 2 ~ 8mm 的合金钢板材，可在不开坡口和背面不用衬垫的情况下，进行单面焊接双面成形。

穿透法焊接是利用等离子弧的高温及能量集中的特点，迅速将焊件的焊缝处金属加热到熔化状态。如果焊接工艺参数选择适当，电弧挺度适中，则足以穿透整个焊件，但不会形成切割，只在焊件底部穿进一个小孔，如果小孔的面积较小（7 ~ 8mm^2 以下），在熔化金属表面张力的作用下，不会从小孔中滴落下去（小孔效应）。随着等离子弧向前移动，熔池底部继续保持小孔，熔化金属围绕着小孔向后流动，并随之冷却结晶，而熔池前缘的焊件金属不断地被熔化。这个过程不断进行，最后形成焊缝。

15A 以下的等离子弧焊称为微束等离子弧焊。电流小到 0.1A 的等离子弧仍很稳定，仍保持良好的电弧挺度和方向性，主要用于焊接厚度为 0.01 ~ 1mm 的箔材和薄板。

综上所述，等离子弧焊除了具有能量集中、热影响区小、焊缝深宽比大、焊接质量好和生产率高等优点外，还具有以下特点：一是小孔效应，能较好地实现单面焊双面成形；二是微束等离子弧焊可焊箔材和薄板。等离子焊特别适用于各种难熔、易氧化及某些热敏感性强的金属材料（如钨、铝、铍、铜、铝、镍、钛及其合金，以及不锈钢、超高强度钢）的焊接。

B 电子束焊

电子束焊是以会聚的高速电子流轰击工件接缝处所产生的热能使金属熔合的一种熔焊方法，其原理如图 3 - 16 所示。发射材料（灯丝）加热后，由于热发射作用表面发射电子，聚束极和阴极间较高的电压使电子以高速穿过阳极孔射出，并通过聚焦线圈使电子束流聚成 ϕ0.8 ~ 3.2 mm 的一点而射到工件上，在撞击工件后将部分动能转化为热能，使工件熔化，形成焊缝。偏转线圈通以不同的交变电流可产生不同的磁场，用以控制电子束的方向。

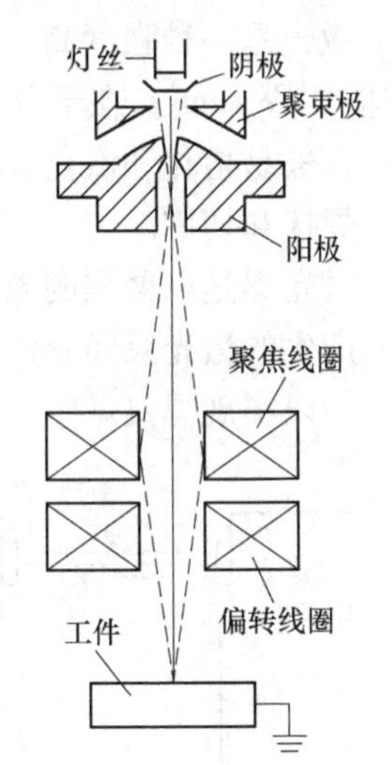

图 3 - 16 电子束焊示意图

电子束焊可分为真空电子束焊、低真空电子束焊和非真空电子束焊。

真空电子束焊是目前应用最广的一种电子束焊，它需把工件放在真空室（真空度在 666×10^{-4}Pa 以上）内。低真空电子束焊是使电子束通过隔离阀和气阻孔进入低真空室（真空度 1 ~ 13Pa）。

非真空电子束亦称大气电子束焊，它是将真空条件下形成的电子束流经充氦的气室，然后与氦气一起进入大气的环境中施焊。非真空电子束焊摆脱了真空工作室的限制，扩大了电子束焊的应用范围。电子束焊一般不填充焊丝，如要保证焊缝正面和背面有一定堆高时，可在焊缝上预加垫片。采用真空电子束焊，焊前必须进行严格除锈和清洗，不允许有残留有机物。对接缝隙约为 0.1 倍的板厚，但不能超过 0.2 mm。

电子束焊具有以下特点。

(1) 保护效果极佳，焊接质量好。真空电子束焊在真空中进行，因此焊缝不会氧化、氮化，也不会吸氢，不存在焊缝金属污染问题。所以，真空电子束焊特别适于焊接化学活泼性强、纯度高且易受大气污染的金属，如铝、钛、钼、铍、钽等。

(2) 能量密度大（穿透能力强）。电子束束斑能量密度可达 10^6W/cm²，比电弧能量密度约高 100~1000 倍。因此，可焊难熔金属，如铌、钨等；可焊厚截面工件，如钢板厚度达 200~300mm，铝合金厚度可超过 300mm。

(3) 焊接变形小。电子束焊热源能量密度高、焊速高、焊接线能量低、热循环快，故焊件的热影响区和变形极小，可焊接一些已加工好的组合零件，如齿轮组合件等。

(4) 电子束焊工艺参数调节范围广，适应性强。电子束焊工艺参数可各自单独调节，而且调节范围很宽，它可焊 0.1mm 的薄板，也能焊 200~300mm 厚板；可焊低合金结构钢、不锈钢，也可焊难熔金属、活泼金属以及复合材料和异种金属，如铜-镍、钼-镍、钼-铜、铜-钨、钢-钨等；还能焊一般焊接方法难以焊接的复杂形状焊件。

(5) 真空电子束焊设备复杂，造价高，且焊件尺寸受真空室限制，使用维护技术要求高，对接头装配质量要求严格。

还应指出，由于电子束焊是在压强低于 10Pa 的真空进行，易蒸发的金属及其合金和含气量较多的材料，会妨碍焊接过程的进行。因此，一般含锌较高的铝合金（如铝-锌-镁）和铜合金（如黄铜）以及未脱氧处理的低碳钢，不能用真空电子束焊接。

C 激光焊与切割

激光是一种强度高，单色性和方向性均好的相干光。聚焦后的激光束能量密度极高，可达 10^{13}W/cm²，在千分之几秒甚至更短时间内，光能转变成热能，其温度可达 10000℃以上，极易熔化和汽化。各种对激光有一定吸收能力的金属和非金属材料，可以用其来打孔、焊接和切割。

激光焊是以聚焦的激光束作为能源轰击焊件所产生的热量进行焊接的一种方法。由激光器产生的激光束经聚焦系统聚焦成微小的焦点，产生高能量密度和瞬间高温，使焊缝处熔化，以实现焊接。

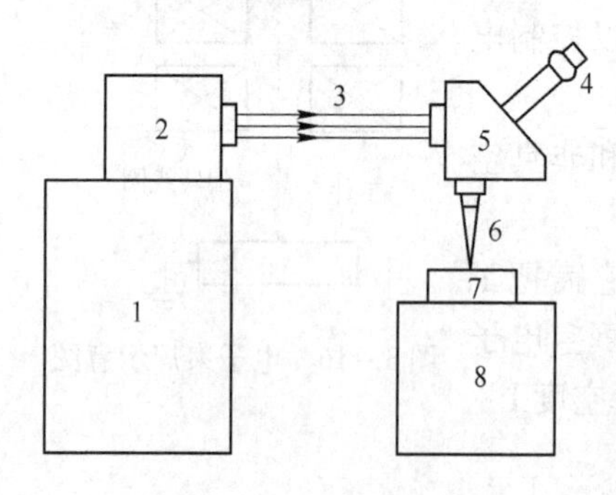

图 3-17 激光焊示意图
1—电源；2—溅光器；3—聚焦光束；4—观察器；5—聚焦系统；6—激光束；7—焊件；8—工作台

图 3-17 所示为激光焊示意图。根据使用激光器的工作方式不同，激光焊可分为连续激光焊和脉冲激光焊。工件的可焊厚度从几十微米到几十毫米。

激光焊有以下特点：

(1) 能量密度大。适合于高速加工，能避免“热损伤”和焊接变形，故可进行精密零件、热敏感性材料的焊接，在电子工业和仪表工业中应用广泛。

(2) 灵活性大。激光焊接时，激光焊接装置不需要和被焊工件接触，激光束能用偏转棱镜或通过光导纤维引导到难接近的部位进行焊接。激光还可以穿过透明材料进行焊接，如真空管中电极的焊接。

(3) 激光辐射能量的释放迅速。不仅使焊接生产率高，而且被焊材料不易氧化，可在大气中焊接，不需要真空环境或气体保护。

激光切割的原理是利用聚焦后的激光束使工件材料瞬间汽化而形成割缝。大功率 CO_2 气体激光发生器所输出的连续激光可以切割钢板、钛板、石英、陶瓷和塑料等。切割金属材料时，采用同轴吹氧工艺，可大大提高切割速度，且挂渣很脆，容易清除。

3.2.1.4 堆焊

（1）堆焊的概念及分类。堆焊是采用熔焊方法，在零件表面或边缘熔敷一层或数层具有特殊性能的金属层来制造双金属零件或修复金属旧零件的工艺方法。堆焊的物理本质、冶金过程、热过程等基本规律与一般焊接没有区别，其目的在于修复零件或增加其耐磨、耐热、耐蚀等方面的性能。

堆焊是焊接的一个特殊分支，各种熔焊方法均可用于堆焊。目前最常用的有振动电弧堆焊、等离子弧堆焊、气体保护堆焊和电渣堆焊等。

（2）堆焊的特点。堆焊加工的主要特点是：

1）采用堆焊修复已失去精度或表面破损的零件，可省材料、省费用、省工时，延长零件的使用寿命。

2）堆焊层的特殊性能可提高零件表面耐磨、耐热、耐蚀等性能，发挥材料的综合性能和工作潜力。

3）因为堆焊材料往往与工件材料差别较大，故堆焊具有明显的异种金属焊接特点，因此对焊接工艺及其参数要求较高。

堆焊的应用已遍及各种机械产品的制造和维修部门，在冶金机械、重型机械、汽车、动力机械、石油化工设备等领域均有广泛的应用。

3.2.2 压焊

压焊是在焊接过程中，对焊件施加一定压力（加热或不加热），以实现焊接的方法。

在施焊时，其焊接区金属一般处于固相状态，依靠压力的作用（或伴随加热），通过产生塑性变形、再结晶和原子扩散等过程而结合，因此压焊中压力对形成焊接接头起主导作用。加热可以提高金属的塑性，能显著降低焊接所需压力，同时又可以增加原子的活动能力和扩散速度，促进焊接过程进行。只有少数的压焊方法其焊接过程可出现局部熔化现象。压焊的类型很多，其中最常用的有电阻焊和摩擦焊等。

3.2.2.1 电阻焊

电阻焊是在焊件通过电流后，利用焊接区产生的电阻热，使焊接区金属加热到局部熔化高温塑性状态，在外力的锻压作用下形成牢固接头的压焊方法。

电阻焊方法的主要特点是焊接速度快、焊接变形小、焊接生产率高、劳动条件好，操作易于实现机械化和自动化，不需要填充金属等。但电阻焊设备较复杂、耗电量大，对接头形式和可焊厚度有一定限制。

电阻焊可分为点焊、缝焊、凸焊和对焊等，见表 3－1。

表 3－1 电阻焊种类及特点

种类	示意图	接头剖面	基本时序
电阻对焊			
闪光对焊			
缝焊			
凸焊			
点焊			

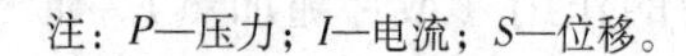

注：P—压力；I—电流；S—位移。

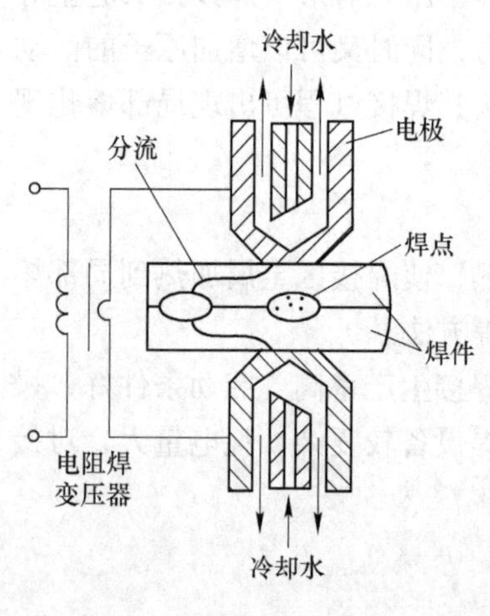

图 3－18 点焊示意图

（1）点焊。点焊过程是先加压，再通电，通过焊件内电阻和接触电阻发热以及电极散热等作用，形成焊核；断电后，继续保持或加大压力，使焊核在压力下凝固结晶，形成组织致密的焊点。图 3－18 为点焊示意图。

点焊的主要工艺参数是电极压力、焊接电流和通电时间。若电极压力过大，则接触电阻下降，热量减少，可造成焊点强度不足；若电极压力过小，则极间接触不良，热源虽强但不稳定，甚至出现飞溅、烧穿等缺陷。若焊接电流不足，则熔深过小，甚至造成未熔化；若电流过大，则熔深过大，并使金属飞溅，甚至引起烧穿。通电时间对点焊质量的影响与电流相似。

对点焊的焊接接头形式要充分考虑到点焊机电极能接近焊件，应有足够的搭接边，做到施焊方便加热可靠。图

3－19 为几种常见的点焊接头形式。

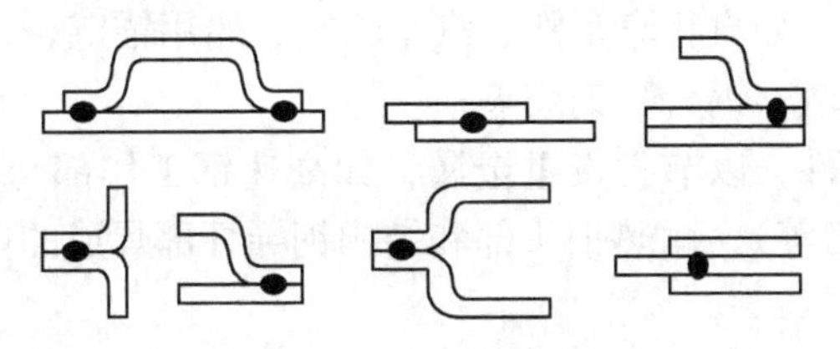

图 3－19 点焊接头形式

点焊主要用于薄板冲压件搭接，如汽车驾驶室、车厢等薄板与型钢构架的连接，以及蒙皮结构、金属网、交叉钢筋接头等。

（2）多点凸焊。多点凸焊是一次加压和通电完成两个或两个以上焊点的焊接方法。焊接时，先在一个工件上凸压出一个或几个凸点，然后将工件放在焊机大平面电极之间，像点焊那样加压通电。因为工件与电极之间的接触面积比凸点端面大很多，电路电阻几乎全集中在凸点上，放热量集中。当凸点金属加热到塑性状态时，压力使凸点变平，形成焊点，迫使工件紧密地连接在一起。电极之间有几个凸点就能同时形成几个焊点，其数目只受焊机所提供的电流和压力大小的限制。许多点焊机通过改变电极就可进行多点凸焊，而且凸点可以和其他材料成形工序同时形成，几乎无需增加成本。

（3）缝焊。缝焊的过程如图 3－20 所示。缝焊是焊件装配成搭接接头并置于两滚轮电极之间，滚轮加压焊件并转动，连续或断续送电，形成一条连续焊缝的电阻焊方法。由此可见，缝焊的原理和焊接过程与点焊极为相似，两者的不同仅在于缝焊用滚盘及连续滚动代替了点焊电极。缝焊的焊缝可视为点焊焊点的连续叠加。

缝焊主要用于薄板、密封性容器的焊接。该方法广泛应用于汽车油箱、化工器皿及某些密封性中空结构的制造中，可焊材料范围与点焊相同。

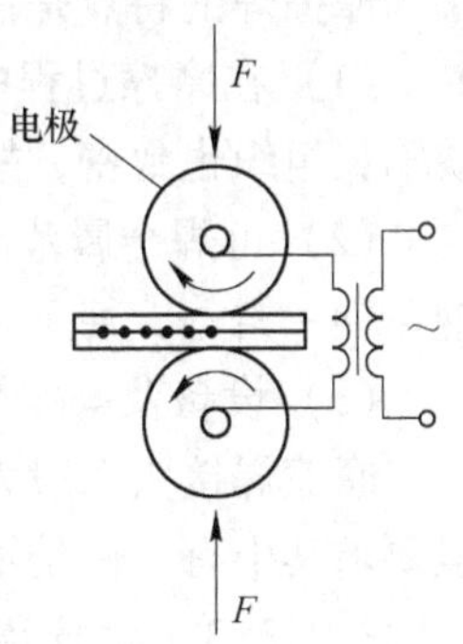

图 3－20 缝焊示意图

（4）对焊。对焊是将焊件装配成对接的接头，使其端面紧密接触，利用电阻热加热至塑性状态，然后迅速施加顶锻力完成焊接的方法。按工艺过程特点，对焊又分为电阻对焊和闪光对焊。

电阻对焊时，将焊件夹紧在电极上，加预压力并通电，接触处被迅速加热到塑性状态，然后增大压力，同时断电，使接触处产生塑性变形并形成牢固接头。此法对焊件表面清理要求较高，否则会造成加热不均匀，易夹渣。其所焊截面积较小，一般用于钢筋对接。

闪光对焊时，将焊件装配成对接接头，接通电源，并使其端面逐渐移近达到局部接触，利用电阻热加热这些接触点（产生闪光），使端面金属熔化，直至端部在一定深度范围内达到预定温度时，迅速施加顶锻力完成焊接的方法。闪光对焊又可分为连续闪光焊和预热闪光焊。

与电阻对焊相比，闪光对焊不仅热量集中，热影响区小，并且接头焊接质量高，在许多情况下替代了电阻对焊。

对焊要求焊件接触处的端面形状尺寸相同或相近，以保证两焊件接触面加热均匀。对焊主要用于：

1）制造封闭形零件，如自行车车圈、汽车轮缘、船用锚链、钢窗等；

2）轧材接长，如钢轨、钢管、钢筋等；

3）制造异种材料零件，以节省贵重金属，如高速钢工作部与中碳钢刀体部对焊成的刀具（钻头、铣刀、铰刀等），耐热钢头部和结构钢导杆部焊成的内燃机气门等。

3.2.2.2　摩擦焊

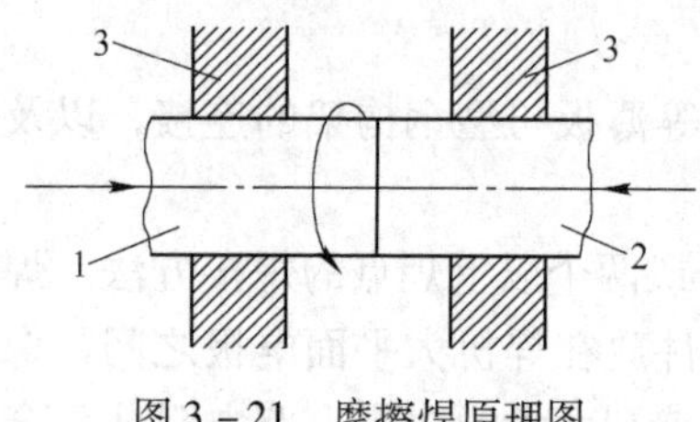

图3－21　摩擦焊原理图
1，2—工件；3—夹头

摩擦焊是利用焊件表面相互摩擦所产生的热，使端面达到热塑性状态，然后迅速顶锻，完成焊接的一种压焊方法。

图3－21所示为摩擦焊原理图。工件1夹持在可旋转的夹头上，工件2夹持在可沿轴向往复移动并能加压的夹头上。焊接开始，工件1高速旋转，工件2向工件1移动并开始接触，摩擦表面消耗的机械能转换为热能，接头温度升高，并达到焊接温度。此时停止转动，同时在工件2一端施加压紧力，则接头部位出现塑性变形。在压力下冷却后，获得致密的接头组织。摩擦焊可分为连续驱动式和储能式（即惯性式）两种。

摩擦焊的特点是：

（1）在摩擦过程中两端面的氧化膜和杂质被清除，因此，接头不易产生气孔、夹渣等缺陷，组织也致密，故接头质量好。

（2）可焊金属范围较广，适用于异种金属的对接，如碳素钢与不锈钢、铝－铜、铝－钢、钢－锆等，甚至可焊非金属（如塑料、陶瓷）以及金属－非金属（如铝－陶瓷）。

（3）设备及操作简单，不用加焊接材料，易实现自动控制，生产率高。

摩擦焊接头一般为等断面，也可以是不等断面，如杆－管、管－管、管－板接头等，但要求其中有一件是轴对称零件。

3.2.2.3　扩散焊

扩散焊是焊件紧密贴合，在真空或保护气氛中，在一定温度和压力下保持一段时间，使接触面之间的原子相互扩散而完成焊接的压焊方法。图3－22所示是利用高压气体加压和高频感应加热对管子和衬套进行真空扩散焊。其焊接工艺过程是焊前对管壁内表面和衬套进行清理、装配后，管子两端用封头封固，再放入真空室内加热，同时向封闭的管子内通入一定压力的惰性气体。通过控制温度、气体压力和时间，使衬套外面与管子内壁紧密接触，并产生原子间相互扩散而实现焊接。

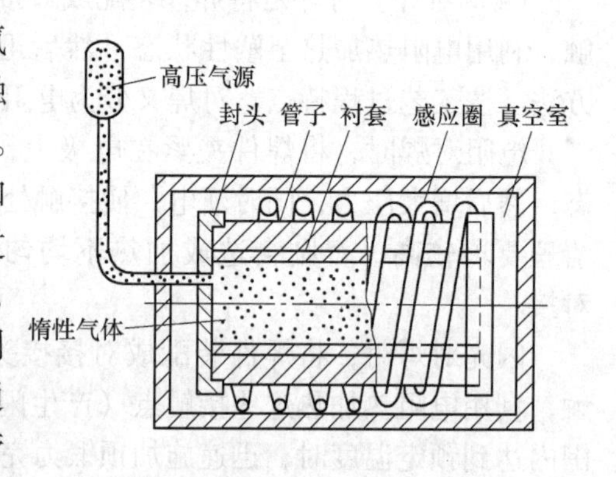

图3－22　衬套真空扩散焊示意图

扩散焊的特点如下。

（1）接头强度高，焊接应力和焊接变形小。扩散焊加热温度低（约为母材熔点的

40% ~70%)，焊接过程靠原子在固态下扩散完成，所以焊接应力及变形小，同时不改变母材性质。在焊接过程中还可同时进行真空热处理和表面的真空净化。

(2) 可焊接材料种类多。扩散焊可焊接多种同类金属及合金，同时还能焊接许多异种材料如用其他焊接方法难以连接的难熔金属 W，Ta，Zr，Co，Mo 等，复合材料、陶瓷与金属组合材料。

(3) 可焊接结构复杂、精度要求高的焊件。扩散焊可焊接特厚、特薄、特大或特小的焊件。能用小件拼成形状复杂、力学性能均一的大件，以代替整体锻造和机械加工。

扩散焊的主要不足是单件生产，生产率低，焊前对焊件表面的加工清理和装配质量要求十分严格，需用真空辅助装置。

3.2.3 钎焊

(1) 概念。钎焊是采用比母材熔点低的金属材料做钎料，将焊件和钎料加热到高于钎料的熔点，但低于母材熔化温度，利用液态钎料润湿母材、填充间隙，并与母材相互扩散实现连接焊件的方法。钎焊过程中一般都需要使用钎剂。钎剂是钎焊时使用的溶剂，它的作用是清除钎料和母材表面的氧化物，保护焊件和液态钎料在钎焊过程中免于氧化，改善熔融钎料对焊件的润湿性。钎焊的接头形式采用对接和搭接方式，如图 3 -23所示。

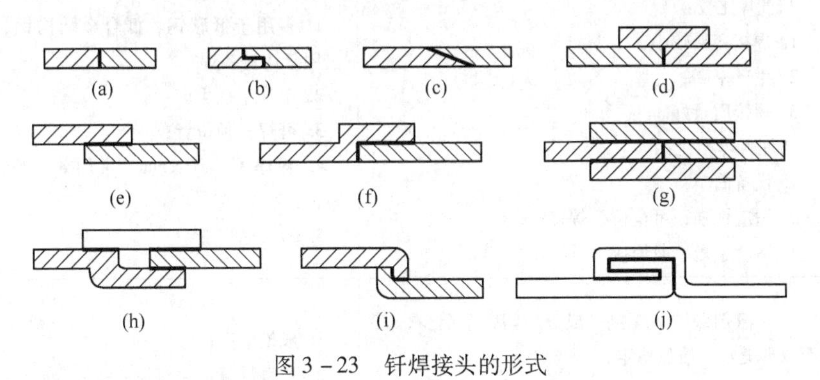

图 3 -23 钎焊接头的形式

通常按照钎料的熔点不同，将钎焊分为软钎焊和硬钎焊。钎料的熔点低于 450℃的钎焊为软钎焊。软钎焊的接头强度低，只适用于受力很小且工作温度低的工件，如电器产品、电子导线、导电接头、低温热交换器等。软钎焊常用的钎料是锡铅钎料，常用的钎剂是松香或氯化锌溶液，最常用的加热方法为烙铁加热。钎料熔点在 450℃以上的钎焊为硬钎焊。硬钎焊的接头强度较高，工作温度也较高，可用于受力部件的连接，如天线、雷达、自行车架等。硬钎焊常用的钎料有银基钎料、铜基钎料、铝基钎料和镍基钎料，常用的钎剂有硼酸、氯化物、氟化物等，常用的加热方法为火焰加热、炉内加热、盐浴加热、高频加热和电阻加热。

(2) 钎焊特点及应用。钎焊的主要优点是加热温度低，母材组织性能变化小，焊件应力和变形小，接头光滑平整；某些焊法还可一次焊多件、多接头，因而生产率高；可焊黑色、有色金属，也可焊异种金属、金属和非金属。设备简单，易于实现自动控制。总之，钎焊较适宜连接精密、微型、复杂、多焊缝及异种材料的焊件。钎焊的主要缺点是接头强度尤其是动载强度低，耐热性差，且焊前清理及组装要求较高。

目前，硬钎焊广泛应用于制造硬质合金刀具、钻探钻头、换热器、自行车架、导管、容器、滤网等，软钎焊主要用于仪表、电真空器件、电机、电器部件及导线等的焊接。

3.2.4 常用焊接方法的比较

各种焊接方法各有其特点和应用范围，表3-2所示为常用焊接方法的比较。

表3-2 常用焊接方法比较

方法＼项目	特 点	应 用
气焊	1. 火焰温度比电弧焊低，热量较分散变形大； 2. 温度易调节，设备简单，移动方便，易操作； 3. 适合各种位置焊接，并易单面焊透； 4. 焊接质量较差； 5. 生产率低； 6. 不用电源，室外作业方便	1. 可焊碳钢、低合金钢及某些非铁合金（黄铜等）； 2. 板厚小于3mm； 3. 铸铁补焊； 4. 管子焊接； 5. 野外作业
手工电弧焊	与气焊比较： 1. 焊接变形较小； 2. 生产率高； 3. 焊接质量好。 与埋弧焊相比： 1. 设备简单； 2. 适应性强，可全位置焊接； 3. 适合于短、曲焊接	1. 多用于低碳钢、低合金结构钢、非铁合金、也用于铸铁补焊； 2. 单件小批生产； 3. 可焊各种位置； 4. 板厚不小于1mm，常用3~20mm，多为中厚板； 5. 短、曲焊缝
埋弧焊	1. 在溶剂保护下焊接，成分均匀，杂质少，表面成形美观，质量稳定； 2. 大电流作业，熔深大，熔速快，生产率高； 3. 埋弧，劳动条件好； 4. 适应性差，一般只能平焊； 5. 焊接设备较复杂； 6. 焊接操作技术要求低	1. 成批生产； 2. 长直焊缝，大直径环缝最合适； 3. 适于平焊； 4. 中厚板，可焊3mm以上，常用6~60mm； 5. 主要焊低碳钢、低合金结构钢、不锈钢、铜合金
氩弧焊	1. 焊接电弧稳定，飞溅小，焊缝致密，无熔渣，成形美观，具有较好的力学性能，焊接质量好； 2. 易全位置焊接，可机械化焊接； 3. 热影响区窄，变形小； 4. 氩气成本较高； 5. 设备与控制系统较复杂	1. 最合适焊各类合金钢、易氧化有色合金及锆、钼等稀有金属； 2. 打底焊； 3. 管子焊接； 4. 可用于焊薄板，也可焊中厚板，一般为0.5~25mm； 5. 只能室内焊接

续表 3-2

项目 方法	特点	应用
CO_2 气体保护焊	1. 成本低（CO_2 便宜）； 2. 生产率高（电流密度大）； 3. 焊薄板时变形小； 4. 有氧化性。在电流较大时，飞溅较大，焊缝成形较差； 5. 可全位置焊接； 6. 设备较复杂，维修不便	1. 主要用于低碳钢和低合金钢； 2. 适合于焊薄板及中厚板（0.8～30mm）； 3. 单件小批或短、曲焊缝用手工 CO_2 焊；成批生产，长直焊缝可用 CO_2 自动焊
电渣焊	1. 厚大截面可一次焊成，生产率高； 2. 可铸焊、锻焊结合，拼小成大； 3. 材耗少，不开坡口，成本低； 4. 接头晶粒粗大，易过热，焊后需正火； 5. 焊缝金属纯净，能除去杂质	1. 适合于焊厚板，可焊 20～1000mm 以上，常用 35～450mm； 2. 多用于重型、大型设备的零件或结构件制造
电阻焊	与熔焊比较： 1. 焊接变形小； 2. 劳动条件较好； 3. 生产率高； 4. 不需添加焊接材料； 5. 设备复杂； 6. 耗电量大	1. 成批大量生产； 2. 气密薄壁容器用缝焊，薄板壳体用点焊，杆状零件用对焊； 3. 可焊异种金属； 4. 适合于搭接； 5. 多用于薄板，点焊可焊 10mm 以下，常用 0.5～3mm；缝焊常在 3mm 以下
钎焊	1. 接头强度低； 2. 工作温度低，变形小，尺寸较精确； 3. 可焊异种金属、异种材料； 4. 生产率高，易机械化； 5. 焊前清洗、装配要求严	1. 薄小零件焊接； 2. 可焊仪器仪表电子元件及精密机械零件； 3. 异种金属或材料焊接； 4. 可焊某些复杂的特殊结构，如蜂窝结构

3.3 常用金属材料的焊接

随着焊接技术的发展，在机械、船舶、化工设备、锅炉、航空航天等领域，采用焊接结构的产品日益增多。因此，为了保证焊接结构在使用时的安全，必须掌握金属材料的基本性能及其焊接性，以便采取适当的工艺方法、工艺措施和工艺参数来获得优质的焊接接头。

3.3.1 金属材料的焊接性

3.3.1.1 焊接性的概念

金属材料的焊接性是指金属材料对焊接加工的适应性，即在一定的焊接工艺条件（焊接方法、焊接材料、焊接工艺参数和结构形式等）下，获得优质焊接接头的难易程度。它包括两方面内容：其一是结合性能，即在一定焊接工艺的条件下，形成完整而无缺陷焊缝的难易程度；其二是使用性能，即在一定焊接工艺的条件下，一定金属的焊接接头对使用要求的适应性。

金属材料的焊接性不是一成不变的，同一种材料，采用不同的焊接方法或焊接材料（焊条、焊剂），其焊接性可能有很大的差别。如铸铁用低碳钢焊条焊接，其质量就差，而改用镍合金焊条焊接，其质量就好得多；又如硬铝合金用气焊、手工电弧焊，质量就差，但采用氩弧焊、点焊、电子束焊，质量就好。在给定的工艺条件下，不同的金属材料会获得不同质量的焊接接头。

3.3.1.2 影响焊接性的因素

金属材料焊接性的好坏主要决定于材料的化学成分，而且与结构的复杂程度、刚性，焊接方法，采用的焊接材料，焊接工艺条件及结构的使用条件也有密切关系。

（1）材料因素。材料因素包括焊件本身和使用的焊接材料，焊接材料如手工电弧焊时的焊条、埋弧焊时的焊丝和焊剂、气体保护焊时的焊丝和保护气体等，它们在焊接时都参与熔池或半熔化区内的冶金过程，直接影响焊接质量。母材或焊接材料选用不当时，会造成焊接金属化学成分不合格，力学性能和其他使用性能降低；还会出现气孔、裂纹等缺陷，也就是使结合性能变差。正确选用焊件和焊接材料是保证焊接性能良好的重要基础，必须十分重视。

（2）工艺因素。对于同一焊件，当采用不同的焊接工艺方法和工艺措施时，所表现的焊接性也不同。例如，钛合金对氧、氮、氢极为敏感，用气焊和手工电弧焊焊接性很差，而用氩弧焊或真空电子束焊，由于能防止氧、氮、氢等侵入焊接区，焊接质量就好。

工艺措施对防止焊接接头缺陷，提高使用性能也有重要的作用。如焊前预热、焊后缓冷和去氢处理等，它们对防止热影响区淬硬变脆，降低焊接应力，避免氢致冷裂纹是比较有效的措施。另外，如合理安排焊接顺序能减小应力变形。

（3）结构因素。焊接接头的结构设计会影响应力状态，从而对焊接性也发生影响。实际生产中，应使焊接接头处于刚度较小的状态，能够自由收缩，这样有利于防止焊接裂纹。缺口、截面突变，焊缝余高过大、交叉焊缝等都容易引起应力集中，因此应尽量避免。不必要地增大焊件厚度或焊缝体积，就会产生多向应力，也应注意预防。

（4）使用条件。焊接结构的使用条件是多种多样的，有高温、低温下工作，腐蚀介质中工作及在静载或动载条件下工作等。当在高温下工作时，可能产生蠕变；在低温下工作或冲击载荷工作时，容易发生脆性破坏；在腐蚀介质下工作时，接头要求具有耐腐蚀性。总之，使用条件越不利，焊接性就越不容易保证。

3.3.1.3 焊接性的评定方法

（1）直接试验法。直接试验法是将被焊金属材料做成一定形状和尺寸的试样，在规定工艺条件下施焊，然后鉴定产生缺陷（如裂纹）倾向程度，或者鉴定接头是否满足使用性能（如力学性能）的要求，从而为生产准备和制定焊接工艺提供依据。

（2）间接判断法。间接判断法对钢材而言，主要有碳当量法和冷裂纹敏感系数法等。

1）碳当量法。这种方法是依据钢材中化学成分对焊接热影响区淬硬性的影响程度，来评估钢材焊接时可能产生裂纹和硬化倾向的计算方法。在钢材的化学成分中，影响最大的是碳，其次是锰、铬、钼、钒等。把钢中合金元素（包括碳）的质量分数按其对焊接性的影响程度换算成碳的相当质量分数，其总和称为碳当量，用 $C_{当量}$ 来表示，可作为评定钢材焊接性的一种参考指标。碳钢和低合金结构钢用的计算碳当量的经验公式为

$$C_{当量} = \left[w(C)_{\%} + \frac{w(Mn)_{\%}}{6} + \frac{w(Cr)_{\%} + w(Mo)_{\%} + w(V)_{\%}}{5} + \frac{w(Ni)_{\%} + w(Cu)_{\%}}{15} \right] \times 100\%$$

式中，各元素的质量分数都取其成分范围的上限。经验证明，碳当量越高，钢材焊接性就越差。

当 $C_{当量} < 0.4\%$ 时，钢材热影响区淬硬和冷裂的倾向不明显，焊接性优良，在一般的焊接工艺条件下，焊件不会产生裂纹（但对于厚大件或在低温下焊接，也应考虑预热）。

$C_{当量} = 0.4\% \sim 0.6\%$ 时，钢材的淬硬和冷裂倾向逐渐增大，焊接性较差，焊接时需要采取适当的预热、缓冷等工艺措施以及焊后进行热处理等。

$C_{当量} > 0.6\%$ 时，钢材淬硬和冷裂的倾向很大，焊接性很差，需采用较高的预热温度和严格的工艺措施才能保证焊接质量。

用上述方法来判断钢材的焊接性只能做近似的估计，并不完全代表材料的实际焊接性。如：16Mn 钢的碳当量约在 0.34% ~0.44%，焊接性尚好，但当厚度增大时，焊接性变差。

2）冷裂纹敏感系数法。碳当量法只考虑了钢材化学成分对焊接性的影响，而没有考虑板厚、焊缝含氢量等重要因素的影响。有关人员通过对 200 多种钢的大量试验，得出钢材焊接时冷裂纹敏感系数 P_c 的计算公式如下

$$P_c = \left[w(C)_{\%} + \frac{w(Si)_{\%}}{30} + \frac{w(Mn)_{\%}}{20} + \frac{w(Cu)_{\%}}{20} + \frac{w(Ni)_{\%}}{60} + \frac{w(Cr)_{\%}}{20} + \frac{w(Mo)_{\%}}{15} + \frac{w(V)_{\%}}{10} + 5B + \frac{h}{600} + \frac{H}{60} \right] \times 100\%$$

式中　h——板厚，mm；

H——焊缝金属中扩散氢百克含量，cm^3。

通过 Y 形坡口对接裂纹试验得出防止裂纹要求的最低预热温度 t_p 的公式如下

$$t_p = 1400P_c - 392\ (℃)$$

所求出的防止裂纹的预热温度，在多数情况下是比较安全的。

3.3.2 碳素钢和低合金结构钢的焊接

碳素钢是以铁为基体，以碳为主要合金元素的铁碳合金（$w(C) < 2\%$），碳素钢是工业中应用最广的金属材料。工业中使用的碳素钢，碳的质量分数很少超过 1.4%。用于制造焊接结构的钢材，其碳的质量分数还要低得多。碳素钢焊接性的好坏，主要表现在产生裂纹和气孔的难易程度。钢的化学成分，特别是碳的质量分数，决定了钢材的焊接性。

3.3.2.1 碳素钢的焊接

碳钢的焊接性随着钢中碳的质量分数的增大，逐渐变差。

A 低碳钢的焊接

（1）低碳钢的焊接特点。低碳钢在碳的质量分数小于 0.25% 时，强度不高，塑性好，

具有优良的焊接性，几乎能用各种工艺方法进行焊接，不需要采用特殊工艺措施即可获得优质焊接接头，且焊缝产生裂纹、气孔的倾向性小，只有在母材、焊接材料成分不合格，如碳、硫、磷的质量分数偏离时，焊缝才可能产生热裂纹。低碳钢焊接通常不需要焊前预热，只是在环境温度较低或结构刚性过大时，才需考虑预热。

（2）低碳钢常用的焊接方法和焊接材料。低碳钢常用的焊接方法有手工电弧焊、埋弧自动焊、二氧化碳气体保护焊和电渣焊等。

1）手工电弧焊。低碳钢焊接广泛采用手工电弧焊。焊条的选择是根据低碳钢的强度等级选用相应强度等级的结构钢焊条，并考虑结构的工作条件选用酸性或碱性焊条。采用碱性焊条时，焊接金属的抗裂性和低温冲击韧性较好。常用低碳钢焊接的焊条选择见表3-3。

2）埋弧焊。埋弧焊焊接Q235 15、20、20g钢时可采用H08A、H08MnA等焊丝和焊剂431或焊剂430。焊接时，要特别注意焊剂的烘干及坡口的清理，否则易产生气孔。

3）CO_2 气体保护焊。CO_2 气体保护焊焊丝可采用H08MnSi，H08Mn2SiA或H08Mn2SiA等，而H08Mn2SiA应用最广。

4）电渣焊。电渣焊焊丝为H10MnSiA，H10Mn2A，H10Mn2MoA等及焊剂360。

低碳钢的焊接，一般不会遇到什么特殊困难，焊后一般也不需要进行热处理（除电渣焊外）。但是当焊件较厚或刚性很大，同时对接头性能要求又较高时，则要做焊后热处理，其目的一方面是为了消除焊接应力，另一方面是为了改善局部组织及平衡接头各部位的性能。例如锅炉气包，即使采用20g和22g等焊接性良好的低碳钢，由于板厚较大，仍要进行600～650℃的焊后热处理。

表3-3　常用低碳钢焊接的焊条选择

钢　号	选用的焊条型号		施焊条件
	一般结构（包括厚度不大的低压容器）	受动载荷，厚板结构，中高压及低温容器	
Q235、A4	E4313，E4303，E4301，E4320，E4310	E4316，E4315（或E5016，E5015）	一般不预热
10、15、15g，20、20g	E403，E4301，E4320，E4310	E4316，E4315（或E5016，E5015）	一般不预热
20、25、30g	E4316，E1315	E5016，E5015	板厚结构预热150℃

B　中碳钢的焊接

（1）中碳钢的焊接特点。中碳钢的碳的质量分数在0.25%～0.6%之间，其强度较高，但焊接性比低碳钢差，焊缝中易产生热裂纹，热影响区易产生淬硬组织甚至产生冷裂。热裂纹是焊缝金属在高温状态下产生的裂纹。这种裂纹一般产生在焊缝金属中，属于结晶裂纹，其特征是沿晶界开裂。导致热裂纹产生的因素有焊缝金属的化学成分（形成低熔点共晶偏聚于晶界处）、焊缝横截面形状（焊缝熔宽与熔深的比值越大，则热裂倾向越小）、焊件残余应力等；冷裂纹一般是在焊后（相当低的温度下大约在钢的 M_s 点附近），有时甚至放置相当长时间后才产生。产生冷裂纹的因素有：焊接接头处产生淬硬组织、焊接接头内含氢量较多以及焊接残余内应力较大等。

（2）中碳钢的焊接工艺。焊接中碳钢常采用手工电弧焊和气焊，尽量选用抗裂性能好的低氢型焊条，如 J506，J606 等；特殊情况下可采用铬镍不锈钢焊条，但成本高。焊接时，应对焊件预热，以减慢焊接接头的冷却速度，达到降低淬硬倾向和焊接应力的目的。如焊 35 钢或 45 钢预热温度可选为 150～250℃；碳的质量分数再高，结构件厚度、刚度很大时，可预热到 250～450℃。焊接时坡口开成 U 形，并采用小电流、细焊条、多层焊，以减少母材在焊缝中的熔化量。焊后缓冷，注意保温可防止产生冷裂纹。焊后也可进行调质热处理，改善接头性能，也可趁热（800～850℃）来锤击焊缝，减少应力结构，提高力学性能。

C　高碳钢

高碳钢的碳的质量分数大于 0.6% 时，其焊接性差，一般仅用手工电弧焊和气焊对其进行补焊。补焊是为了修补工件缺陷而进行的焊接。为防止焊缝裂纹，应合理选用焊条，焊前应对工件进行退火处理。若采用结构钢焊条，则焊前必须预热（一般为 250～350℃以上），焊后注意缓冷并进行消除应力退火。

3.3.2.2　低合金结构钢的焊接

低合金结构钢是指在普通碳素钢中加入少量或微量合金元素（如 Si，V，Ti，Mn，Mo，Nb，Cu，B，Re 等），其总的质量分数不超过 5%，而使钢材性能发生变化，得到比一般碳素钢性能更为优良的钢，如强度高，还具有耐磨、耐腐蚀、耐高温和耐低温等特殊性能。因其加入的合金元素总量不多，故称为低合金钢。

（1）低合金结构钢的焊接。低合金结构钢是在焊接结构中用得最多的，主要用于制造压力容器、锅炉、桥梁、船舶、车辆和起重机等。在我国低合金结构钢一般按屈服强度分等级，如表 3－4 所示。

表 3－4　普通低合金结构钢的分类

分类		名　称
强度钢	300 MPa 级	09Mn2（Cu），09Mn2Si（Cu），09MnV，18Nb b
	350 MPa 级	16Mn，16MnCu，16MnRe，14MnV，14MnNb，10MnSiCu，14MnNb b
	400 MPa 级	15MnV，15MnTi，15MnVCu，15MnVRe，15MnTiCu，16MnNb
	450 MPa 级	15MnVN(Cu)，14MnVTiRe(Cu)，15MnVNb(Re)
	500 MPa 级	18MnMoNb，14MnMoV(Cu)，14NnMoVN
	550 MPa 级	14MnMoVB

低合金结构钢一般采用手工电弧焊和埋弧焊，相应的焊接材料如表 3－5 所示。厚板可用电渣焊，也可采用气体保护焊；屈服强度较低的钢材可以用 CO_2 气体保护焊，屈服强度大于 500MPa 的高强钢，宜用高氩混合气体保护焊。

对于$\delta \leqslant 300 \sim 350$Pa 的低合金结构钢，如 16Mn 等，因为它们的$C_{当量} \leqslant 0.4\%$，塑性和韧性良好，所以焊接性良好，一般不需预热，原则上可以采用与低碳钢类似的焊接工艺。当板厚大于 32～38mm 时，或环境温度较低时，应该预热，其预热温度可参考表 3－6。板厚大于 30mm 的锅炉、压力容器等重要结构，焊后应进行消除应力热处理。

表 3－5 焊接普通低合金结构钢时焊条、焊丝及焊剂的选择

类别		钢材牌号	手工电弧焊焊条型号	埋弧自动焊		施工条件
				焊丝牌号	焊剂牌号	
强度钢	300MPa 级	09MnV，09Mn2，09Mn2（Cu），12Mn，09Mn2（Si），18Nb b	E4303 E4301 E4316 E4315	H08A，H08MnA	焊剂 431	一般情况不预热
	350MPa 级	16Mn，14MnNb b，16MnCu，14MnNb，16MnRe，12MnV，16MnSiCu	E5003 E5001 E5016 E5015	不开坡口，H08A；中板开坡口，H08MnA，H10Mn2，H10MnSi；厚板开坡口，H10Mn2	焊剂 431，焊剂 350	一般情况不预热
	400MPa 级	15MnV，15MnVCu，15MnVRe，15MnTi，15MnTiCu，16MnNb	E5016 E5015 E5501 E5516 E5515	不开坡口，H08MnA；中板开坡口，H10MnSi，H10Mn2，H08Mn2Si；厚板深坡口，H08MnMoA	焊剂 431，焊剂 350，焊剂 250	一般情况不预热或预热 100～150℃
	450MPa 级	15MnVN，15MnVNCu，15MnVTiRe	E5516 E5515 E6016－D1 E6015－D1	H08MnMoA	焊剂 431，焊剂 350	预热 150℃以上施焊
	500MPa 级	18MnMoNb，14MnMoNb，14MnMoVCu	E7015－D2	H08Mn2MoA，H08MnMoVA	焊剂 350，焊剂 250	预热 150℃以上施焊
	550MPa 级	14MnMoVB	E7015－D2	H08Mn2MoVA	焊剂 350，焊剂 250	预热 250℃以上施焊

表 3－6 不同环境温度下焊接 16Mn 钢的预热温度

板厚/mm	不同气温下的预热温度
16 以下	不低于－10℃不预热，－10℃以下预热 100～150℃
16～24	不低于－5℃不预热，－5℃以下预热 100～150℃
25～40	不低于 0℃不预热，0℃以下预热 100～150℃
40 以上	均预热 100～150℃

对于$\delta \geqslant 392$MPa 的低合金结构钢，由于这类钢淬硬、冷裂倾向增加，使焊接性变差，因此，焊前一般都要预热。如 15MnVN，焊前要进行高于 150℃的预热，选用抗裂性好的焊条或焊丝焊接，焊后要进行 600～650℃的退火处理。

钎焊低合金结构钢时，为不使焊件因退火而软化，钎焊温度不应高于 700℃，钎焊后要进行热处理。对于不能热处理的焊件最好用含有银、铜、铬、镍的钎料，钎焊温度控制在600℃左右。

（2）珠光体耐热钢的焊接。这类钢的$C_{当量}$值较高，主要合金元素是铬和钼，它们能提高金属高温强度和高温抗氧化性，但淬硬、冷裂倾向大，焊接性差。因此，如15CrMo钢等焊前要进行150~300℃的预热，选用相同化学成分类型的铬钼珠光体耐热钢焊条；焊接后一般要进行消除应力热处理。这类钢一般采用手工电弧焊，耐热钢管子常用钨极氩弧焊打底或用氩弧焊焊接，还可用等离子弧焊。这类钢若焊前不能进行预热，可采用奥氏体不锈钢焊条来焊接，但要保证焊缝有足够的铬和镍，使焊缝组织为奥氏体，避免马氏体组织，所以要选铅镍含量较高类型的不锈钢焊条。

（3）不锈钢的焊接。不锈钢按其组织可分为奥氏体、马氏体和铁素体不锈钢。应用最广的是铬镍奥氏体不锈钢，如1Cr18Ni9Ti等，这类钢的焊接性良好。不过，如果焊条选用不当，例如焊条的碳的质量分数偏高等，或焊接时在500~800℃长时间停留，晶界处析出碳化铬，引起晶界附近铬的质量分数降低，形成贫铬区而引起晶间腐蚀，使焊接接头失去耐蚀能力。如果焊接电流太大，焊速太慢，就会使焊接接头因过热而脆化或热裂等。热裂纹的产生是由于在晶界处易形成低熔点共晶（含磷、硫、硅等）而造成的。

奥氏体不锈钢的焊接方法有手工电弧焊、氩弧焊、埋弧焊等。

目前，氩弧焊是焊接不锈钢较为满意的方法。如果用手工电弧焊，焊条的抗裂性要好，焊条成分应确保焊接接头的耐蚀性。奥氏体不锈钢焊接不需要预热，要用小电流及快速施焊。

3.3.3 铸铁的焊补

铸铁是指碳的质量分数大于2%的铁碳合金，在机械制造业中应用十分广泛。由于铸铁的碳的质量分数高，硫、磷杂质也多，塑性极低，焊接性差，因此没有使用铸铁作焊接构件的。铸铁常以铸铁件的形式用于生产，而铸铁件在生产过程中会产生各种缺陷如裂纹和气孔等，在使用过程中也会产生裂纹和断裂损坏。铸铁的焊补实际上就是对存有缺陷或者损坏的铸件进行补焊。

（1）铸铁的焊补特点。由于铸铁的焊接性差，其焊接过程会产生以下几个问题。

1）焊接接头易产生白口及淬硬组织。焊接过程中碳和硅等石墨化元素会大量烧损，且焊后冷却速度很快，不利于石墨化，易出现白口及淬硬组织。

2）裂纹倾向大。由于铸铁是脆性材料，抗拉强度低、塑性差，当焊接应力超过铸铁的抗拉强度时，会在热影响区或焊缝中产生裂纹。

3）焊缝中易产生气孔和夹渣。铸铁中含较多的碳和硅，它们在焊接时被烧损后将形成CO气体和硅酸盐熔渣，极易在焊缝中形成气孔和夹渣缺陷。

铸铁流动性好，立焊时熔池金属容易流失，所以一般只适用于平焊。

（2）铸铁焊补方法。根据铸铁的焊接特点，一般都采用气焊、手工电弧焊（个别大件可采用电渣焊）来焊补铸铁件，按焊前是否预热可分为热焊法和冷焊法两大类。

1）热焊法。热焊法是将铸件整体或局部缓慢预热到600~700℃，焊接中保持400℃以上，焊后缓慢冷却。这种方法应力小，不易产生裂纹，可防止出现白口组织和产生气孔，保证接头有良好的切削加工性能，但成本较高、生产率低、劳动条件差。常用的方法是气焊和手工电弧焊。

热焊适用于薄壁铸件，结构复杂、刚性较大、易产生裂纹的部件，以及对补焊区硬度、颜色、密封性和承受动载荷要求较高的零部件的补焊。

2）冷焊法。冷焊法是焊补前不对铸件预热或在低于400℃的温度下预热的焊补方法。常用手工电弧焊进行铸铁冷焊，依靠焊条来调整焊缝的化学成分，防止白口组织和裂纹。焊接时应尽量用小电流、短电弧、窄焊缝、分段焊等工艺，焊后立即用锤轻击焊缝，以松弛焊接应力，待冷却后再继续焊接。

铸铁冷焊用焊条有钢芯铸铁焊条、镍基铸铁焊条、铜基铸铁焊条和铸铁芯铸铁焊条。

冷焊法生产率高、成本低、劳动条件好，尤其是不受焊缝位置的影响，故应用广泛。

综上所述，铸铁的焊剂应根据铸铁件结构和缺陷情况以及使用与加工的要求，选择较为合适的工艺与焊接材料。对于薄壁小件的缺陷，一般采用气焊，用气焊火焰局部预热，减少应力，可取得较好效果。对加工后出现小气孔、未浇足或小裂纹的铸铁件，如果受力不大，也可采用黄铜钎焊修复。

3.3.4 有色金属焊接

3.3.4.1 铝及铝合金的焊接

要进行焊接的铝和铝合金主要有：工业纯铝、不能热处理强化的铝合金（铝锰合金、铝镁合金）和能热处理强化的铝合金（铝铜镁、铝锌镁等）。

A 铝及铝合金的焊接性

铝及铝合金的焊接主要问题表现如下：

（1）极易氧化。在焊接过程中，铝及铝合金极易生成熔点高（约2050℃）、密度大（$3.85g/cm^3$）的氧化铝，阻碍了金属之间的良好结合，并易造成夹渣。解决办法是：焊前除去焊件坡口和焊丝表面的氧化物，焊接过程中采用氩气保护；在气焊时，采用焊剂，并在焊接过程中不断用焊丝挑破熔池表面的氧化膜。

（2）容易形成气孔。液态铝的溶氢能力强，凝固时其溶氢能力将大大下降，同时铝和铝合金的密度小，气泡在熔池的浮升速度较小，加上铝的导热性强、凝固快，因此易形成氢气孔。

（3）容易产生热裂纹。铝及铝合金的线膨胀系数约为钢的两倍，凝固时的体积收缩率达6.6%左右。因此，焊接某些铝合金时，往往由于过大的内应力而在脆性温度区间内产生热裂纹。

（4）容易焊穿。铝在高温时强度和塑性很低，焊接时常由于不能支持熔池金属而引起焊缝塌陷或烧穿，因此，焊接时需要采用垫板。

B 铝及铝合金的焊接方法和工艺

铝及其合金的焊接方法与其焊接性有很大的关系。工业纯铝及大部分防锈铝的焊接性较好，能热处理强化的铝合金的焊接性较差。目前以氩弧焊应用最广，电阻焊（点焊、缝焊）应用也较多，偶尔也用钎焊。气焊在薄件及要求不高的焊件中仍在采用，而手工电弧焊则较难控制质量。

（1）氩弧焊。它是焊接铝及其合金较为理想的焊接方法。由于氩气保护效果良好，能去除氧化膜，因此，焊接质量优良，焊接变形小，成形美观，耐腐蚀性能好，用于焊接质量要求高的焊件。厚度小于 8mm 的铝及其合金的焊件采用钨极氩弧焊；厚度在 8mm 以上的采用熔化极氩弧焊。所用的焊丝成分应与焊件成分相同或相近。焊前工件和焊丝必须严格清洗和干燥。

（2）电阻焊。电阻焊焊接铝及其合金时，应采用大电流，短时间通电。

（3）气焊。可焊接对质量要求不高的纯铝和不能热处理强化的铝合金。一般采用中性焰，同时必须采用气焊熔剂 CJ401 以去除氧化物和杂质。焊后需要及时清理残存的熔剂和熔渣，以防止对焊件的腐蚀。气焊通常用于焊接薄板（厚度 0.5 ~ 2mm）构件和焊补铝铸件。

（4）钎焊。要选用合适的钎剂，钎焊最好在 400℃以上或 300℃以下进行，以防焊件在 300 ~ 400℃之间发生退火软化现象。

无论采用哪种焊接方法来焊接铝及其合金，焊前都必须清理焊件接头处和焊丝表面的氧化膜及油污等；焊后也要对焊件进行清理，以防止熔剂、焊渣对焊件的腐蚀。

3.3.4.2 铜及铜合金的焊接

A 铜及铜合金的焊接性

工业上常用的铜及其合金有：纯铜、无氧铜、黄铜和青铜等。铜及其合金的焊接性较差，其主要表现为：

（1）铜及其合金的导热性好，热容量大，母材和填充金属不能很好地熔合，易产生焊不透现象。

（2）铜及其合金的线膨胀系数大，凝固时收缩率大，加上铜导热性强，使热影响区宽，因此其焊接应力与变形大。

（3）液态铜熔解氢的能力强，凝固时其溶解度急剧下降，氢来不及逸出液面，易生成气孔。

（4）铜在高温时极易氧化，生成氧化亚铜（Cu_2O），它与铜易形成低熔点的共晶体，分布在晶界上，在焊接过程中易引起开裂。

（5）铜合金中的许多合金元素（锌、锡、铅、铝及锰等）比铜更易氧化和蒸发，从而降低焊缝的力学性能，并易产生热裂、气孔和夹渣等缺陷。

B 铜及铜合金的焊接方法

铜及其合金可用氩弧焊、气焊、钎焊等方法来焊接。

（1）氩弧焊。采用氩弧焊是保证纯铜和青铜焊接质量的有效方法，接头性能好，飞溅少，成形美观。焊接时可用特制的含硅、锰等脱氧元素的纯铜焊丝，例如用 HS201，HS202 直接进行焊接；若用一般的纯铜丝或从焊件上剪下来的条料做焊丝，则必须使用焊剂来溶解氧化铜和氧化亚铜，以保证焊接质量。

（2）气焊。气焊纯铜和青铜时应采用中性焰，所用焊丝及熔剂与氩弧焊相同。焊接黄铜常用气焊，这不仅因为气焊温度低，锌的蒸发较少，且由于可采用轻微的氧化焰和含硅的焊丝以及用硼酸与硼砂配制的焊剂相配合，使熔池表面形成一层致密的氧化硅薄膜，保护效果强，焊接质量高。

（3）钎焊。除铝青铜外都较容易钎焊，常用铜基、银基、锡基钎料。

3.3.4.3 钛及钛合金的焊接

钛及钛合金是一种优良的结构材料，具有质量轻、比强度高（强度极限与密度之比）、耐高温、耐腐蚀及良好的低温韧性等优点，在各工业部门得到了日益广泛的应用。

A 钛及钛合金的焊接性

钛及其合金的焊接性较差，主要问题如下：

（1）氧化及接头脆化。钛及其合金化学性质非常活泼，不但极易氧化，而且在250℃开始吸收氢，400℃开始吸收氧，600℃开始吸收氮，从而使接头脆化，塑性严重下降。因此，焊接时不但要保护电弧空间和熔池，而且还要保护处于高温的焊缝金属，防止接触氢、氧、氮等气体。此外，焊接工艺不合适也会引起接头脆化。

（2）裂纹。钛及其合金焊接接头性能变脆时，在焊接应力作用下，会出现冷裂纹。有时，焊接接头也会出现延迟裂纹，这主要是氢引起的。

（3）气孔。钛及其合金焊接时，气孔是经常碰到的一个主要问题。因此，要注意焊件和焊丝表面的清理，去除表面的氧化膜、油脂、污物等。

B 钛及钛合金的焊接方法

焊接钛及其合金的主要方法是钨极氩弧焊，也可以用等离子弧焊和真空电子束焊，国外还有用埋弧焊的。

表3－7列出了常用金属材料的焊接性能，可供选择焊接结构材料时参考。

表3－7 常用金属材料焊接性能

焊接方法 金属材料	气焊	焊条电弧焊	埋弧焊	CO_2保护焊	氩弧焊	电子束焊	电渣焊	点焊缝焊	对焊	摩擦焊	钎焊
低碳钢	A	A	A	A	A	A	A	A	A	A	A
中碳钢	A	A	B	B	A	A	A	B	A	A	A
低合金钢	B	A	A	A	A	A	A	A	A	A	A
不锈钢	A	A	B	B	A	A	B	A	A	A	A
耐热钢	B	A	B	C	A	A	D	B	C	D	A
铸钢	A	A	A	A	A	A	A	(—)	B	B	B
铸铁	B	B	C	C	B	(—)	B	(—)	D	D	B
铜及其合金	B	B	C	C	A	B	D	D	D	A	A
铝及其合金	B	C	C	D	A	A	D	A	A	B	C
钛及其合金	D	D	D	D	A	A	D	B—C	C	D	B

注：A—焊接性良好；B—焊接性较好；C—焊接性较差；D—焊接性不好；(—)—很少采用。

3.4 焊接工艺设计

焊接工艺设计是根据产品的生产性质和技术要求，结合生产实际条件，运用现代焊接技术知识和先进生产经验，确定焊接生产方法和程序的过程。焊接工艺设计不仅直接关系到产品制造质量、劳动生产率和制造成本，而且是设计焊接设备和工装、进行生产管理的主要依据。其主要内容是根据焊接结构工作时的负荷大小和种类、工作环境、工作温度等使用要求，合理选择结构材料、焊接材料和焊接方法，正确设计焊接接头、制定工艺和焊接技术条件等。

3.4.1　焊接结构材料的选择

焊接结构材料的选择应注意下列问题：

（1）尽量选焊接性能好的材料。在满足使用性能要求的前提下，尽量选用焊接性能好的材料，尽可能避免选用异种材料或不同成分的材料。根据焊接性的概念，可知碳的质量分数小于0.25%的碳钢和碳的质量分数小于0.2%的低合金高强度钢由于碳当量低，因而具有良好的焊接性。所以，焊接结构件应尽量选用这一类材料。碳的质量分数大于0.5%的碳钢和碳的质量分数大于0.4%的合金钢，由于碳当量高，焊接性不好，一般不宜作为焊接结构件材料。如实际需要使用，应在设计和生产工艺中采取必要措施，以获得优质的焊缝质量。

（2）要注重材料的冶金质量。材料的冶金质量包括冶炼时脱氧完全程度，杂质的数量、大小及分布状况等。镇静钢脱氧完全、组织致密、质量较高，重要的焊接结构应选用这种钢材；沸腾钢含氧较高，冲击韧度较低，性能不均匀，焊接时易产生裂缝，厚板焊接时还可能产生层状撕裂，不可用于制造承受动载荷或低温工作的重要焊接结构，不允许用于制造盛装易燃、有毒介质的压力容器，但可用于一般焊接结构。

（3）异种钢材焊接时，物理化学性能要接近。异种钢材或异种金属的焊接，须特别注意它们的焊接性能，要尽量选择化学成分、物理性能相近的材料。对于不同部位选用不同强度和性能的钢材拼焊而成的复合构件，应充分注意不同材料焊接性的差异，一般要求焊接接头强度不低于被焊钢材中的强度较低者。因此，焊接工艺设计时，应对焊接材料提出要求，并且对焊接性较差的钢采取相应措施（如预热或焊后热处理等）。对于焊接结构中需采用焊接性尚不明确的新材料时，则必须预先进行焊接性试验，以便保证设计方案及工艺措施的正确性。

（4）尽量选用型材。焊接结构应尽量采用工字钢、槽钢、角钢和钢管等型材，这样，可以减少焊缝数量和简化焊接工艺，增加结构件的强度和刚性。对形状比较复杂的部分甚至可采用铸钢件、锻件或冲压件来焊接而成，图3－24是合理选材以减少焊缝的几个例子，图3－24（a）所示结构需四条焊缝，其他只需两条焊缝。

此外，在设计焊接结构形状尺寸时，还应注意原材料的尺寸规格，以便下料套料，减少边角余料的损失和拼料时的焊缝数量。

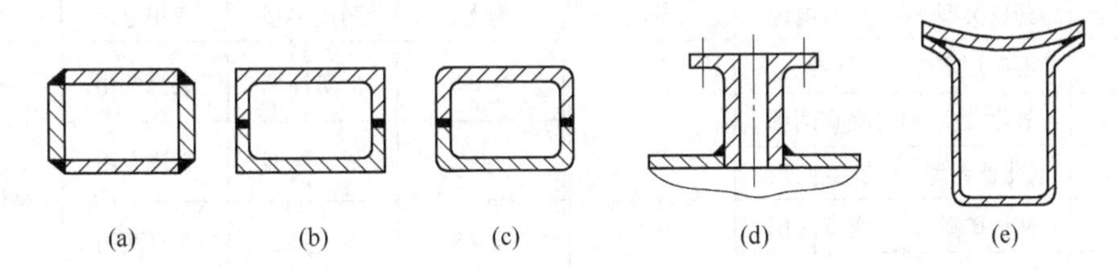

图3－24　合理选材与减少焊缝
（a）用四块钢板焊成；（b）用两根槽钢焊成；（c）用两块钢板弯曲后焊成；
（d）容器上的铸钢件法兰；（e）冲压后焊接的小型容器

3.4.2　焊接材料及其选用

根据焊接方法的不同，其焊接材料的选用也不同。手弧焊的焊接材料是焊条，埋弧焊的焊接材料是焊丝和焊剂。这里主要介绍手弧焊和埋弧焊的焊接材料。

3.4.2.1 手弧焊焊接材料

（1）焊条的组成及其作用。焊条由焊芯和药皮组成，焊芯是焊条中被药皮包覆的金属芯。手弧焊时，焊芯既是电极，又是填充金属。药皮是压涂在焊芯表面上的涂料层。药皮原料的种类、名称及作用如表3-8所示。

表3-8 焊条药皮原料的种类、名称及作用

原料种类	原料名称	作 用
稳弧剂	碳酸钾、碳酸钠、长石、大理石、钛白粉、钠水玻璃、钾水玻璃	改善引弧性能，提高电弧燃烧的稳定性
造气剂	淀粉、木屑、纤维素、大理石	造成一定量的气体，隔绝空气，保护焊接熔滴与熔池
造渣剂	大理石、萤石、菱苦石、长石、锰矿、钛铁矿、黄土、钛白粉、金红石	造成具有一定物理、化学性能的熔渣，保护焊缝，碱性渣中的CaO还可脱硫、磷
脱氧剂	锰钛、硅铁、钛铁、铝铁、石墨	降低电弧气氛和熔渣的氧化性，脱除金属中氧；锰还起脱硫作用
合金剂	锰铁、硅铁、铬铁、钼铁、钒铁、钨铁	使焊缝金属获得必要的合金成分
粘结剂	钾水玻璃、钠水玻璃	将药皮牢固地粘在焊芯上
稀渣剂	萤石、长石、钛铁矿、金红石、锰矿	降低焊接熔渣黏度，增大熔渣的流动性
增塑剂	云母、白泥、钛白粉	改善涂料的塑性和润滑性，使之易于用机器涂在焊芯上

（2）焊条药皮类型与适用电源。每种类型的焊条又因药皮类型不同，可具有不同的焊接工艺性能和不同的焊缝力学性能，表3-9列出焊条药皮类型和所适用的电源。

表3-9 焊条药皮的类型与适用电源

牌号	药皮类型	适用电源	备注	牌号	药皮类型	适用电源	备注
××0	不属规定	不规定	酸性焊条	××6	低氢钾型	交直两用	碱性焊条
××1	氧化钛型	交直两用		××7	低氢钠型	直流专用	
××2	氧化钛钙型	交直两用		××8	石墨型	交直两用	
××3	钛铁矿型	交直两用		××9	盐基型	直流专用	
××4	氧化铁型	交直两用					
××5	高纤维素型	交直两用					

（3）焊条型号的编制方法。根据《非合金钢及细晶粒钢焊条》（GB/T5117—2012）规定，现将碳钢焊条型号说明如下。它是用大写字母E和四位数字表示，E表示焊条，前两位数字表示熔敷金属抗拉强度的最小值，单位为MPa；第三位数字表示焊条适用的焊接位置；第三位和第四位数字的组合表示药皮类型及焊接电流种类。如下例所示：

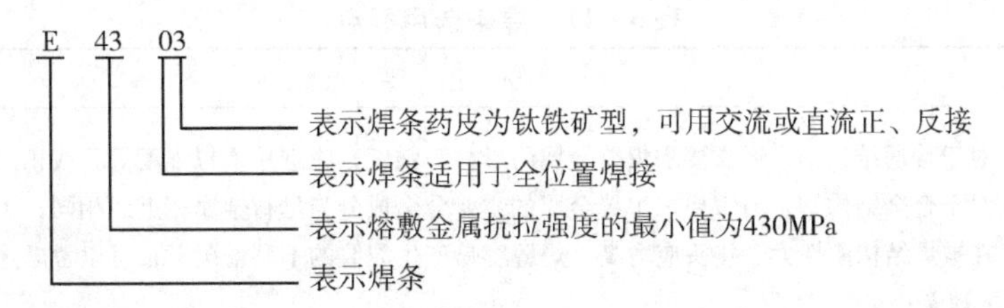

常用的结构钢焊条的牌号表示方法用字母J和三位数表示。J表示结构钢焊条，前两位数字表示焊缝金属抗拉强度等级，第三位表示药皮类型及采用电源。如下例所示：

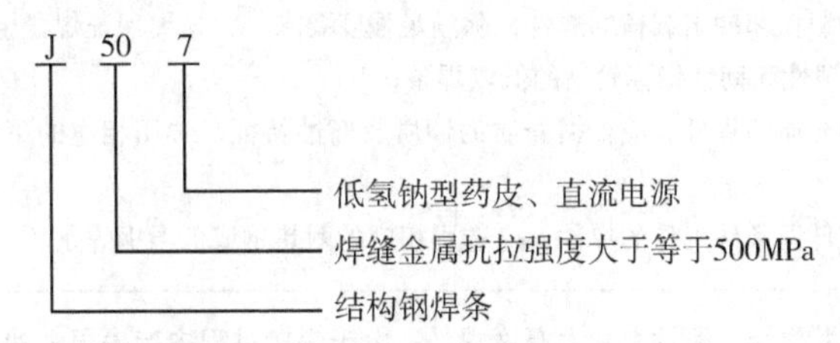

焊条型号与焊条牌号对照表见表3－10。

表3－10　焊条型号与焊条牌号对照表

国标			样本			
焊条大类（按化学成分分类）			焊条大类（按用途分类）			
国家标准编号	名称	型号	类别	名称	代号	
					字母	汉字
GB5117—85	碳钢焊条	E	一	结构钢焊条		
GB5118—85	低合金钢焊条	E	一	结构钢焊条		
			二	钼和铬钼耐热钢焊条		
			三	低温钢焊条		
GB983—85	不锈钢焊条	E	四	不锈钢焊条	G	铬
					A	奥
GB984—85	堆焊焊条	ED	五	堆焊焊条	D	堆
GB10044—88	铸铁焊条	EZ	六	铸铁焊条	Z	铸
—	—	—	七	镍及镍合金焊条	Ni	镍
GB3670—83	铜及铜合金焊条	TCu	八	铜及铜合金焊条	T	铜
GB3669—83	铝及铝合金焊条	TAl	九	铝及铝合金焊条	L	铝
—	—	—	十	特殊用途焊条	TS	特

（4）焊条的选用。焊条种类很多，选用是否得当，直接影响焊接质量、生产效率和产品成本。焊条选用的要点因要求不同而不同，如表3－11和表3－12所示。具体选用时应综合考虑选用符合实际需要的焊条。

表 3－11 焊条选用要点

选用依据	选 用 要 点
焊接材料的力学性能和化学成分要求	1. 对于普通结构钢，通常要求焊缝金属与母材等强度，应选用抗拉强度等于或稍高于母材的焊条； 2. 对于合金结构钢，通常要求焊缝金属的主要合金成分与母材金属相近或相同； 3. 在被焊结构刚性大、接头应力高、焊缝容易产生裂纹的不利情况下，可以考虑选用比母材强度低一级的焊条； 4. 当母材中碳及硫、磷等元素的含量偏高时，焊缝容易产生裂纹，应选用抗裂性能好的低氢焊条
焊件的使用性能和工作条件要求	1. 对承受动载荷和冲击载荷的焊件，除满足强度要求外，还要保证焊缝金属具有较高的冲击韧性和塑性，应选用塑性和韧性指标较高的低氢焊条； 2. 接触腐蚀介质的焊件，应根据介质的性质及腐蚀特征，选用相应的不锈钢类焊条或其他耐腐蚀焊条； 3. 在高温或低温条件工作的焊件，应选用相应的耐热钢或低温钢焊条
焊件的结构特点和受力状态	1. 对结构形状复杂、刚性大及大厚度焊件，由于焊接过程中产生很大的应力，容易使焊缝产生裂纹，应选用抗裂性能好的低氢焊条； 2. 对焊接部位难以清理干净的焊件，应选用氧化性强，对铁锈氧化皮、油污不敏感的酸性焊条； 3. 对受条件限制不能翻转的焊件，有些焊缝处于非平焊位置，应选用全位置焊接的焊条
施工条件及设备	1. 在没有直流电源，而焊接结构又要求必须用低氢焊条的场合，应选用交直流两用低氢焊条； 2. 在狭小或通风条件差的场合，选用酸性焊条或低尘焊条
操作工艺性能	在满足产品性能要求的条件下，尽量选用工艺性能好的酸性焊条
经济效益	在满足使用性能和操作工艺性的条件下，尽量选用成本低、效率高的焊条

表 3－12 异种金属焊接的焊条选用要点

异种金属	选 用 要 点
强度级别不等的碳钢和低合金钢，以及低合金钢和低合金钢	1. 一般要求焊缝金属及接头的强度高于两种被焊金属的最低强度，因此选用的焊接材料强度应能保证焊缝及接头的强度高于强度较低钢材的强度，同时焊缝的塑性和冲击韧性应不低于强度较高而塑性较差的钢材的性能； 2. 为了防止裂纹，应按焊接性较差的钢种确定焊接工艺，包括规范参数、预热温度及焊后处理等
低合金钢和奥氏体不锈钢	1. 通常按照对焊缝熔敷金属化学成分限定的数值来选用焊条，建议使用铬镍含量高于母材的，塑性、抗裂性较好的不锈钢焊条； 2. 对于非重要结构的焊接，可选用与不锈钢成分相应的焊条
不锈钢复合钢板	为了防止基体碳素钢不锈钢熔敷金属产生稀释作用，建议对基层、过渡层、覆层的焊接选用三种不同性能的焊条： 1. 对基层（碳钢或低合金钢）的焊接，选用相应强度等级的结构钢焊条； 2. 对过渡层（即覆层和基体交界面）的焊接，选用铬、镍含量比复合钢板高的，塑性、抗裂性较好的奥氏体不锈钢焊条； 3. 覆层直接与腐蚀介质接触的，应选用相应成分的奥氏体不锈钢焊条

3.4.2.2 埋弧焊焊接材料

埋弧焊的焊接材料有焊丝和焊剂。埋弧焊的焊丝，除作为电极和填充金属外，还有渗合金、脱氧、去硫等冶金作用。埋弧焊焊剂有熔炼焊剂和非熔炼焊剂两种。熔炼焊剂呈玻璃状颗粒，主要起保护作用；非熔炼焊剂除保护作用外，还有渗合金、脱氧、去硫等冶金作用。焊剂易吸潮，使用前一定要烘干。埋弧焊通过焊丝焊剂的合理匹配，保护焊缝金属化学成分和性能。常用熔炼焊剂的牌号如表 3－13 所示。

表 3－13 埋弧焊常用熔炼焊剂牌号

焊剂牌号	焊剂类型	使用说明	电流种类
HJ430（焊剂 430） HJ431（焊剂 431）	高锰高硅低氟	配合 H08A 或 H08MnA 焊接 Q235A，20 和 09Mn2 等 配合 H08A 或 H10Mn2 焊接 16Mn，15MnV 等 配合 H08MnMo 焊接 15MnVN 等	交流或直流反接
HJ350（焊剂 350）	中锰中硅中氟	配合 H08Mn2Mo 焊接 18MnNb，14MnMoV 等	交流或直流反接
HJ250（焊剂 250）	低锰中硅中氟	配合 H08Mn2Mo 焊接 18MnNb，14MnMoV 等	直流反接
HJ251（焊剂 251）		配合 H12CrMo，H15CrMo，焊接 12CrMo，15CrMo	直流反接
HJ260（焊剂 260）	低锰高硅中氟	配合 H12CrMo，H15CrMo，焊接 12CrMo，15CrMo 配合不锈钢焊丝焊接不锈钢	直流反接

3.4.3 焊缝布置

3.4.3.1 焊缝形式

焊缝是焊接接头的一个组成部分，按不同分类方法可分为下列几种：

（1）按焊缝在空间位置不同可分为平焊缝、立焊缝、横焊缝及仰焊缝四种形式。

（2）按焊缝结合形式不同可分为对接焊缝、角接焊缝及塞焊缝三种形式。

（3）按焊缝情况可分为连续焊缝和断续焊缝两种。

3.4.3.2 焊缝位置的合理布置

焊接结构中的焊缝布置对确保质量，提高生产率作用很大，对防止应力与变形，提高结构的强度有着极重要的影响。一般焊缝的布置应注意以下问题：

（1）焊缝位置应尽量对称。焊缝对称布置可使各条焊缝产生的焊接变形相互抵消，对减少梁、柱类结构的弯曲变形有明显效果。图 3－25 中（a）、（b）所示的箱形梁和 T 形梁，焊缝偏于截面的一侧，会产生较大的弯曲变形。图 3－25（c）、（d）、（e）中两条焊缝对称布置，就不会发生明显的变形。

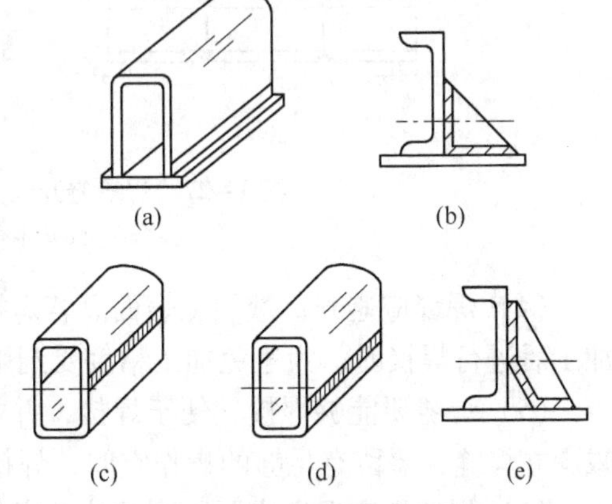

图 3－25 焊缝对称布置

（a），（b）不合理；（c）～（e）合理

（2）焊缝的布置应尽可能分散。焊缝密集或交叉会使接头处过热，力学性能下降，并将增大焊接应力。一般两条焊缝的间距要大于三

倍的钢板厚度。如图3-26中（a）、（b）、（c）焊缝布置不合理，应改为（d）、（e）、（f）所示的布置方式较为合理。

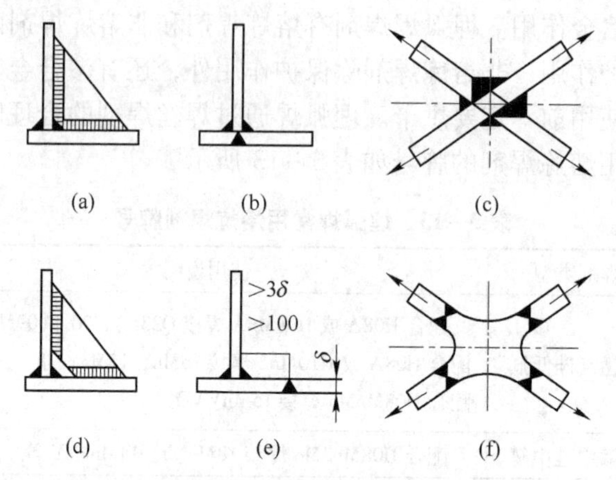

图3-26　焊缝的分散布置

（a）～（c）不合理；（d）～（f）合理

（3）焊缝应尽量避开最大应力和应力集中的位置。图3-27（a）为大跨度横梁，最大应力在跨度中间，两横梁由两焊件焊成，焊缝在中间使结构承载能力减弱。如改为图3-27（d）结构，虽增加了一条焊缝，但改善了焊缝受力情况，提高了横梁的承载能力。对压力容器，应使焊缝避开应力集中的转角处位置，例如应将图3-27（b）改为图3-27（e）所示；在构件截面有急剧变化的位置或尖锐棱角部位，易产生应力集中应避免布置焊缝，例如应将图3-27（c）改为图3-27（f）。

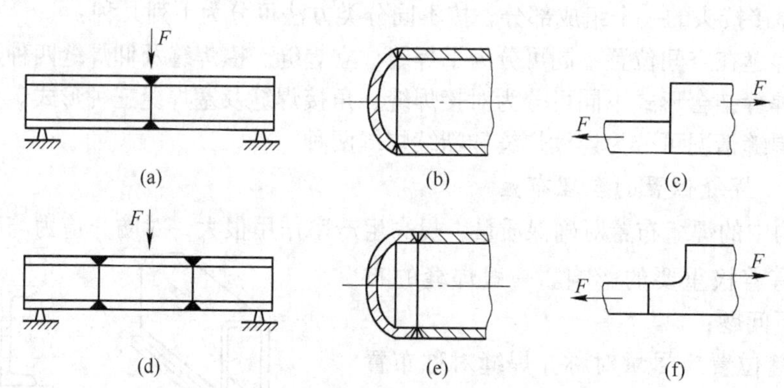

图3-27　焊缝避开最大应力与应力集中位置的设计

（a）～（c）不合理；（d）～（f）合理

（4）焊缝应避开机械加工表面。若焊接结构在某些部位有较高的精度要求，且只能在加工后进行焊接时，为避免加工精度受到影响，焊缝应远离加工表面，如图3-28所示。

（5）焊缝要能够焊接、便于焊接，并能保证质量。应尽量设置平焊缝，避免仰焊缝，减少立焊缝，要留有足够的操作空间，焊接时尽量少翻转，以提高生产率（见图3-29）。

（6）焊缝的布置还应照顾到其他工序的方便与安全。例如，检验、热处理、机械加工的可能与方便，以保证达到应有的精度。

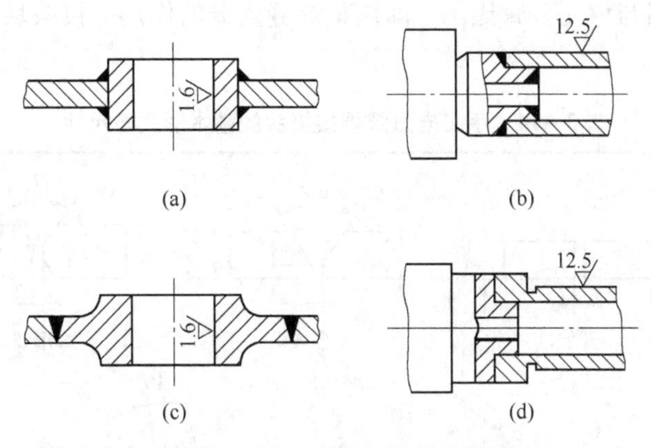

图 3－28 焊缝远离机械加工表面
（a），（b）不合理；（c），（d）合理

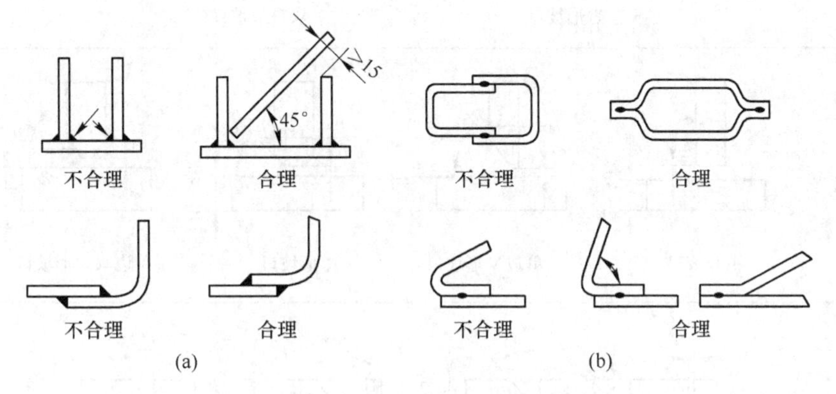

图 3－29 焊缝位置的合理布置
（a）手工电弧焊的焊缝位置；（b）点焊或缝焊的焊缝位置

3.4.4 焊接接头形式和坡口形式

焊接接头是组成焊接结构的一个关键部分，它的性能直接关系到焊接结构的可靠性。它是由焊缝、熔合区和热影响区组成的，是一个性能不均匀的区域。焊接接头形式应该根据焊接结构的形状、厚度，焊缝部位、强度要求，焊接方法及工艺，焊后变形大小，焊条消耗量，坡口加工的难易程度等因素综合考虑决定。

焊接接头的基本形式有对接、搭接、角接和 T 形接头等。对接接头受力均匀，应力集中较小，易保证焊接质量，静载和疲劳强度都比较高，且节约材料，但对下料尺寸精度要求较高。一般应尽量选用对接接头，例如锅炉、压力容器等结构受力焊缝常用对接接头。搭接接头受力复杂，接头处产生附加弯矩，材料耗损大，不需要开坡口、下料尺寸精度要求低，可用于受力不大的平面连接，例如厂房屋架、桥梁、起重机吊臂等桁架结构，多用搭接接头。角形接头通常只起连接作用，只能用来传递工作载荷。T 形接头广泛应用在空间类焊件上，具有较高强度，如船体结构中约 70% 的焊缝采用了 T 形接头。

为使厚度较大的焊件能够焊透，常将金属材料边缘加工成一定形状的坡口，并且坡口能起到调节母材金属与填充金属比例，即调整焊缝成分的作用。接头坡口形式和尺寸如表 3-14 所示。

表 3-14 手工电弧焊焊接接头的基本形式与尺寸

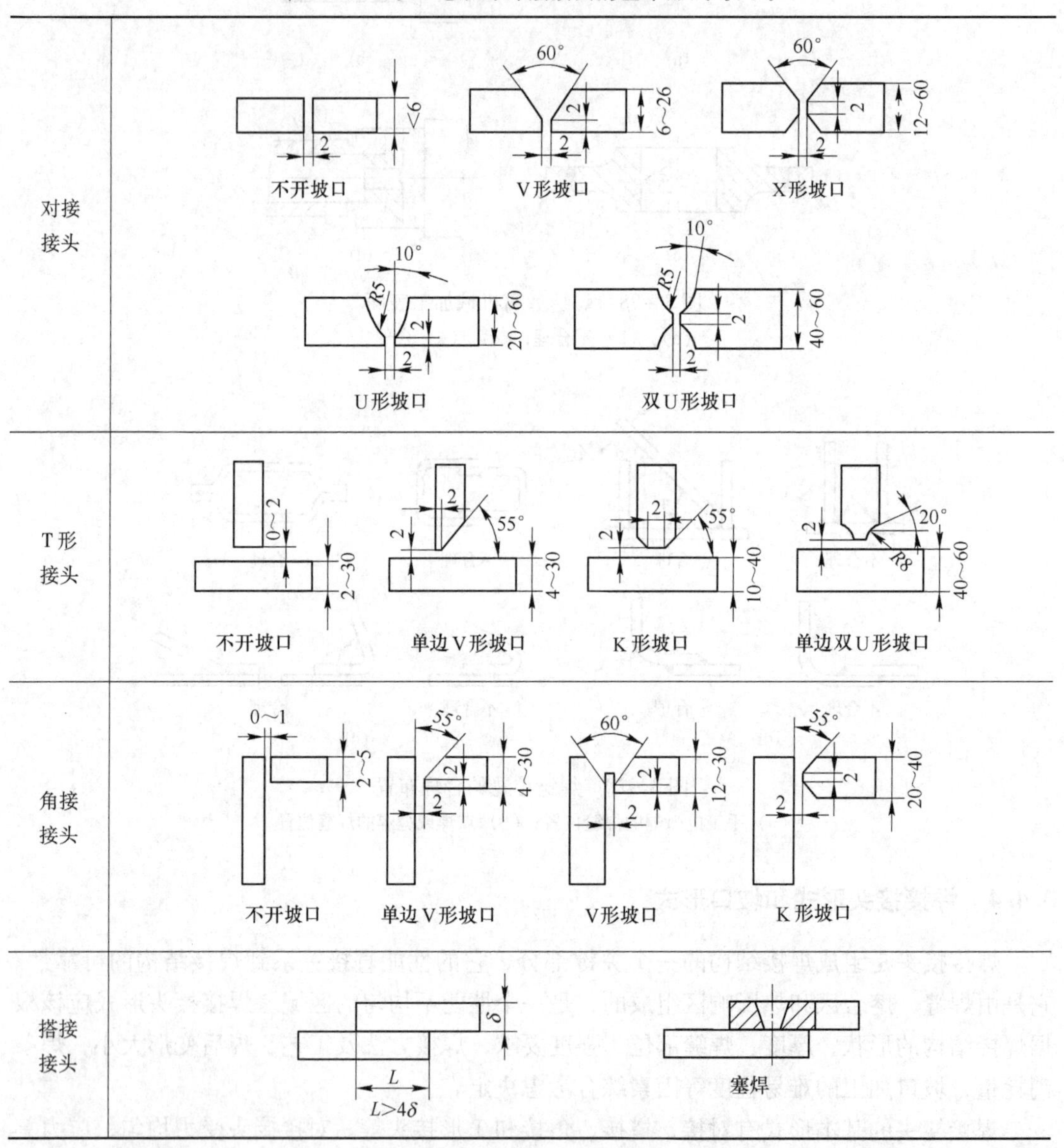

表 3-14 中所列内容对于手工电弧焊对接、搭接、T 形接头、角接四种接头形式均可采用。埋弧焊采用的形式与手工电弧焊基本相同。电弧焊的接头可采用对接、T 形接头、角接形式，常用对接形式。点焊与缝焊只能用搭接，钎焊用的也是搭接。对薄板气焊或钨极氩弧焊，为了避免烧穿或省去添加填充焊丝，采用卷边接头。

采用对接接头时，厚度小于 6mm 一般不开坡口，可直接焊成。当板厚较大时，为了保证焊透，需在接头处预制各种坡口。手工弧焊的基本坡口形式有 V 形、X 形、U 形、双 U 形。V 形和 U 形坡口可单向焊接，焊接性较好，但角变形较大，消耗焊条多；X 形和双

U 形坡口需两面施焊，受热均匀、变形小，焊条消耗少；U 形和双 U 形较 V 形和 X 形坡口易焊透，消耗焊条多少，但形状复杂，加工困难，成本高，一般在重要厚板结构中采用。

设计焊接结构件最好采用等厚度的金属材料，以便获得优质的焊接接头。否则，由于接头两侧的材料厚度相差较大，接头会造成应力集中，且因接头两侧受热不均，易产生焊不透等缺陷。对于不同厚度金属材料的重要对接接头，允许的厚度差如表 3－15 所示。如果允许厚度差（$\delta_1-\delta$）超过表中规定值，或者双面超过 2（$\delta_1-\delta$）时，较厚板板料上加工出单面或双面斜面的过渡形式如图 3－30（a）所示，钢板厚度不同的角接与 T 形接头受力焊缝，可采用图 3－30（b）、（c）形式过渡。

表 3－15　不同厚度金属材料对接时允许的厚度差　（mm）

较薄板的厚度	2～5	6～8	9～11	≥12
允许厚度差（$\delta_1-\delta$）	1	2	3	4

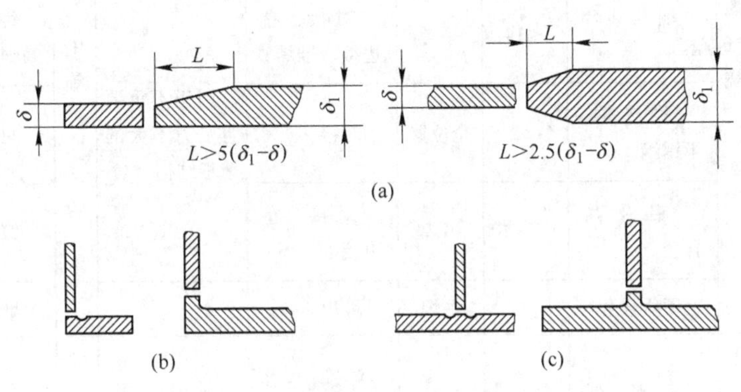

图 3－30　不同厚度材料焊接接头的过渡形式

（a）对接；（b）角接；（c）T 形接头

3.4.5　焊接方法的选用

焊接方法的选用，应根据材料的焊接性、焊件厚度、焊缝长度、生产批量及产品质量要求等因素，并结合各种焊接方法的特点和应用范围来考虑。选用的原则应是：在保证产品质量的前提下，优先选用常用的焊接方法；若生产批量大，还必须考虑尽量提高生产率和降低成本。

低碳钢和低合金结构钢焊接性能好，各种焊接方法均适用。若焊件板厚为中等厚度（10～20mm），可选用手弧焊、埋弧焊和气体保护焊。氩弧焊成本较高，一般不宜选用。若焊件为长直焊缝或大直径环形焊缝，生产批量也较大，可选用埋弧焊。若焊件为单件生产，或焊缝短且处于不同空间位置，则选用手工电弧焊为好。若焊件是薄板轻型结构，且无密封要求，则采用点焊可提高生产效率；如果有密封要求，则可选用缝焊。若焊件为 40mm 以上的厚板重要结构，可考虑选用电渣焊。对于低碳钢焊件一般不应选用氩弧焊等高成本的焊接方法。但当焊接合金钢、不锈钢等重要工件时，则应采用氩弧焊等保护条件较好的焊接方法。对于稀有金属或高熔点合金的特殊构件，焊接时可考虑采用等离子弧焊接、真空电子束焊接、脉冲氩弧焊焊接，以确保焊接件的质量。对于微型箔件，则应选用微束等离子弧焊或脉冲激光点焊。

选择焊接方法时，还应考虑现场设备条件，在实际条件范围内进行选择，常用焊接方法的具体选用如表3-16所示。

表3-16 常用焊接方法的具体选用

<table>
<tr><th colspan="2" rowspan="2">焊接方法</th><th rowspan="2">焊接热源</th><th colspan="8">应用范围</th></tr>
<tr><th>被焊材料</th><th>厚度/mm</th><th>焊缝空间位置</th><th>接头主要形式</th><th>被焊件特点及工作条件</th><th>生产率</th><th>备注</th></tr>
<tr><td rowspan="13">熔焊</td><td rowspan="6">气焊</td><td rowspan="6">利用可燃气体和氧气混合燃烧的热</td><td>碳钢、低合金钢</td><td>≤2</td><td>全位置</td><td>对接、卷边接</td><td rowspan="2">要求耐热性、致密性，受静载荷且受力不大的薄板结构</td><td rowspan="6">中等</td><td>厚度0.5~1.5mm时生产率比电弧焊高</td></tr>
<tr><td>铸铁</td><td></td><td>平焊</td><td>对接、堆焊、焊补</td><td>焊补铸件缺陷和损坏的机件</td></tr>
<tr><td>铜及其合金</td><td>≤14</td><td>平焊</td><td>对接、卷边接、堆焊</td><td rowspan="4">用于不重要且受力不大的薄板结构</td><td>纯铜、青铜不推荐，黄铜应采用氧化焰</td></tr>
<tr><td>耐热钢、不锈钢</td><td><2</td><td>全位置</td><td>对接</td><td>只适用奥氏体类钢</td></tr>
<tr><td>铝及其合金</td><td>0.5~10</td><td>平焊</td><td>对接、卷边接</td><td>厚板需预热</td></tr>
<tr><td>硬质合金</td><td></td><td>平焊</td><td>堆焊</td><td>堆焊、钎焊刀具用</td></tr>
<tr><td rowspan="7">手工电弧焊</td><td rowspan="4">利用电弧热（明弧）</td><td>碳钢、低合金钢</td><td>≥1.2</td><td>全位置</td><td>对接、T形接头、搭接、卷边接、堆焊</td><td rowspan="4">除铸铁、硬质合金外，在静止、冲击或振动载荷下工作；要求坚固、致密的焊缝，接头力学性能较高</td><td rowspan="4">中等偏高</td><td></td></tr>
<tr><td>铸铁</td><td></td><td>平焊</td><td>对接、堆焊、焊补</td><td>焊补铸铁缺陷和损坏的机件</td></tr>
<tr><td>纯铜、黄铜</td><td>≥1</td><td>平焊</td><td>对接、卷边接</td><td>纯铜推荐用氩弧焊</td></tr>
<tr><td>青铜</td><td></td><td>平焊</td><td>对接、堆焊</td><td>焊补铸件缺陷和损坏的机件</td></tr>
<tr><td rowspan="3">利用电弧热（明弧）</td><td>耐热钢、不锈钢</td><td>≥1.5</td><td>全位置</td><td>对接</td><td rowspan="3">除铸铁、硬质合金外，在静止、冲击或振动载荷下工作；要求坚固、致密的焊缝，接头力学性能较高</td><td rowspan="3">中等偏高</td><td></td></tr>
<tr><td>铝及其合金</td><td>3~8</td><td>平焊</td><td>对接</td><td>厚板需预热</td></tr>
<tr><td>硬质合金</td><td></td><td>平焊</td><td>对接、堆焊</td><td>堆焊刀具用</td></tr>
</table>

续表 3－16

焊接方法		焊接热源	应用范围						
			被焊材料	厚度/mm	焊缝空间位置	接头主要形式	被焊件特点及工作条件	生产率	备注
熔焊	埋弧焊	利用电弧热（暗弧）	碳钢、低合金钢	≥4	平焊	对接、T形接头、搭接、堆焊	可在各种载荷下工作；要求坚固、致密的焊缝，焊缝光滑、美观、接头力学性能高	很高	
			铜及其合金	≥6		对接			厚度>16mm需预热
			耐热钢、不锈钢	>6		对接、T形接头、搭接			只适用于奥氏体类钢
			铝及其合金	>6		对接			
			钛及其合金			对接			采用无氧焊剂焊接
	钨极氩弧焊	利用电弧热通过氩气进行保护	铝及其合金、铜及其合金、钛	0.5～30	全位置	对接、搭接、T形接头、卷边接	要求致密性、耐腐蚀性和耐热性	中等偏高	一般适用的焊接厚度为0.5～4mm
	熔化极氩弧焊	利用电弧热通过氩气进行保护	镁合金、不锈钢、耐热钢、无氧铜	0.5～30	平焊	对接	要求致密性、耐腐蚀性和耐热性	很高	厚度大的结构宜用此法，有时需预热
	二氧化碳焊	利用电弧热通过 CO_2 气体进行保护	碳钢、低合金钢、不锈钢	1～50	全位置	对接、搭接、T形接头	要求致密性、耐腐蚀性和耐热性	很高	
	电渣焊	利用电流通过熔渣产生的电阻热	碳钢、低合金钢	30～450	立焊	对接	一般用来焊接大厚度铸、锻件，如大型水压机机架、水压机液压缸、水轮机轴等	很高	适用丝极电渣焊
				>450					适用板极或熔嘴电渣焊
				20～60，长<4					适用管状熔嘴电渣焊
			铸铁	≥40					
			钛及其合金						采用氩气加焊剂
	等离子弧焊	利用压缩电弧热	碳钢、低合金钢	≤6	平焊	对接	用于一般焊接方法难以焊接的金属和合金	中等偏高	
			钢及其合金	≈2.4					
			不锈钢	2～8					
			铝及其合金	1～10					
			钛及其合金	>12					<12mm，可双面成形
	电子束焊	利用高速电子的动能转化为热能（真空电子束焊深度比为20:1，非真空电子束焊深度比为10:1）	碳钢、低合金钢		平焊	对接、角接、T形接头、搭接	用于一般焊接方法无法焊接的金属零件。焊接接头质量很高	很高	非真空电子束焊焊接钢材的厚度≤12.7mm
			铜及其合金						含氧铜、含低熔点元素铜合金、黄铜不适合电子束焊
			不锈钢	5～60					
			铝及其合金	3～75					
			钛及其合金						焊缝纯度高，塑性好，晶粒长大倾向小

续表 3-16

焊接方法		焊接热源	应用范围						备注
			被焊材料	厚度/mm	焊缝空间位置	接头主要形式	被焊件特点及工作条件	生产率	
熔焊	激光焊	利用光能转换为热能，宽度比为（5:1~6:1）	碳钢、低合金钢		平焊横焊	对接、搭接、角接	不仅能焊接金属，还能焊接石英、陶瓷、玻璃塑料等非金属材料	很高	
			不锈钢	5~10					不锈钢与镍铬丝、硅铝丝、纯钢皆可焊接
			铝	2					
			铜及铜合金						铜与钼、纯铜与钝铜，磷青铜与磷青铜、镀金磷青铜与铝皆可焊接
			钛及钛合金	3.2					采用氩保护进行焊接
压焊	电阻对焊	利用电阻热并附加压力	碳钢、低合金钢	≤ϕ20	平焊	对接	焊接接头质量比闪光焊低	很高	
			铜、铝及其合金	≤ϕ8					纯铜的焊接较困难
	闪光对焊	利用电阻热并附加压力	碳钢、低合金钢	>ϕ20	平焊	对接	对接轴、管材、型钢及直线型或闭合型零件，如自行车车棚，链环等	很高	铜和黄铜、高碳钢和高速钢、铜和钢皆可焊接
			铜、铝及其合金	>ϕ8					铝和钢可焊接，纯铜焊接困难、铜合金焊接较易
			不锈钢						不锈钢和高合金钢可焊
			高温合金						镍合金
	点焊	利用电阻热并附加压力	碳钢、低合金钢	2.5~10，≤ϕ25	当采用点焊枪时可全位置焊接	搭接	要求坚固的焊缝	很高	焊接厚度比一般不大于1:3
			铜及铜合金	<1.5					纯钢焊接性差
			不锈钢	≤6					奥氏体钢焊接性好
			铝及其合金	≤4					纯铝焊接性差
			钛及其合金						
	缝焊		碳钢、低合金钢	≤2~3	平焊	搭接	要求坚固致密的焊缝（可焊板厚悬殊的板）	很高	
			铜及铜合金	≤1.5					纯铜不能缝焊
			不锈钢	≤2					
			铝及其合金	≤2					热处理强化铝合金不能缝焊

续表 3－16

焊接方法		焊接热源	应用范围						
			被焊材料	厚度/mm	焊缝空间位置	接头主要形式	被焊件特点及工作条件	生产率	备注
压焊	摩擦焊	利用焊件相互摩擦产生的热	碳钢、低合金钢		水平或垂直方向	对接	适于焊接金属和非金属。特别适用于异种金属的焊接。宜于焊接圆形、长方形或不等截面	很高	含硅、硫较高的特殊用钢不能得到与焊件等强度
			铜及其合金						铜与钢、黄钢与黄铜焊接接头性脆
			不锈钢						不锈钢与铝、铜、碳钢、耐热合金等皆可焊接
			铝及其合金						铝与铜、钢皆可焊接
钎焊		各种热源均可使用	各种金属		平焊	搭接、斜对接、套接	用于其他焊接方法难以焊接的焊件和对强度要求不高的焊件	高	接头强度可通过搭接长度来改变。可焊复杂件

3.4.6 焊接质量的检验

焊接检验是检查和评价焊接产品质量的专门学科，是焊接结构制造所必不可少的重要环节，焊接检验内容贯穿了从图样设计到产品制出的整个生产过程，只有经过焊接质量检验后的焊接产品，其安全使用性能才能得到保证。

（1）焊接缺陷及原因。常见的焊接缺陷有焊缝外形尺寸不符合要求，以及弧坑、焊瘤、咬边、气孔、夹渣、未焊透和裂缝等，其中以条状夹渣、未焊透和裂缝的危害性最大。这些缺陷的产生一般是因为结构设计不合理、原材料不符合要求、接头焊前准备不仔细、焊接工艺选择不当或焊工操作技术等原因造成的。

（2）焊接质量检验过程。焊接质量检验包括焊前检验、焊接生产过程中的检验及焊后成品检验。

1）焊前检验。它是指焊接前对焊接原材料的检验，对设计图纸与技术文件的论证检查。

2）生产过程中的检验。它是指焊接生产各工序间的检验，主要是外观检验。

3）成品检验。它是指焊接产品制成后的最后质量评定检验。焊接产品只有经过检验并证明已达到设计要求的质量标准后，才能以成品形式出厂。

（3）焊接质量检验方法。检验方法可分为无损检验和破坏检验两大类。无损检验是不损坏被检查材料或成品时的性能及完整性，如磁粉检验、超声波检验、密封检验等。破坏检验是从焊件或试件上切取试样，或以产品（或模拟体）的整体破坏做试验，以检查其各种力学性能的试验法。常用检验方法如下。

1）外观检验。直接观察或借助样板，用低倍数放大镜观察焊件表面，同时检查焊缝外形与尺寸。

2）密封性检验。检查常压或受压很低的容器和管道的焊缝致密性，如是否有漏水、漏气、漏油和渗油等现象，常用的有煤油试验、载水试验、气密性试验和水压试验等。

3）焊件的无损探伤。常用的有射线擦伤、超声波探伤、磁粉探伤等，此外还有发射检验、中子探伤、全息探伤等。

4）耐压检验。将水、油、气等充入容器内逐渐加压，以检查其漏泄、耐压、破坏的程度。

5）力学性能试验。用于评定焊接接头或焊缝金属的力学性能，常用的有焊缝和接头拉伸试验、冲击试验、弯曲试验和硬度试验等。

各种检验方法有其相应的适用条件和范围，应视情况具体分析选用。表 3－17 为几种常用焊缝无损探伤检验方法的比较。

表 3－17　几种常用焊缝质量检验方法比较

检验方法	能探出的缺陷	可检验的厚度	灵敏度	其他特点	质量判断
磁粉检验	表面及近表面的缺陷（微细裂缝、未焊透、气孔等）	表面与近表面，深度不超过 6mm	与磁场强度大小及磁粉质量有关	被检验表面最好与磁粉正交，限于磁性材料	根据磁粉分布情况判定缺陷位置，但深度不能确定
着色检验	表面及近表面的有开口的缺陷（微细裂纹、气孔、夹渣、夹层等）	表面	与渗透剂性能有关，可验出 0.005～0.01mm 的微裂缝，灵敏度高	表面应打磨到 *Ra*12.5μm，环境温度在 15℃以上，可用于非磁性材料，适于各种位置单面检验	可根据显示剂上的红色条纹，形象地看出缺陷位置大小
超声波检验	内部缺陷（裂缝、未焊透、气孔及夹渣）	焊件厚度的上限几乎不受限制，下限一般应大于 8～10mm	能探出直径大于 1mm 的气孔夹渣，探裂缝较灵敏，对表面及近表面的缺陷不灵敏	检验部位的表面应加工 *Ra* 达 6.3～1.6μm，可以单面检测	根据荧光屏上讯号，可当场判断有无缺陷，缺陷位置及大致大小，但判断缺陷种类较难
X 射线检验	内部缺陷（裂缝、未焊透、气孔及夹渣）	150kV 的 X 光机可检验厚度不大于 25mm；250kV 的 X 光机可检验厚度不大于 60mm	能检验出尺寸大于焊缝厚度 1%～2% 的各种缺陷	焊接接头表面不需加工，但正反两面都必须是可以接近的	从底片上能直接形象地判断缺陷种类和分布。对平行于射线方向平面形缺陷不如超声波灵敏

续表 3－17

检验方法	能探出的缺陷	可检验的厚度	灵敏度	其他特点	质量判断
γ射线检验	内部缺陷（裂缝、未焊透、气孔及夹渣）	镭能源 60～150mm，钴 60 能源 60～150mm，铱 192 能源 1.0～65mm	较 X 射线低，一般约为焊缝厚度的 3%	焊接接头表面不需加工，但正反两面都必须是可以接近的	从底片上能直接形象地判断缺陷种类和分布。对平行于射线方向平面形缺陷不如超声波灵敏
高能射线检验		9MV 电子直线加速器可检验 60～300mm；24MV 电子感应加速器可检验 60～600mm	一般不大于焊缝厚度的 3%		

3.4.7 焊接工艺设计举例

结构名称：压力气罐（见图 3－31）。

材料：Q235A。

板厚：筒体 10mm，管壁 6mm，法兰 10mm。

生产批量：小批生产。

工艺设计要点：由图 3－31 可知，气罐中间罐身长 6000mm，直径 2600mm。因此，罐身可由四节宽 1500mm 的筒体对接而成，每节筒体可用 6000mm×1500mm×10mm 的钢板拼接加长至 8168mm，经冷卷后焊接而成（ϕ2600mm）。钢板拼接焊缝和筒体收口焊缝均为纵缝，记为 A。焊前在背面制备 V 形坡口，如图 3－32（a）所示，采用手弧焊封底。正面不开坡口，用埋弧自动焊一次焊成。气罐封头采用热压成形，与罐身连接处有长 100mm 的直段，使焊缝避开转角应力集中的位置。筒体与筒体及封头与筒体间的对接焊缝，记为 B。同样采用 V 形坡口，用手弧焊封底，用埋弧自动焊完成。为避免纵缝 A 与环缝 B 十字交叉，对接时，相邻筒体的纵缝均应错开一定距离。管体与罐身的连接焊缝为相贯线角连接头，记为 C。管体与法兰盘的连接焊缝为环形角接接头，记为 D。C，D 焊缝均采用单边 V 形坡口，如图 3－32（b）所示，用手弧焊完成。手弧焊均选用 J422 焊条，埋弧自动焊均采用 H08MnA 焊丝，配用焊剂 431。因为用材为低碳钢，焊接性良好，故不采用特殊工艺措施。

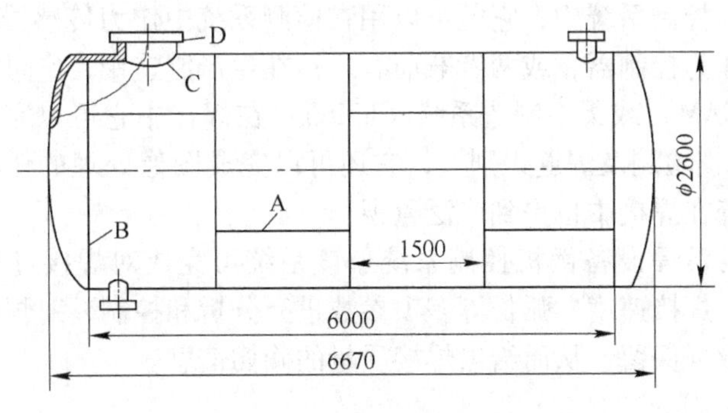

图 3－31 压力气罐结构图

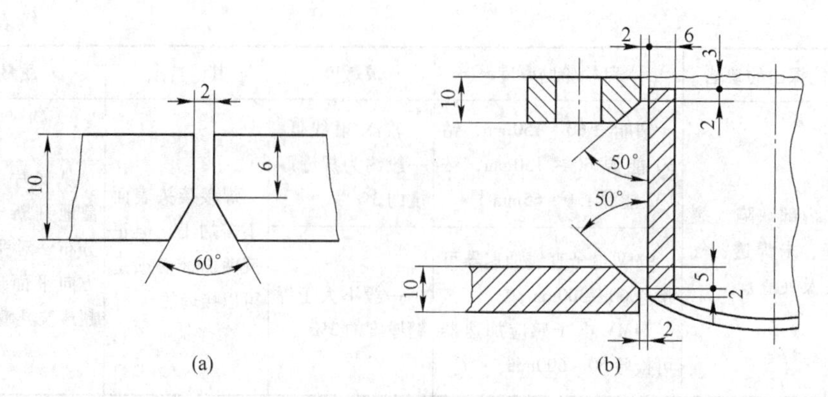

图 3－32　坡口形式及尺寸设计
（a）V形坡口；（b）单边V形坡口

3.5　发展中的焊接技术

焊接技术自发明至今已有百余年的历史，在现代制造业生产中，焊接已成为重要的成形工艺方法之一。据国外权威机构统计，目前，各种门类的工业制品中，半数以上都得采用一种或多种焊接与连接技术才能制成。随着科学技术的进步和制造业的现代化发展，焊接技术也在不断地发展中。如计算机技术、控制理论、人工智能、电子技术及机器人技术的发展为焊接过程自动化提供了十分有利的技术基础，并已渗透到焊接各领域中，取得了很多成果。从焊接技术的发展来看，焊接技术的自动化、机器人化以及智能化已成为趋势。

主要工艺过程：

下料→钢板拼接→冷卷成形，筒体收口焊接→相邻筒体对接焊，去药皮，焊缝探伤检查→筒体画线、开孔→封头热压成形，与筒体对接焊，去药皮，焊缝探伤检查→管体与筒体焊接→法兰与管体焊接→压力检查→成品。

3.5.1　计算机技术在焊接中的应用

焊接自动化是未来焊接技术发展的方向，而计算机技术在这一进程中发挥着不可或缺的作用，在焊接自动控制系统中，它既可以用在检测系统中作为传感器的数据采集和处理装置，也可以用来作为控制器，或两者兼而有之；在生产制造中，它可以作为控制器实行计算机辅助制造（CAM）或柔性制造系统（FMS）；在焊接中它可以完成计算机辅助设计（CAD）任务；在无损检测及焊缝识别上，它还可以完成图像处理的任务；利用计算机而发展起来的专家系统在焊接中也得到广泛重视。

图 3－33 所示为弧焊设备微机控制系统。该系统可完成对焊接过程的开环和闭环控制，可对焊接电流、焊接速度、弧长等多项参数进行分析和控制，对焊接操作程序和参数变化等作出显示和数据保留，从而给出焊接质量的确切信息。

3.5.2　焊接机器人和焊接柔性制造系统

焊接机器人是焊接自动化的革命性进步，它突破了焊接刚性自动化的传统方法，开拓

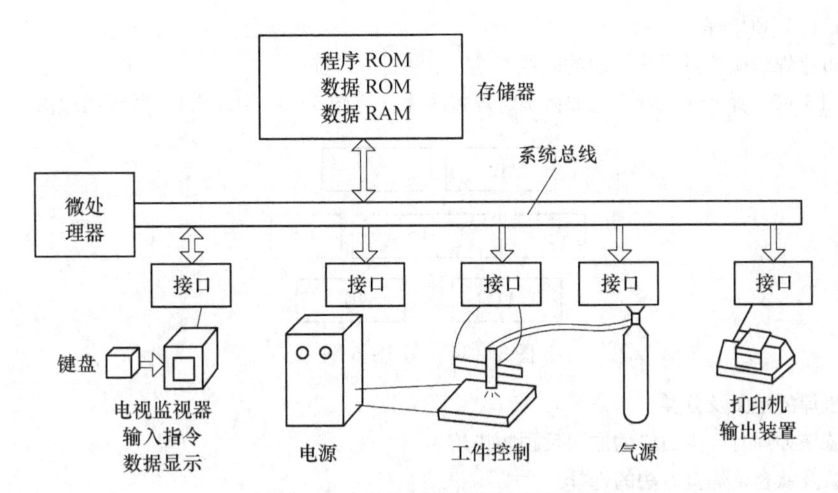

图3－33　弧焊设备微机控制系统

了一种柔性自动化新方式。焊接机器人的主要优点是：稳定和提高焊接质量，保证焊接产品的均一性；提高生产率，一天可24h连续生产；可在有害环境下长期工作，改善了工人劳动条件；降低了对工人操作技术的要求；可实现小批量产品焊接自动化；为焊接柔性生产线提供了技术基础。目前我国大约有600台左右的点焊、弧焊机器人用于实际生产，这标志着我国以机器人为核心的焊接自动化技术已进入实用阶段。

焊接柔性制造系统（W－FMS）就是一种先进的由计算机统一管理的复杂焊接机器人自动生产系统，它是在焊接机器人工作站日益成熟的基础上发展起来的，由多台焊接机器人工作站组成的系统，可以方便地实现多种不同类型工件的高效焊接加工，特别是在变换工件的适应性和生产过程的自动化方面充分显示出其优越性。我国从20世纪90年代以来，陆续引进五套弧焊的W－FMS，全部用于工程设备的生产。如柳州工程机械厂的W－FMS主要用于不同型号的挖掘机的前、后车架及动臂等部件的焊接。其基本组成是由四台既相互独立又有一定联系的弧焊机器人工作站（共五台焊接机器人）、工件输送系统及W－FMS的控制中心组成。一般情况下机器人工作站是独立完成对工件的焊接任务，但必要时也可按一定的工艺流程由几个机器人工作站进行流水作业，共同完成一个工件的焊接任务。整个过程自动进行，计算机控制中心对生产系统的每一环节进行实时监控。W－FMS是一种高度自动化的焊接生产系统。

复习思考题

3－1　简述基本焊接方法的分类。

3－2　解释下列名词：

焊缝金属　熔合区　焊接热影响区　焊接应力　焊接性　碳当量

3－3　举例说明焊接应力与变形的产生过程，试分析五种基本焊接变形的特征，并分别说明防止变形的基本措施。

3－4　试从焊接质量、生产率、成本和应用范围等方面对下列焊接方法进行比较：（1）埋弧焊；（2）氩弧焊；（3）CO_2 焊。

3-5　合理布置焊缝应注意哪些方面的问题？

3-6　拼焊图3-34所示的板时，应如何确定焊接顺序（在图3-34中标出）？并说明理由。

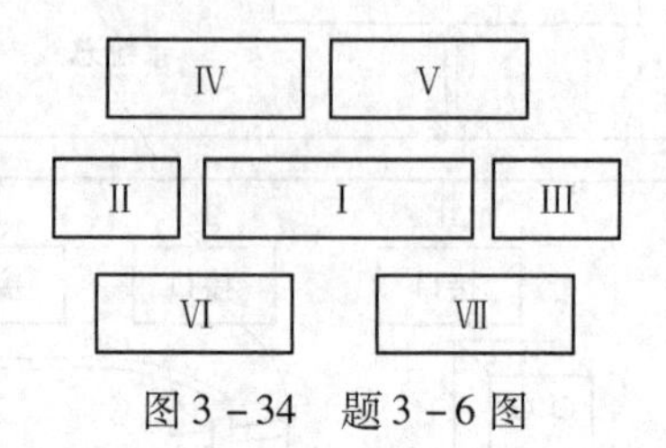

图3-34　题3-6图

3-7　简述压焊的定义及分类。

3-8　简述铸铁补焊时产生白口的原因及预防措施。

3-9　简述钛及钛合金焊接方法的选择。

3-10　简述焊接结构的特点及焊接接头的基本类型。

3-11　简述焊接接头常用无损检验的种类及应用范围。

3-12　焊接梁（尺寸见图3-35），材料为15钢，现有钢板最大长度为2500mm。要求：决定腹板与上下翼板的焊缝位置，选择焊接方法，画出各条焊缝接头形式并制定各条焊缝的焊接次序。

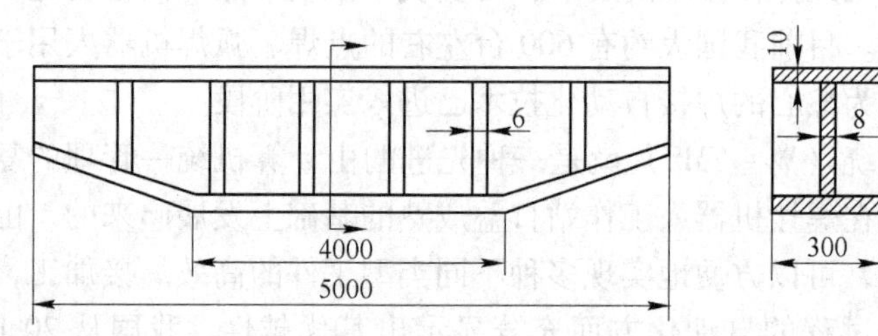

图3-35　焊接工艺设计（单位：mm）

3-13　中压容器的外形及其尺寸如图3-36所示，材料全部采用15MnVR（R为容器用）筒身壁厚10mm，输入输出管壁厚8mm，封头厚12mm。

（1）试决定焊缝位置（15MnVR钢板长2500mm，宽1000mm）；

（2）确定焊接方法、焊接材料和接头形式；

（3）确定有效措施以改变焊接时焊缝的空间位置，使所有焊缝在焊接时基本上能处于平焊的位置。

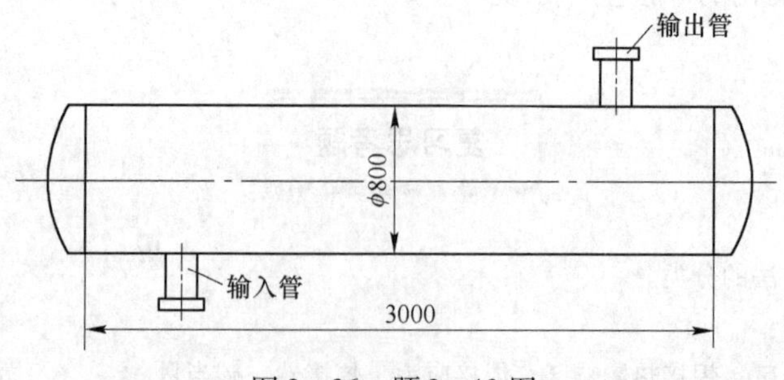

图3-36　题3-13图

4 粉末冶金成形技术

粉末冶金是用金属粉末或金属粉末与非金属粉末的混合物作为原料，经过压制、烧结以及后续处理等工序，制造某些金属制品或金属材料的工艺技术。

粉末冶金和金属的熔炼及铸造方法有根本的不同。它是先将均匀混合的粉料压制成形，借助于粉末原子间的吸引力与机械咬合作用，使制品结合成为具有一定强度的整体，然后再在高温下烧结，由于高温下原子活动能力增强，粉末间接触面积增多，原子在接触面处因相互扩散或发生化学、冶金反应而使粉末连成一体，进一步提高了粉末冶金制品的强度，因此获得与一般合金相似的组织。

粉末冶金制品种类繁多，主要有难熔金属及其合金（如钨，钨-钼合金），组元彼此不熔合、熔点相差悬殊的烧结合金（如钨-铜的电触点材料），难熔金属及其碳化物的粉末制品（如硬质合金），金属与陶瓷材料的粉末制品（如金属陶瓷），含油轴承和摩擦零件以及其他多孔性制品等。以上种类的制品，用其他工业方法是不能制造的，只能用粉末冶金法制造，所以其技术经济效益是无法估量的。还有一些机械结构零件（如齿轮、凸轮等），虽然可用铸、锻、冲压或机加工等工艺方法制造，但用粉末冶金法制造更加经济，因为粉末冶金法可直接制造出尺寸准确、表面光洁的零件，是一种少、无切削的生产工艺，既节约材料又可省去或大大减少切削加工工时，显著降低制造成本。因此，粉末冶金在工业上得到了广泛应用。

粉末冶金也存在一定的局限性。由于制品内部总有孔隙，普通粉末冶金制品的强度比相应的锻件或铸件要低约20%~30%。此外，由于成形过程中粉末的流动性远不如液态金属，因此对产品的结构形状有一定的限制；压制成形所需的压强高，因而制品一般小于10kg；压模成本高，一般只适用于成批或大量生产。

4.1 粉末冶金工艺过程

4.1.1 粉末的制取

粉末冶金（powder metallurgy）工艺过程的第一步就是制取粉末（powder）。粉末可以是纯金属、非金属或化合物。机械行业所用粉末一般由专门厂家按规格要求供应。制取粉末的方法多达数十种，其选择主要取决于该材料的特殊性能及制取成本。粉末的一个重要特点是它的表面积与体积之比很大，例如1m^3的金属可制成约2×10^{18}个直径1μm的球形颗粒，其表面积约$6\times10^6m^2$，可见所需能量是很大的。常用的制粉方法有机械方法、物理方法和化学方法等。

（1）机械方法。对于脆性材料通常采用球磨机破碎制粉。另外一种应用较广的方法是雾化法，它是使熔化的液态金属从雾化塔上部的小孔中流出，同时喷入高压气体，在气流的机械力和急冷作用下，液态金属被雾化、冷凝成细小粒状的金属粉末，落入雾化塔下的盛粉桶中。

（2）物理方法。常用蒸气冷凝法，即将金属蒸气冷凝而制取金属粉末。例如，将锌、铅等的金属蒸气冷凝便可获得相应的金属粉末。

（3）化学方法。常用的化学方法有还原法、电解法等。

还原法是从固态金属氧化物或金属化合物中还原制取金属或合金粉末的方法。它是最常用的金属粉末生产方法之一，方法简单，生产费用较低。如铁粉和钨粉，便是由氧化铁粉和氧化钨粉通过还原法生产的。铁粉生产常用固体碳将其氧化物还原，钨粉生产常用高温氢气将其氧化物还原。

电解法是从金属盐水溶液中电解沉积金属粉末。它的成本要比还原法和雾化法高得多，因此，仅在要求有高纯度、高密度、高压缩性的特殊性能时才使用。

值得指出的是：金属粉末的各种性能均与制粉方法有密切关系，如表4－1所示。

表4－1　粉末制备方法

物理化学法	还原法	碳还原，气体还原，金属热还原
	还原－化合法	碳化或碳与金属氧化物作用，硼化或碳化硼法，硅化或硅与金属氧化物作用，氮化或氮与金属氧化物作用
	气相还原法	气相氢还原，气相金属热还原
	气相冷凝或离散法	金属蒸汽冷凝，羟基物热离散
	液相沉淀法	置换，溶液氢还原，从熔盐中沉淀
	电解法	水溶液电解，熔盐电解
	电化腐蚀法	晶间腐蚀，电腐蚀
机械法	机械粉碎法	机械研磨，旋涡研磨，冷气流粉碎，机械合金化
	雾化法	气体雾化，水雾化，旋转圆盘雾化，旋转电机雾化

4.1.2　粉末的预处理

粉末的预处理，是指为了满足产品最终性能的需要或压制成形过程的要求，在粉末压制成形之前对粉末原料进行的预先处理。粉末预处理包括退火、筛分、混合和制粒四种工艺。

（1）退火。退火是指在一定气氛中以适当的温度对原料粉末进行加热处理，一般退火温度为该金属熔点绝对温度的50%～60%。其目的是还原氧化物、降低其他杂质含量，提高粉末纯度；同时也能消除粉末在处理过程中产生的加工硬化，提高粉末的压缩性。

（2）筛分。筛分是将粉末原料按粒度大小进行分级处理。较粗的粉末（如铁、铜粉）通常用标准筛网制成的筛子或振动筛进行筛分，而对钨、钼等难熔金属细粉或超细粉则使用空气分级的方法，使粗细颗粒按不同的沉降速度区分开来。

（3）混合。相同化学组成的混合叫做合批；两种以上的化学组元相混合，叫做混合。混合的目的是使性能不同的组元形成均匀的混合物，以使压制和烧结时状态均匀一致。

混合时，除基本原料粉末外，其他添加组元有以下三类：

1）合金组元。如铁基中加入碳、铜、钼、锰、硅等粉末。

2）游离组元。如摩擦材料中加入的 SiO_2，Al_2O_3 及石棉粉等粉末。

3）工艺性组元。如作为润滑剂的硬脂酸锌、石蜡、机油等；作为粘结剂的汽油橡胶溶液、石蜡及树脂等。

（4）制粒。制粒是将小颗粒粉末制成大颗粒或团粒的操作过程。常用来改善粉末的流动性和稳定粉末的松装密度，以利于自动压制。

4.1.3 压制成形方法

（1）压制成形方法。压制成形就是对装入模具型腔的粉料施压，使粉料集聚成为有一定密度、形状和尺寸的制件。下面主要讨论封闭钢模冷压成形。

封闭钢模冷压成形，是指在常温下，于封闭钢模中用规定的比压将粉末成形为压坯的方法。它的成形过程由称粉、装粉、压制、保压及脱模组成。

在封闭钢模中冷压成形时，最基本的压制方式有四种，如图 4－1 所示。其他压制方式是基本方式的组合，或是用不同结构来实现的。

1）单向压制。在压制过程中，阴模与芯棒不动，仅只在上模冲上施加压力。这种方式适用于压制无台阶类厚度较薄的零件。

2）双向压制。阴模固定不动，上、下模冲从两面同时加压。这种方式适用于压制无台阶类的厚度较大的零件。

3）浮动模压制。阴模由弹簧支承着，在压制过程中，下模冲固定不动，一开始在上模冲上加压，随着粉末被压缩，阴模壁与粉末间的摩擦逐渐增大，当摩擦力变得大于弹簧的支承力时，阴模即与上模冲一起下降（相当下模冲上升），实现双向压制。

4）引下法。一开始上模冲往下压下既定距离，然后和阴模一起下降，阴模的下降速度可以调整。若阴模的下降速度与上模冲相同，称之为非同时压制；当阴模的引下速度小于上模冲时，称之为同时压制。压制终了时，上模冲回升，阴模被进一步引下，位于下模冲上的压坯即呈静止状态脱出。零件形状复杂时，宜采用这种压制方式。

（2）粉末压制成形中的工艺问题：

1）封闭钢模冷压成形的基本现象。为将金属粉末成形为压坯，必须将一定量的粉末装于压模中，在压力机上通过模冲对粉末施加压力。这时，粉末颗粒向各个方向流动，从而对阴模壁产生一定的压力，称之为侧压力。

在压制过程中，由于粉末与阴模壁间产生摩擦，这就使压制力沿压坯高度方向出现了明显的压力降，接近模冲端面处压力最大，随着远离模冲端面，压力逐渐减小。模冲端面与毗邻的粉末层间也产生摩擦。这样导致压力分布不均匀，成形的压坯各个部分的密度不相同，称之为密度不均匀。

在压制过程中，金属粉末颗粒首先发生相对移动，相互啮合，在颗粒相互接触处发生弹性变形和塑性变形以及断裂等，随后，压模内的粉末颗粒从弹性变形转为塑性变形，颗粒间从点接触转为面接触。同时，压坯内聚集了很大的内应力，压力消除后，压坯仍紧紧箍住在压模内，要将压坯从阴模中脱出，必须要有一定的脱模力。压坯从压模中脱出后，尺寸会胀大，一般称之为弹性后效或回弹。

2）润滑。为了减小压制成形过程中的摩擦和减轻脱模困难，需要有效的润滑。对于

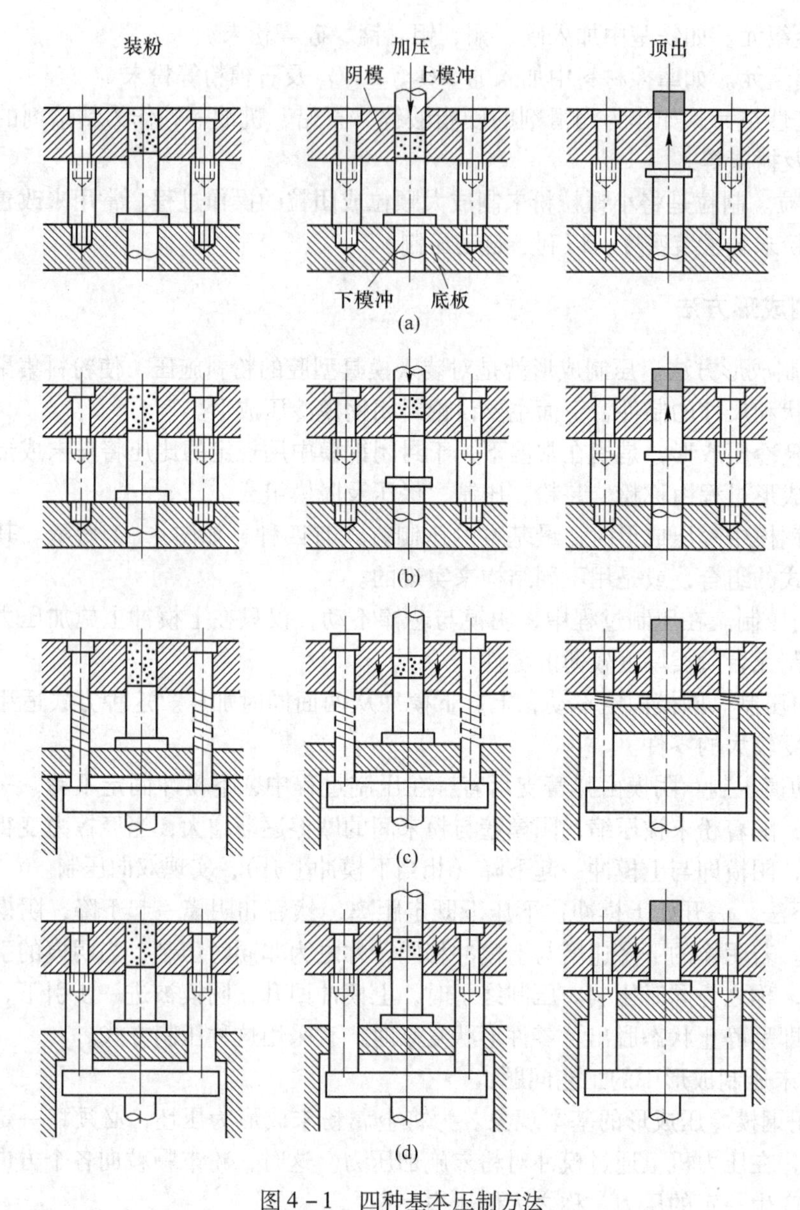

图 4-1 四种基本压制方法

（a）单向压制；（b）双向压制；（c）浮动阴模；（d）引下法

封闭钢模冷压，传统方法是将粉末润滑剂混合于金属粉末中，其中一些将位于模壁处，有助于润滑，但大量的润滑剂将遗留在粉末体中，混入的润滑剂对松装粉末的性能有不良影响，也会减小压坯的生坯强度和烧结强度。另一种方法是模壁润滑法。在这两种方法中，最常用的润滑剂是低熔点有机物，如金属硬脂酸盐、硬脂酸及石蜡等。应注意的是，这些润滑剂材料密度都很低，因此添加的重量百分比虽很小，但体积百分比却较大。

3）压坯密度。在粉末冶金制品的生产中，需要控制的最重要的性能之一是压坯密度，它不仅标志着压制对粉末密实的有效程度，而且可以决定以后烧结时材料的性能。压坯密度与几个重要变量的关系如图 4-2 所示。一般情况如下：

①压坯密度随压制压力增大而增大，这是因为压制压力促使颗粒移动、变形及断裂；

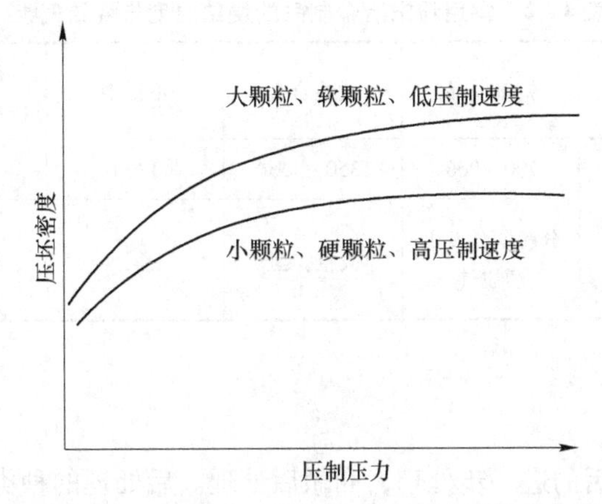

图4-2 压坯密度与压制压力、颗粒大小、颗粒硬度及压制速度的关系

②压坯密度随粉末的粒度或松装密度增大而增大；

③粉末颗粒的硬度和强度减低时，有利于颗粒变形，从而促进压坯密度增大；

④减低压制速度时，有利于粉末颗粒移动，从而促进压坯密度增大。

4.1.4 烧结

烧结（burning moulding）是将压坯按一定的规范加热到规定温度并保温一段时间，使压坯获得一定的物理及力学性能的工序，是粉末冶金的关键工序之一。

粉末体的烧结过程十分复杂，其机理是：粉末的表面能大，结构缺陷多，处于活性状态的原子也多，它们力图把本身的能量降低。将压坯加热到高温，为粉末原子所储存的能量释放创造了条件，由此引起粉末物质的迁移，使粉末体的接触面积增大，导致孔隙减少，密度增大，强度增加，完成烧结过程。

如果烧结发生在低于其组成成分熔点的温度，则产生固相烧结；如果烧结发生在两种组成成分熔点之间，则产生液相烧结。固相烧结用于结构件，液相烧结用于特殊的产品。

普通铁基粉末冶金轴承烧结时不出现液相，属于固相烧结；而硬质合金与金属陶瓷制品的烧结过程将出现液相，属于液相烧结。液相烧结时，在液相表面张力的作用下，颗粒相互靠紧，故烧结速度快、制品强度高。此时，液、固两相间的比例以及润湿性对制品的性能有着重要影响，例如，硬质合金中的钴（粘结剂），在烧结温度时要熔化，它对硬质相金属键的碳化钨有最好的润湿性，所以钨钴类硬质合金既有高硬度，又有较好的强度；而钴对非金属键的氧化铝、氮化硼之类的润湿性很差，所以目前金属陶瓷的硬度虽高于硬质合金，而强度却低于硬质合金。

烧结时最主要的因素是烧结温度、烧结时间和大气环境，此外，烧结制品的性能也受粉末材料、颗粒尺寸及形状、表面特性以及压制压力等因素的影响。

烧结时为了防止压坯氧化，通常是在保护气氛或真空的连续式烧结炉内烧结。常用粉末冶金制品的烧结温度与烧结气氛见表4-2。烧结过程中，烧结温度和烧结时间必须严格控制。烧结温度过高或时间过长，都会使压坯歪曲和变形，其晶粒也大，产生所谓“过烧”的废品；如烧结温度过低或时间过短，则产品的结合强度等性能达不到要求，产生所谓“欠烧”的废品。通常，铁基粉末冶金制品的烧结温度为1000~1200℃，烧结时间为0.5~2h。

表 4-2 常用粉末冶金制品的烧结温度与烧结气氛

粉冶材料	铁基制品	铜基制品	硬质合金	不锈钢	磁性材料（Fe-Ni-Co）	钨、钼、钒
烧结温度/℃	1050~1200	700~900	1350~1550	1250	1200	1700~3300
烧结气氛	发生炉煤气，分解氨	分解氨，发生炉煤气	真空，氢	氢	氢，真空	氢

4.1.5 后处理

金属粉末压坯烧结后的进一步处理，叫做后处理。后处理的种类很多，一般由产品的要求来决定，常用的几种后处理方法如下：

（1）浸渗。浸渗即利用烧结件多孔性的毛细现象浸入各种液体。如为了润滑目的，可浸润滑油、聚四氟乙烯溶液、铅溶液等；为了提高强度和防腐能力，可浸铜溶液；为了表面保护，可浸树脂或涂料等。浸渗有的可在常压下进行，有的则需在真空下进行。

（2）表面冷挤压。表面冷挤压是常采用的后处理方法。例如，为了提高零件的尺寸精度和减小表面粗糙度，可采用整形；为了提高零件的密度，可采用复压；为了改变零件的形状，可采用精压。复压后的零件往往需要复烧或退火。

（3）切削加工。切削加工有时是必须的，如横槽、横孔，以及尺寸精度要求高的表面等。

（4）热处理。热处理可提高铁基制品的强度和硬度。由于孔隙的存在，对于孔隙度大于10%的制品，不得采用液体渗碳或盐浴炉加热，以防盐液浸入孔隙中，造成内腐蚀。另外，低密度零件气体渗碳时，容易渗透到中心。对于孔隙度小于10%的制品，可用与一般钢一样的热处理方法，如整体淬火、渗碳淬火、碳氮共渗淬火等。为了防止堵塞孔隙可能引起的不利影响，可采用硫化处理封闭孔隙。淬火最好采用油作为介质，高密度制品，若为了冷却速度的需要，亦可用水作为淬火介质。

（5）表面保护处理。对用于仪表、军工及有防腐要求的粉末冶金制品很重要。粉末冶金制品由于存在孔隙，这给表面防护带来困难。目前，可采用的表面保护处理有蒸汽发蓝处理、浸油、浸硫并退火、浸涂料、渗锌、浸高软化点石蜡或硬脂酸锌后电镀（铜、镍、铬、锌等）、磷化、阳极化处理等。

4.2 粉末冶金制品的结构工艺性

用粉末冶金法制造机器零件时，除必须满足机械设计的要求外，还应考虑压坯形状是否适于压制成形，即制品的结构必须适合粉末冶金生产的工艺要求。粉末冶金制品的结构工艺性有其自己的特点。

由于粉末的流动性不好，使有些制品形状不易在模具内压制成形，或者压坯各处的密度不均匀，因而影响到成品的质量。粉末冶金制品的结构工艺性要求如下：

(1) 壁厚不能过薄，一般不小于2mm，并尽量使壁厚均匀。法兰只宜设计在工件的一端，两端均有法兰的工件，难于成形。

(2) 沿压制方向的模截面有变化时，只能是沿压制方向逐渐缩小，而不能逐渐增大，否则无法压实。

(3) 阶梯圆柱体每级直径之差不宜大于3mm，每级的长度与直径之比（L/D）应在3以下，否则不易压实。

(4) 锥面和斜面需要有一段平直带，避免模具出现易损现象，同时避免在模冲和阴模及芯杆之间陷入粉末。

(5) 制品中的径向孔、径向槽、螺纹和倒圆锥等，一般是不能压制的，需要在烧结后用切削加工来完成。所以，压坯的形状设计应做相应的修改。例如，有时设计人员因习惯于切削加工，常将压坯法兰和主体结合处的退刀槽，设计成与压制方向相垂直。这样的径向槽也不能压制，应改为纵向槽或留待后切削加工。

(6) 制品应避免内、外尖角，圆角半径应不小于0.5mm。球面部分也应留出小块平面，便于压实。

(7) 为便于简化模具结构，利于脱模，与压制方向一致的内孔、外凸台等，要有一定的锥度以便脱模。

粉末冶金制品结构工艺性的正误图例见表4-3。

表4-3 粉末冶金制品结构工艺性的正误图例

例号	原来设计	修改后的设计	说明
1	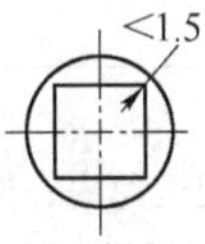 <1.5	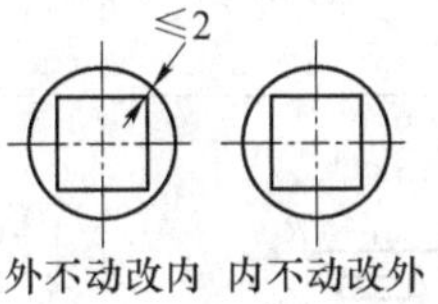 $\leqslant 2$ 外不动改内 内不动改外	原设计孔四角距外缘太近，不易压实，修改后利于装粉均匀，利于压坯密度均匀，增强模冲及压坯
2	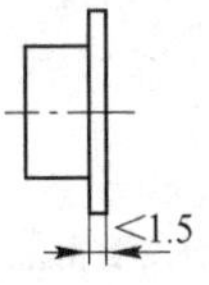 $\leqslant 1.5$	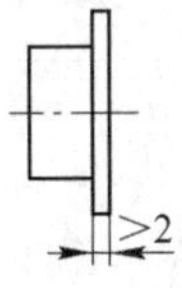 $\geqslant 2$	法兰厚度太薄，不易压实，修改后利于压坯密度均匀，减小烧结变形
3	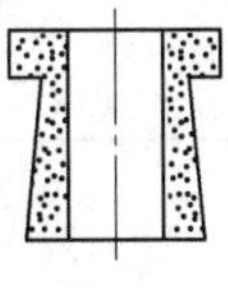	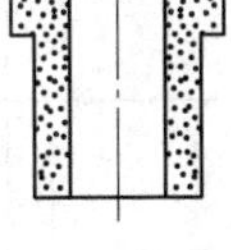	原设计的截面沿压制方向逐渐增大，无法压实
4	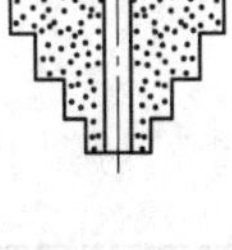	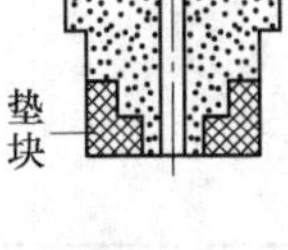 垫块	梯形圆柱各级直径之差不宜大于3mm，上下底面之差也不能悬殊太大，否则不易压实，也不便取模。不得已时，模具上要做出垫块

续表 4-3

例号	原来设计	修改后的设计	说 明
5			径向退刀槽不能压制，如果需要退刀槽，可做成与压制方向一致的凹槽，或留待切削加工
6			粉末冶金制品上无法压出网纹花
7		>5°	把与压制方向平行的内孔做成一定的锥度，可简化模冲结构，利于脱模
8		0.5 0.5 0.5 0.5	在斜面的一端加0.5mm的平直带，避免压制时模具损坏
9		R≥0.5 R≥0.5 R	粉末冶金制品应避免内、外尖角，圆角半径不小于0.5mm以减轻模具应力集中，并利于粉末移动，减少裂纹
10	≤1.5		键槽底部太薄（<1.5mm），改成凸键后利于装粉均匀，利于增强压坯及模冲
11			粉末冶金制品上应避免狭窄的深槽。修改后的设计易压制、容易顶出工件，模具也简单

4.3 粉末冶金新技术、新工艺

近年来，粉末冶金技术取得了很大的进展，一系列新技术、新工艺相继出现。下面就几项内容作一简介。

（1）粉末制备新技术：

1）机械合金化。机械合金化是一种高能球磨法，可制造细微的复合金属粉末。在高速搅拌球磨条件下，合金各组元的粉末颗粒之间、粉末颗粒和磨球之间发生强烈碰撞，而不断重复冷焊和断裂而实现合金化。也可以在金属粉末中加入非金属粉末来实现机械合金化。与机械混合法不同，用机械合金化制造的粉末材料，其内部的均一性与原材料粉末的粒度无关。因此，可用较粗的原材料粉末（10～100μm）制成超细弥散体（颗粒间距离小于1μm）。机械合金化与滚动球磨的区别在于使球体运动的驱动力不同，转子搅动球体产生相当大的加速度并传给物料，因而对物料有较强烈的研磨作用。同时，球体的旋转运动在转子中心轴的周围产生旋涡作用，对物料产生强烈的环流，使粉末研磨得很均匀。

2）快速冷凝技术。快速冷凝技术是雾化技术的发展，从实验室首次获得非晶态硅合金的片状粉末至今已有30多年，此项技术已进入工业化阶段。液态金属制取快速冷凝粉末时，当冷却速度为（10^6～10^8）℃/s时，有熔体喷纺法、熔体沾出法；当冷却速度为（10^4～10^6）℃/s时，有旋转盘雾化法、旋转杯雾化法、超声气体雾化法等，如图4－3和图4－4所示。

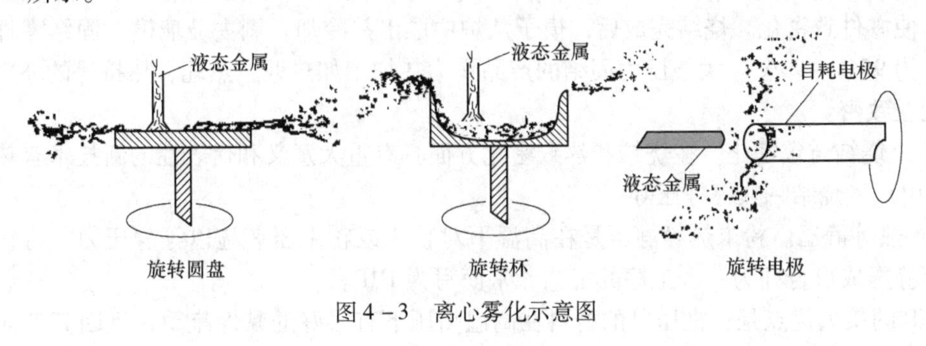

图4－3 离心雾化示意图

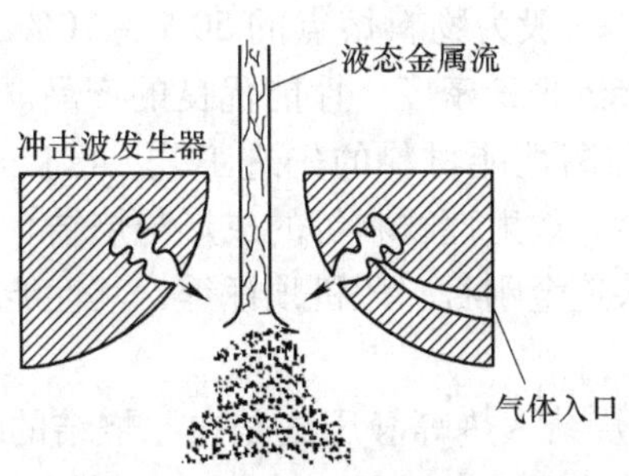

图4－4 超声气体雾化示意图

（2）粉末成形新技术。粉末成形技术有新的发展，例如三轴向压制成形、粉末轧制、连续挤压等。具有重大意义和代表性的特殊成形技术有粉末注射成形、喷射沉积、大气压力固结等。

1）粉末注射成形（PIM）。粉末注射成形是一种粉末冶金与塑料注射成形相结合的工艺。人们视PIM为一种未来的粉末冶金技术。

PIM可以生产高精度、不规则形状制品和薄壁零件。PIM技术已经试制出锌基合金、高速钢、不锈钢、蒙乃尔合金以及硬质合金零件等。美国在1984年成功生产了波音707和波音727飞机机翼传动机构中带螺纹的镍密封圈，这种零件用传统的粉末冶金方法一直不能制造。

2）喷射沉积（spray deposition）。喷射沉积法是使雾化液滴处于半凝固状态便沉积为预成形的实体。英日Ospray金属公司首先利用这一概念成功进行了中间试验和工业生产，并取得专利，故又名Ospray工艺。

工艺过程包括熔融合金的提供、将其气雾化并转变为喷射液滴、相继使之沉积等步骤，在一次成形预制坯后，再进行热加工（可分别进行锻、轧、挤等），使其成为完全致密的棒、盘、板、带或管材。预制坯的相对密度可高达98%～99%。

Ospray工艺现已半工业化生产高合金型材，如高速钢、不锈钢、高温合金、高性能铝合金如钕-铁-硼永磁合金等的型材。此工艺还可作高密度表面涂层、硬质点增强复合材料或多层结构材料的生产手段。

3）大气压力固结（CAP）。粉末装入真空混合干燥器与含有烧结活化剂的溶液如硼酸甲醇溶液混合。干燥时甲醇蒸发掉，粉末颗粒表面包覆硼酸薄膜，浇入硼硅玻璃模子。模子的形状可以是圆柱体、管状以及与固结零件形状接近的各种复杂形状。用泵将模中粉末去气，将玻璃模密封，密封容器放入标准大气压炉中加热进行烧结。烧结时玻璃模软化并紧缩，使零件致密化。烧结完成后，模子从炉中取出并冷却，剥去玻璃模。固结零件的相对密度为95%～99%。大气压力固结的产品作为热加工如热锻、热轧、热挤等的坯料，可加工到全致密。

（3）烧结与致密化。在烧结和热致密化方面具有重大意义和代表性的新技术有热等静压（HIP）和烧结-热等静压等。

1）热等静压。粉末热等静压是在高温下对粉末或粉末压坯施以等静压力，将粉末烧结和等静压成形合并为一个工序的工艺，常简写为HIP。

HIP的最大优点是：被压制的材料在高温高压下有很好的黏性流动，且因其各向均匀受压，所以可在较低的温度（一般为物料熔点的50%～70%）和较低的压力下就可得到晶粒细小、显微结构优良、接近理论密度、性能优良的产品。HIP已成为现代粉末冶金技术中制取大型复杂形状制品和高性能材料的先进工艺，已广泛应用在硬质合金、金属陶瓷、粉末高速钢、粉末钛合金、放射性物料等的成形与烧结。用HIP制造的镍基耐热合金涡轮盘、钛合金飞机零件、人造金刚石、压机顶锤等，其性能和经济效果都是其他工艺无法比拟的。

2）烧结-热等静压法。烧结-热等静压法是在原烧结的基础上施以等静压使之致密化的一种新工艺。烧结-热等静压法直接用于粉末冶金制品的真空或气氛烧结，在烧结周期结束时通入气体，对烧结好的制品施以等静压力，以增大制品的密度，改善制品的性能。

烧结-热等静压法的特点是：所需致密压力大大降低，例如对硬质合金烧结后再进行HIP，压力一般需要大于100MPa，而用烧结-热等静压可降到10MPa以下；烧结、加压、冷却等工序在同一设备中完成，大大缩短了工艺周期，昂贵的热等静压设备可用压力较低、成本较低的烧结－热等静压设备代替。

（4）使用纳米金属粉末新材料。纳米粉末一般指颗粒尺寸在0.1μm以下的粉末。按颗粒尺寸的大小，它又分为3个等级，粒径处于10～100nm范围的称为大纳米粉末，处于2～10nm范围的称为中纳米粉末，小于2nm的称为小纳米粉末。小纳米粉末也称为原子簇，极难制备和捕集，目前仅供物性研究之用，所以，所谓的纳米材料一般是指大、中纳米粉末材料。纳米粉末的一个显著特点是比表面积很大，这就使粉末的性质不同于一般固体，表现出明显的表面效应。

纳米金属粉末的特性如下：

1）外观呈黑色，可完全吸收电磁波，是物理学上的理想黑体。

2）在极低温度下几乎无热阻，是极好的导热体。

3）熔点显著低于块状材料，烧结温度可大为降低。

4）表面活性很强，容易进行各种活化反应。

5）导电性能好，超导转变温度较高。

6）铁磁性金属的纳米粉末具有很强的磁性，其矫顽力很高。

复习思考题

4－1　用粉末冶金工艺生产制品时通常包括哪些工序？

4－2　为什么金属粉末的流动特性是重要的？

4－3　为什么粉末冶金零件一般比较小？

4－4　粉末冶金零件的长宽比是否需要控制？为什么？

4－5　为什么粉末冶金零件需要有均匀一致的横截面？

4－6　试比较制造粉末冶金零件时使用的烧结温度与各有关材料的熔点。

4－7　烧结过程中会出现什么现象？

4－8　怎样用粉末冶金来制造含油轴承？

4－9　什么是浸渗处理？为什么要使用浸渗处理？

4－10　采用压制方法生产的粉末冶金制品，有哪些结构工艺性要求？

4－11　通过对粉末冶金制品制作工艺过程的了解，你认为粉末冶金制品主要存在哪些缺陷？

4－12　粉末冶金制品在机械制造业中应用非常广泛，试列举四种应用实例，并叙述在这些应用实例中，采用粉末冶金制品的优越性。

4－13　简述粉末冶金技术新进展。

5 金属复合成形技术

随着空间、海洋、能源等领域的不断开发，创造性的科学技术不断涌现，其中新材料的开发可以说是关键技术之一。

由于新型材料加工性能不佳，尤其对于复合材料的成形而言更是如此，因此传统的成形技术常常无法胜任。于是像现代的科学越来越相互交叉、渗透，出现许多边缘学科、交叉学科一样，材料成形技术也逐渐突破原有铸造、锻压、焊接、粉末冶金等技术相互独立的格局，相互融合、渗透，于是就产生了种类繁多的“复合成形技术”。而且，这种技术的复合已经不仅仅限于材料“成形”的范围。例如，金属基复合材料制备技术与成形技术的融合，就开拓出一种集制备与成形于一体的新型复合工艺。此类工艺以其制造工艺简单、质量稳定和成本低廉等诸多优点而具有很大的发展潜力。

传统的金属成形技术，通常只是利用了物质的某一种状态（液、固、气、粉末）；而复合成形技术，则有机地利用了物质两种以上“态”的特性。从另一角度也可以说，复合成形技术是将两种或两种以上的传统成形技术在时间上或空间上进行集约化组合，充分发挥各自的长处，尽量避免各自的短处，从而形成的制造型材或成形制品的一种金属成形技术。

例如，粉末锻造法是粉末冶金与锻造二者的复合，这种方法可以大大提高粉末制品的致密度，同时与锻造法相比，也有材料利用率高、机械加工费用低、制品表面状态良好、尺寸精度高和生产过程噪声低等优点。

除本章介绍的一些复合成形技术以外，像轧挤法、粉末轧制法、粉末注射成形法（PIM）、SHS 熔铸、SHS 焊接、粉末烧结－热等静压（HIP）法、熔铸法、辊锻法等也属于复合成形技术。

5.1 液态成形技术与固态成形技术的复合

5.1.1 挤压铸造

挤压铸造法又称高压铸造法或液态锻造法。该方法是利用机械压力将液态金属以低速（0.1～0.5m/s）层流状态充填至铸型型腔内，然后对液态金属施加较高的机械压力（高于50MPa），直至凝固结束，从而获得零件毛坯的一种工艺方法。此方法最初是前苏联首先开始研究的，现在已经有各种各样的挤压铸造机在生产中服役。

可以说，挤压铸造法是金属型铸造与模锻的复合。它按加压基本方式的不同，大致可分为柱塞加压凝固法、冲头直接挤压法和冲头间接挤压法三种，如图 5－1、图 5－2 和图 5－3 所示。

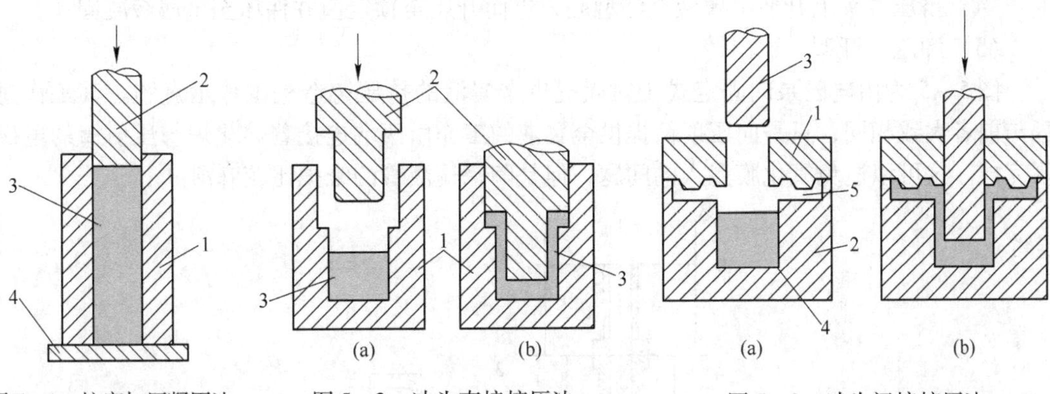

图5－1 柱塞加压凝固法

1—金属型；2—柱塞；
3—液态金属；4—底板

图5－2 冲头直接挤压法

（a）加压前；（b）加压后

1—金属型；2—冲头；3—液态金属

图5－3 冲头间接挤压法

（a）加压前；（b）加压、成形后

1—上型；2—下型；3—冲头；
4—液态金属；5—型腔

5.1.1.1 挤压铸造的工艺过程

将液态金属充填到金属型中的方式有许多种，可以采用重力浇注方式，也可按压射筒形式及向压射筒提供液态金属方式的不同分为其他多种形式。

图5－4为日本丰田汽车公司开发的生产汽车轮毂的带倾转式压射筒的挤压铸造机工作示意图。其挤压成形工艺过程为：

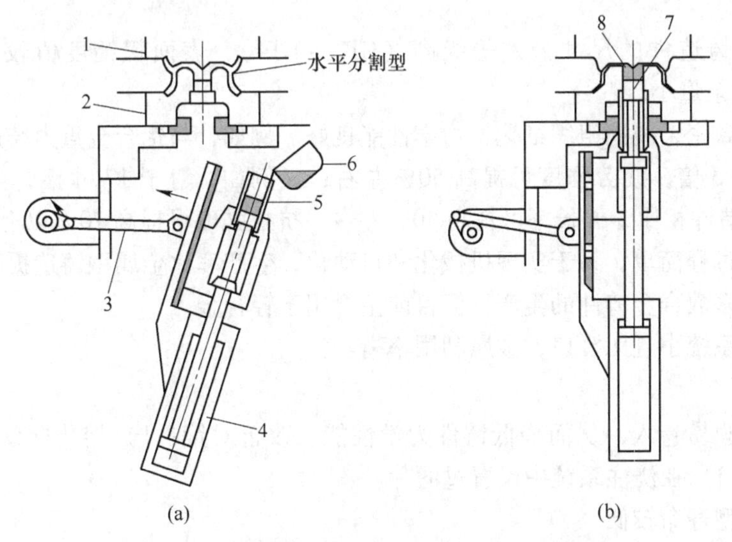

图5－4 带倾转式压射筒挤压铸造机工作示意图

（a）向压射筒注入液态金属；（b）挤压完成

1—上型；2—下型；3—连杆；4—加压缸；5—压射筒；6—定量勺；7—挤压冲头；8—制品

（1）铸型准备，对金属型腔进行清理、喷涂料、预热，并将动、静型合型锁紧，使之处于准备状态；

（2）用定量勺向压射筒内注入定量的金属液；

（3）倾转并提升压射筒，使之与金属型浇注系统对准、密封；

(4) 挤压冲头上升使金属液充满型腔，进而升压至预定值并保压至金属液凝固；

(5) 卸压、开型，取出铸件。

图5－5为由电磁泵向固定式压射筒提供金属液的挤压铸造机工作示意图。其工作过程与前者大致相同，只是向压射筒提供金属液的工作由两端连接着熔化炉与压射筒的电磁泵完成。这可以避免氧化膜混入的问题，但是陶瓷输液管的维护比较麻烦。

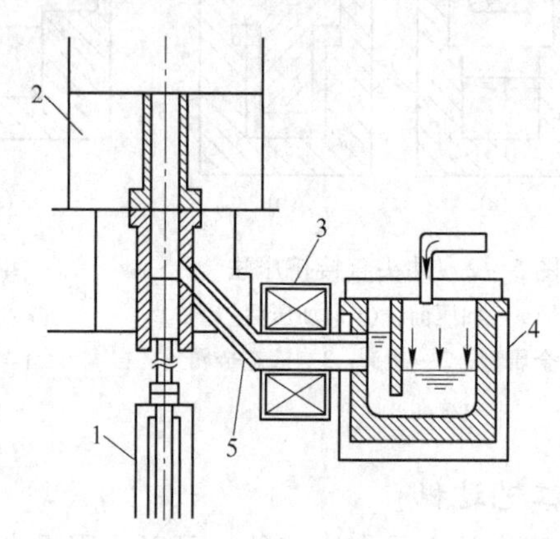

图5－5 采用电磁泵输液固定式压射筒的挤压铸造机结构示意图

1—固定式压射筒；2—金属型；3—电磁泵；4—熔化炉；5—输液管

5.1.1.2 挤压铸造的特点及应用范围

A 优点

(1) 挤压铸造件的尺寸公差等级高（CT7 ~ CT4），表面粗糙度值较小（*Ra*6.3 ~ 1.6μm），加工余量小。

(2) 铸件致密，凝固组织细化，力学性能良好。例如，与铝合金重力铸造件相比，伸长率可提高2 ~3倍，疲劳强度可提高50%左右；又例如，对于17寸铝合金汽车轮毂而言，与低压铸造件相比，伸长率可提高50%左右，抗拉强度可提高10%以上。

(3) 工艺过程简单，易于实现机械化和自动化，生产率比金属型铸造提高1 ~2倍。

(4) 适于多数合金铸件的生产，但目前主要用于轻合金。

(5) 浇注系统小且无冒口，金属利用率高。

B 缺点

(1) 氧化膜易卷入，从而降低铸件力学性能。改善对策：1）熔化中使用保护气氛；2）脱气处理；3）在浇注系统中设置过滤片。

(2) 金属型寿命较低。

C 适用范围

因为具有好的成形性且可提供良好的制品性能，所以挤压铸造是近年来受到关注的可实现铸件优质化、轻量化的一种优良的成形技术。

此法可用于力学性能要求较高，气密性好，耐磨性好的铝基、镁基、锌基、铜基合金，铸铁和金属基复合材料铸件的成形。例如，汽车受力件（铝合金轮毂、转向节、制动器主缸），汽车耐磨件（连杆、拨叉、摇臂），汽车的耐压、气密性零件（燃料分配管、油泵、压缩机涡轮），电器耐磨件（影像磁鼓、主轴衬套），铝高压锅及炊具、洁具件，铝基复合材料的汽车活塞、涡旋盘等。

5.1.2 铸轧复合技术与铸挤复合技术

图5-6所示为我国东北大学开发的铝/不锈钢液、固相铸轧复合技术。其工艺过程是：将液态铝（铝合金）连续浇注在不锈钢带上，使铝合金在半凝固状态与固态不锈钢带同时进入轧机经受塑性变形，实现两者良好的界面冶金结合，从而获得铝/不锈钢层状复合带材。

图5-7所示为铜包钢终形铸轧复合成形技术。其工艺过程是：将固态钢丝（或带）连续穿过液态铜的熔池，通过液态铜与固态钢之间的热流传输以及伴随发生的液、固界面反应（溶解与扩散），使液态铜快速凝固在钢丝表面；在钢丝表面凝结的铜处于半凝固态时经受压力加工，使铜和钢的界面实现牢固的冶金结合，从而获得高质量、近终形的铜包钢复合型材。

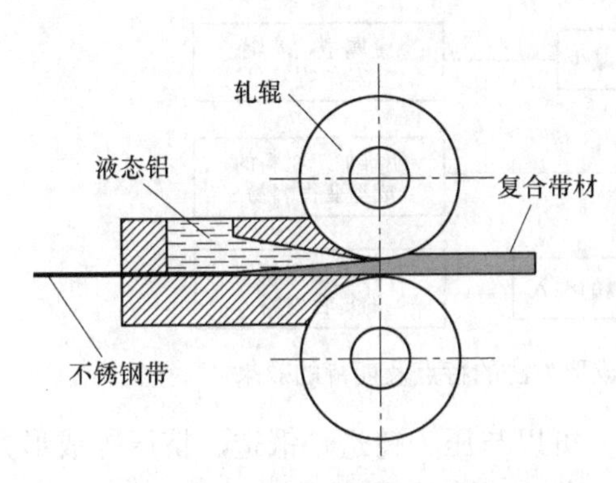

图5-6 铝/不锈钢液、固相铸轧复合工艺示意图

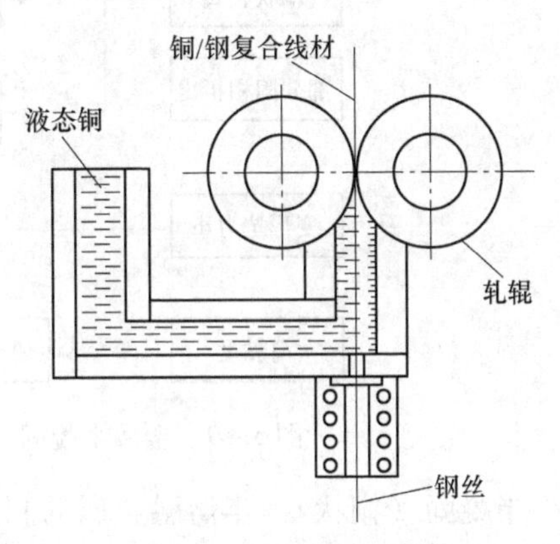

图5-7 铜包钢终形铸轧复合工艺示意图

图5-8所示的铝包钢丝连续铸挤复合技术，是将液态铝连续导入挤压轮的沟槽与封块形成的挤压腔中，液态铝沿旋转轮槽腔壁形成结晶壳。在挤压轮槽摩擦力作用下使半凝固态的铝与穿入的固态钢丝一起承受挤压力，发生动态再结晶与变形过程，实现钢和铝界面间良好的冶金结合，从而获得铝包钢复合型材。

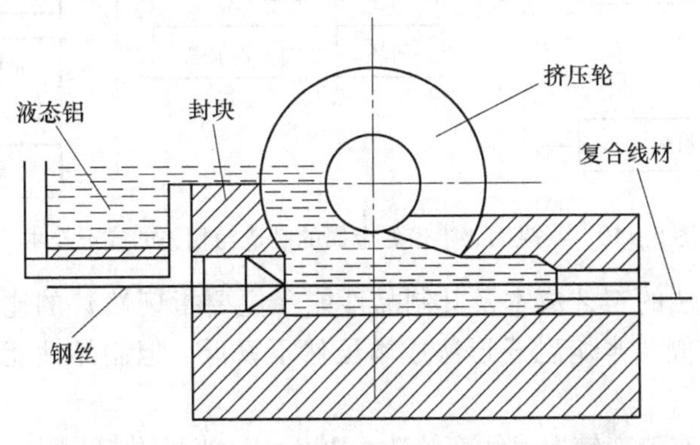

图5-8 铝包钢丝连续铸挤复合工艺示意图

5.2 金属半凝固、半熔融成形技术

金属半凝固、半熔融成形方法的基本概念是美国 MIT 大学 Flemings 教授于 1970 年首先提出的。此类方法的最大特征是对处于固液共存温度区间的金属进行强烈搅拌，使固相的枝晶臂破断，从而获得含有微细球状固相粒子（固相率在 20% ~50% 之间）和表观黏度较小的糊状金属。在这种状态下加压成形，得到所需的制品。

金属半凝固、半熔融成形方法的特点及期待的效果，如图 5－9 所示。

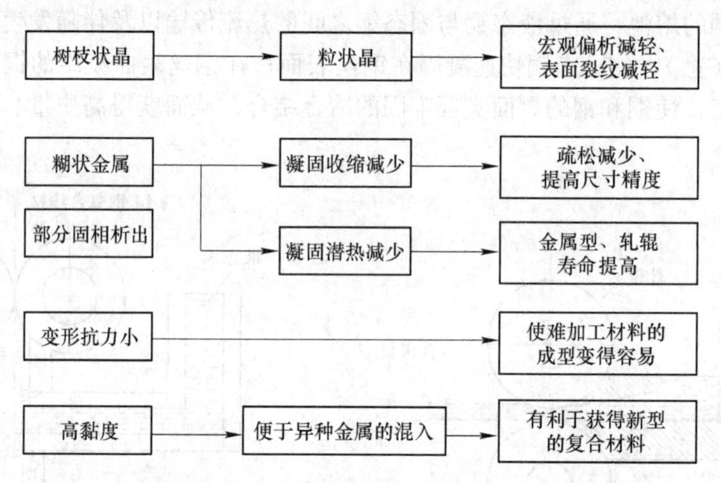

图 5－9　金属半凝固、半熔融成形方法的特点及期待的效果

半凝固（糊状）、半熔融金属的制造工艺，可以与压力铸造、锻造、挤压等成形方法组合，形成一系列半凝固、半熔融成形技术，如图 5－10 所示。

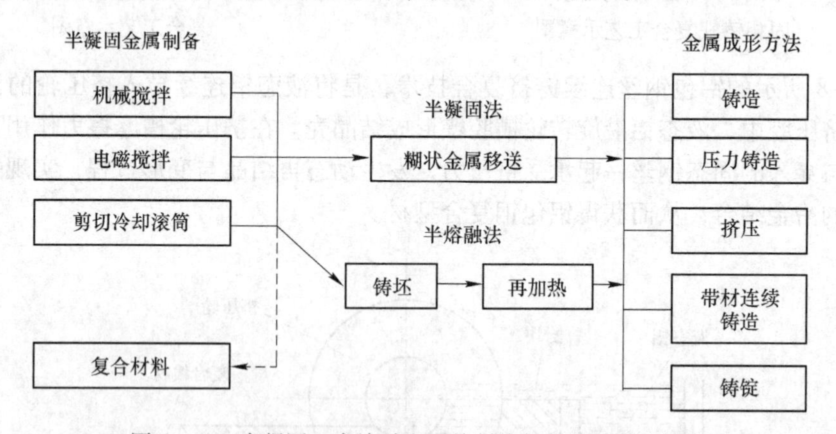

图 5－10　半凝固、半熔融金属的制造与相关的成形技术

各种金属成形方法的工艺成本及其制品性能（主要指韧性）的比较，如图 5－11 所示。由图可见，半凝固、半熔融成形法成本虽然不算低，但制品性能大幅提高，与锻造接近。

此类成形方法中有流变铸造、触变铸造、BSR 法、半熔融挤压法、触变锻造、半固态轧制、半固态注射成形法等。

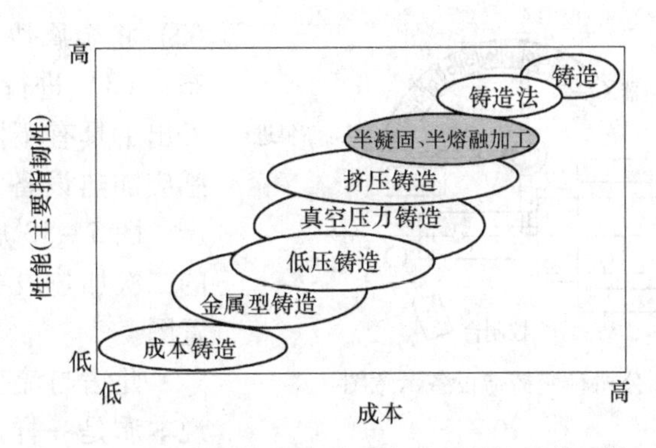

图5－11　各种成形方法的成本及制品性能的比较

5.2.1　流变铸造

流变铸造法是半凝固金属制造工艺与压力铸造工艺的组合。

（1）流变铸造的工艺过程。如图5－12所示，流变铸造法工艺过程为：

1）在液态金属降温的过程中施加机械搅拌，从而获得固相率较高，但流动性较好的糊状金属，如图5－12(a）所示；

2）将定量的糊状金属放入压室，如图5－12(b）所示；

3）以压铸的方式将糊状金属压入压铸型型腔中，保压至金属液凝固，如图5－12(c）所示；

4）取出制品，如图5－12(d）所示。

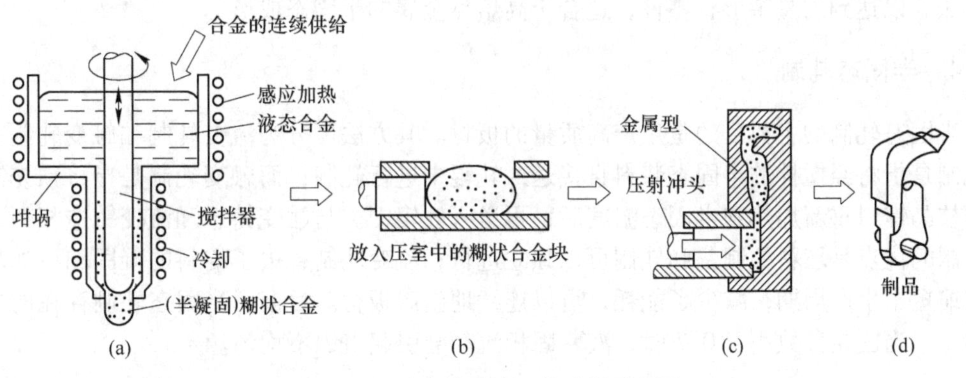

图5－12　流变铸造法工艺过程示意图

（2）流变铸造法的优点：

1）制品品质良好（组织细致，无缩孔、气孔等缺陷）；

2）压铸温度低（例：对铝合金而言，可比一般的压铸温度低30～40℃），故金属型寿命长。

5.2.2　触变铸造

触变铸造法是半熔融成形工艺的一种，可以说它是流变铸造法的改良。该工艺包括三个步骤：（1）首先用连续流变铸造法制取非枝晶锭料，并将锭料切成所需尺寸的小块；

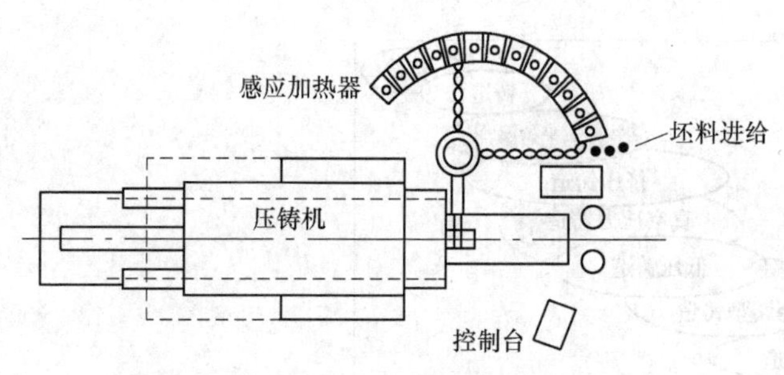

图 5 – 13 EFU 公司触变铸造设备示意图

（2）将金属块二次加热至半熔融状态；（3）进行压铸成形。现今已开发出了具有不同加热速率的多工位感应加热设备，并已用于工业化生产。图 5 – 13 所示为 EFU 公司开发的二次加热设备与压铸机的平面布置图。

此法与流变铸造法相比，可以说本质是一样的，但是该方法可以将非枝晶锭料的制备和制品的成形完全分开，便于组织生产，而且易于实现自动化操作。因而，该方法是目前半固态成形技术中应用最多的一种方法。据报道，用此法可进行不锈钢压铸件的生产。

目前，这类成形技术已在美国、日本等国家进入工业实用化阶段（主要指半熔融压铸法），主要用于汽车铝合金零件及电器设备连接件的生产。

5.2.3 触变锻造

触变锻造和触变铸造相似，不同之处在于：触变铸造是将半固态坯料由压力机的压头压入已合型的模具中；触变锻造是将半固态金属先置于一半开型的模具中，另一半模具由压力机带动完成合型，坯料主要发生压缩变形而形成所需形状。此工艺在实际应用中也不常见，但是，触变锻造可以成形变形抗力较大的高固相分数的半固态材料，并能生产一般锻造法难以达到的复杂形状零件，适合于高熔点金属的半固态成形。

5.2.4 半固态轧制

半固态轧制的主要目的是生产高质量的板材。其方法可分为流变轧制和触变轧制。流变轧制是指将经搅拌的半固态浆料直接送入轧辊中进行轧制；而触变轧制是指将预先制好的非枝晶锭料重新加热到半固态温度后，再送入轧辊中。与触变铸造和流变铸造相似，触变轧制的优点是坯料的制备和轧制可以独立进行；流变轧制省去了锭料的凝固和再加热过程，缩短了生产周期，减少了能耗，可以连续地生产板材。目前，半固态轧制存在的主要问题是：当固相分数小于 0.7 时，液 – 固相流动会引起组织不均匀。

5.2.5 金属半固态注射成形法

将塑料的注射成形工艺原理应用于半固态金属铸造工艺中，就形成了流变注射成形和触变注射成形新工艺。它们集半固态金属浆料的制备、输送、成形等过程于一体，较好地解决了流变铸造及触变铸造方法存在的半固态金属浆料的保存、输送和成形控制困难等问题。而且就工艺过程而言，流变铸造和触变铸造通常需要先制得半固态金属浆料或坯料后再成形（二步法），而流变注射成形和触变注射成形是将半固态金属浆料的制备及制品的成形连续完成（一步法）。

（1）流变注射成形法。这是将半固态金属流变铸造与塑料注射成形相结合而形成的一种半固态金属成形新工艺。流变注射成形机的形式不止一种。图 5 – 14 所示是 Kono Kaname 发明的系统。其工作过程是：金属液被送入给料器内保温搅拌；开启给料阀时，金属液被送入筒体内，在搅拌器的作用下推进并冷却至半凝固态；球阀有选择地开闭，使半凝固态金属浆料在累积室内积累；达到一定量后，由液压活塞完成零件的注射成形。

流变注射成形技术的优点是：金属以液态供料，故可使用锭、棒、回炉料等，节约了材料预处理的时间和费用，工艺过程简单，易于自动化。

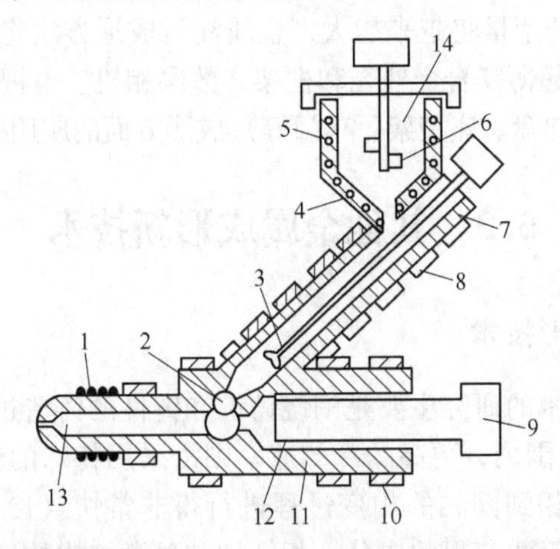

图 5－14　Kono Kaname 系统的流变注射成形原理图

1，8，10—加热元件；2—球阀；3—搅拌器；4—金属液给料器；5—加热元件；6—搅拌器Ⅱ；7—筒体；9—活塞；11—缸体；12—密封圈；13—半固态金属累积室；14—给料器

（2）触变注射成形法。该法又称金属半熔融注射成形法，是 1977 年美国 Battelle 研究所与 Dow Chemical 公司首先开始研究开发的，1990 年进入商业实用阶段。

图 5－15 是镁合金半熔融注射成形装置结构示意图。该装置与塑料注射成形机十分相似，其工作过程为：当装入料斗内的米粒状（2～6mm）镁合金原料流出后由旋转的螺杆推向前方的同时，被急速加热至半熔融糊状（固相率高于 60%），然后高速注射装置启动，由螺杆前端将停留在储存室内定量的糊状金属经喷嘴压入金属型，从而获得成形制品。

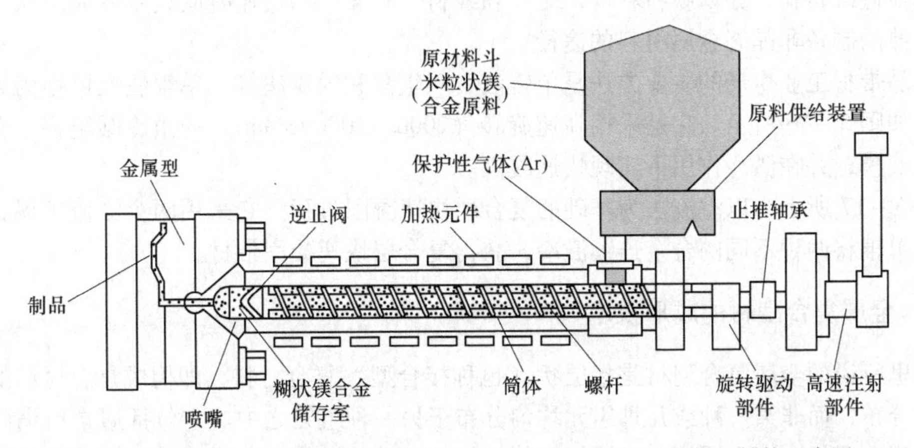

图 5－15　镁合金半熔融注射成形装置（美国 HPM 公司 1990 年）结构示意图

该成形方法的主要优点是：成形温度低（比镁合金压铸温度低约100℃）、制品的气孔隙率较低（可低于0.1%）、尺寸精度高、重复性好（制品的质量误差为±0.2%）。此法是目前国外唯一一种实现产业化的"一步法"镁合金半固态成形工艺方法。

其主要缺点是：粒状原料需预加工，成本较高，内螺杆等构件磨损、腐蚀严重。

用这种方法已经生产出壁厚0.6~1.2mm的筐形制品。随着对环保、节能、资源再利用问题的日益重视，镁合金的用量将越来越大，金属注射成形方法将备受瞩目，在家用电器、IT产品（例如笔记本电脑超薄镁合金外壳和框架、数码相机、电视及DVD底盘等）以及汽车用零件（例如轮毂、方向盘、座椅架、车门等）成形方面的应用必将有飞跃性的增长。

5.3 其他金属成形新技术

5.3.1 金属快速凝固成形技术

传统的凝固理论与技术的研究主要是围绕铸锭和铸件的铸造过程进行的。其冷却速率通常在10^{-3}~10^{2}K/s的范围内，更高的冷却速率则需采用特殊的快速凝固技术才能获得。快速凝固的定义为：由液相到固相的相变过程进行得非常快（冷却速率可高达10^{9}K/s），从而获得普通铸锭和铸件无法获得的成分、相结构和显微结构的过程。美国加州理工学院Duwez等人于1959~1960年首次采用溅射法获得快速凝固组织，此后该技术与理论得到迅速发展，成为材料科学与工程的研究热点之一。

在快速凝固条件下，凝固过程的各种传输现象可能被抑制，表现出偏析形成倾向小、非平衡相的形成、细化凝固组织（可获得微晶，乃至纳米晶）、微观凝固组织的变化及非晶态的形成等特征。

非晶态（玻璃态）金属是快速凝固技术应用的成功实例，它不仅具有特殊的力学性能（例如$Fe_{72}Cr_{8}P_{13}C_{7}$的σ_b可达3773MPa），同时也可获得特殊的物理性能（如超导特性、软磁特性）及极强的抗化学腐蚀特性。

除了将合金液雾化成微滴以增大散热比表面积的粉末材料（0维材料）快速凝固技术外，其他低维材料，如薄膜材料（2维）和线材（1维）的快速凝固技术发展最快，是目前最成熟的制备非晶态金属材料的途径。

非晶带材工业生产的主要方法是单辊法、双辊法和溢流法等。单辊法又可称为熔体甩出法，如图5-16所示。它是采用高速旋转（2000~10000r/min）的激冷圆辊将合金液流铺展成液膜，并在激冷作用下实现快速凝固。

图5-17所示为以溢流法为基础的复合层快速凝固过程。它采用两个溢流坩埚，利用同一个单辊将两种不同的合金连续激冷，获得复合层快速凝固带材。

5.3.2 金属复合型材的成形技术

这里所说的金属复合型材是指层状（也称接合型）复合材料，即构成复合材料的组元成层状分布，而非某一种或几种组元均匀分布于另一种组元之中。它包括通常所谓的包覆材料、双金属板、双金属管、夹层板等等常规意义上的层状复合材料，以及其他特殊复合材料。这类复合型材可用多种成形方法获得。

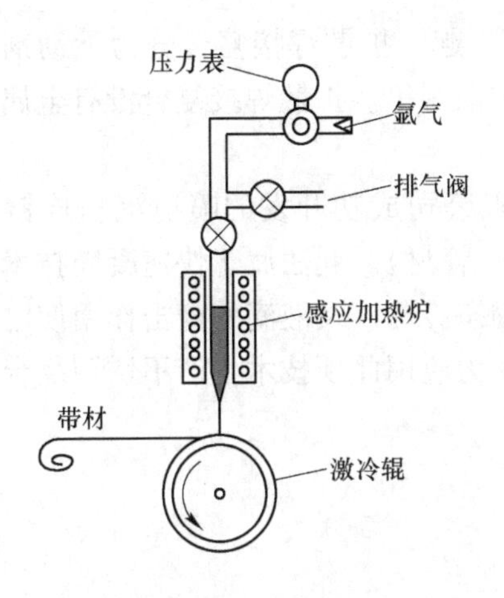

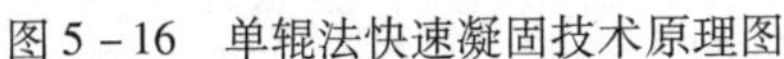
图5-16 单辊法快速凝固技术原理图

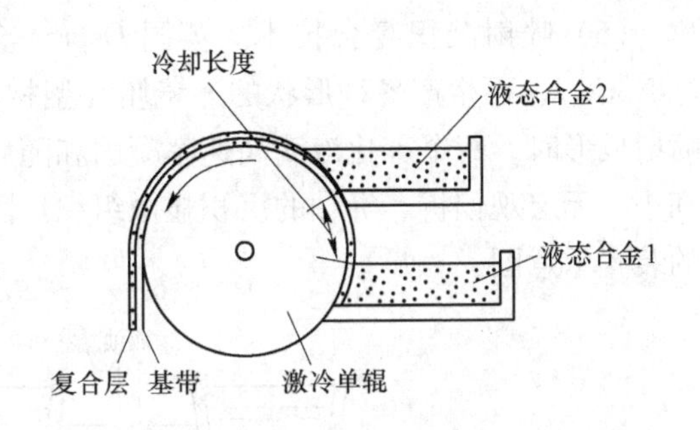

图5-17 溢流法复合层快速凝固技术原理图

(1) 铸造复合法。这是应用最早的制备金属层状复合型材的一种方法。日本川崎钢铁公司开发的KAP复合钢板，就是采用铸造复合方法生产的。其制造工艺是：首先把低碳钢坯（碳的质量分数小于0.13%）表面清理干净，垂直悬挂在铸模内，用下注法向铸模内注满高碳钢液（碳的质量分数约为0.85%），凝固后得到复合钢坯，再经热轧便得到一定厚度的板材或带材。这种复合板的强韧性和耐磨性的匹配非常优越。

(2) 轧制复合法。轧制复合分为热轧复合和冷轧复合。

热轧复合出现于20世纪40年代。第一次世界大战后，为解决稀贵金属短缺的问题，美、英、俄、日等国相继开始研究用此法生产铜/钢，不锈钢/钢等双金属复合板。即将覆层和基层金属预先装配在一起，周边预先焊接以防止加热过程中界面氧化，加热后的组合坯经轧机大压下量轧制使覆层和基层牢固结合在一起。

20世纪50年代美国首先研究成功冷轧复合法，提出以“表面处理—轧制复合—退火强化”为主要过程的三步法生产工艺。冷轧可实现多种组元的组合，并可生产复合带卷，尺寸精确、生产效率高，是当今世界应用最广泛的金属层状复合技术之一。

(3) 挤压复合法。此法是先把界面清洁的组元金属组装成挤压坯，然后选定合适的挤压比和温度等参数进行挤压成形，使清洁的金属表面在压力作用下实现界面的冶金结合。挤压复合法主要用于生产双金属管、棒、线材。

轧制复合和挤压复合主要是借助金属的塑性变形破坏表面膜，使界面新鲜金属暴露并相互有效接触从而实现界面的良好结合，所以也称之为压力焊。

(4) 爆炸复合法。此法是世界各国广泛应用的一种成形工艺方法，即利用炸药作为能源，在炸药高速引爆产生的冲击作用下（7~8km/s），将两种或两种以上的金属大面积焊接在一起。其爆炸复合界面是通过直接粘着区和交替存在的金属熔化薄层（厚度为4~5μm）快速凝结而连接起来的。其优点是复合界面上无明显的扩散层，不会生成脆性的金属间化合物，产品性能稳定。目前采用此方法可实现300多种金属的复合。

(5) 扩散焊接复合法。此法是将表面清洁的金属叠放在一起，然后加热到一定温度并且同时加压，通过原子间的互相扩散使界面结合在一起。扩散焊接复合分为无助剂扩散焊、有助剂扩散焊、过渡液相扩散焊和相变超塑性扩散焊等。扩散焊接复合没有金属的宏观变形，接头很少有残余应力。

（6）喷射沉积复合技术。英国 Osprey 金属有限公司成功开发的喷射沉积连铸技术（NNSCC），可生产各种形状的连铸坯（型材、板材、管材）。此法属于快速凝固技术，在喷射成形时，每个雾化液滴高速率凝固和随后高速固态冷却以及液滴的撞击作用使之形成细小、无宏观偏析、等轴的沉积显微组织。图 5－18 为应用此项技术生产不锈钢复合钢板的装置示意图。

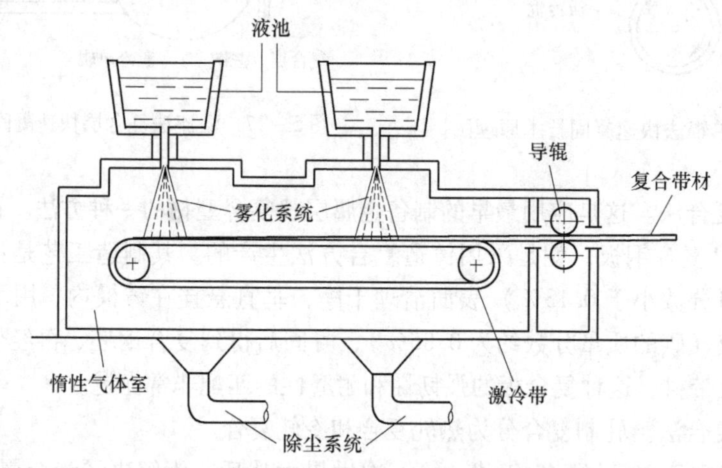

图 5－18　喷射沉积法复合带材连铸工艺原理图

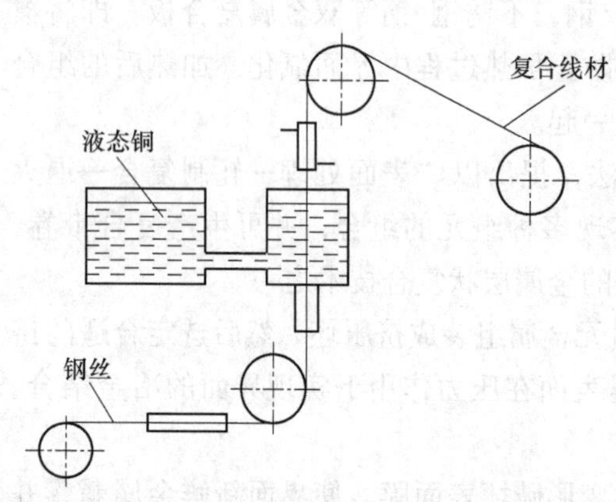

图 5－19　高速热浸镀成形原理示意图

（7）高速热浸镀成形技术。在 20 世纪 60 年代，美国通用电器公司（GE）在开发了无氧铜杆浸入成形技术（DFP 法）的基础上，近年又与日本藤仓电线株式会社及瑞士的 Battelle 研究中心开发出高速热浸镀技术。其工作原理如图 5－19 所示，即以钢丝为种子线，使其连续穿过熔融的铜液，经固、液相间热交换使铜液凝结在钢丝表面，从而获得铜包钢复合坯，再经轧制获得不同规格的复合线材。

（8）反向凝固连铸技术。20 世纪 90 年代初，德国亚琛技术大学和曼内斯曼公司开发了带钢反向凝固连铸技术，受到世界各国的关注。近年来，亚琛技术大学在此基础上又开发了液态不锈钢与固态钢带反向凝固连铸复合技术。其工作原理如图 5－20 所示，即将具有一定激冷作用的基础带材（钢带）从不锈钢熔池一侧连续送入，由于钢带的激冷作用，不锈钢在其表面凝固；当该钢带从熔池另一侧拉出时，已经变成一定厚度的连铸带材；该带材经导辊进行表面激冷后，可直接进行轧制，构成连续复合带材生产工艺。

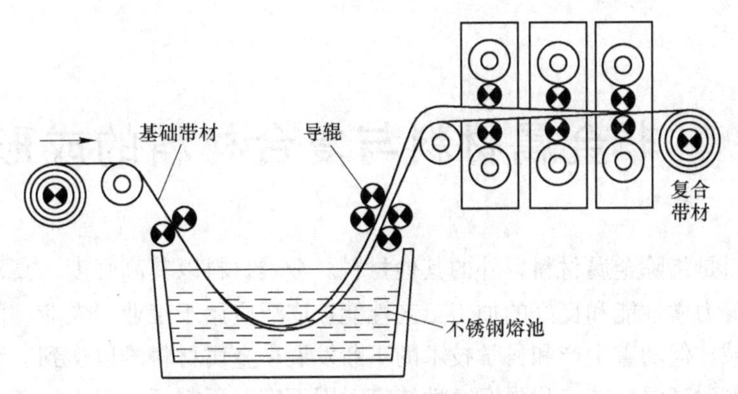

图 5-20　反向凝固连铸复合技术工作示意图

复习思考题

5-1　金属复合成形技术有哪些特点，为什么“复合”是材料成形技术的发展趋势之一？

5-2　半固态成形技术有哪些具体的工艺方法，其优点和不足是什么？试列举几种半固态成形技术的应用实例。

5-3　快速凝固成形技术最本质的特征是什么，它有哪些具体的工艺方法，用这类成形方法可以获得哪些特殊的产品？

5-4　非晶态金属材料与一般的金属材料相比有哪些特殊之处，可用于哪些方面？试举几例。

5-5　所谓复合型材是哪些种类的复合材料，它与分散强化型复合材料有何区别？试举几种你知道的复合型材，并说明它们的成形工艺方法。

5-6　发挥自己的想象力，设想出一种或几种全新的“复合成形工艺方法”。说明它的产品特征、用途及基本工艺过程。

6 非金属材料与复合材料的成形技术

非金属材料是指除金属材料以外的其他材料。金属材料以其高强度、高硬度并具有一定塑性、韧性等力学性能和良好的加工工艺性能被广泛应用于工业、农业、国防建设和国民经济各个领域。但随着生产和科学技术的不断发展，金属材料难以达到、满足一些特殊性能的要求，如耐高温性能、耐强腐蚀性能等，因而需要研制开发出大批高性能化、高功能化、精细化和智能化的非金属材料，这些非金属材料与金属材料相辅相成，共同满足各种需求。

工业生产中常见的非金属材料有高分子材料、陶瓷材料等，也使用复合材料。严格地说，复合材料并不完全属于非金属材料，但它的成形与非金属材料成形有密切联系，所以常把它归于非金属材料。

由于非金属材料与金属材料在结构和性能上有较大差异，其成形特点不同。与金属材料的成形相比，非金属材料成形有以下特点。

（1）非金属材料可以是流态成形，也可以是固态成形，成形方法灵活多样，因而可以制成形状复杂的零件。例如，塑料可以用注塑、挤塑、压塑成形，还可以用浇注和粘接等方法成形；陶瓷可以用注浆成形，也可用注射、压注等方法成形。

（2）非金属材料的成形通常是在较低温度下成形，成形工艺较简便。

（3）非金属材料的成形一般与材料的生产工艺结合。例如，陶瓷应先成形再烧结，复合材料常常是将固态的增强料与呈流态的基料同时成形。

6.1 高分子材料成形技术

高分子材料包括塑料、橡胶、合成纤维、涂料、粘结剂等。高分子材料制品具有高弹性、高黏弹性、小密度、绝缘、耐腐蚀等优良性能。但其存在易老化、耐热性差等缺点，在选材时应充分重视。

6.1.1 工程塑料及其成形

塑料制品质量轻，比强度高；耐腐蚀，化学稳定性好；有优良的电绝缘性能、光学性能、减摩、耐磨性能和消声减振性能；加工成形方便，成本低。塑料制品的主要不足之处在于耐热性差、刚性和尺寸稳定性差、易老化等，使其应用受到一定限制。

6.1.1.1 组成

塑料（plastics）是以合成树脂为主要成分，并加入增塑剂、润滑剂、稳定剂及填料等组成的高分子材料。在一定的温度和压力下，可以用模具使其成形为具有一定形状和尺寸的塑料制件，当外力解除后，在常温下其形状保持不变。

6.1.1.2 分类

按树脂的热性能不同，塑料可分为热塑性塑料和热固性塑料两大类：

热塑性塑料通常为线型结构，能溶于有机溶剂，加热可软化，故易于加工成形，并能反复使用。常用的有聚氯乙烯、聚苯乙烯、ABS等塑料。

热固性塑料通常为网型结构，固化后重复加热不再软化和熔融，亦不溶于有机溶剂，不能再成形使用。常用的有酚醛塑料、环氧树脂塑料等。

6.1.1.3 常用工程塑料的种类特点及用途

(1) ABS塑料。ABS是由丙烯腈、丁二烯、苯乙烯共同聚合而成的共聚物，是热塑性塑料。它具有硬、韧、刚的混合特性，因此综合力学性能较好。同时尺寸稳定，容易电镀和易于加工成形，耐热和耐蚀性较好。在 -40℃ 仍具有一定强度。此外，它的性能可以通过改变单体的含量来进行调整。丙烯腈的增加，可提高耐热、耐蚀性和表面硬度；丁二烯的增加，可提高弹性和韧性；苯乙烯则可用来改善电性能和成形能力。

ABS塑料用途极其广泛，可制造齿轮、泵的叶轮、管道、电机外壳、仪表壳、汽车上的挡泥板、扶手、小轿车车身、电冰箱外壳以及内衬等。

(2) 聚酰胺（PA）。聚酰胺又名尼龙，是热塑性塑料。它由二元胺与二元酸缩聚而成，或由氨基酸脱水成内酰胺再聚合而成。聚酰胺的强度及韧性较高，并且具有耐磨、耐疲劳、耐油、耐水、耐腐蚀等综合性能。但它的耐热性不高，通常工作温度不超过100℃。此外，它的吸水性和成形收缩率较大。聚酰胺可广泛用作机械零件，如轴承、齿轮、蜗轮、螺栓、螺母、垫圈等。

(3) 酚醛塑料。酚醛塑料又名电木（胶木）是热固性塑料。它是由酚类和醛类缩聚而成的。酚醛塑料具有优良的耐热、绝缘、化学稳定性及尺寸稳定性。缺点是较脆。用酚醛塑料粉模压成形可作电器零件，如开关、插座等。用布片、纸浸渍酚醛塑料，制成层压塑料（胶木），可用作轴承、齿轮、垫圈及电工绝缘体等。

(4) 氨基塑料。氨基塑料也是热固性塑料。它绝缘性好、耐电弧性好，阻燃，硬度高，耐磨，耐油脂及溶剂，着色性好。可用作机械零件、绝缘件和装饰件。此外，还可作为木材胶粘剂，制作胶合板、纤维板等。用它制作泡沫塑料，更是价格便宜的隔音、保温优良材料。

(5) 环氧塑料。环氧塑料是由环氧树脂加入固化剂后形成的热固性塑料。它具有较高的强度、韧性，优良的电绝缘性，高的化学稳定性和尺寸稳定性，成形性好。环氧塑料可用于制作塑料模具、电气电子元件及线圈灌封与固定、机械零件的修复等。

环氧塑料是一种很好的胶粘剂，对各种材料（金属及非金属）都有很强的胶粘能力。

6.1.1.4 工程塑料的成形性能

塑料具有高分子聚合物独特的大分子链结构，这种结构决定了塑料的成形性能。

A 塑料形变与温度的关系

塑料在一定的压力下，随着温度的变化，表现出的形变特性（力学性能）不同，如图6-1所示。低于玻璃化温度 T_g 为玻璃态，高于黏流温度 T_f（或结晶温度 T_m）为黏流态，在玻璃化温度和黏流温度之间为高弹态，当温度高于热分解温度（T_d）时，塑料会降解或气化分解。

在玻璃态，高聚物的强度、刚性等力学性能较好，能承受一定的载荷，所以可作为结构材料使用。

在高弹态，高聚物在外力作用下，会产生很大的弹性形变（弹性变形量可达 100% ~ 1000%），此时的高聚物具有橡胶的特性。

在粘流态，高聚物开始黏性流动，此时的变形是不可逆变形，一般塑料都在此温度范围成形。

热固性塑料在成形过程中，由于高聚物发生交联反应，分子将由线型结构变为体型结构。其具体过程是，处于稳定态的热固性塑料原料，加热后由稳定态逐步熔融呈塑化态，这时流动性很好，可以很快充填至型腔各处。同时，线性高聚物的分子主链间形成化学键结合（即交联），分子逐渐呈网状的体型结构，高聚物变为既不熔融也不溶解，形成固定的塑料制件，这一过程称为固化。热固性塑料受热后的状态变化曲线如图6－2所示。

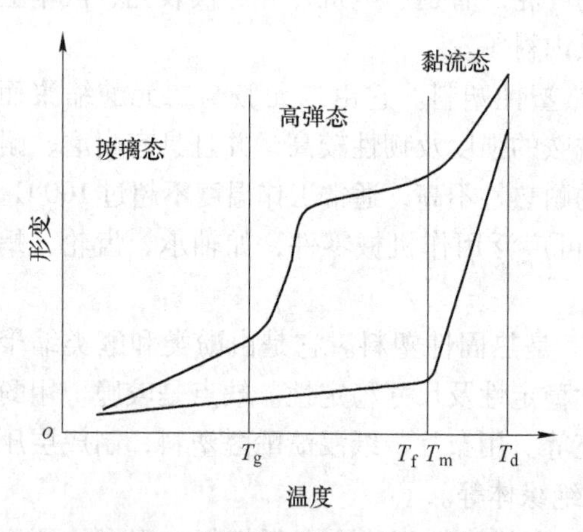

图6－1　塑料的形变与温度的关系

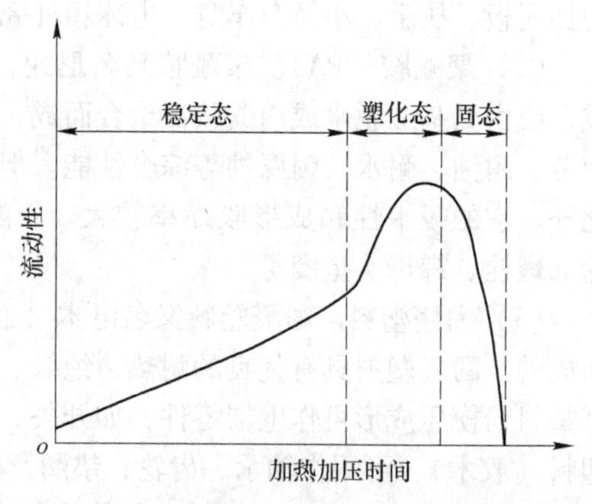

图6－2　热固性塑料受热后的状态变化曲线

B　塑料的流变性能

由于塑料的大分子结构和运动特点，在正常使用中处于玻璃态，而在成形过程中，除少数工艺外，都要求塑料处于黏流态（或塑化态）成形，因为在这种状态下，塑料聚合物呈熔融的流体，易于流变成形。但塑料流体与金属液体的流动性能不同，主要表现为其黏度变化趋势的差异。金属液体随温度和压力的变化黏度变化不大，而塑料聚合物熔体是非牛顿流体（或称黏流体），其黏度随流动中的剪切速率、温度、压力的变化而有较大的变化。对于一种塑料，通常其黏度随温度的升高而降低，塑料的黏度越小流动性也越好，图6－3是几种常用塑料的黏度与温度的变化曲线。从图6－3中可以看出，不同塑料由于其分子结构的差异，黏度对温度的敏感程度不同。黏度也随流动时的剪切速率（或称为速度梯度）的变化而变化，剪切速率增加时黏度会随之降低，如图6－4所示。当温度一定时，塑料熔体流动剪切速率越高，其黏度越低，也越有利于塑料成型，生产中可以采用小浇道（如点浇道）来提高流速，进而提高剪切速率，以成形流动性较差或壁厚较薄的塑料制品。

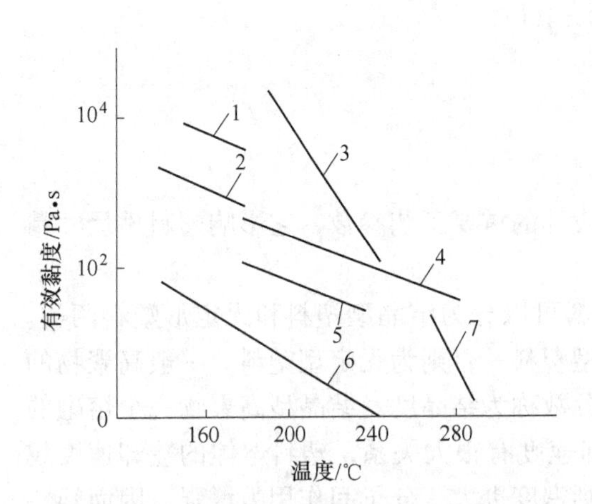

图6-3 几种常用塑料的黏度与温度变化曲线
1—增塑聚乙烯；2—硬聚乙烯；3—聚甲基丙烯酸甲酯；4—聚丙烯；5—聚甲醛；6—低密度聚乙烯；7—尼龙

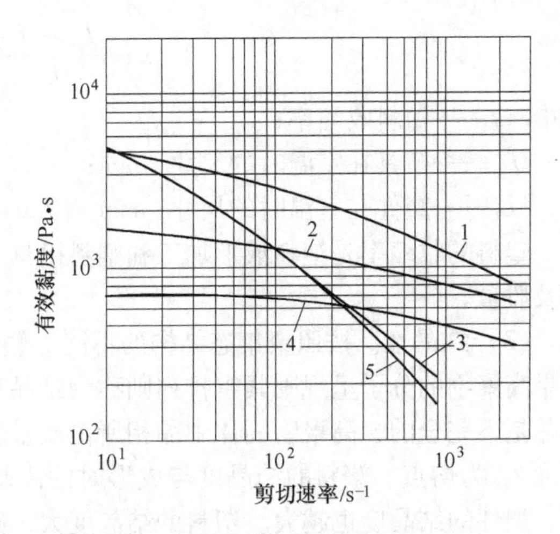

图6-4 黏度随剪切速率（速度梯度）的变化
1—聚砜（350℃挤出）；2—聚砜（350℃注射）；3—低密度聚乙烯（350℃）；4—聚碳酸酯（315℃）；5—聚苯乙烯（200℃）

C 塑料的成形工艺性

塑料的成形工艺性是塑料在成形加工中表现出来的特有性质，主要表现在以下几个方面。

（1）流动性。塑料在一定的温度与压力下填充模具型腔的能力称为塑料的流动性。

热塑性塑料的流动性用熔融指数（也可称熔融流动率）表示，熔融指数越大，流动性也越好，熔融指数与塑料的黏度有关，黏度越小熔融指数越大，塑料的流动性也越好。

常用塑料的流动性大致可分为三类。

流动性好的，如尼龙、聚乙烯、聚苯乙烯、聚丙烯、醋酸纤维素等；

流动性中等的，如改性聚苯乙烯、ABS、聚甲基丙烯酸甲酯、聚甲醛、氯化聚醚等；

流动性差的，如聚碳酸酯、硬聚氯乙烯、聚苯醚、聚砜、聚芳砜、氟塑料等。

热固性塑料的流动性指标一般用拉西格流动性表示，不同的塑料流动性不同，对于同一种塑料，由于交联反应的相对分子质量不同，填料的性质与多少不同，增塑剂和润滑剂的多少不同，拉西格流动性也不同，同一品种塑料的流动性可分为三个不同的等级。

第一级：拉西格流动值为100~130mm，用于压制无嵌件、形状简单的一般厚度塑件。

第二级：拉西格流动值为131~150mm，用于压制中等复杂程度的塑件。

第三级：拉西格流动值为151~180mm，用于压制结构复杂、型腔很深、嵌件较多的薄壁塑件，或用于传递（压注）成形。

（2）收缩性。

塑料制品从模具中取出冷却到室温后，发生尺寸收缩的特性称为收缩性。影响塑料收缩性的因素很多，其中主要是热收缩，即塑料在较高的成形温度下成形，冷却到室温后产生的收缩。由于塑料的热膨胀系数较钢大3~10倍，塑料件从模具中成形后冷却到室温的收缩相应也比模具的收缩大，故塑料件的尺寸较型腔小。

塑料制件的成形收缩值可用收缩率表示

$$k = \frac{L_m - L_1}{L_1} \times 100\%$$

式中 k——塑料收缩率；

L_m——模具在室温时的尺寸，mm；

L_1——塑件在室温时的尺寸，mm。

塑料的收缩率是塑料成形加工和塑料模具设计的重要工艺参数，它影响塑料件尺寸精度及质量。

（3）结晶性。按照聚集态结构的不同，塑料可以分为结晶型塑料和无定形塑料两类。如果高聚物的分子呈规则紧密排列则称为结晶型塑料，否则为无定型塑料。一般高聚物的结晶是不完全的，高聚物固体中晶相所占质量分数称为结晶度。结晶型高聚物完全熔融的温度 T_m 为熔点。塑料的结晶度与成形时的冷却速度有很大关系，塑料熔体的冷却速度越慢，塑件的结晶度也越大。塑料的结晶度大，则密度也大，分子间作用力增强，因而塑料的硬度和刚度提高，力学性能和耐磨性增高，耐热性、电性能及化学稳定性亦有所提高；反之，结晶度低或成为无定形塑料，其与分子链运动有关的性能，如柔韧性、耐折性，伸长率及冲击强度等则较大，透明度也较高。

（4）热敏性和水敏性。热敏性是指塑料对热降解的敏感性。有些塑料对温度比较敏感，如果成形时温度过高则容易变色、降解，如聚氯乙烯、聚甲醛等。

水敏性是指塑料对水降解的敏感性，也称吸湿性。水敏性高的塑料，在成形过程中由于高温高压，使塑料产生水解或使塑件产生水泡、银丝等缺陷。所以塑料在成形前要干燥除湿，并严格控制水分。

（5）毒性、刺激性和腐蚀性。有些塑料在加工时会分解出有毒性、刺激性和腐蚀性的气体。例如，聚甲醛会分解产生刺激性气体甲醛，聚氯乙烯及其衍生物或共聚物分解出既有刺激性又有腐蚀性的氯化氢气体。成形加工上述塑料时，必须严格掌握工艺规程，防止有害气体危害人体和腐蚀模具及加工设备。

除上述工艺性能外，还有吸气性、粘模性、可塑性、压缩性、均匀性和交联倾向等。

6.1.1.5 工程塑料成形方法及模具

塑料的加工成形比较简便，形式多样，可根据塑料的性能和对塑料制品的要求，采用压制、挤出、注射、吹塑、浇铸等方法成形。也可用喷涂、浸渍、粘贴等工艺将塑料覆盖于其他材料表面上。此外，塑料还和金属一样，可使用车、铣、刨、钻、磨及抛光等方法进行机械加工。但必须注意到塑料的强度低、导热性差、弹性高、线膨胀系数大等特点，加工时易产生变形、分层、开裂等缺陷，故除夹紧力不宜过大外，其他工艺参数（如刀具几何形状、切削速度、进给量等）均与加工金属有所不同。

A 注射成形

注射成形（injection molding）是将颗粒状或粉末状塑料放入注射机的加料斗内，使之进入料筒，经加热熔融呈黏流态，依靠柱塞（推杆）或挤压螺杆的压力，使黏流态塑料以较快的速度通过料筒端部的喷嘴注入温度较低的闭合模具内，经过一定时间的冷却即可开启模具，从中取出制品的一种成形方法。此法适用于热塑性塑料或流动性较大的热固性塑料，能生产出形状复杂、尺寸精确的塑料制品。生产率高，易于实现自动化大批量生产。图 6-5 为注射机的注射成形工作原理图和塑模的剖面图。

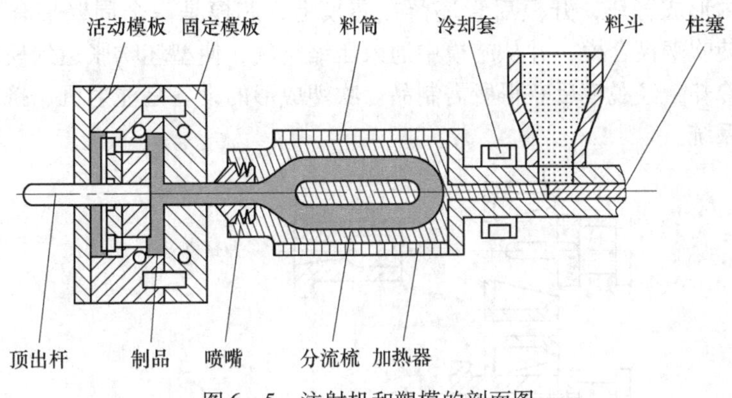

图 6－5 注射机和塑模的剖面图

B 挤压成形

挤压成形（extrusion molding）是将颗粒状或粉末状塑料放入挤出机的料筒内，经加热熔融呈黏流态，依靠柱塞（推杆）或挤压螺杆的压力，使黏流态塑料以较快的速度连续不断地从模具的型孔内挤出，成为具有恒定截面型材的一种成形方法。此法适用于塑料管材、板材、棒材及丝、网、薄膜、电线、电缆包覆等。图 6－6 为挤出成形及电缆包覆原理图。

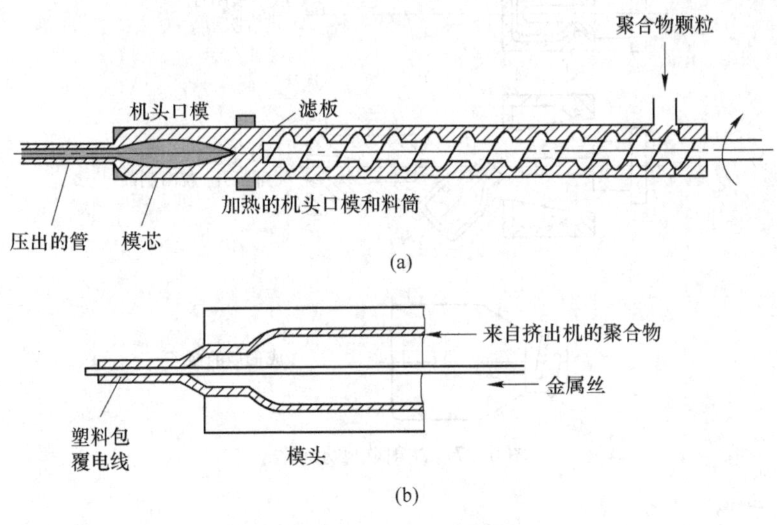

图 6－6 挤压成形及电缆包覆原理图

（a）挤压成形；（b）电缆包覆

C 吹塑成形

吹塑成形（blow moulding）是制造中空制品或薄膜、薄片等的成形方法。吹塑成形包括注射吹塑成形和挤出吹塑成形两种。它是借助压缩空气，使处于高弹态或黏流态的中空塑料型坯发生吹胀变形，然后经冷却定型获得塑料制品的方法。塑料型坯是用注射成形或用挤出成形生产的。中空型坯或塑料薄膜经吹塑成形后可以作为包装各种物料的容器。吹塑成形的特点是：制品壁厚均匀、尺寸精度高，事后加工量小，适合多种热塑性塑料加工。图 6－7 是塑料瓶的注射吹塑成形过程示意图。其生产步骤是：先由注射机将熔融塑料注入注射模内形成管坯，开模后管坯留在芯模上，芯模是一个周壁带有微孔的空心凸模，然后趁热使吹塑模合模，并从芯模中通入压缩空气，使型坯吹胀达到模腔的形状，继而保持压力并冷却，经脱模后获得所需制品。吹塑成形的设备是注射机、挤出机、模具及模具中的冷却系统。

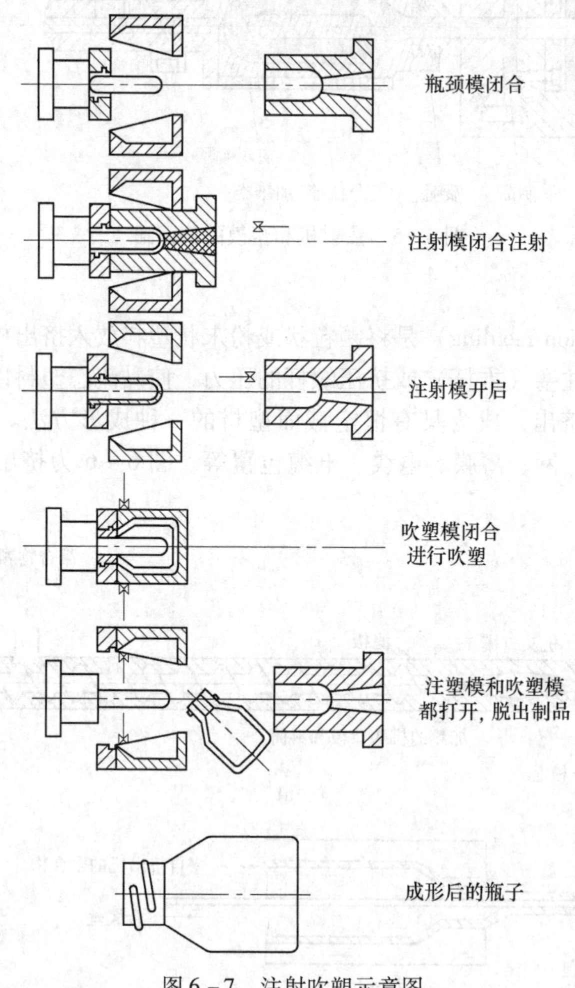

图6－7 注射吹塑示意图

D 压制成形

压制成形大多用于热固性塑料，其方法主要有以下两种：

（1）模压成形。将粉状、粒状、碎屑状或纤维状的物料放入具有一定温度的阴模模腔中，合上阳模后加热使其熔化，并在压力作用下使物料充满模腔，形成与模腔形状一致的制品。其原理如图6－8所示。

（2）层压成形。以片状或纤维状材料为填料，通过填料的浸胶，浸胶材料的干燥压制等步骤，获得层压材料的方法。此法可生产出板材、管状和一些形状简单的制品。也可用于增强工程塑料的生产。

E 浇铸成形

塑料的浇注成形是借鉴液态金属浇铸成形的方法而形成的。其成形过程是将已准备好

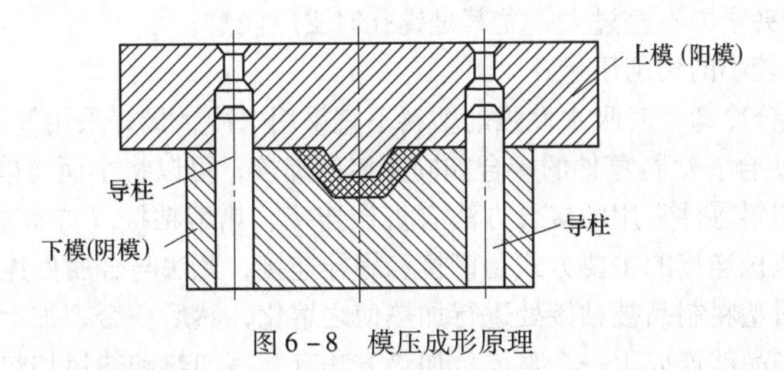

图6－8　模压成形原理

的浇铸原料（一般是单体经初步聚合或缩聚的浆状物或聚合物与单体的溶液等）注入模具中并使其固化（完成聚合或缩聚反应），从而获得与模具型腔相吻合的塑料制品。此法生产投资少，产品内应力低，对产品的尺寸限制较小，可生产大型制品。缺点是成形周期长，制品的尺寸准确性较低。

F　真空成形

真空成形如图6－9所示。将热塑性塑料片置于模具中压紧，借助加热器将塑料片加热至软化温度，然后将模具型腔抽真空，真空产生的负压将软化的塑料片吸入模内并使之紧贴模具，冷却后即得所需塑料制品。真空成形法是热塑性塑料最简单的成形方法之一，主要用于成形杯、盘、箱壳、盒、罩、盖等薄壁敞口制品。其特点是对模具材料和加工要求较低，少量生产时可用硬木、高强度石膏和塑料制模，大量生产时常用有色合金或钢制模。

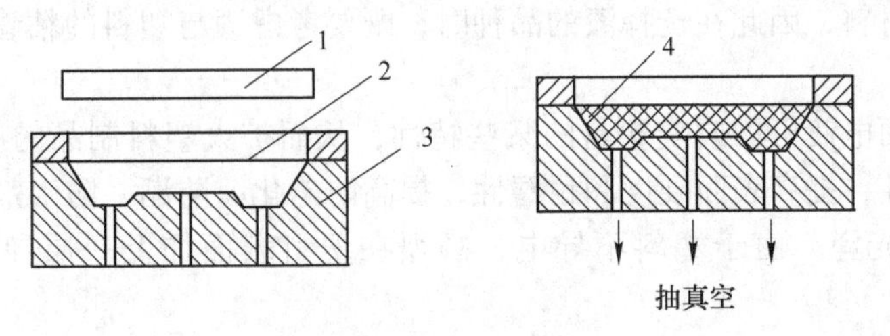

图6－9　真空成形

1—加热器；2—塑料片；3—模具；4—制品

此外，还有压延成形、涂布成形、发泡成形及冷压烧结等方法。

6.1.1.6　塑料制品的加工

塑料制品的加工是指塑料制品成形后的再加工，亦称二次加工。主要工艺有机械加工、接合和表面处理。

（1）机械加工。塑料零件有时需要机械加工。例如，当塑料零件的尺寸精度要求较高时，可采用普通模具成形，再经机械加工达到规定要求；零件上的某些结构如小孔、深孔、侧孔、螺纹等，若在一次成形时做出，将使模具结构复杂化，采用机械加工的方法往往更有利。

总之，机械加工是塑料零件制造不可缺少的工序。但是由于塑料的散热性差、耐热温度低、弹性大，因此加工时容易引起工件的变形及加工表面粗糙等现象。故切削塑料时应注意以下几点：

1）必须采用大前角和大后角的刀具，并保持刀刃锋利；

2）精加工时夹紧力不宜过大，尤其是镗孔时更应注意；

3）必须选用较小的切削用量；

4）要注意充分冷却，对吸水性强的塑料不宜采用水冷，最好采用气体冷却。

（2）塑料的接合。塑料零件的接合如同金属的焊接，可以将小而简单的构件组合成大而复杂的零件。塑料零件常用的接合方法有机械连接、热熔粘接（亦称焊接）、溶剂粘接和粘合剂粘接。机械连接的主要方式是铆接和螺栓连接，此法与金属件连接相同。

热熔粘接是对塑料制品被粘接处进行加热使之熔化，然后叠合，加上足够的压力，待凝固冷却后两个制品就连成了一个整体。加热方法有摩擦加热和热风加热两种，目前主要采用热风加热粘接。这种方法与金属的气焊相似，有时也采用焊条。大多数热塑性塑料（氟塑料与聚酰亚胺除外）都可用热风粘接，但易着火塑料和热固性塑料不能用此法粘接。

溶剂粘接是借助溶剂的作用，将两个塑料零件粘接成一体。其过程是：在两个被粘接的塑料表面涂以适当的溶剂，使该表面溶胀软化，再加以适当的压力使粘接面贴紧，待溶剂挥发后两个塑料零件便粘接成一体。

粘合剂粘接是在两个被粘接表面之间涂以适当的胶粘剂，形成一层胶层，靠胶层的作用将两个零件粘接在一起。绝大多数塑料都可以用粘合剂进行粘接，它是热固性塑料唯一的粘接方法。

（3）塑料零件的表面处理。塑料零件的表面处理主要包括涂漆和电镀。

塑料零件涂漆有以下几个目的：1）防止制品老化；2）提高制品耐化学药品与溶剂的能力；3）起着色作用，尤其对那些难以混合鲜艳色料的塑料品种更为重要。由于塑料是一种有机高分子材料，因此在选择漆的品种时，既要考虑漆与塑料的粘着性，又要考虑塑料的耐溶剂性。

塑料零件表面电镀可以改变塑料的某些特性，从而扩大塑料制品的应用范围。例如，使零件具有导电性，提高表面硬度和耐磨性，提高防老化、防潮、防溶剂侵蚀的性能，使制品具有金属的光泽。由于塑料不导电，必须在塑料表面加上一层导电的薄膜，才能电镀。

除以上几种二次加工方法以外，塑料制品成形后有时还需要进行热处理。塑料制品热处理的目的在于降低内部残余应力，提高使用时的尺寸稳定性和化学稳定性，提高强度，改善电性能等。

6.1.1.7 典型塑料模具

注射机是注射成形的主要设备，近几年注射机发展很快，品种、规格不断增多，而且还有新的类型不断出现。按其外形可分为立式、卧式、角式三种，应用较多的卧式注射机如图 6－10 所示。

A 注射机的组成

各种注射机尽管外形不同，但基本都是由下列三部分组成。

（1）注射系统。由加料装置（料斗）、定量供料装置、料筒及加热器、注射缸等组成，其作用是使塑料塑化和均匀化，并提供一定的注射压力，通过柱塞或螺杆将塑料注射到模具型腔内。

（2）合模、锁模系统。由固定模板、移动模板、顶杆、锁模机构和锁模液压缸等组成，其作用是将模具的定模部分固定在固定模板上，模具的动模部分固定在移动模板上，通过合模锁模机构提供足够的锁模力使模具闭合。完成注射后，打开模具顶出塑件。

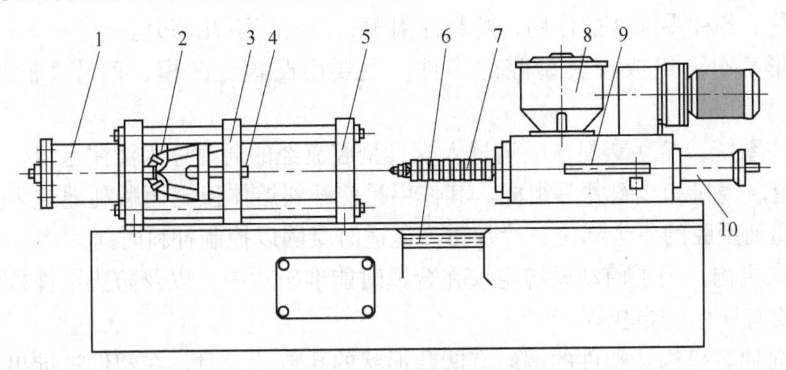

图 6-10 卧式注射机

1—锁模液压缸；2—锁模机构；3—移动板；4—顶扦；5—固定板；
6—控制台；7—料筒及加料器；8—料斗；9—定量供料装置；10—注射缸

（3）操作控制系统。安装在注射机上的各种动力及传动装置都是通过电气系统和各种仪表控制的，操作者通过控制系统来控制各种工艺量（注射量、注射压力、温度、合模力、时间等）完成注射工作，较先进的注射机可用计算机控制，实现自动化操作。

注射机还设有电加热和水冷却系统用于调节模具温度，并有过载保护及安全门等附属装置。

注射成形模具是注射成形工艺的主要工艺装备，称为注射模。注射模一般由定模部分和动模部分组成，如图 6-11 所示。动模安装在注射机的移动模板上，定模安装在注射机的固定模板上。注射时，动模与定模闭合构成型腔，定模部分设计有浇注系统，塑料熔体从喷嘴经浇注系统进入型腔成形。开模时动模与定模分离，模具上的脱模机构推出塑料件。

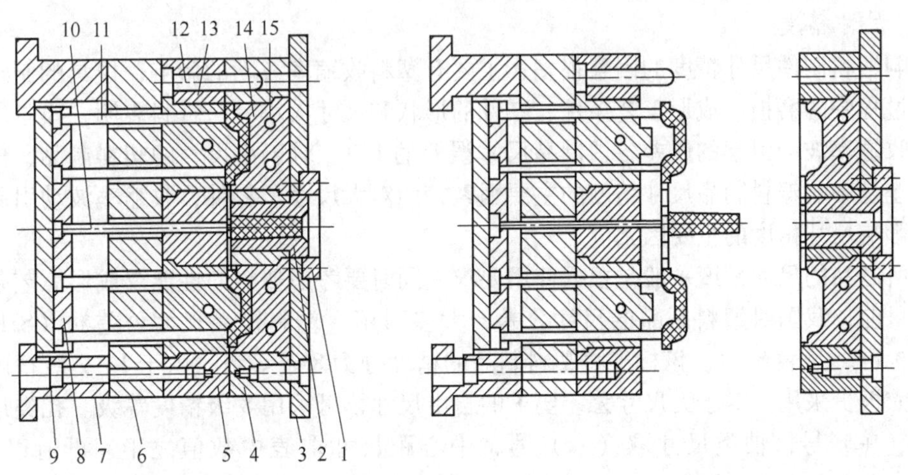

图 6-11 注射模

1—定位环；2—主流道衬道；3—定模底板；4—定模板；5—动模板；6—动模垫板；7—模脚；
8—推杆固定板；9—推杆固定底板；10—拉料杆；11—推杆；12—导柱；
13—凸模；14—凹模；15—冷却水道

B 塑料注射模的组成

根据模具上各种零部件的作用，塑料注射模一般有以下几部分。

（1）成形部分。组成模具型腔的零件。主要由凸模、凹模、型芯、嵌件和镶块等组成。

（2）浇注系统。熔融塑料从喷嘴进入模具型腔流经的通道称为浇注系统。它一般由主流道、分流道、浇口和冷料井等组成。其作用是使塑料熔体稳定而顺利地进入型腔，并将注射压力传递到型腔的各个部位，冷却时浇道适时凝固以控制补料时间。

（3）导向机构。为了使动模与定模在合模时能准确对中，以及防止推件板歪斜而设置的机构，主要有导柱、导套等。

（4）侧向抽芯机构。塑件的侧向有凹凸形状的孔或凸台时，在塑件被推出前必须先拔出侧向凸模或抽出侧向型芯。侧向抽芯机构一般由活动型芯、锁紧楔、斜导柱等组成。

（5）推出机构。又称脱模机构，它是在开模时将塑件推出的零部件。主要有推板、推杆、主流道拉料杆等组成。

在注射模上还有加热、冷却系统和排气系统等。

我国已经制定的注射模模架的国家标准有《塑料注射模中小型模架及技术条件》（GB/T 12556—1990）和《塑料注射模大型模架》（GB/T 12555—1990）。前者适用于尺寸为 $B \times L \leqslant 560\text{mm} \times 990\text{mm}$ 的模板；后者适用于尺寸为 $B \times L = [(630 \times 630) \sim (1250 \times 2000)]\ \text{mm}^2$ 的模板。并制定了相应模具零部件的国家标准，为模具设计与生产提供了依据。

6.1.1.8 塑料制品的结构工艺性

塑料制品的结构设计应当满足使用性能和成形工艺的要求，力求做到结构合理，造型美观，便于制造。塑料制品的结构设计主要内容包括塑件的尺寸精度、表面粗糙度、起模斜度，制品壁厚、局部结构（如加强肋、圆角、孔、螺纹、嵌件等）和分型面的确定等。

A 尺寸精度

影响塑料制件尺寸精度的因素很多，主要有塑料收缩率波动的影响，模具的制造精度及使用过程中的磨损、成形工艺条件、零件的形状和尺寸大小等。资料表明，模具制造误差和由收缩率波动引起的误差各占制品尺寸误差的1/3。对于小尺寸的塑料制品，模具的制造误差是影响塑料制品尺寸精度的主要因素，而对大尺寸塑料件，收缩率波动引起的误差则是影响尺寸精度的主要因素。

塑料制品的尺寸精度一般是根据使用要求，同时要考虑塑料的性能及成形工艺条件确定的。目前，我国对塑料制品的尺寸公差，大多引用《塑料制品尺寸公差》（SJ1372—1978）标准，见表6-1。该标准将塑料制品的精度分为8个等级，由于1、2级精度要求高，目前极少采用。对于无尺寸公差要求的自由尺寸，可采用8级精度等级。孔类尺寸的公差取（+）号，轴类尺寸取（-）号，中心距尺寸取表中数值之半，再冠以（+、-）号。

B 表面粗糙度

塑料制品的表面粗糙度除由于成形工艺控制不当，出现的冷疤、波纹等疵点外，主要由模具的表面粗糙度决定。一般模具表面的粗糙度比塑料制品的表面粗糙度减小1~2级，

表6-1 塑料制品的尺寸公差数值表 (mm)

公称尺寸	精度等级							
	1	2	3	4	5	6	7	8
	公差数值							
0~3	0.04	0.06	0.08	0.12	0.16	0.24	0.32	0.48
3~6	0.05	0.07	0.08	0.14	0.18	0.28	0.36	0.56
6~10	0.06	0.08	0.10	0.16	0.20	0.32	0.40	0.61
10~14	0.07	0.09	0.12	0.18	0.22	0.36	0.44	0.72
14~18	0.08	0.10	0.12	0.20	0.24	0.40	0.48	0.80
18~24	0.09	0.11	0.14	0.22	0.28	0.44	0.56	0.88
24~30	0.10	0.12	0.16	0.24	0.32	0.48	0.64	0.96
30~40	0.11	0.13	0.18	0.26	0.36	0.52	0.72	1.04
40~50	0.12	0.14	0.20	0.28	0.40	0.56	0.80	1.20
50~65	0.13	0.16	0.22	0.32	0.46	0.64	0.92	1.40
65~80	0.14	0.19	0.26	0.38	0.52	0.76	1.04	1.60
80~100	0.16	0.22	0.30	0.44	0.60	0.88	1.20	1.80
100~120	0.18	0.25	0.34	0.50	0.68	1.00	1.36	2.00
120~140		0.28	0.38	0.56	0.76	1.12	1.52	2.20
140~160		0.31	0.42	0.62	0.84	1.24	1.68	2.40
160~180		0.34	0.46	0.68	0.92	1.36	1.84	2.70
180~200		0.37	0.50	0.74	1.00	1.50	2.00	3.00
200~225		0.41	0.56	0.82	1.10	1.64	2.20	3.30
225~250		0.45	0.62	0.90	1.20	1.80	2.40	3.60
250~280		0.50	0.68	1.00	1.30	2.00	2.60	4.00
280~315		0.55	0.74	1.10	1.40	2.20	2.28	4.40
315~355		0.60	0.82	1.20	1.60	2.40	3.20	4.80
355~400		0.65	0.90	1.30	1.80	2.60	3.60	5.20
400~450		0.70	1.00	1.40	2.00	2.80	4.00	5.60
450~500		0.80	1.10	1.60	2.20	3.20	4.40	6.40

因此塑料制品的表面粗糙度不宜过小，否则会增加模具的制造费用。对于不透明的塑料制品，由于外观对外表面有一定的要求，而对内表面要求只要不影响使用，因此可比外表面粗糙度增大1~2级。对于透明的塑料制品，内外表面的粗糙度应相同，表面粗糙度需达 Ra0.8~0.05μm(镜面)，因此需要经常抛光型腔表面。

C 起模斜度

为了使塑料制品易于从模具中脱出，在设计时必须保证制品的内外壁有足够的起模斜度。起模斜度与塑料品种、制品形状和模具结构等有关，一般情况下起模斜度取30′~2°，常见塑料的起模斜度见表6-2。

表6－2 常见塑料的起模斜度

塑料种类	起模斜度
聚乙烯、聚丙烯、软聚氯乙烯	30′～1°
尼龙、聚甲醛、氯化聚醚、聚苯醚、ABS	40′～1°30′
硬聚氯乙烯、聚碳酸酯、聚砜、聚苯乙烯、有机玻璃	5′～2°
热固性塑料	30′～1°

对于不同品种的塑料制品，在《塑料制品尺寸公差》（SJ1372—1978）中建议采用三种精度等级，见表6－3，设计塑料制品时可参考选用。

表6－3 精度等级的选用

类别	塑料品种	建议采用的精度等级		
		高精度	一般精度	低精度
1	聚苯乙烯、ABS、聚甲基丙烯酸甲酯、聚碳酸酯、酚醛塑料、聚砜、聚苯醚、氨基塑料、30%玻璃纤维增强塑料	3	4	5
2	聚酰胺（6、66、610、9、1010）、氯化聚醚、硬聚氯乙烯	4	5	6
3	聚甲醛、聚丙烯、聚乙烯（高密度）	5	6	7
4	软聚氯乙烯、聚乙烯（低密度）	6	7	8

选择起模斜度一般应掌握以下原则：对较硬和较脆的塑料，起模斜度可以取大值；如果塑料的收缩率大或制品的壁厚较大时，应选择较大的起模斜度；对于高度较大及精度较高的制品应选较小的起模斜度。

D 制品壁厚

制品壁厚首先取决于使用要求，但是成形工艺对壁厚也有一定要求，塑件壁厚太薄，使充型时的流动阻力加大，会出现缺料和冷隔等缺陷；壁厚太厚，塑件易产生气泡、凹陷等缺陷，同时也会增加生产成本。塑件的壁厚应尽量均匀一致，避免局部太厚或太薄，否则会造成因收缩不均产生内应力，或在厚壁处产生缩孔、气泡或凹陷等缺陷。塑料制品的壁厚一般在1～4mm，大型塑件的壁厚可达6mm以上，各种塑料的壁厚值参见表6－4和表6－5。

表6－4 热塑性塑料制品的最小壁厚和建议壁厚 （mm）

塑料名称	最小壁厚	建议壁厚		
		小型制品	中型制品	大型制品
聚苯乙烯	0.75	1.25	1.6	3.2～5.4
聚甲基丙烯酸甲酯	0.8	1.50	2.2	4.0～6.5
聚乙烯	0.8	1.25	1.6	2.4～3.2
聚氯乙烯（硬）	1.15	1.60	1.80	3.2～5.8
聚氯乙烯（软）	0.85	1.25	1.5	2.4～3.2
聚丙烯	0.85	1.45	1.8	2.4～3.2
聚甲醛	0.8	1.40	1.6	3.2～5.4

续表 6-4

塑料名称	最小壁厚	建 议 壁 厚		
		小型制品	中型制品	大型制品
聚碳酸酯	0.95	1.80	2.3	4.0~4.5
聚酰胺	0.45	0.75	1.6	2.4~3.2
聚苯醚	1.2	1.75	2.5	3.5~6.4
氯化聚醚	0.85	1.35	1.8	2.5~3.4

表 6-5 热固性塑料制品的壁厚范围 (mm)

塑料种类	壁 厚		
	木粉填料	布屑粉填料	矿物填料
酚醛塑料	1.5~2.5(大件3~8)	1.5~9.5	3~3.5
氨基塑料	0.5~5	1.5~5	1.0~9.5

E 加强肋、圆角、孔、螺纹、嵌件

(1) 加强肋。作用是在不增加壁厚的情况下，增加塑件的强度和刚度，避免塑件变形翘曲。加强肋的尺寸如图 6-12 所示。

加强肋的设计应注意以下几个方面。

1) 加强肋与塑件壁连接处应采用圆弧过渡。

2) 加强肋厚度不应大于塑件壁厚。

3) 加强肋的高度应低于塑件高度 0.5mm 以上，如图 6-13 所示。

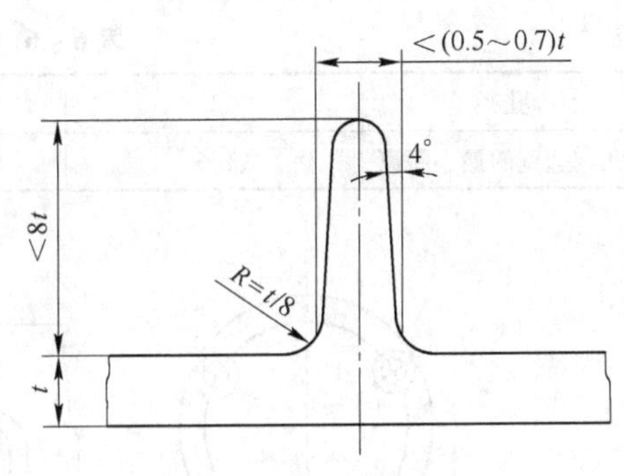

图 6-12 加强肋的尺寸

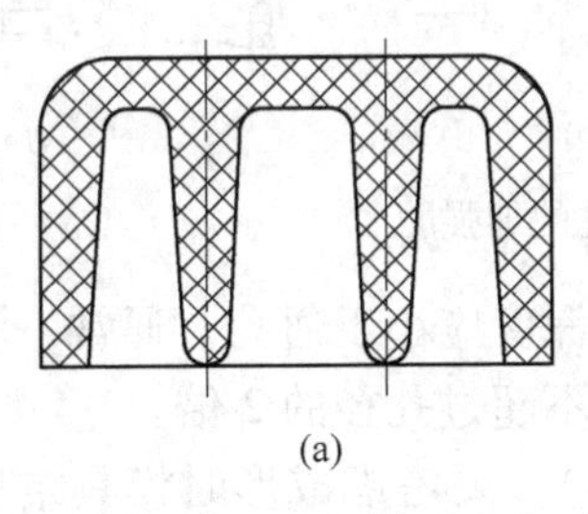

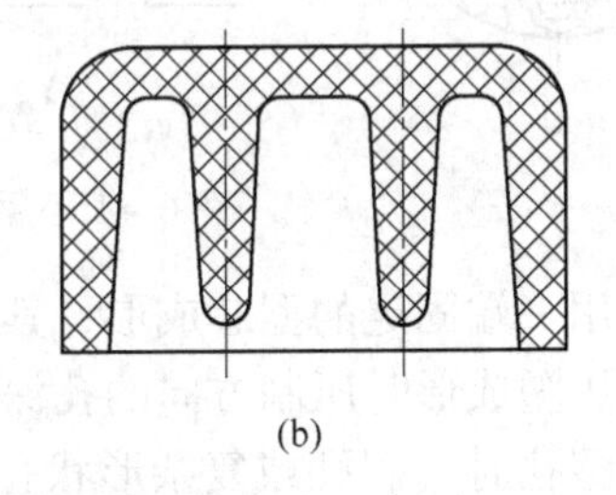

图 6-13 加强肋的高度

(a) 不合理；(b) 合理

4) 加强肋不应集中设置在大面积塑件中间，而应相互交错分布，如图 6-14 所示，以避免收缩不均引起塑件变形或断裂。

(2) 圆角。塑料制品除使用要求尖角外，所有内外表面的连接处，都应采用圆角过渡。一般外圆弧的半径是壁厚的 1.5 倍，内圆弧的半径是壁厚的 0.5 倍。

(3) 孔。塑料制品上的孔，应尽量开设在不减弱制品强度的部位，孔与孔之间、孔与边距之间应留有足够距离，以免造成边壁太薄而破裂，不同孔径的孔边壁最小厚度见表 6-6。塑料制品上固定用孔的四周应采用凸边或凸台来加强，如图 6-15 所示。

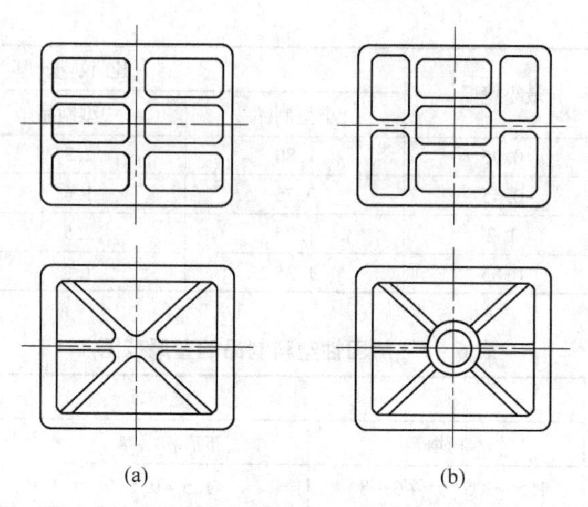

图 6－14 加强肋应相互交错分布
（a）不合理；（b）合理

表 6－6 孔与边壁的最小距离

（mm）

孔径	2	3.2	5.6	12.7
孔与边壁的最小距离	1.6	2.4	3.2	4.8

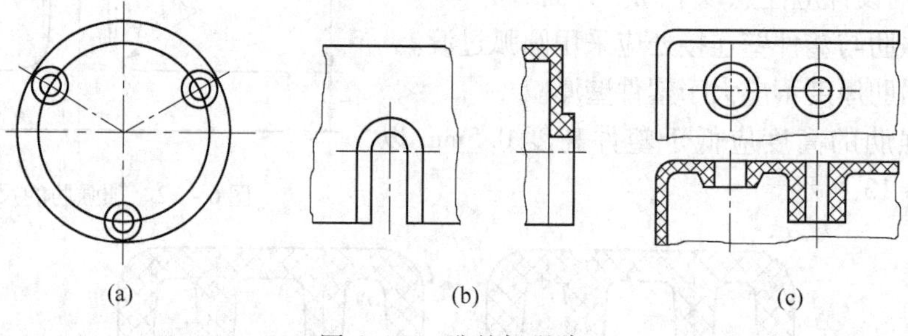

图 6－15 孔的加强肋

由于盲孔只能用一端固定的型芯成形，其深度应小于通孔。通常，注射成形时孔深不超过孔径的 4 倍，压塑成形时压制方向的孔深不超过孔径的 2 倍。

当塑件孔为异型孔时（斜孔或复杂形状孔），要考虑成形时模具结构，可采用拼合型芯的方法成形，以避免侧向抽芯结构，图 6－16 是几种复杂孔的成形方法。

（4）螺纹。塑料制品上的螺纹可以直接成形，通常无需后续机械加工，故应用较普遍。塑料成形螺纹时，外螺纹的大径不宜小于 4mm，内螺纹的小径不宜小于 2mm，螺纹精度一般低于 3 级。在经常装卸和受力较大的地方，不宜使用塑料螺纹，而应在塑料中装入带螺纹的金属嵌件。由于塑料成形时的收缩波动，塑料螺纹的配合长度不宜太长，一般不超过 7～8 牙，且尽量选用较大的螺距，如果需要使用细牙时可按表 6－7 选用。为防止塑料螺纹最外圈崩裂或变形，螺孔始端应有 0.2～0.8mm 深的台阶孔，螺纹末端与底面也应留有大于 0.2mm 的过渡段，如图 6－17（b）所示，与之相配的螺纹见图 6－17（a）。

（5）嵌件。在塑料制品中嵌入的金属或非金属零件，用以提高塑件的力学性能或导电磁性等。常见的金属嵌件形式如图 6－18 所示。

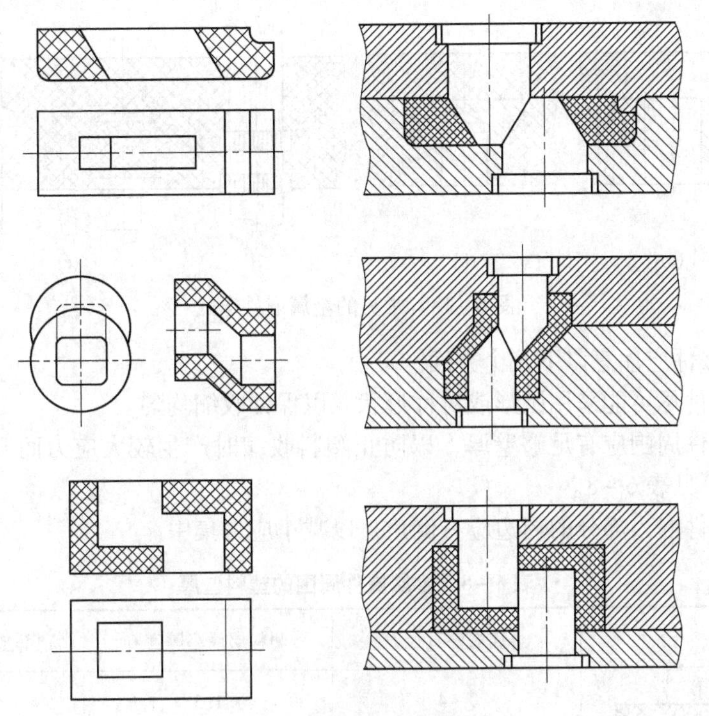

图 6-16 几种复杂孔的成形方法

表 6-7 塑料螺纹的螺牙选用范围

螺纹公称直径/mm	螺 纹 种 类				
	公制标准螺纹	一级细牙螺纹	二级细牙螺纹	三级细牙螺纹	四级细牙螺纹
3	+	-	-	-	-
3~6	+	-	-	-	-
6~10	+	+	-	-	-
10~18	+	+	+	-	-
18~30	+	+	+	+	-
30~50	+	+	+	+	+

注：表中“+”建议采用范围，“-”为不采用范围。

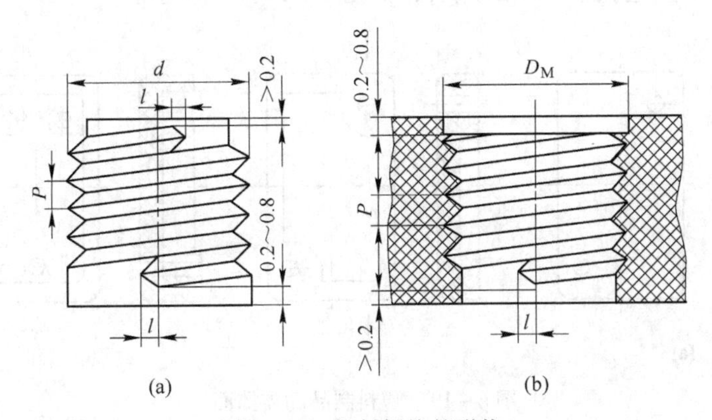

图 6-17 塑料螺纹的形状

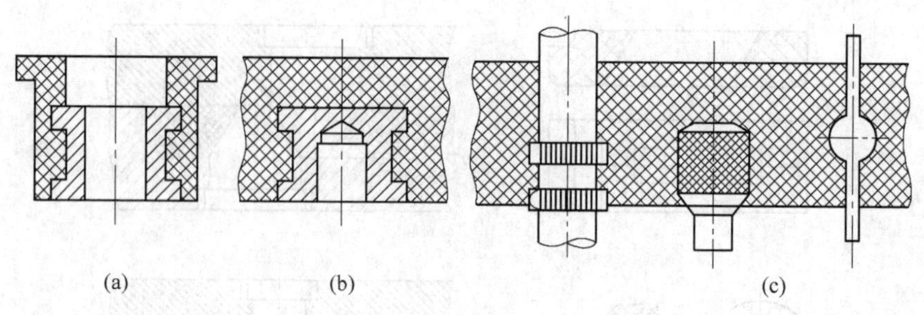

图6-18　常见的金属嵌件形式

设计金属嵌件应注意以下几个方面。

1）金属嵌件尽可能采用圆形或对称形状，以保证收缩均匀。

2）金属嵌件周围应有足够壁厚，以防止塑料收缩时产生较大应力而开裂，金属嵌件周围的塑料壁厚见表6-8。

3）金属嵌件嵌入部分的周边应有倒角，以减小应力集中。

表6-8　金属嵌件周围的塑料壁厚　（mm）

金属嵌件直径 D	塑料层最小厚度 C	顶部塑料层最小厚度 H
0～4	1.5	0.8
4～8	2.0	1.5
8～12	3.0	2.0
12～16	4.0	2.5
16～25	5.0	3.0

F　支撑面

以塑料制品的整个底面作支撑面是不稳定的，如图6-19(a) 所示。通常采用有凸起的边缘或用底脚（三点或四点）来做支撑面，如图6-19(b) 所示。当制品的底部有肋时，肋的端面应低于支撑面0.5mm左右，如图6-19(c) 所示。

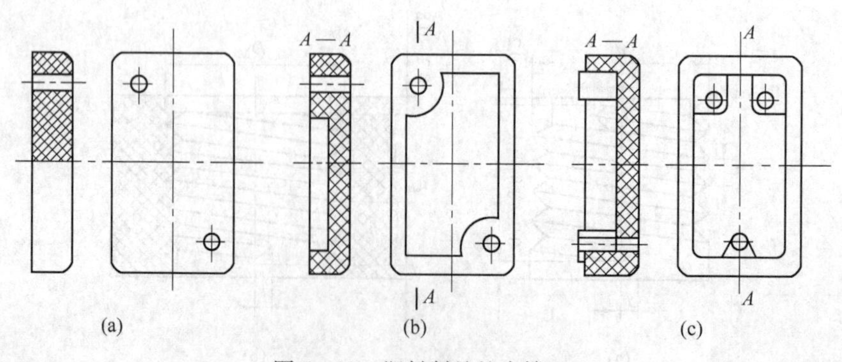

图6-19　塑料制品的支撑面

6.1.2 橡胶及其成形

6.1.2.1 工业橡胶的组成

工业橡胶（rubber）的主要成分是生胶。生胶基本上是线型非晶态高聚物，其结构特点是由许多能自由旋转的链段构成柔顺性很大的大分子长链，通常是卷曲线团状。当受外力时，分子便沿外力方向被拉直，产生变形，外力去除后又恢复到卷曲状态，变形消失。所以，生胶具有很高的弹性。但生胶分子链间相互作用力很弱，强度低，易产生永久变形。此外，生胶的稳定性差，如会发黏、变硬、溶于某些溶剂等。因此，工业橡胶中还必须加入各种配合剂。

橡胶的配合剂主要有硫化剂、填充剂、软化剂、防老化剂及发泡剂等。硫化剂的作用是使生胶分子在硫化处理中产生适度交联而形成网状结构，从而大大提高橡胶的强度、耐磨性和刚性，并使其性能在很宽的温度范围内具有较高的稳定性。

6.1.2.2 橡胶的性能特点

（1）高弹性能：

1）高弹态。受外力作用而发生的变形是可逆弹性变形，外力去除后，只需要千分之一秒便可恢复到原来的状态。

高弹变形时，弹性模量低，只有1MPa；变形量大，可达100%～1000%。

2）回弹性能。橡胶具有良好的回弹性能，如天然橡胶的回弹高度可达70%～80%。

（2）强度。经硫化处理和炭黑增强后，其抗拉强度达25～35MPa，并具有良好的耐磨性。

6.1.2.3 常用橡胶材料

根据原材料的来源不同可分为天然橡胶和合成橡胶。

（1）天然橡胶。天然橡胶是橡胶树上流出的胶乳经过加工制成的固态生胶。它的成分是异戊二烯高分子化合物。天然橡胶具有很好的弹性，但强度、硬度并不高。为了提高其强度并使其硬化，要进行硫化处理。经处理后，抗拉强度约为17～29MPa，用炭黑增强后可达35MPa。

天然橡胶是优良的电绝缘体，并有较好的耐碱性，但耐油、耐溶剂性和耐臭氧老化性差，不耐高温，使用温度为-70～110℃，广泛用于制作轮胎、胶带、胶管等。

（2）合成橡胶：

1）丁苯橡胶（SBR）。丁苯橡胶是应用最广、产量最大的一种合成橡胶。它是以丁二烯和苯乙烯为单体形成的共聚物。丁苯橡胶的性能主要受苯乙烯含量的影响，随苯乙烯含量的增加，丁苯橡胶的耐磨性、硬度增大而弹性下降。

丁苯橡胶比天然橡胶质地均匀，耐磨、耐热、耐老化性能好，但加工成形困难，硫化速度慢。这种橡胶广泛用于制造轮胎、胶布、胶板等。

2）顺丁橡胶（BR）。顺丁橡胶是丁二烯的聚合物。其原料易得，发展很快，产量仅次于丁苯橡胶。

顺丁橡胶的特点是具有较高的耐磨性，比丁苯橡胶高26%，可用于制造轮胎、三角胶带、减震器、橡胶弹簧、电绝缘制品等。

6.1.2.4　橡胶制品成形技术

橡胶的成形按生产设备的不同可分为两类：其一是在平板硫化机中模压成形，其二是在注射机中注射成形。若按成形方法分，主要有压制成形、压铸成形、注射成形和挤出成形等。下面分析压制成形和注射成形。

A　橡胶的压制成形

（1）压制成形工艺流程。橡胶的压制成形是橡胶制品生产中应用最早而又最多的方法，它是将经过塑炼和混炼预先压延好的橡胶坯料，按一定规格和形状下料后，加入到压制模中，合模后在液压机上按规定的工艺条件进行压制，使胶料在受热受压下以塑性流动充满型腔，经过一定时间完成硫化，再进行起模、清理毛边，最后检验得到所需制品的方法。橡胶压制成形的工艺流程如图6－20所示。

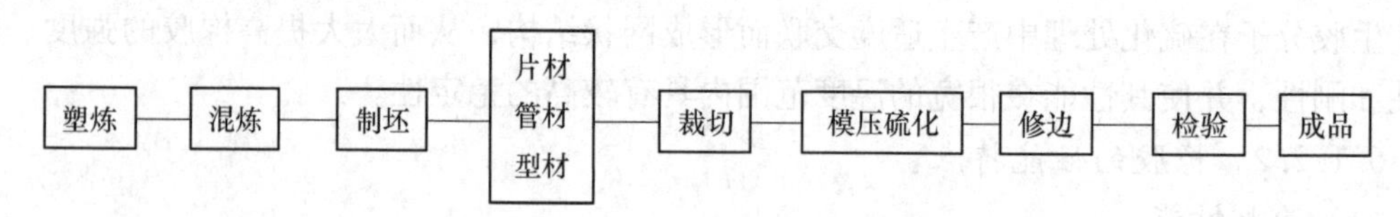

图6－20　橡胶压制成形的工艺流程

1）塑炼。橡胶具有的高弹性使之不容易与各种配合剂混合，也难以加工成形。为了适合加工工艺的需要，改变其高弹性，使橡胶具有一定的可塑度，通常在一定的温度下利用机械挤压、辊轧等方法，使生胶分子链断链，使其由强韧的弹性状态转变为柔软、具有可塑性的状态，这种使弹性生胶转变为可塑状态的加工工艺过程称为塑炼。

2）混炼。为了提高橡胶制品的使用性能，改进橡胶的工艺性能和降低成本，必须在生胶中加入各种配合剂。将各种配合剂混入生胶中，制成质量均匀的混炼胶的工艺过程称为混炼。

3）制坯。制坯是将混炼胶通过压延或挤压的方法制成所需的坯料，通常是片材，也可为管材或型材。

4）裁切。在裁切坯料时，坯料质量应有超过成品质量5%～10%的余量，结构精确的封闭式压制模成形时余量可减小到1%～2%，一定的过量不仅可以保证胶料充满型腔，还可以在成形时排除型内的气体和保持足够的压力。裁切可用圆盘刀或冲床按型腔形状剪切。

5）模压硫化。模压硫化是成形的主要工序，它包括加料、闭模、硫化、起模和模具清理等步骤，胶料经闭模加热加压后成形，经过硫化使胶料分子交联，成为具有高弹性的橡胶制品。起模后的橡胶制品经修边和检验合格后即为成品。

（2）压制工艺。橡胶压制成形工艺的关键是控制模压硫化过程。

硫化是指橡胶在一定压力和温度下，坯料结构中的线性分子链之间形成交联，随着交联度的增加，橡胶变硬强化的过程。硫化过程控制的主要参数是硫化温度、时间和压力等。所用设备多为单层或多层平板硫化机。

1）硫化温度。硫化温度是橡胶发生硫化反应的基本条件，它直接影响硫化速度和产品质量。硫化温度高，硫化速度快，生产效率就高。但是硫化温度过高会使橡胶高分子链裂解，从而使橡胶的强度、韧度下降，因此硫化温度不宜过高。橡胶的硫化温度主要取决于橡胶的热稳定性，橡胶的热稳定性越高则允许的硫化温度也越高。表6-9是常见胶料的最适宜硫化温度。

表6-9 常见胶料的最适宜硫化温度

胶料类型	最适宜硫化温度/℃	胶料类型	最适宜硫化温度/℃
天然橡胶胶料	143	丁基橡胶胶料	170
丁苯橡胶胶料	150	三元乙丙胶料	160~180
异戊橡胶胶料	151	丁腈橡胶胶料	180
顺丁橡胶胶料	151	硅橡胶胶料	160
氯丁橡胶胶料	151	氟橡胶胶料	160

2）硫化时间。硫化时间是和硫化温度密切相关的，在硫化过程中，硫化胶的各项物理、力学性能达到或接近最佳点时，此种硫化程度称为正硫化或最宜硫化。在一定温度下达到正硫化所需的硫化时间称为正硫化时间，一定的硫化温度对应有一定的正硫化时间。当胶料配方和硫化温度一定时，硫化时间决定硫化程度，不同大小和壁厚的橡胶制品通过控制硫化时间来控制硫化程度，通常制品的尺寸越大或越厚，所需硫化的时间越长。

3）硫化压力。为使胶料能够流动充满型腔，并使胶料中的气体排出，应有足够的硫化压力。通常在100~140℃范围压模时，必须施用20~50MPa的压力，才能保证获得清晰复杂的轮廓。增加压力能提高橡胶的力学性能，延长制品的使用寿命。试验表明，用50MPa压力硫化的轮胎的耐磨性能，较压力在2MPa硫化的轮胎的耐磨性能高出10%~20%。但是，过高的压力会加速分子的降解作用，反而会使橡胶的性能降低。

通常，对硫化压力的选取应根据胶料的配方、可塑性、产品的结构等因素决定。在工艺上应遵循的原则为：制品塑性大，压力小；制品厚，层数多，结构复杂，压力大；薄制品压力低。生产中采用的硫化压力多在3.5~14.7MPa之间，模压一般天然橡胶制品常用压力在4.9~7.84MPa之间。

B 橡胶注射成形

（1）橡胶注射成形工艺过程。橡胶注射成形是在专门的橡胶注射机上进行的，常用的有立式或卧式的螺杆或柱塞式注射机。橡胶注射成形的工艺过程主要包括胶料的预热塑化、注射、保压、硫化、脱模和修边等工序。将混炼好的胶料通过加料装置加入料筒中加热塑化，塑化后的胶料在柱塞或螺杆的推动下，经过喷嘴射入到闭合的模具中，模具在规定的温度下加热，使胶料硫化成形。

在注射成形过程中，由于胶料在充型前一直处于运动状态受热，因此各部分的温度较压制成形时均匀，且橡胶制品在高温模具中短时即能完成硫化，制品的表面和内部的温差小，硫化质量较均匀。所以，注射成形的橡胶制品具有质量较好，精度较高，而且生产效率较高的工艺特点。

（2）注射成形工艺条件。注射成形工艺条件主要有料筒温度、注射温度（胶料通过喷嘴后的温度）、注射压力、模具温度和成形时间。

1）料筒温度。胶料在料筒中加热塑化，在一定温度范围内，提高料筒温度可以使胶料的黏度下降，流动性增加，有利于胶料的成形。

一般柱塞式注射机料筒温度控制在 70～80℃；螺杆式注射机因胶料温度较均匀，料筒温度控制在 80～100℃，有的可达 115℃。

2）注射温度。胶料在料筒中除受料筒的加热外，在注射过程中还受到摩擦热，故胶料的注射温度均高于料筒温度。不同橡胶品种或同种生胶，由于胶料的配方不同，通过喷嘴后的升温也不同。注射温度高硫化时间短，但是容易出现焦烧，一般应控制在不产生焦烧的温度下，尽可能接近模具温度。

3）注射压力。注射压力指注射时螺杆或柱塞施于胶料单位面积上的力。注射压力大，有利于胶料充模，还使胶料通过喷嘴时的速度提高，剪切摩擦产生的热量增大，这对充模和加快硫化有利。采用螺杆式注射机时，注射压力一般为 80～110MPa。

4）模具温度。在注射成形中，由于胶料在充型前已经具有较高的温度、充型之后能迅速硫化，表层与内部的温差小，故模具温度较压制成形的高，一般可高出 30～50℃。注射天然橡胶时，模具温度为 170～190℃。

5）成形时间。成形时间是指完成一次成形过程所需时间，它是动作时间与硫化时间之和，由于硫化时间所占比例最大，故缩短硫化时间是提高注射成形效率的重要环节。硫化时间与注射温度、模具温度、制品壁厚有关。表 6－10 是天然橡胶注射成形与压制成形时间对比表，由表中可以看出注射成形时间较压制成形时间少得多。

表 6－10 天然橡胶注射成形与压制成形时间对比

成形方法	料筒温度/℃	注射温度/℃	模具温度/℃	成形时间
注射成形	80	150	175	80s
压制成形	—	—	143	20～25min

6.1.3 胶粘剂及粘接成形工艺

工程中，工程材料的连接方法除焊接、铆接、螺纹连接之外，还有一种连接工艺称为粘接剂粘接，又称胶接（band）。其特点是接头处应力分布均匀，应力集中小，接头密封性好，而且工艺操作简单，成本低。胶接作为一种新型的零件连接方法广泛应用于机械制造、飞机制造、船舶制造、建筑以及电工电子等行业，还广泛应用于密封与修补各种金属制品的胶接结构设计领域。

6.1.3.1 胶粘剂的组成及性能特点

胶粘剂（adhesive）的组成是根据使用性能要求的不同而采用不同的配方，但其中粘性基料是主要的组成成分。粘性基料对胶粘剂的性能起主要作用，它必须具有优异的粘附力及良好的耐热性、抗老化性等。常用粘性基料有环氧树脂、酚醛树脂、聚氨酯树脂、氯丁橡胶、丁腈橡胶等。

胶粘剂中除了粘性基料外，通常还有各种添加剂，如填料、固化剂、增塑剂等。这些添加剂是根据胶粘剂的性质及使用要求选择的。

根据胶粘剂粘性基料的化学成分不同，胶粘剂可分为无机胶和有机胶；按其主要用途，又可分为结构胶、非结构胶和其他胶粘剂。

6.1.3.2 常用胶粘剂

A 有机胶粘剂

(1) 环氧胶粘剂。环氧胶粘剂是以环氧树脂为基料的胶粘剂。目前常用的环氧树脂主要是双酚A型的，它对许多工程材料如金属、玻璃、陶瓷等，均有很强的粘附力。

由于环氧树脂是线型高聚物，本身不会固化，所以必须加入固化剂，使其形成体型结构，才能发挥其优异的物理、力学性能。常用的固化剂有胺类、酸酐类、咪唑类和聚酰胺树脂等。

环氧树脂固化后会变脆，为了提高冲击韧度，常加入增塑剂和增韧剂，如对苯二甲酸二丁酯、丁腈橡胶等。环氧胶粘剂常用作各种结构用胶。

(2) 改性酚醛胶粘剂。酚醛树脂固化后有较多的交联键，因此它具有较高的耐热性和很好的粘附力。但脆性较大，为了提高韧性，需要进行改性处理。

由酚醛树脂与丁腈混炼胶混合而成的改性胶粘剂称为酚醛－丁腈胶。它的胶接强度高，弹性、韧性好，耐振动，耐冲击，具有较大的使用温度范围，可在－50～180℃之间长期工作。此外，它还耐水、耐油、耐化学介质腐蚀。主要应用于金属及大部分非金属材料的结构中，如汽车刹车片的粘合，飞机中铝、钛合金的粘合等。

由酚醛树脂与缩醛树脂混合而成的胶粘剂称为酚醛－缩醛胶。它具有较高的胶接强度，特别是冲击韧性和耐疲劳性好。同时，也具有良好的耐老化性和综合性能，适用于各种金属和非金属材料的胶接。但其耐热性能比酚醛－丁腈胶差。

B 无机胶粘剂

无机胶粘剂主要有磷酸型、硼酸型和硅酸型。目前工程上最常用的是磷酸型。

磷酸型胶粘剂的组成如下：

磷酸（相对密度为1.7）100mL } 磷酸铝 1mL
氢氧化铝（化学纯）5～10g }
氧化铜（180目以上）3.5～4.5g } 调制成胶

与有机胶粘剂相比，无机胶有下列特点：

(1) 优良的耐热性，长期使用温度为800～1000℃，并具有一定的强度，这是有机胶无法比拟的。

(2) 胶接强度高，抗剪强度可达100MPa，抗拉强度可达22MPa。

(3) 较好的低温性能，可在－196℃下工作，强度几乎无变化。

(4) 耐候性、耐水性和耐油性良好，但耐酸、碱性较差。

6.1.3.3 胶接工艺

胶接方法的基本工艺过程是：

(1) 接头设计。根据零部件的结构、受力特征和使用的环境条件进行接头的形式、尺寸的设计。

(2) 胶粘剂的选择。根据前述胶粘剂的选用原则，选择合理的胶粘剂。

(3) 表面处理。对于胶接接头的强度要求较高、使用寿命要求较长的被胶接物，应对其表面进行胶接前的处理，如机械打毛、清洗等。

(4) 配胶。将组成胶粘剂的粘料、固化剂和其他助剂按照所需比例均匀搅拌混合，有时还需将它们在烘箱或红外线灯下预热至40~50℃。

（5）装配与涂（注）胶。将被胶接物按所需位置进行正确装配或涂胶（有的涂胶在装配前），涂胶的方法有涂刷、辊涂、刀刮、注入等。

（6）固化。固化是在一定的温度和压力下进行的。每种胶粘剂都有自己的固化温度，交联在一定的固化温度下才能充分进行。

6.2 工业陶瓷及其成形

6.2.1 陶瓷的种类

陶瓷（ceramics）是一种无机非金属材料，它可分为普通陶瓷和特种陶瓷两大类。前者是以黏土、长石和石英等天然原料，经过粉碎、成形和烧结而成，主要用作日用、建筑和卫生用品，以及工业上的低压电器、高压电器、耐酸、过滤器皿等。后者是以人工化合物为原料（如氧化物、氮化物、碳化物、硅化物、硼化物及氟化物等）制成的陶瓷，它具有独特的力学、物理、化学、电、磁、光学等性能，主要用于化工、冶金、机械、电子、能源和一些新技术产品中。

6.2.2 常用陶瓷材料

（1）普通陶瓷。普通陶瓷是由天然原料配制、成形和烧结而成的黏土类陶瓷。它的质地坚硬，绝缘性、耐蚀性、工艺性好，可耐1200℃高温，且成本低廉。除用作日用陶瓷外，工业上主要用于制作绝缘的电瓷和对酸碱有一定耐蚀性的化学瓷，有时也可做承载要求较低的结构零件用瓷。

（2）氧化铝陶瓷。氧化铝陶瓷是一种Al_2O_3为主要成分的陶瓷，其所含玻璃相和气相极少，故其强度比普通陶瓷高3~6倍，并具有硬度高、抗化学腐蚀能力和介电性好，耐高温（熔点为2050℃）的特性，但脆性大、抗冲击性差，不宜承受环境温度的剧烈变化。近年来出现的氧化铝微晶刚玉瓷、氧化铝金属瓷等，进一步提高了刚玉瓷的性能，广泛用于制造高温测温热电偶绝缘套管，耐磨、耐蚀用水泵，拉丝模及切削淬火钢的刀片等。

（3）氮化硅陶瓷。氮化硅陶瓷是将硅粉经反应烧结而成或将Si_3N_4经热压烧结而成的一种陶瓷。它们都是以共价键为主的化合物，原子间结合牢固，因此，化学稳定性好、硬度高、摩擦系数小并具有自润滑性和优异的电绝缘性，抗热振性更为突出。经反应烧结而成的氮化硅陶瓷，常用于制造耐磨、耐蚀、耐高温、绝缘的零件，如耐蚀水泵密封环、电磁泵管道、阀门、热电偶套以及高温轴承材料。热压烧结而成的氮化硅陶瓷，可用于制作燃气轮机转子叶片、转子发动机刮片和切削加工用刀片等。

（4）氮化硼陶瓷。氮化硼陶瓷通常是由BN粉末经冷压或热压烧结而成的一种陶瓷。其晶体结构属六方晶型，与石墨相似。但其强度比石墨高，有良好的耐热性（在氮气或惰性气体中最高使用温度达2800℃），是典型的电绝缘材料和优良的热导体。此外，还具有良好的化学稳定性和机械加工性。适用于制造冶炼用的坩埚、器皿、管道、半导体容器和各种散热绝缘体、玻璃制品模具等。

如果以六方氮化硼为原料，经碱金属或碱土金属触媒作用，并在高温、高压下转化为立方氮化硼，则可成为一种硬度仅次于金刚石的新型超硬材料，可作为磨料用于磨削既硬又韧的高速钢、模具钢、耐热钢等，并可制成金属切削用的刀片。

（5）碳化物陶瓷。碳化物陶瓷有 SiC、WC、TiC 等。这类材料具有高的硬度、熔点和化学稳定性。

碳化硅陶瓷具有较高的高温强度，其抗弯强度在 1400℃时仍保持在 300～600MPa，而其他陶瓷在 1200℃时抗弯强度已显著下降。此外，它还具有很高的热传导能力，较好的热稳定性、耐磨性、耐蚀性和抗蠕变性。

碳化硅陶瓷可用来制造工作温度高于 1500℃的零件，如火箭喷嘴、热电偶套管、高温电炉零件，各种泵的密封圈等。

6.2.3 陶瓷制品成形技术

陶瓷制品的生产过程包括：原料处理、坯料准备、成形、干燥、施釉、烧结及后续处理等。陶瓷制品的成形，就是将坯料制成一定形状和规格的坯体。常用的成形方法有注浆成形、可塑成形和压制成形三大类。

（1）注浆成形。传统的注浆成形是指在石膏模的毛细管力作用下，含一定水分的黏土泥浆脱水硬化、成坯的过程。现在，一般将坯料具有一定液态流动性的成形方法统称为注浆成形法。

传统的注浆成形周期长、劳动强度大、不适合连续自动化生产。近年来，各种强化注浆方法快速发展，如自动化管道注浆、成组浇注等，缩短了生产周期、提高了坯体质量。

基本注浆方法有空心注浆（单面注浆）和实心注浆（双面注浆）两种。

空心注浆的石膏模没有型芯，泥浆注满模腔后放置一段时间，待模腔内壁粘附一定厚度的坯体后，多余的泥浆倒出，形成空心注件，然后待模干燥。待注件干燥收缩脱离模型后就可取出，如图 6－21 所示。模腔工作面的形状决定坯体的外形，坯体厚度取决于吸浆时间等。这种方法适合于小件、薄壁制品的成形。

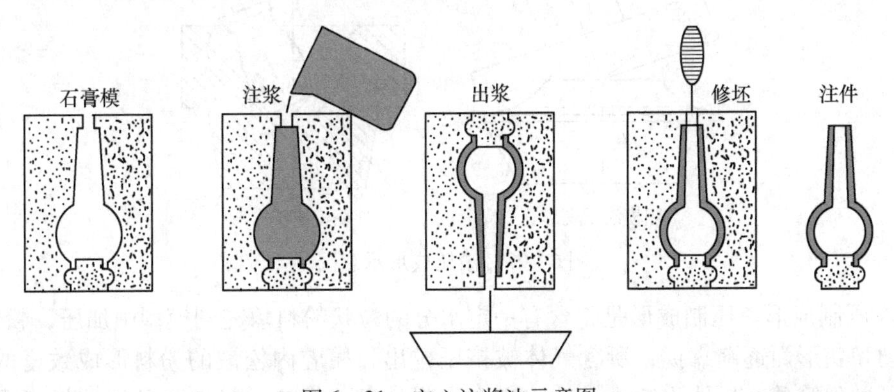

图 6－21 空心注浆法示意图

实心注浆是将泥浆注入外模和型芯之间，石膏模从内外两个方向同时吸水。注浆过程中泥浆不断减少，需要不断补充，直至泥浆全部硬化成坯，如图 6－22 所示。实心注浆的坯体外形决定于外模的工作面，内形决定于模芯的工作面。坯体厚度由外模与模芯之间的空腔决定。实心注浆适合于坯体的内外表面形状、花纹不同，大型、壁厚制品的成形。

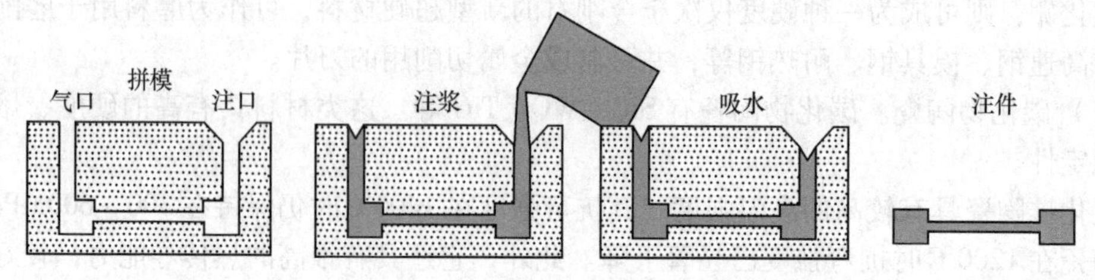

图6－22 实心注浆法示意图

有时可采用强化注浆方法，即在注浆过程中施加外力，加速注浆过程的进行，使得吸浆速度和坯体强度得到明显改善。

热压铸成形是将含有石蜡的浆料在一定温度和压力下注入金属模具中，待坯体冷却凝固后再脱模的成形方法。其制品的尺寸准确，结构紧密，表面光洁。广泛应用于制造形状复杂、尺寸精度要求高的工业陶瓷制品。如电容器瓷件、氧化物陶瓷、金属陶瓷等。

（2）可塑成形。可塑成形是对具有一定塑性变形能力的泥料进行加工成形的方法。主要有滚压成形、塑压成形、注塑成形及轧模成形等。

滚压成形是在旋坯成形的基础上发展而来的。成形时，盛放着泥料的石膏模型和滚压头分别绕自己的轴线以一定的速度同方向旋转。滚压头在旋转的同时，逐渐靠近石膏模型，并对泥料进行滚压成形。滚压成形坯体致密均匀、强度较高。滚压机可以和其他设备配合组成流水线，生产率高。

滚压成形可以分为阳模滚压和阴模滚压，如图6－23所示。阳模滚压又称为外滚压，由滚压头决定坯体的外形和大小，适合成形扁平、宽口器皿。阴模滚压又称为内滚压，滚压头形成坯体的内表面，适合成形口径较小而深的制品。

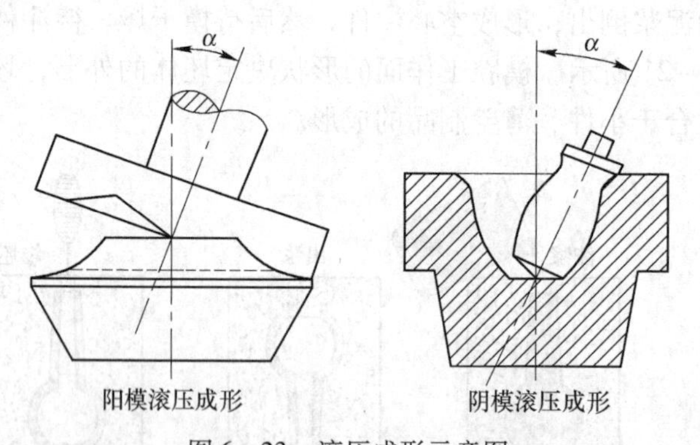

图6－23 滚压成形示意图

（3）压制成形。压制成形是将含有一定水分的粒状粉料填充到模型中加压，粉料颗粒产生移动和变形而逐渐靠拢，所含气体被挤压排出，模腔内松散的粉料形成致密的坯体。压制成形过程简单、坯体收缩小、致密度高、制品尺寸精确，对坯料的可塑性要求不高。其缺点是难以成形为形状复杂的制品，故多用来压制扁平状制品。粉料含水3%～7%时为干压成形，8%～15%时为半干压成形，小于3%为特殊压制成形，如等静压。陶瓷制品的压制成形类似于粉末冶金的模压成形，其加压方式有单面加压、双面同时加压和双面先后加压。成形压力是影响坯件质量的主要因素，一般成形压力为40～100MPa，采用2～3次先小后大加压的操作方法。

(4) 成形模具。石膏模具是陶瓷生产中应用最广泛的多孔模具。它的气孔率在30%～50%，气孔直径在1～6μm。成形时坯料中的水分在毛细管力作用下迅速吸出，硬化成坯。

为了满足高压注浆、高温快速干燥及机械化、自动化的生产要求，而采用新型多孔模具。它除了具有类似石膏模具的吸水性能外，其强度和耐热性优于石膏模具。如多孔塑料模、多孔金属模等。

滚压头、压制成形模具、热等静压模具等均采用金属模具。

冷等静压成形，一般采用耐油氯丁橡胶、硅橡胶等橡胶模具。

6.3 复合材料及其成形

6.3.1 什么是复合材料

复合材料（composite materials）是将两种或两种以上不同性质的材料组合在一起，构成的材料性能比其组成的材料性能优异的一类新型材料。复合材料由两类物质组成：一类作为基体材料，形成几何形状并起粘接作用，如树脂、陶瓷、金属等；另一类作为增强材料，起提高强度或韧度作用，如纤维、颗粒、晶须等。

6.3.2 复合材料的性能特点

(1) 比强度和比模量高。在复合材料中，由于一般作为增强相的多数是强度很高的纤维，而且组成材料密度较小，所以复合材料的比强度、比模量比其他材料要高得多（表6－11）。这对于宇航、交通工具，在保证性能的前提下要求减轻自重具有重大的实际意义。

表6－11 各类材料强度性能的比较

材 料	相对密度	抗拉强度 σ_b/MPa	弹性模量 E/MPa	比强度 $\sigma_b(\rho)$	比弹性模量 $E(\rho)$
钢	7.8	1010	206×10^3	129	26×10^3
铝	2.8	461	74×10^3	165	26×10^3
钛	4.5	942	74×10^3	209	25×10^3
玻璃钢	2.0	1040	39×10^3	520	20×10^3
碳纤维Ⅱ/环氧树脂	1.45	1472	137×10^3	1015	95×10^3
碳纤维Ⅰ/环氧树脂	1.6	1050	235×10^3	656	147×10^3
有机纤维PRD/环氧树脂	1.4	1373	78×10^3	981	56×10^3
硼纤维/环氧树脂	2.1	1344	206×10^3	640	98×10^3
硼纤维/铝	2.65	981	196×10^3	370	74×10^3

(2) 疲劳强度较高。碳纤维增强复合材料的疲劳极限相当于其抗拉强度的70%～80%，而多数金属材料疲劳强度只有抗拉强度的40%～50%。这是因为，在纤维增强复合材料中，纤维与基体间的界面能够阻止疲劳裂纹的扩展。当裂纹从基体的薄弱环节处产生并扩展到结合面时，受到一定程度的阻碍，因而使裂纹向载荷方向的扩展停止，所以复合

材料有较高的疲劳强度。

（3）减震性好。当结构所受外载荷频率与结构的自振频率相同时，将产生共振，容易造成灾难性事故。而结构的自振频率不仅与结构本身的形状有关，而且还与材料比模量的平方根成正比关系。因为纤维增强复合材料的自振频率高，故可以避免共振。此外，纤维与基体的界面具有吸振能力，所以具有很高的阻尼作用。

（4）断裂安全性高。在纤维复合材料的横截面上有很多的细纤维，当它受力时材料将处于静不定状态。过载时，部分纤维断裂，然后载荷重新分布于更多的未断裂纤维上，因此不会在瞬间造成构件的断裂，工作的安全性高。

除了上述几种特性外，复合材料还有较高的耐热性，良好的自润滑和耐磨性等。但它也有缺点，如断裂伸长率较小，抗冲击性较差，横向强度较低，成本较高等。

6.3.3 复合材料的分类

复合材料依照增强相的性质和形态，可分为纤维增强复合材料、层合复合材料和颗粒复合材料三类。

6.3.3.1 纤维增强复合材料

（1）玻璃纤维增强复合材料。玻璃纤维增强复合材料是以玻璃纤维及制品为增强剂，以树脂为粘结剂而制成的，俗称玻璃钢。

以尼龙、聚烯烃类、聚苯乙烯类等热塑性树脂为粘结剂制成的热塑性玻璃钢，具有较高的力学、介电、耐热和抗老化性能，工艺性能也好。与基体材料相比，其强度和疲劳性能可提高2~3倍以上，冲击韧性提高1~4倍，蠕变抗力提高2~5倍。此类复合材料达到或超过了某些金属的强度，可用来制造轴承、齿轮、仪表盘、壳体、叶片等零件。

以环氧树脂、酚醛树脂、有机硅树脂、聚酯树脂等热固性树脂为粘结剂制成的热固性玻璃钢，具有密度小，强度高（见表6－12），介电性和耐蚀性及成形工艺性好的特点，可制造车身、船体、直升机旋翼等。

表6－12 几种树脂浇铸品的力学性能

项 目	酚醛树脂	环氧树脂	聚酯树脂	有机硅树脂
相对密度	1.30~1.32	1.15	1.10~1.46	1.7~1.9
抗拉强度/MPa	42~63	84~105	42~70	21~49
抗弯强度/MPa	77~119	108.3	59.5~119	68.6
抗压强度/MPa	87.5~150	150	91~169	63~126

（2）碳纤维增强复合材料。碳纤维增强复合材料是以碳纤维或其织物为增强剂，以树脂、金属、陶瓷等为粘结剂而制成的。目前有碳纤维树脂、碳纤维碳、碳纤维金属、碳纤维陶瓷复合材料等，其中以碳纤维树脂复合材料应用最为广泛。

碳纤维树脂复合材料中采用的树脂有环氧树脂、酚醛树脂、聚四氟乙烯树脂等。与玻璃钢相比，其强度和弹性模量高，密度小，因此它的比强度、比模量在现有复合材料中名列前茅。它还具有较高的冲击韧性和疲劳强度，优良的减摩性、耐磨性、导热性、耐蚀性和耐热性。

碳纤维树脂复合材料广泛用于制造要求比强度、比模量高的飞行器结构件，如导弹的鼻锥体、火箭喷嘴、喷气发动机叶片等，还可制造重型机械的轴瓦、齿轮、化工设备的耐蚀件等。

6.3.3.2 层合复合材料

层合复合材料是由两层或两层以上的不同性质的材料结合而成，达到增强材料性能的目的。

三层复合材料是以钢板为基体，烧结铜为中间层，塑料为表面层制成的。它的物理、力学性能主要取决于基体，而摩擦、磨损性能取决于表面塑料层。中间多孔性青铜使三层之间获得可靠的结合力。表面塑料层常为聚四氟乙烯（如 SF-1 型）和聚甲醛（如 SF-2 型）。这种复合材料比单一塑料提高承载能力 20 倍，导热系数提高 50 倍，热膨胀系数降低 75%，从而改善了尺寸稳定性，常用作无油润滑轴承，此外还可制作机床导轨、衬套、垫片等。

夹层复合材料是由两层薄而强的面板或称蒙皮与中间一层轻而柔的材料构成。面板一般由强度高、弹性模量大的材料，如金属板、玻璃等组成，而芯料结构有泡沫塑料和蜂窝格子两大类。这类材料的特点是密度小，刚性和抗压稳定性高，抗弯强度好，常用于航空、船舶、化工等工业，如飞机、船舶的隔板及冷却塔等。

6.3.3.3 颗粒复合材料

颗粒复合材料是由一种或多种颗粒均匀分布在基体材料内而制成的。颗粒起增强作用。

常见的颗粒复合材料有两类：一类是颗粒与树脂复合，如塑料中加颗粒状填料，橡胶用炭黑增强等；另一类是陶瓷粒与金属复合，典型的有金属基陶瓷颗粒复合材料等。

6.3.4 复合材料的成形方法

6.3.4.1 金属基复合材料成形技术

金属基复合材料是以金属及其合金为基体，与一种或几种金属或非金属增强材料，用人工方法结合成形的复合材料。其增强材料大多为无机非金属，如陶瓷、碳、石墨及硼纤维等，也可以用金属丝。金属基复合材料的比强度和比模量高，工作温度高，层间剪切强度高，并具有导电、导热、抗疲劳、耐磨损、不老化、不吸湿、不吸气、尺寸稳定等特性。它是一种优良的结构材料，在航天航空领域中占有重要地位，在汽车、船舶、电子、机械等工业中也具有一定的应用前景。

金属基复合材料品种繁多，其分类方式可归纳为三种：

（1）按增强物类型区分，包括连续纤维增强、非连续增强（包括颗粒、短纤维、晶须增强）、自生增强（包括反应自生和定向自生）金属基复合材料以及板层金属复合材料等；

（2）按基体类型区分，有铝基、镁基、锌基、铜基、钛基、铅基、镍基、耐热金属基及金属间化合物基等复合材料；

（3）按用途区分，包括具有高比强度、高比模量、尺寸稳定、耐热性好的结构复合材料，以及高导热、导电、高阻尼性能的功能复合材料。

因为基体金属的熔点及物理、化学性质不同，增强物的几何形状及物理、化学性质不同，所以应选用不同的制造方法。现有的制造方法有热压固结法、热等静压法、挤压铸造法、共喷沉积法、液态金属浸渍法、液态金属搅拌铸造法、真空压力浸渍法和粉末冶金法等。

A 热压固结法

热压固结法是目前制造硼纤维、碳化硅纤维增强铝、钛超合金等金属基复合材料的主要方法之一。

热压固结工艺流程是：首先将增强纤维按设计要求与金属基片制成复合材料预制片，再进行叠层排布；然后将其放入模具中加热、加压，使基体金属发生塑性变形和流动，并充填在增强纤维的间隙中，使金属与增强物紧密粘结在一起。

金属基复合材料预制片的制备方法有三种，即等离子喷涂法、箔粘结法和液态金属浸渍法。等离子喷涂法制备预制片的过程是：先将硼纤维或碳化硅单丝缠绕在圆筒上，然后在低真空喷涂装置中喷涂金属，从而形成含有增强纤维的预制片。箔粘结法较简单，它是将硼纤维、碳化硅纤维用在真空加热时易挥发的有机粘结剂粘贴在金属箔上；或将基体金属箔滚压成波纹状，将纤维放在波纹中，再在其上面覆一片箔制成。液态金属浸渍法是将纤维经过金属熔池进行浸渍处理的方法，对于碳纤维、氧化铝纤维束丝，宜采用使金属浸入纤维间隙，再进行排列制成复合片。

热压过程是整个工艺流程中最重要的工序。热压温度、压力是主要的工艺参数。为使金属在热压过程中充分填充所有的孔隙，要求有较高的软化温度，因此加压过程应选择在接近基体的固相线温度或稍高于固相线温度下进行。温度高有利于金属流动充满纤维间隙，也有利于扩散粘结，但温度高易发生金属与纤维之间的反应，温度越高越严重。因此严格控制热压温度和热压时间是获得高性能金属基复合材料的关键。压力过高、温度过低都会使纤维受到机械损伤。

热压固结法制备金属基复合材料的技术比较成熟，已成功地用于制造航天飞机主舱框架承力柱、火箭部件及发动机叶片。

B 热等静压法

热等静压法是一种先进的材料成形技术，可用于制造形状复杂的金属基复合材料零件。热等静压法工作原理及设备简图示于图 6－36，在高压容器内旋转加热炉，将金属基体（粉末或箔）与增强物（纤维、晶须、颗粒）按一定比例，分散混合放入金属包套中，抽气密封后装入热等静压装置中加热、加压（一般用氩气作压力介质），在高温高压（100～200MPa）下复合成金属基复合材料零件。

热等静压装置的加热温度可控制，可在数百摄氏度到2000℃范围中选择使用，工作压力可高达100～200MPa。在高温高压下金属基体与增强物复合良好，组织细密，形状、尺寸精确，特别适合于制造钛基、金属间化合物超合金基的复合材料。该工艺适宜于制造管、柱、筒状零件，例如美国航天飞机用的B/Al管柱、火箭导弹的构件均用此法制造。

C 粉末冶金法

粉末冶金法是一种成熟的工艺方法。这种方法可以直接制造出金属基复合材料零件，主要适用于颗粒、晶须增强材料。

采用粉末冶金法制造的铝/颗粒（晶须）复合材料具有很高的比强度、比模量和耐磨性，已用于汽车、飞机和航天器等的零件、管、板和型材中。该方法也适用于制造钛基、金属间化合物基复合材料，例如用 TiC 颗粒制成的 TiC/Ti-6Al-4V 复合材料，含 10% 的 TiC 颗粒，其 650℃高温弹性模量提高了 15%，使用温度能提高 100℃。

D 真空压力浸渍法

真空压力浸渍法制备金属基复合材料的工艺过程如图 6-24 所示。首先将增强物（短纤维、晶须、颗粒）制成预制件，放入模具中。将基体金属放于下部坩埚内，紧固和密封炉体，通过真空系统将预制件模具及炉腔抽真空，当炉腔内达到预定真空度后，开始通电加热预制件和基体金属。当预制件及金属液达到预定温度后，保温一定时间，将模具升液管插入金属液，然后往下炉腔内通入惰性气体，金属液迅速吸入模腔内。随着压力的升高，金属液渗入预制件中增强物间隙，完成浸渍，形成复合材料。由于真空压力浸渍法复合材料是在压力下凝固的，因此材料组织致密，无缩孔、疏松等铸造缺陷。

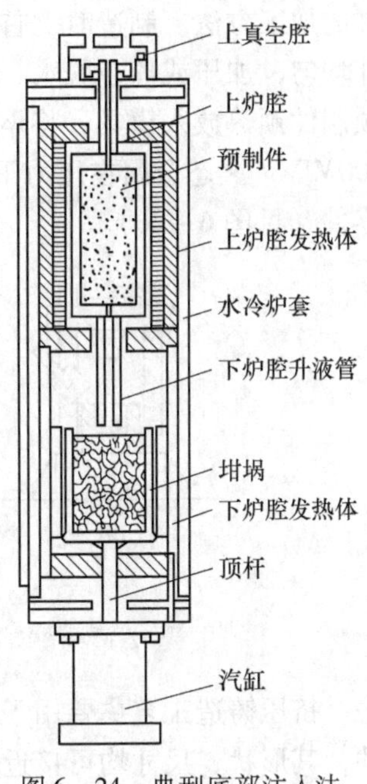

图 6-24 典型底部注入法真空压力浸渍炉结构

真空压力浸渍时，外压是浸渍的直接动力，压力越高，浸渍能力越强。浸渍所需的压力与增强物尺寸和体积分数有密切关系，即增强物尺寸越小，体积分数越大，所需的浸渍压力也越大。

真空压力浸渍法适用面很广，可用于铝、镁、铜、锌、镍、铁基，以及碳、硼、氧化铝、碳化硅等短纤维、晶须、颗粒为增强体的金属基复合材料的制备，并能一次成形制作形状复杂的零件，基本上无需后续加工。

E 液态金属浸渍法

液态金属浸渍法制备 Cf/Al，Cf/Mg 复合丝的装置示意图如图 6-25 所示。其工艺过程是首先经过预处理炉将纤维表面的有机涂层烧掉，并进入专用化学气相沉积炉，在每根纤维的表面沉积一层极薄的 Ti-B 层。

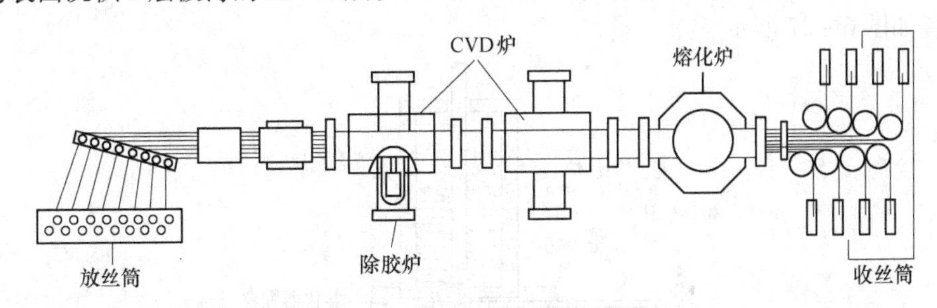

图 6-25 液态金属浸渍法装置图

经 Ti-B 表面处理后的碳纤维直接浸入熔融铝或镁液中，液态铝、镁可自发浸渍到纤维束中形成复合丝。制成的复合丝用有机粘合剂粘在一起（或粘在金属箔上），制成预制片，再按设计要求在模具中排布，并于 370~450℃温度下加热，去除粘结剂，最后于较高温度（500~580℃）下加热加压，制成复合材料零件。

F　挤压铸造法

挤压铸造法是一种高效率批量生产以短纤维（或晶须）为增强体的金属基复合材料零件的加工方法。制造时，首先将短纤维（或晶须、颗粒）放入水中，加入少量粘结剂，搅拌均匀，加压或离心脱水、干燥，制成具有一定体积分数及要求形状的预制件。然后，将预制件预热放入模具，将熔融金属浇注入模具中，在压力机下用压头加压，压力为 70 ~ 100MPa，液态金属在压力下浸渗入预制件中，并保压凝固，脱模，制成金属基复合材料零件（见图 6－26）。

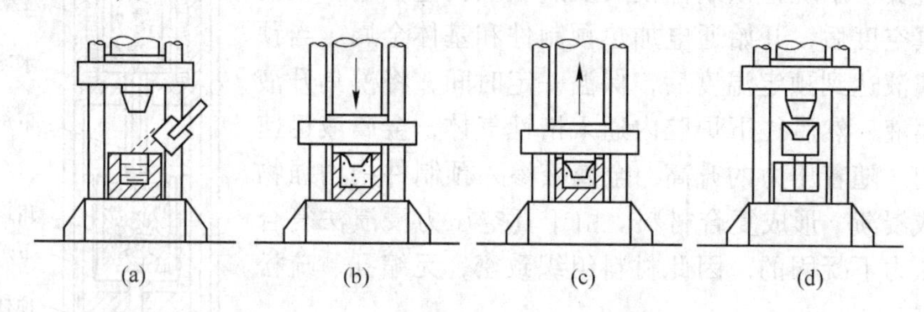

图 6－26　金属基复合材料挤压铸造工艺

（a）浇入熔融金属；（b）加压、金属浸渗；（c）保压凝固、卸载；（d）脱模

挤压铸造工艺主要用于制造以陶瓷短纤维、晶须为增强体的铝、镁基复合材料零部件，其形状、尺寸均可接近零部件的最终尺寸，二次加工量小，成本低。另外，此方法也可用于制备金属基复合材料锭坯，通过挤压、锻造等二次加工方法制成金属基复合材料的型材和零部件。

G　共喷沉积法

共喷沉积法是制造各种颗粒增强金属基复合材料的有效方法，可用于工业规模生产铝、镍、铜、铁、金属间化合物基复合材料，并可直接制成锭坯、板坯、管子等。

共喷沉积法的基本原理是：液态金属通过特殊的喷嘴，在惰性气体气流的作用下分散成细小的液态金属雾化（微粒）流；在金属液喷射雾化的同时，将增强颗粒加入到雾化的金属流中，与金属液滴混合，并一起沉积在衬底上，凝固形成金属基复合材料。其工艺原理和装置如图 6－27 所示。

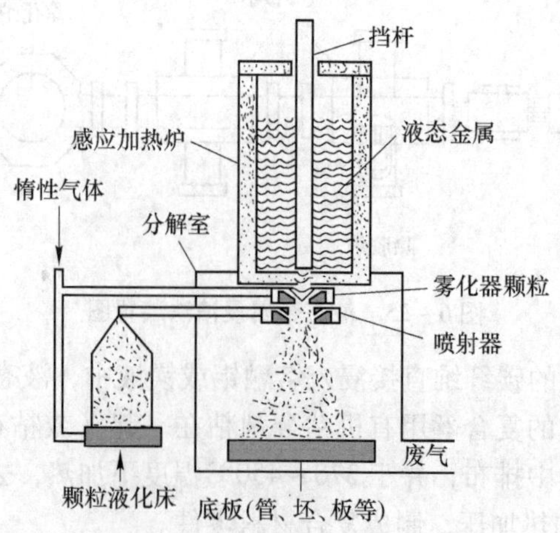

图 6－27　共喷沉积法工艺原理和装置

共喷沉积法制造颗粒增强金属基复合材料是一个动态工艺过程，液态金属雾化、颗粒均匀混合、金属液雾与颗粒混合沉积及凝固结晶过程在极短时间内完成。其工艺参数包括：熔体金属温度，气体压力、流量、速度，颗粒加入速度，沉积底板温度等，这些因素均十分敏感地影响复合材料的质量，须十分严格地控制。

共喷沉积适用面广，不仅适用于铝、铜等有色金属基体，也适用于铁、镍、钴、金属间化合物基体材料。共喷沉积时，不可避免地在制品内存在少量气体孔隙，最低可达2%，有时高达5%，但经进一步挤压变形后，可消除气孔，获得致密的材料。

H　液态金属搅拌铸造法

液态金属搅拌铸造（简称熔铸）法工艺简单，成本低廉，是一种工业上规模生产颗粒增强金属基复合材料的主要方法。这种方法的基本原理是：将颗粒增强物直接加入到熔融的基体金属液中，通过一定方式的搅拌使颗粒均匀地分散在金属熔体中，然后将复合金属基熔体浇铸成锭坯、铸件等。这种工艺是制造颗粒增强铝基复合材料的主要方法。

熔铸法生产的关键问题在于解决增强颗粒与金属液之间的浸润，并使之弥散化问题。陶瓷颗粒尺寸细小，一般在10～30μm，与金属液体间的浸润性差，不易加进金属或在金属液中团聚。因而增强颗粒使用前往往进行加热处理，使有机污染物或吸附水分去除。另外，在一些陶瓷颗粒（如SiC）表面形成极薄的氧化层，也能改善与铝熔体间的浸润性。为了降低铝液的表面张力，在铝熔体中可加入适量的钙、镁、锂等元素，增强其与陶瓷颗粒间的浸润性，使之均匀复合。

在液态金属搅拌铸造法中，有效地搅拌是使颗粒与金属液均匀混合和复合的重要措施。当采用高速旋转的叶桨搅动金属液体时，会形成以搅拌转轴为对称中心的旋转涡旋，依靠涡旋的负压抽吸作用，颗粒逐渐混合进入金属熔体。这种方法工艺过程简单，但不适用于高性能的结构型颗粒增强金属基复合材料。

6.3.4.2　聚合物基复合材料成形技术

聚合物基复合材料是以有机聚合物为基体，以纤维、晶须、颗粒为增强剂的一种多组合、多相高分子材料。相对于金属基和陶瓷基复合材料来说，聚合物基复合材料的应用更广泛，发展速度更快。聚合物基复合材料由于具有耐腐蚀、质量轻、比强度高以及制作工艺简单等优点，因此它在宇航、造船、汽车、电信工程、建筑等部门得到了日益广泛的应用。

聚合物基复合材料及其制件的成形方法，是根据产品的外形、结构与使用要求，结合材料的工艺性来确定的。

随着聚合物基复合材料工业的迅速发展和日渐完善，新的高效生产方法不断出现。目前，已在生产中采用的成形方法有：（1）手糊成形－湿法铺层成形；（2）真空袋压法成形；（3）压力袋成形；（4）树脂注射和树脂传递成形；（5）喷射成形；（6）真空辅助树脂注射成形；（7）夹层结构成形；（8）模压成形；（9）注射成形；（10）挤出成形；（11）纤维缠绕成形；（12）拉挤成形；（13）连续板材成形；（14）层压或卷制成形；（15）热塑性片状模塑料热冲压成形；（16）离心浇铸成形。

A　手糊成形

手糊成形工艺是聚合物基复合材料制造中最早采用和最简单的方法。其工艺过程是：

先在模具上涂刷含有固化剂的树脂混合物，再在其上铺贴一层按要求剪裁好的纤维织物，用刷子、压辊或刮刀压挤织物，使其均匀浸渍并排除气泡后，再涂刷树脂混合物和铺贴第二层纤维织物，反复上述过程直至达到所需厚度为止。然后，在一定压力作用下加热固化成形（热压成形），或者利用树脂体系固化时放出的热量固化成形（冷压成形），最后脱模得到复合材料制品。其工艺流程如图 6－28 所示。

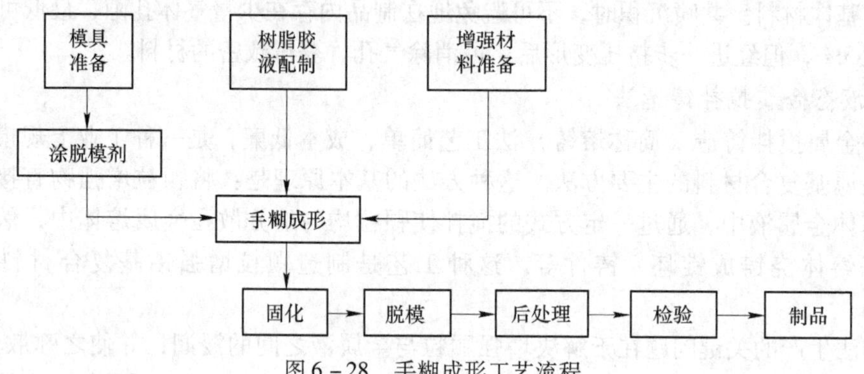

图 6－28　手糊成形工艺流程

手糊成形工艺所需的原材料有玻璃纤维及其织物、合成树脂、辅助材料等。糊制操作可分为两种方法，即手糊成形和喷射成形。手糊成形工艺方法中，采用简单手糊的过程如图 6－29 所示。糊制时，先在模具上刷一层树脂，然后铺一层玻璃布。顺一个方向从中间向两边把气泡赶净，使玻璃布贴合紧密，含胶量均匀，如此重复，直至达到设计厚度为止。喷射成形是利用喷枪将玻璃纤维及树脂同时喷到模具上而制得玻璃钢的工艺方法（见图 6－30）。具体做法是：加了引发剂的树脂和加了促进剂的树脂分别由喷枪上两个喷嘴喷出，同时切割器将连续玻璃纤维切成短纤维，由喷枪第三个喷嘴均匀地喷到模具表面上，用小辊压实。

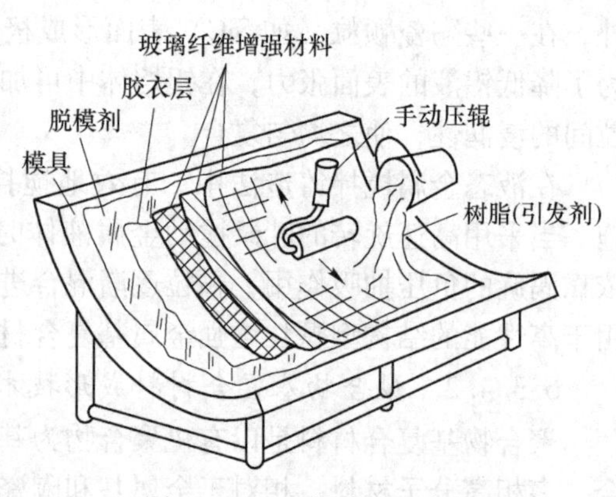

图 6－29　手糊成形示意图

糊制好的预制品，经固化、脱模、修整及检验后，即成为玻璃钢制品。

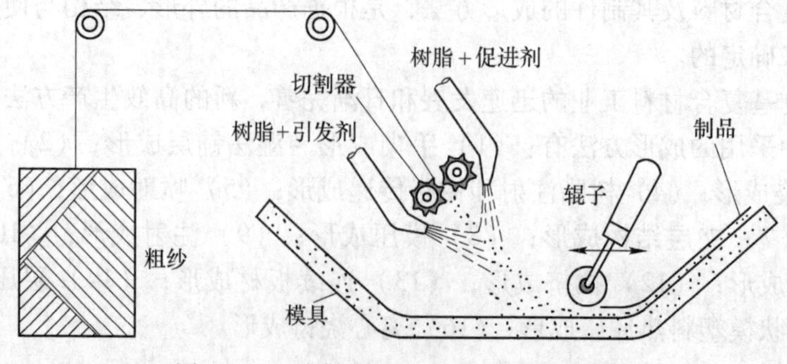

图 6－30　喷射成形示意图（两罐系统）

B 缠绕成形

缠绕成形是一种将浸渍了树脂的纱或丝束缠绕在回转芯模上，常压下在室温或较高温度下固化成形的一种复合材料制造工艺，是一种生产各种尺寸（直径6mm～6m）回转体的简单有效的方法。

湿法缠绕是最普通的缠绕方法，其工艺原理如图6－31所示。

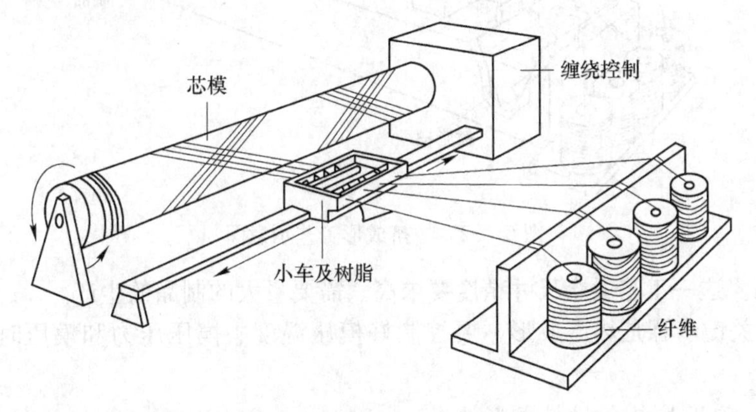

图6－31 湿法缠绕的工艺原理

缠绕成形应用很广，在宇航及军事领域用于制造火箭发动机壳体、级间连接件，以及雷达罩、气瓶，各种兵器（如小型导弹、鱼雷、水雷等），直升机部件（如螺旋桨、起落架、尾部构件、稳定器）。商业领域用于各种储罐（如石油或天然气储罐）、防腐管道、压力容器、烟囱管或衬里、车载升降台悬臂、避雷针、化学储存或加工容器、汽车板簧及驱动轴、汽轮机叶片等。

C 拉挤成形

拉挤成形是高效率生产连续、恒定截面复合型材的一种自动化工艺技术。其工艺特点是：连续纤维浸渍树脂后，通过具有一定截面形状的模具成形并固化。

拉挤成形用的纤维主要为玻璃纤维粗纱，树脂主要为不饱和聚酯树脂。90%以上的拉挤成形制品为玻璃纤维增强不饱和聚酯树脂，少量用环氧树脂、丙烯酸酯树脂、乙烯基酯树脂等，20世纪80年代后，热塑性树脂也被采用。它的辅助材料包括碳酸钙等各种填料、颜料及各种助剂。

拉挤成形工艺原理如图6－32所示，主要工艺步骤包括纤维输送、纤维浸渍、成形与固化、夹持与拉拔、切割。

拉挤成形制品包括各种杆棒、平板、空心管或型材，其应用是广泛的，如绝缘梯子架、电绝缘杆、电缆架、电缆管等电器材料，抽油杆、栏杆、管道、高速公路路标杆、支架、桁架梁等耐腐蚀结构，钓鱼竿、弓箭、撑竿跳竿、高尔夫球杆、滑雪板、帐篷杆等运动器材，及汽车行李架、扶手栏杆、温室棚架等。

D 模压成形

对模模压成形是最普通的模压成形技术。它一般分为三类：坯料模压、片状模塑料模压和块状模塑料模压。

坯料模压工艺是将预浸料或预混料先做成制品的形状，然后放入模具中压制（通常为

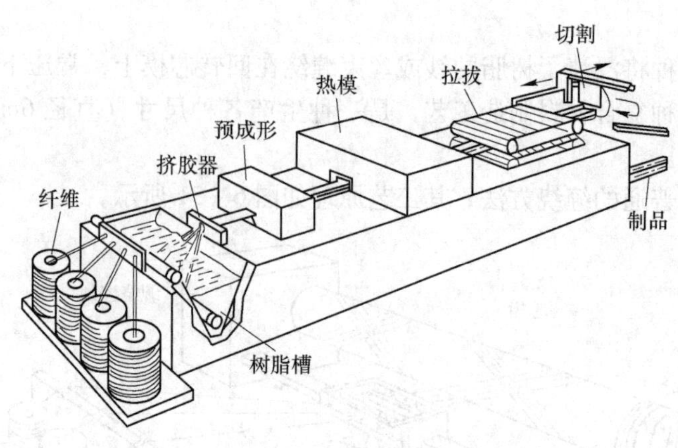

图 6－32　拉挤成形工艺示意图

热压）成制品。这一工艺适合尺寸精度要求高、需要量大的制品的生产。

模压成形关键步骤是热压成形，要控制好模压温度、模压压力和模压时间三个工艺参数。

6.3.4.3　陶瓷基复合材料成形技术

在陶瓷中加入纤维、晶须、颗粒及其他第二相材料，称为陶瓷基复合材料。

与金属基、聚合物基复合材料相比，有一点不同的是：制备陶瓷基复合材料的主要目的是提高陶瓷的韧性。陶瓷基复合材料的发展速度远不如金属基和聚合物基复合材料那么快。由于陶瓷基复合材料所需的高温增强材料出现得较晚且价格昂贵，因此，它的发展遇到了比金属基和聚合物基复合材料更大的困难，至今，陶瓷基复合材料的研究还处于较初级阶段。用于复合材料的陶瓷基体主要有玻璃陶瓷、氧化铝、氮化硅、碳化硅等。陶瓷基复合材料成形方法主要有如下几种。

A　粉末冶金法

粉末冶金法也称压制烧结法或混合压制法，是广泛用于制备特种陶瓷及某些玻璃陶瓷的简便方法。它是将陶瓷粉末、增强材料（颗粒或纤维）和加入的粘结剂混合均匀后，冷压制成所需形状，然后进行烧结或直接热压烧结或等静压烧结制成陶瓷基复合材料。前者称冷压烧结法，后者为热压烧结法。压制烧结法所遇到的困难是基体与增强材料的混合不均匀，以及晶须和纤维在混合过程中或压制过程中，尤其是在冷压情况下易发生折断。在烧结过程中，由于基体发生体积收缩，因而会导致复合材料产生裂纹。

B　浆体法

为了克服粉末冶金法中各材料组元，尤其是增强材料为晶须时混合不均匀的问题，多采用浆体法（也称湿态法）制造复合材料。在混合浆体中各材料组元应保持散凝状，即在浆体中呈弥散分布，这可通过调整水溶液的 pH 值来实现，对浆体进行超声波震动搅拌则可进一步改善弥散性。弥散的浆体可直接浇铸成形或通过热压或冷压后烧结成形。

对于连续长纤维可采用如图 6－33 所示的浆体浸渍法制造连续纤维增强陶瓷基复合材料。

浆体浸渍－热压法的优点是加热温度较晶体陶瓷低，层板的堆垛次序可任意排列，纤维分布均匀，气孔率低，获得的强度较高。缺点是所制零件的形状不宜太复杂，基体材料必须是低熔点或低软化点陶瓷。

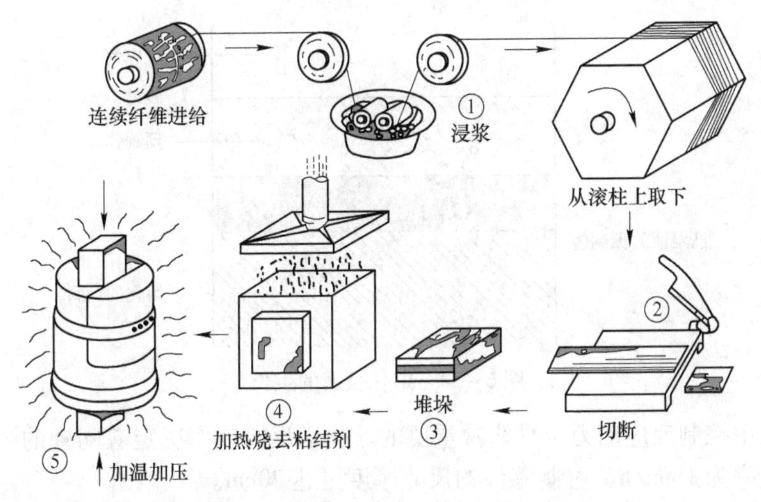

图6-33 浆体浸渍-热压工艺流程

C 溶胶-凝胶法

溶胶（Sol）是指溶液中由于化学反应沉积而产生的微小颗粒（直径小于100nm）的悬浮液。凝胶（Gel）是水分减少的溶胶，即比溶胶黏度大些的胶体。

溶胶-凝胶（Sol-Gel）技术是指金属有机或无机化合物经溶液、溶胶、凝胶而固化，再经热处理生成氧化物或其他化合物固体的方法。该法也称为化合法或SSG法（Solution-Sol-Gel）。该法在制备材料初期就着重于控制材料的微观结构，使均匀性可达到微米级、纳米级甚至分子级水平。20世纪80年代是溶胶-凝胶科学技术发展的高峰时期。目前溶胶-凝胶技术已用于制造块状材料、玻璃纤维和陶瓷纤维、薄膜和涂层及复合材料。

溶胶-凝胶法制备复合材料是一种较新的方法，它是把各种添加剂、功能有机物，或分子、晶种均匀分散在凝胶基质中，经热处理后，此均匀分布状态仍能保存下来，使得材料更好地显示出复合材料的特性。由于掺入物可以多种多样，因而用溶胶-凝胶法可制备种类繁多的复合材料。

用溶胶-凝胶法制备复合材料是将基体组元形成溶液或溶胶，然后加入增强材料组元（颗粒、晶须、纤维或晶种），经搅拌使其在液相中均匀分布，当基质组元形成凝胶后，这些增强组元则稳定地均匀分布在基质材料中，经干燥或一定温度热处理，然后压制烧结即可形成复合材料。

D 直接氧化法

直接氧化法是通过熔融金属与气体反应直接形成陶瓷基体。工艺过程是：首先按零件的形状制备增强材料预制体，增强材料可以是颗粒或由缠绕纤维压成的纤维板等，然后在预制体表面上放上隔板以阻止基体材料的生长。熔化的金属在氧气作用下将发生直接氧化反应，并在熔化金属的表面形成所需要的反应产物。由于在氧化产物中的孔隙管道的液吸作用，熔化金属会连续不断供给到反应前沿。如在空气中，熔化的铝将形成氧化铝。图6-34所示为描述液态金属生长的过程。用此法得到的最终产品是三维的含有5%~30%未反应金属相互连接的陶瓷材料。若将增强颗粒放在熔融金属表面，则会在颗粒周围形成陶瓷。

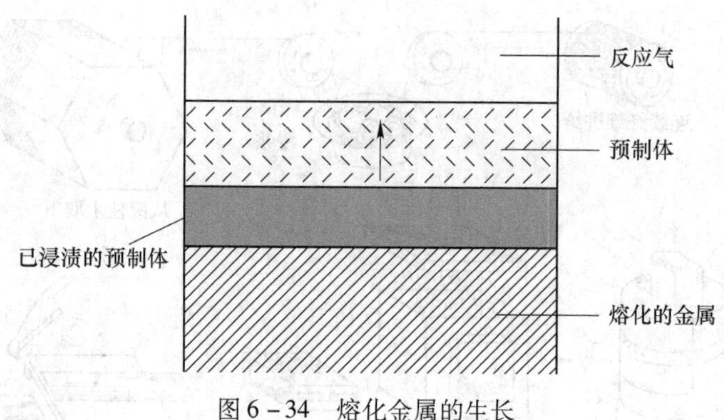

图6－34 熔化金属的生长

在此方法中控制反应动力学是非常重要的。化学反应速率决定着陶瓷的生长速率，一般陶瓷生长速率为1mm/h。可制零件的尺寸厚度可达20cm。

E 化学气相浸渍法

此方法是在CVD法基础上发展起来的一种化学气相浸渍法（简称CVI法）。CVI法是把反应物气体浸渍到多孔预制件的内部，发生化学反应并进行沉积，从而形成陶瓷基复合材料。CVI的工艺方法主要有六种，其中最具代表性的是等温CVI法（ICVI）。

ICVI法又称静态法，是将被浸渍的部件放在等温的空间，反应物气体通过扩散渗入到多孔预制件内，发生化学反应并沉积，而副产物气体再通过扩散向外散逸。图6－35是ICVI法示意图。

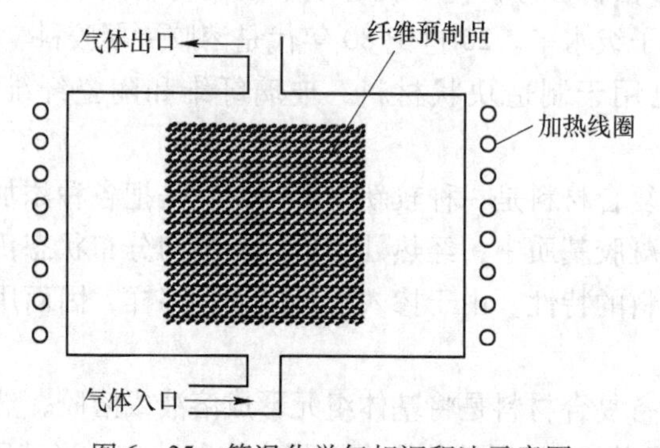

图6－35 等温化学气相沉积法示意图

用CVI法的优点是可制备硅化物、碳化物、氮化物、硼化物和氧化物等多种陶瓷基复合材料，并可获得优良的高温机械性能。在制备复合材料方面最显著的优点是能在较低温度下制备材料，如在800～1200℃制备SiC陶瓷，而传统的粉末冶金法其烧结温度在2000℃以上。由于CVI法制备温度较低及不需外加压力，因此，材料内部残余应力小，纤维几乎不受损伤。CVI的主要缺点是生长周期长，效率低，成本高，材料的致密度也低，一般都存在10%～15%的孔隙率。

F 其他方法

（1）聚合物先驱体热解法。该法是以高分子聚合物为先驱体成形后使高分子先驱体发生热解反应转化为无机质，然后再经高温烧结制备成陶瓷基复合材料。此方法也称高分子先驱体成形法或高聚物先驱体热解法。常用的方法有两种：一是制备纤维增强复合材料，即先将纤维编织成所需的形状，然后浸渍高聚物先驱体，热解、再浸渍、热解……如此循环制备成陶瓷基复合材料，此法周期较长。另一种是用高聚物先驱体与陶瓷粉体直接混合，模压成形，再进行热解获得所需材料。这种方法气孔率较高。混料时加入金属粉可以解决高聚物先驱体热解时收缩大、气孔率高的问题。最常用的高聚物是有机硅高聚物，如含碳和硅的聚碳硅烷成形后，经直接高温分解或在氮和氨气氛中高温分解并高温烧结后，能制备 SiC 和 Si_3N_4 单相陶瓷或由 SiC 和 Si_3N_4 组成的陶瓷基复合材料。

高分子聚合物先驱体法的特点是能精确控制产品的化学组成、纯度以及形状。

（2）原位复合法。在陶瓷基复合材料制备时，利用化学反应生成增强组元——晶须或高长径比晶体来增强陶瓷基体的工艺过程称为原位复合法。这种方法的关键是在陶瓷基体中均匀加入可生成晶须的元素或化合物，控制其生成条件使在陶瓷基体致密化过程中在原位同时生长出晶须，形成陶瓷基复合材料。利用陶瓷液相烧结时某些晶相的生长高长径比的习性，控制烧结工艺也可使基体中生长出高长径比晶体，形成陶瓷基复合材料。

此方法的优点是有利于制作形状复杂的结构件，降低成本，同时还能有效地避免人体与晶须的直接接触，降低环境污染。

6.4 非金属材料成形技术的新进展

6.4.1 高分子材料成形技术的进展

（1）成形理论的研究。将塑料原材料进行成形加工，首先遇到的问题就是塑料有无成形的可能性及成形加工的难易程度。科技工作者在此方面进行了大量的理论与实验研究，如开展了 CAE 研究、建立了成形的流动理论和数学模型、进行模拟流动充型等。这些研究工作将为成形方法、模具设计等带来质的变化。目前注射成形的塑料熔体在一维和二维简单模腔中的充模流动理论和数学模型已有所解决，今后将进一步加强对三维模腔中的流动行为的研究。

（2）成形方法的发展。随着对高分子材料制品需求的增加，近年来出现了许多新型的塑料成形加工方法，如注射成形中的无流道注射成形、增强反应注射成形、动态注射成形、挤出成形及多品种共注射成形等。此外，人们对性能优良但加工性能极差的高分子材料（如塑料合金及超高相对分子质量的聚乙烯）加工工艺和方法的研究也有极大的兴趣。例如，双螺杆、四螺杆挤塑机的研制和开发，有望为加工性能极差的高分子材料解决加工成形问题。

（3）塑料制品的精密化、微型化和超大型化。将制品尺寸公差保持在 0.01 ~ 0.001mm 之内，产生 0.05g 左右的微型制品。国外已有 1.7×10^5g 的超大型注射机，以生产大型制件。

（4）自动化成形生产。对成形设备可进行远距离操作或无人操作，还可根据生产监测信号，及时调整成形工艺，从而从根本上保证塑料制品的成形质量不发生问题。

（5）研制新设备。研制新的成形设备以满足成形工艺需要，并在整个生产过程中提高环保和节能意识。

6.4.2 陶瓷材料烧成新工艺

陶瓷材料作为建筑材料和日用品材料来说，无论是从原材料还是成形方法仍延续着传统的工艺，但近几年，先进陶瓷材料无论是原料还是成形方法均有很大发展，新技术革命促进了高纯度、高密度、高均匀度的结构陶瓷及功能陶瓷的发展。新陶瓷烧成工艺，如热压、热等静压和其他特殊烧成新方法已在各类陶瓷生产中逐渐使用。

（1）热压烧结。热压烧结是在高温下加压促使坯体烧结的方法，也是一种使坯体的成形和烧结同时完成的新工艺。对于难熔的非金属化合物（如硼化物、碳化物等）及氧化物陶瓷材料等，它们不易压制、不易烧结，应用热压法烧结效果显著。

热压烧结的突出特点是陶瓷结构致密化。根据物质的传递方式，其过程大致可分为三个阶段。

1）热压初期。高温下加压的最初十几到几十分钟内，相对密度的增加从50%～60%猛增到90%左右，大部分气孔都在这一阶段消失。此时坯体内出现了压力作用下的粉粒重排、晶界滑移引起的局部碎裂或塑性流动传质，将大型堆积间隙填充。这一阶段若温度越高、压力越大则密度增大越快。

2）热压中期。密度的增大显著减缓。主要的传质推动力是压力作用下的空格点的扩散以及晶界中气孔的消失。由于压应力的作用，受压晶界处空位浓度较高，与无压晶界之间产生明显的空位浓度差，因而导致两种晶界之间的传质流，即空位自无压晶界向受压晶界扩散。但到挤压后期，各处晶界压力已趋平衡，这种蠕变式的传质已不明显，致密化速度大为降低。

3）热压后期。这一阶段，外加压力的作用已很不明显。外加压力仅使晶粒贴得更紧，晶界更致密，更有利于质点跃过晶界而进行再结晶。

热压烧结可显著提高坯体的致密度，其坯体密度可达理论密度的98%～99%，甚至100%。例如氧化镁陶瓷坯体在1120℃和68.6MPa压力下热压40min即可达到理论密度的99%；而采用常规烧成法只能达到理论密度的85%～90%。

近年来，热压烧结工艺也得到很大发展，半连续热压、超高热压（最高压强可达100Pa）、反应热压等新工艺相继出现，使陶瓷产品结构与性能得到了更大提高。

（2）热等静压（HIP）。热等静压是利用常温等静压工艺与高温烧结相结合的新技术，解决了普通热压中缺乏横向压力的产品密度不够均匀的问题，并可使瓷件的致密度进一步提高。

HIP设备主要包括：高压容器、高压供气系统、加热系统、冷却系统及气体回收系统，其工艺设备系统如图6－36所示。热等静压烧结既可直接采用粉末原料，也可先经常温等静压或其他方法预压后再进行烧制。直接采用陶瓷粉末进行热等静压时，粉末应装入所要求形状的模具中，其填充密度应尽量高，且均匀。

热等静压烧结法的特点是：

1）在较低的烧成温度（仅为熔点的50%～60%）下，在较短时间内得到完全各向同性，几乎完全致密的细晶粒陶瓷。

2）可直接由粉料制得各种形状复杂和大尺寸制品，目前生产最大直径可达1.1m，高达1.5m的大型产品。

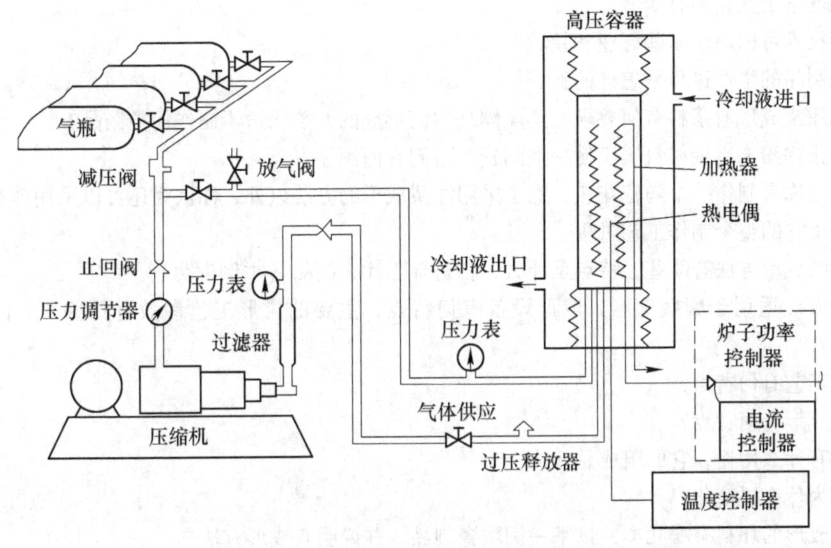

图 6-36　高温等静压工艺设备系统简图

3）能精确控制制品的最终尺寸，制品只需很少精加工甚至不需加工即可成为成品，这对硬度极高以及贵重、稀有材料来说有特别意义。

4）可将不同材料的部件压制成一个复杂构件。

但 HIP 由于设备和工艺控制都较复杂，模具材料及封装技术较难、生产率低、产品成本高等原因，这项烧结新工艺尚未广泛用于陶瓷工业。

上述热压烧结通常是在保护气氛下进行的，为避免气氛的不良作用并对材料排气，人们发展了在真空中施加机械压力（或不加压力）的真空烧结技术。这种工艺主要用于烧结高温陶瓷以及含 TiC 的硬质合金、含钴的金属陶瓷等。

复习思考题

6-1　常用的热塑性塑料与热固性塑料有哪些？两者的主要区别是什么？

6-2　塑料在黏流态时的黏度有何特点？

6-3　热塑性塑料成形工艺性能有哪些？如何控制这些工艺参数？

6-4　冰箱内的塑料内胆应用什么方法成形？

6-5　注射成形适用什么塑料，成形设备是什么？

6-6　可口可乐塑料瓶、塑料脸盆、变形金刚玩具等制品，应采用什么成形方法？

6-7　分析注射成形、挤压成形、吹塑成形、压制成形的主要异同点。

6-8　橡胶材料的主要特点是什么？常用的橡胶种类有哪些？

6-9　为什么橡胶先要塑炼，成形时硫化的目的是什么？

6-10　简述橡胶压制成形过程，控制硫化过程的主要参数有哪些？

6-11　有机胶与无机胶，各有何优点？

6-12　胶粘剂的主要成分有哪些？

6－13　胶接基本工艺过程有哪些？

6－14　胶接技术可以用于哪些行业和领域？

6－15　陶瓷制品的生产过程是怎样的？

6－16　陶瓷注浆成形对浆料有何要求？其坯体是如何形成的？该法适于制作何类制品？

6－17　含碳化物粉末冶金材料属于哪一类陶瓷？它们有何用途？

6－18　如果让你来制作一个陶瓷花瓶，除了采用注浆成形的方法以外，你认为还可以采用什么方法？请设计出它的整个制作工艺过程。

6－19　塑料的成形方法有哪些，特点是什么，各适合于什么制品（举例说明）？

6－20　注射成形适用于哪些塑料，成形设备有何特点，主要的成形工艺参数有哪些，如何制定工艺参数？

6－21　胶接工艺有何特点？

6－22　橡胶成形有何特点？

6－23　橡胶有什么用途，它的组成是什么？

6－24　橡胶为什么要硫化？

6－25　陶瓷成形的坯料有哪几类？试举一例陶瓷制品，并说明其成形方法。

6－26　何为陶瓷的粉体，它对成形有何影响？

6－27　陶瓷的特点和用途是什么？

6－28　何谓复合材料，有什么特点，为什么其有广阔的应用前景？

6－29　金属基复合材料的性能特点是什么，有哪些成形方法？

6－30　树脂基复合材料的手糊工艺有哪些步骤，操作过程中有哪些注意事项？

6－31　陶瓷基复合材料的特点是什么？

6－32　什么叫溶胶－凝胶法？

6－33　举出金属基复合材料、聚合物基复合材料、陶瓷基复合材料在工业或国防中的应用实例，并分析其应用的理由。

6－34　什么是复合材料？依照增强相的性质和形态，常用的复合材料可分为哪几类？

6－35　比较玻璃钢与碳纤维增强的树脂复合材料的性能特点，并指出它们的应用范围。

6－36　在复合材料成形时，手糊成形为什么被广泛采用？它适合于哪些制品的成形？

增材制造成形技术

增材制造（additive manufacturing，AM）成形技术是集多种现代技术于一体的新型材料成形技术，它于1986年由美国人查克·赫尔（Chuck Hull）发明，近二十年来越来越受到人们的重视并取得了快速发展。增材制造成形技术有不同的叫法，如“快速原型制造技术（rapid prototyping manufacturing，RPM）”“3D打印（3D printing）”等，分别从不同侧面表达了这一技术的特点。

早期，这项技术更多地被称为“快速原型制造技术”，它主要用于在新产品开发中快速地制造出原型（原型是产品模型的学术称谓）。后来，随着该项技术的深入发展，它不仅能够快速地制造出原型，而且能制造出具有一定性能、可直接应用的零件（产品），此时，“快速原型制造”的概念不再能够完整地体现该项技术的全部内涵，于是，根据其类似于“打印”的制造过程，为了强调它“打印”结果的三维性，人们称其为“3D打印”。再后来，随着该项技术在零、部件制造过程中应用的不断深入，人们认识到它对于未来机械制造工业将产生巨大影响（甚至有人认为它将成为第三次工业革命中的一个标志性方面），于是，相对于传统的机械加工制造，它被称为“增材制造”。传统的机械加工制造是通过去除多余的材料最终得到零件；增材制造是通过逐步堆积、增加材料最终得到零件。

增材制造成形技术是一种借助计算机辅助设计（computer-aided design，CAD），或通过实物样品得到有关原型或零件的几何形状、结构和材料的组合信息，从而获得目标原型的概念并以此建立数字化描述模型，之后将这些信息输出到计算机控制的机电集成制造系统，通过逐点、逐面进行材料的“三维堆砌”成形，再经过必要的处理，使其在外观和性能等方面达到设计要求，达到快速、准确地制造原型或实际零件的现代新型制造方法。

7.1 增材制造成形技术的基本原理及应用特点

7.1.1 增材制造成形技术的基本原理

增材制造成形技术的具体工艺方法有多种，但其基本原理都是一致的。在成形概念上，以材料添加法为基本思想，目标是将计算机三维CAD模型快速地（相对机加工而言）转变为由具体物质构成的三维实体原型或零件。其过程可分为离散和堆积两个阶段。首先在CAD造型系统中获得一个三维CAD电子模型，或通过测量仪器测取有关实体的形状尺寸，将其转化成CAD电子模型。再对模型数据进行处理，沿某一方向进行平面“分层”离散化，把原来的三维电子模型变成二维平面信息。将分层后的数据进行处理，加入工艺参数，产生数控代码。然后通过专有的CAM系统（成形机）将成形材料一层层加工，并堆积成原型或零件。其过程如图7-1所示。

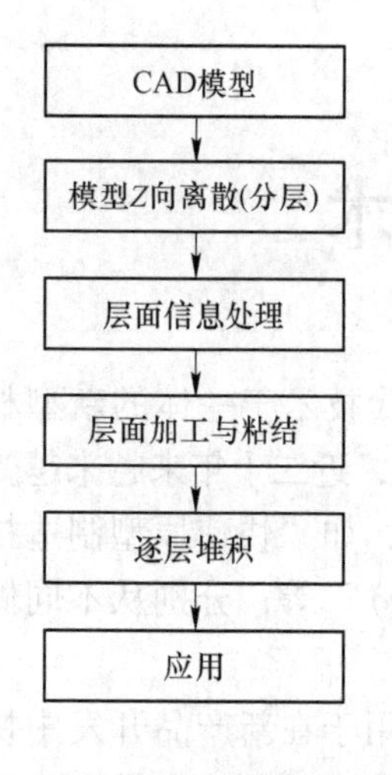

图7-1　增材制造成形过程

7.1.2　增材制造成形技术的应用特点

增材制造成形技术开辟了不用任何刀具而迅速制作各类零件的途径，并为用常规方法不能或难于制造的零件或模型提供了一种新型的制造手段。由于AM技术的灵活性和快捷性，它在航天航空、汽车外形设计、玩具、电子仪表与家用电器塑料件制造、人体器官制造、建筑美工设计、工艺装饰设计制造、模具设计制造等技术领域已展现出良好的应用前景。

（1）改变了传统原型制作方法。传统原型制作方法一般采用电脑数控加工或手工造型，采用AM技术能由产品设计图纸、CAD数据或由测量机测得的现有产品的几何数据，直接制成所描绘模型的塑料件或金属件，不需要任何模具、NC加工和人工雕刻。

（2）产品的造价几乎与产品的复杂性无关。由于增材制造成形技术采用将三维形体转化为二维平面分层制造机理，对工件的几何构成复杂性不敏感，因而能制造任意复杂的零件，充分体现设计细节，尺寸和形状精度大为提高，零件不需要进一步加工。

（3）产品的造价几乎与产品的批量无关。增材制造成形技术的制作过程不需要工装模具的投入，其成本只与成形机的运行费、材料费及操作者工资有关，与产品的批量无关，很适宜于单件、小批量及特殊、新试制品的制造。

（4）制造快速化。借助一些传统的加工技术，快速制造出各种类型的模具、零件。

（5）在新产品开发中应用广泛。设计人员可以很快地评估每一次设计的可行性并充分表达其构思。从外观设计来看，由AM所得的原型比计算机CAD造型更具有直观性和可视性，可让用户对新产品进行比较评价，确定最优外观。从检验设计质量来看，利用AM技术，可直接检查出设计上的各种细微问题和错误。从功能检测来看，利用AM技术，可快速进行不同设计的功能测试，优化产品设计。

（6）使得产品的设计与制造过程能够并行进行。增材制造成形技术改变了传统的设计制造程序，它充分体现了设计-评价-制造的一体化思想。

7.2　增材制造成形技术典型方法

目前推出的AM方法已有十余种，且还在不断发展，但效果较好的主要有SLA、LOM、SLS、FDM、TDP法等。下面对它们分别进行介绍。

7.2.1　立体印刷成形SLA法

立体印刷成形（stereo lithography apparatus，SLA）法是采用紫外激光束硬化光敏树脂生成三维物体，该成形方法如图7-2所示。在液槽中盛满液态光敏树脂，该树脂可在紫外光照射下进行聚合反应，发生相变，由液态变成固态。成形开始时，工作平台置于液面下一个层高的距离，控制一束能产生紫外线的少许光，按计算机所确定的轨迹，对液态树脂逐点扫描，使被扫描区域固化，从而形成一个固态薄截面，然后升降机构带动工作台下降一层高度，其上覆盖另一层液态树脂，以便进行第二层扫描固化，新固化的一层牢固地粘在前一层上，如此重复直到整个制件制造完毕（这里的"制件"是原型或零件的总称），一般薄截面厚度为0.07~0.4mm。

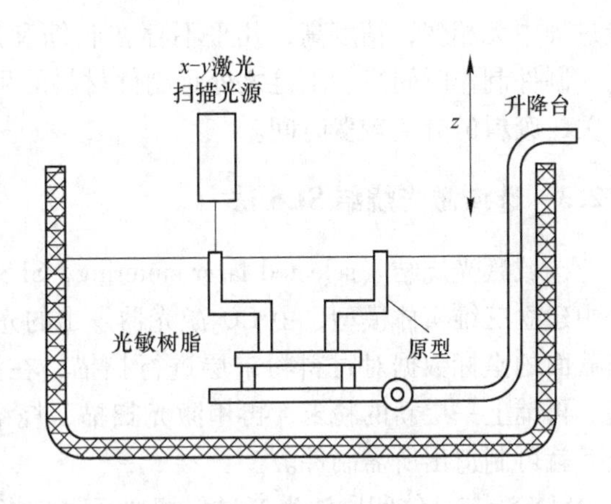

图7-2 立体印刷成形示意图（SLA）

制件从树脂中取出后还要进行后固化。工作台上升到容器上部，排掉剩余树脂，从SLA机中取出制件，用溶剂清除多余树脂，然后将制件放入后固化装置，经过一定时间紫外光曝光后，制件完全固化。固化时间依制件的几何形状、尺寸和树脂特性而定，大多数制件的固化时间不小于30min。从工作台上取下制件，去掉支撑结构，进行打光、电镀、喷漆或着色处理。

紫外光的产生可以由HeCd激光器或者UV argon-ion激光器产生。激光的扫描速度可由计算机自动调整，以达到不同的固化深度有不同的足够的曝光量。$x-y$ 扫描仪的反射镜直接控制激光束的最终落点。它可提供矢量扫描方式。

采用SLA法能制造精细的制件，表面质量好，可直接制造塑料件，制件为透明体。不足之处是SLA设备昂贵，造型用光敏树脂成本较高。

7.2.2 层合实体制造LOM法

层合实体制造（laminated object manufacturing，LOM）法是通过原料纸进行层合与激光切割来形成制件，如图7-3所示。LOM工艺先将单面涂有热熔胶的胶纸带通过加热辊加热加压，与先前已形成的实体粘结（层合）在一起。此时位于其上方的激光器按照分层CAD模型所获得的数据，将一层纸切割成所制制件内外轮廓。轮廓以外不需要的区域，则用激光切割成小方块（废料），它们在成形过程中可以起支撑和固定作用。该层切割完后，工作台下降一个纸厚的高度，然后新的一层纸再平铺在刚成形的面上，通过热压装置将它与下面已切割层粘合在一起，激光束再次进行切割。胶纸片的一般厚度为0.07~0.15mm。由于LOM工艺无需激光扫描整个制件截面，只要切出内外轮廓即可，所以成形的时间取决于零件的尺寸和复杂程度，成形速度比较高，制成制件后用聚氨酯喷涂后即可使用。

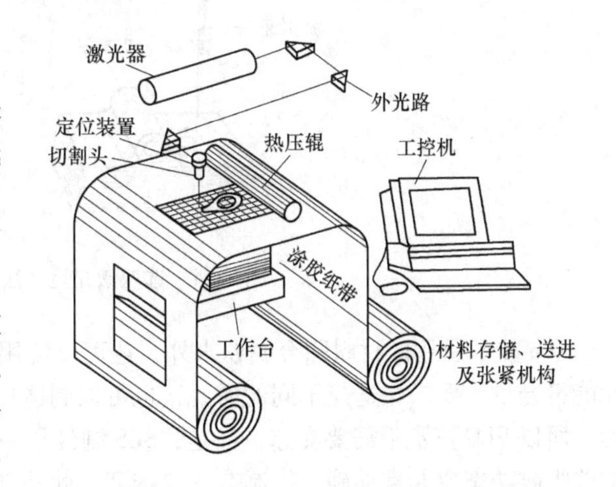

图7-3 层合实体制造原理图（LOM）

LOM法能制造大尺寸制件，工业应用面广。其设备价格低廉；造型材料成本低；制造过程中无相变，精度高，几乎不存在收缩和翘曲变形，制件强度和刚度高；成形速率高，制件制作时间短。不足之处是制件材料的耐候性、粘结强度与所选的基材与胶种密切相关，废料的分离较费时间。

7.2.3 选域激光烧结 SLS 法

选域激光烧结（selected laser sintering，SLS）法的基本原理是依靠 CAD 软件，在计算机中建立三维实体模型，由 CO_2激光器发出的光束在计算机的控制下，根据几何形体各层横截面的坐标数据对材料粉末层进行扫描，在激光照射的位置上，粉末熔化并凝固在一起。再铺上一层新的粉末，再用激光扫描、烧结，新的一层和前一层自然地烧结在一起，最后就可制造出所需制件。

SLS 法与立体印刷法生产过程相似，只是将液态激光固化树脂换成在激光照射下可烧结成形的粉末烧结材料。其工艺过程如图 7－4 所示，用红外线板将粉末烧结材料加热至恰好低于烧结点的温度，然后用计算机控制激光束，按零件的截面形状扫描平台的粉末烧结材料，使其受热熔化烧结，继而平台下降一个厚度层，用滚子将粉末烧结材料均匀地分布在烧结层上，再用激光烧结。如此反复进行，逐层烧结成形。

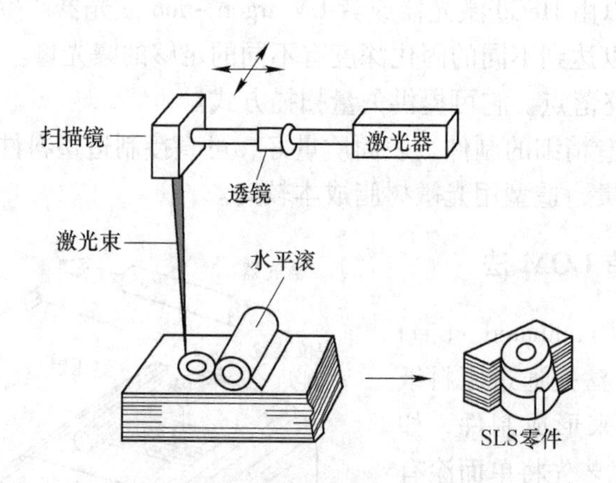

图 7－4　选域激光烧结法工艺原理

SLS 技术所用的材料除金属粉末外，还可以使用聚合物和陶瓷，从而使所成形的制件性能符合设计要求，适应不同的需要，也可以制造出高强度的零件。因为粉末是经过压实的，所以 SLS 技术不需要支撑。但是，SLS 制件是一种烧结技术产品，烧结过程中单位面积的吸收功率要非常准确，控制有一定难度。此外制件表面相对粗糙，要进行适当的焙烧固化并经打磨处理。当粉末粒径为 0.1mm 以下时，SLS 法成形后的制件精度可达 ±0.01mm。

7.2.4 熔融沉积制模 FDM 法

图 7－5 为熔融沉积制模（fused deposition modeling，FDM）法原理图。FDM 喷头受水平分层数据控制，作 $x-y$ 方向联动扫描，丝材在喷头中被加热至略高于其熔点，呈半流动熔融状态，从喷头中挤压出来，很快凝固，形成精确的层。每层厚度范围在 0.025 ~

0.762mm之间，一层叠一层，最后形成整体。FDM工艺的关键是保持半流动的成形材料刚好在凝固点之上，通常控制在比凝固温度高1℃左右。

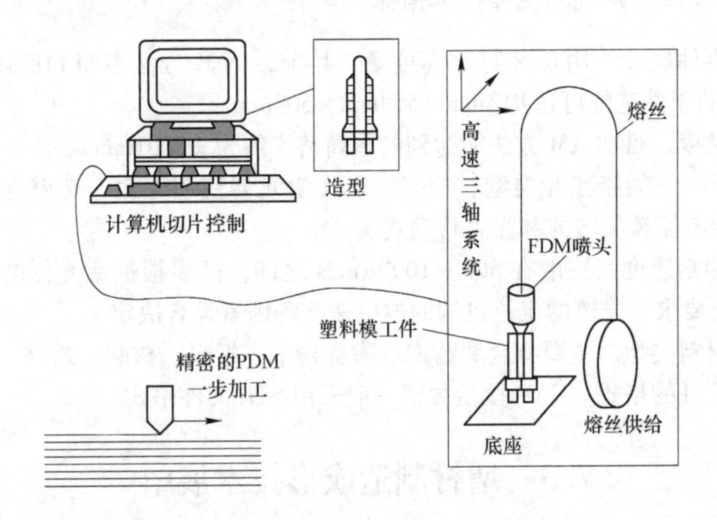

图7-5　熔融沉积制模法原理图

FDM所用材料为聚碳酸酯、铸造蜡材、ABS，实现塑料零件无注塑模成形制造。该种方法不采用激光，成本低，制作速度快，但精度相对较差。

7.2.5　三维喷涂粘结TDP法

三维喷涂粘结（three dimensional printing and gluing，TDP）法也是一种不依赖于激光的成形方法。如图7-6所示，TDP使用粉末材料和粘结剂，喷头在一层铺好的材料上有选择性地喷射粘结剂，在有粘结剂的地方粉末材料被粘结在一起，其他地方仍为粉末，这样层层粘结后就得到一个空间实体，去除粉末进行烧结就得到所要求的制件。TDP法可用的材料范围可以很广，尤其是可以制作陶瓷制件。其主要问题是表面较粗糙。

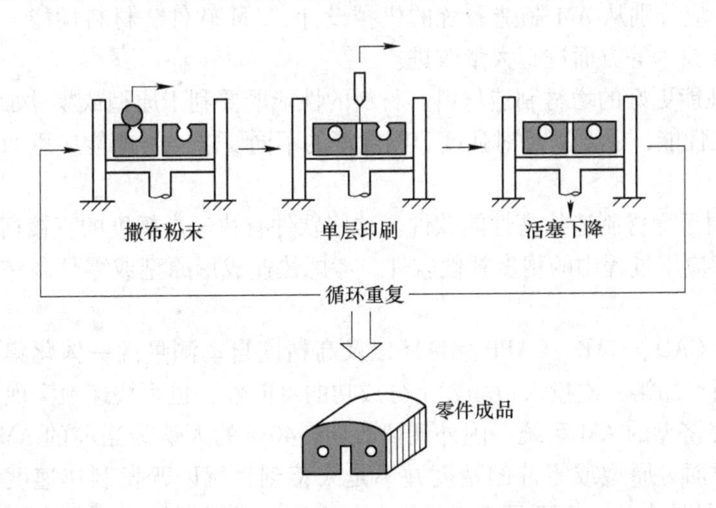

图7-6　三维喷涂粘结法原理图（TDP）

用 TDP 方法制作制件的速度非常快，成本较低。

7.2.6 增材制造成形系统的主要技术指标

（1）最大零件尺寸。用长×宽×高度量，目前，LOM 方法能得到的制件尺寸最大，如 LOM－2030 的制件范围可达 813mm×559mm×508mm。

（2）制件精度。目前 AM 方法能达到的最高精度约为 ±0.01mm。

（3）激光器。主要指激光类型、功率，以及激光器使用寿命、光束直径、冷却系统等。光斑的定位有振镜偏转式和光束移动式。

（4）激光切割速度。一般在 500～1000μm/s 之间。这要根据激光器的功率大小、被加工材料的能量要求、光斑的定位机构的响应速度等因素综合决定。

（5）成形材料类型。主要有金属粉末、陶瓷粉末、塑料、树脂、蜡材、石膏、纸等。

（6）输入文件的格式。CAD 模型数据一般采用 STL 文件格式。

7.3 增材制造成形技术展望

AM 是面向产业界的高新综合技术，它将继续获得越来越广泛的应用。国外有人预测：增材制造成形技术将很快成为一种一般性的加工方法。这一技术在我国许多行业将有巨大的潜在市场。目前，增材制造成形技术存在的问题是：所制原型、零件的物理性能较差，成形机的价格较高，运行成本较高，制件精度低，表面粗糙度值高，成形材料仍然有限。因此，国内外都在开展广泛而深入的研究，归纳起来主要有以下几个方面：

（1）大力推广增材制造成形技术并扩大其应用领域。AM 在家电、汽车、玩具、轻工、建筑、医疗、航空、航天、兵器等行业以及从事 CAD 的部门，都会有良好的应用前景。其用途是：通过快速制作的原型进行设计验证、评价、功能测试；由 AM 方法直接加工出所需的零件，或者通过 AM 法的原型与传统制造工艺相结合再制作出各种零件。

（2）大力改善现行增材制造制作机的制作精度、可靠性和制作能力，缩短制作时间。为达上述目标，应分别从 AM 制造系统的机械设计、AM 软件、材料性能、工艺、工艺参数、CNC 及激光技术等方面进行大量改进。

（3）开发性能更好的增材制造材料。材料的性能既要利于原型或零件加工，又要具有较好的后续加工性能，还要满足对强度、刚度等的不同要求。目前能应用的材料和种类在快速增多。

（4）开发用于增材制造的高性能软件。这些软件有快速高精度的直接切片软件、快速造型制作和后续应用过程中的精度补偿软件、考虑快速成形原型或零件制作和后续应用的 CAD 等。

（5）AM 与 CAD、CAE、CAPP、CAM 以及高精度自动测量的一体化集成。该项技术可以大大提高新产品第一次投入市场就十分成功的可能性，也可快速地实现反求工程。

（6）开发经济型的 AM 系统。国外调研表明，40% 的人认为当前的 AM 机价格太高。工业界在许多方面对原型或零件的精度并不是太苛刻，所以开发制作速度快、价格低的 AM 机的市场也是较大的，它更易真正成为办公室能广泛用得起的三维激光打印机。

（7）研制新的增材制造方法。除目前比较成熟的 STL、LOM、SLS、FDM、TDP 外，还应围绕提高增材制造制件的精度、减少制作时间、探索直接制作最终用途零件的工艺，开发更适宜的增材制造方法。

复习思考题

7－1 什么是原型，原型产生的方法有哪几种？

7－2 增材制造成形技术的基本原理是什么？

7－3 增材制造成形技术有哪些应用优点？

7－4 简述层合实体制造 LOM 法的工作过程。

8 特种加工成形技术

8.1 特种加工综述

8.1.1 特种加工产生背景

随着科技与生产的发展，许多现代工业产品要求具有高强度、高硬度、耐高温、耐低温、耐高压等技术性能，为适应上述各种要求，需要采用一些新材料、新结构，从而对机械加工提出了许多新问题，如高强度合金钢、耐热钢、钛合金、硬质合金等难加工材料的加工；陶瓷、玻璃、人造金刚石、硅片等非金属材料的加工；高精度、表面粗糙度极小的表面加工；复杂型面、薄壁、小孔、窄缝等特殊工件的加工等等。此类加工如采用传统的切削加工往往很难解决，不仅效率低、成本高，而且很难达到零件的精度和表面粗糙度要求，有些甚至无法加工。特种加工工艺正是在这种新形势下迅速发展起来的。

8.1.2 特种加工的特点

特种加工工艺是直接利用各种能量，如电能、光能、化学能、电化学能、声能、热能及机械能等进行加工的方法。相对于传统的常规加工方法而言，它又称为非传统加工工艺，它与传统的机械加工方法比较，具有以下特点。

（1）“以柔克刚”。特种加工的工具与被加工零件基本不接触，加工时不受工件的强度和硬度的制约，故可加工超硬脆材料和精密微细零件，甚至工具材料的硬度可低于工件材料的硬度。

（2）加工时主要用电、化学、电化学、声、光、热等能量去除多余材料，而不是主要靠机械能量切除多余材料。

（3）加工机理不同于一般金属切削加工，不产生宏观切屑，不产生强烈的弹、塑性变形，故可获得很低的表面粗糙度，其残余应力、冷作硬化、热影响等也远比一般金属切削加工小。

（4）加工能量易于控制和转换，故加工范围广，适应性强。

由于特种加工方法具有其他加工方法无可比拟的优点，因此已成为机械制造科学中一个新的重要领域，在现代加工技术中，占有越来越重要的地位。

8.1.3 特种加工的分类

特种加工一般按照所利用的能量形式分为以下几类：

电、热能——电火花加工、电子束加工、等离子弧加工；

电、机械能——离子束加工；

电、化学能——电解加工、电解抛光；

电、化学、机械能——电解磨削、电解研磨、阳极机械磨削；

光、热能——激光加工；

化学能——化学加工、化学抛光；

声、机械能——超声加工；

液、气、机械能——磨料喷射加工、磨料流加工、液体喷射加工。

值得注意的是将两种以上的不同能量和工作原理结合在一起，可以取长补短获得很好的效果，近年来这些新的复合加工方法正在不断出现。

8.1.4 各种特种加工方法的比较

表8－1～表8－3就各种特种加工方法的工艺能力和经济性、适用的工件形状和材料进行了综合比较。

表8－1 各种特种加工方法的工艺能力和经济性

加工方法	工艺能力					经济性			
	精度/μm	表面粗糙度/μm	表面损伤层深/μm	加工圆角半径/mm	材料去除率/$mm^3 \cdot min^{-1}$	设备投资	工装费用	工具消耗	能量消耗
电火花加工	15	0.2～12.5	125	0.025	800	中	高	高	高
电子束加工	25	0.4～2.5	250	2.5	1.6	很高	低	—	低
等离子弧加工	125	粗糙	500	—	75000	低	很低	—	低
激光加工	25	0.4～12.5	125	2.5	0.1	很高	低	—	低
电解加工	50	0.1～2.5	5.0	0.025	1500	很高	中	—	高
电解磨削	20	0.02～0.08	5.0	—	1500	高	中	低	中
化学加工	50	0.4～2.5	50	0.125	15	中	低	—	—
超声加工	75	0.2～0.5	25	0.025	300	低	低	中	低
磨料喷射加工	50	0.5～1.2	2.5	0.10	0.8	很低	低	低	低

表8－2 各种特种加工方法适用的工件形状

加工方法	孔				通槽		型面	回转面	切割	
	精密小孔直径		一般孔长径比		精密	一般			浅	深
	<0.025mm	>0.025mm	<20	>20						
电火花加工	□	△	○	△	○	○	△	□	△	□
等离子弧加工	×	×	△	×	□	□	×	□	○	○
激光加工	○	○	△	□	□	□	×	×	○	△
电解加工	×	×	○	○	△	○	○	△	○	○
化学加工	△	△	×	×	□	△	×	×	○	×
超声加工	×	×	○	□	○	○	○	×	□	×
磨料喷射加工	×	×	△	□	□	△	×	×	○	×

注：○—好，△—尚好，□—不好，×—不适用。

表 8-3 各种特种加工方法适用的材料

加工方法＼材料	铝	钢	高合金钢	钛合金	耐火材料	塑料	陶瓷	玻璃
电火花加工	△	○	○	○	□	×	×	×
电子束加工	△	△	△	△	○	△	○	△
等离子弧加工	○	○	○	△	□	□	×	×
激光加工	△	△	△	△	○	△	○	△
电解加工	△	○	○	△	△	×	×	×
化学加工	○	○	△	△	□	□	□	△
超声加工	□	△	□	△	○	△	○	○
磨料喷射加工	△	△	○	△	○	△	○	○

注：○—好，△—尚好，□—不好，×—不适用。

本章就电火花加工、电解加工、超声波加工、激光加工、电子束加工、离子束加工、电铸加工等方法的工作原理、特点及应用场合作简单介绍。

8.2 电火花加工

8.2.1 电火花加工的基本原理

电火花加工又称电腐蚀加工，其加工原理见图 8-1。电火花加工时，工具电极和被加工工件放入绝缘液体中，在两者之间加上直流 100V 左右的电压。因为工具电极和工件的表面不是完全平滑的，而是存在着无数个凹凸不平处，所以当两者逐渐接近，间隙变小时，在工具电极和工件表面的某些点上，电场强度急剧增大，引起绝缘油的局部电离，于是通过这些间隙发生火花放电。

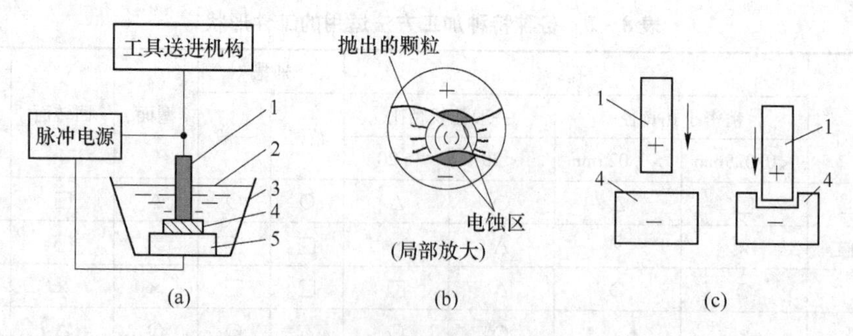

图 8-1 电火花加工原理

1—工具电极；2—加工液；3—加工槽；4—工件；5—工作台

电火花加工时，一秒钟会发生数十万次脉冲放电，每次放电都是由 $10^{-4} \sim 10^{-5}$ μs 的火花放电及持续 $1 \sim 10^{-3}$ μs 的过渡电弧构成。火花的温度高达 5000℃，火花发生的微小区域（称为放电点）内，工件材料被熔化和气化。同时，该处的绝缘油也被局部加热，急速气化，体积发生膨胀，随之产生很高的压力。在这种高压力的作用下，已经熔化、气化的材料就从工件的表面迅速地被除去。每次放电后工件表面上产生微小放电痕，这些放电痕的大量积累就实现了工件的加工。电火花加工中的放电具有放电间隙小、温度高、放电点电流密度大等特点。

8.2.2 电火花加工的特点与应用

8.2.2.1 电火花加工特点

（1）可以加工任何硬、脆、韧、软、高熔点的导电材料，在一定条件下，还可以加工半导体材料和非导电材料。

（2）加工时“无切削力”，有利于小孔、薄壁、窄槽以及各种复杂形状的孔、螺旋孔、型腔等零件的加工，也适合于精密微细加工。

（3）当脉冲宽度不大时，对整个工件而言，几乎不受热的影响，因此可以减少热影响层，提高加工后的表面质量，也适于加工热敏感的材料。

（4）脉冲参数可以任意调节，可以在一台机床上连续进行粗、半精、精加工。精加工时精度为0.01mm，表面粗糙度 Ra 为0.8μm，精微加工时精度可达0.002～0.004mm，表面粗糙度 Ra 为0.1～0.05μm。

8.2.2.2 电火花加工的应用

（1）穿孔加工（见图8-2）。各种圆孔、方孔、多边形孔、异形孔等型孔，弯孔、螺旋孔等曲线孔，直径在0.01～1mm范围内的微细小孔等加工，例如各种拉丝模上的微细孔、化纤异形喷丝孔、电子显微镜光栅孔等的加工。

（2）型腔及曲面加工。各类锻模、压铸模、落料模、复合模、挤压模、塑料模等型腔以及叶轮、叶片等各种曲面的加工。由于电火花加工可在淬火后进行，因此不存在工件热处理变形的问题。

（3）线电极切割。切断、切割各类复杂的图形和型孔，例如冲压模具、刀具、样板、各种零件和工具等。

（4）其他加工。电火花磨削平面、内外圆、小孔、成形镗磨和铲磨；表面强化，如表面渗碳和涂覆特殊材料；打印标记和雕刻花纹等。

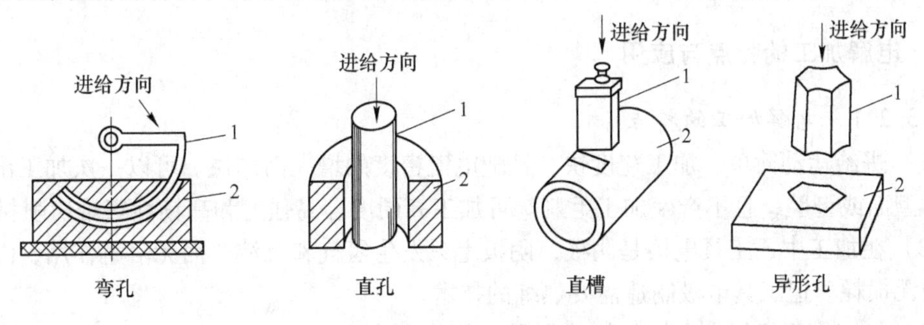

图8-2 电火花加工孔示例

1—工具电极；2—工件

8.3 电解加工

8.3.1 电解加工的基本原理

电解加工是利用金属在电解液中产生阳极溶解的电化学腐蚀原理，将工件加工成形的，所以又称电化学加工。其原理见图8-3，在工件和工具电极之间接上低电压（6~24V）、大电流（500~2000A）的稳压直流电源，工件接正极（阳极），工具接负极（阴极），两者之间保持较小的间隙（通常为0.02~0.7mm），在间隙中间通过高速流动的导电电解液。在工件和工具之间施加一定的电压时，工件表面的金属就不断地产生阳极溶解，溶解的产物被高速流动的电解液不断冲走，使阳极溶解能够不断地进行。

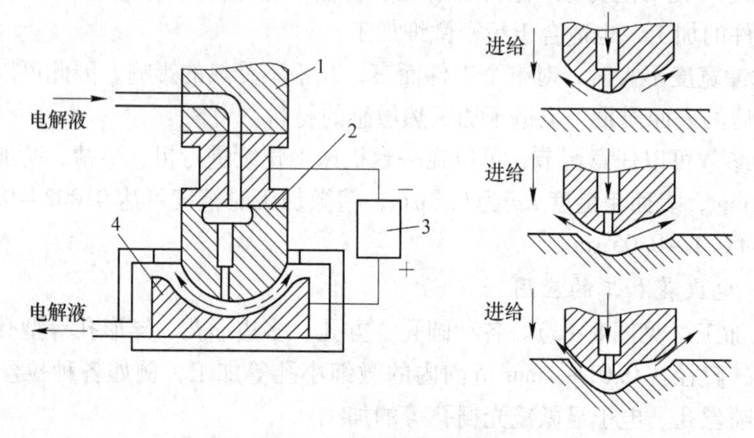

图8-3 电解加工原理

1—送进机构；2—工具电极；3—直流电源；4—工件

电解加工开始时，工件的形状与工具阴极形状不同，工件上各点距工具表面的距离不相等，因而各点的电流密度不一样。距离近的地方电流密度大，阳极溶解的速度快；距离远的地方电流密度小，阳极溶解的速度慢。这样，当工具不断进给时，工件表面上各点就以不同的溶解速度进行溶解，工件的型面就逐渐地接近于工具阴极的型面，加工完毕时，即得到与工具型面相似的工件。

8.3.2 电解加工的特点与应用

8.3.2.1 电解加工的特点

（1）进给运动简单，加工速度快，且随电流密度的增大而加快。可以一次加工出形状复杂的型面或型腔，且不产生加工毛刺。可加工高硬度、高强度和高韧性等难切削材料。

（2）在加工中，工具电极是阴极，阴极上只发生氢气和沉淀，而无溶解作用，因此工具电极无损耗。但工具电极制造需要熟练的技术。

（3）加工中无机械力和切削热的作用，所以在加工面上不存在加工变质层，不存在应力和变形。

（4）由于影响电解加工的因素很多，故难实现高精度的稳定加工。且电解液一般都有

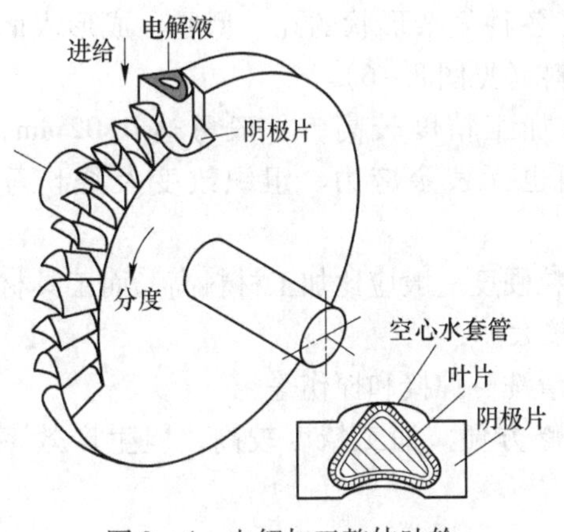

图 8-4 电解加工整体叶轮

腐蚀性，电解产物有污染，因此机床要采取防腐、防污染措施。

8.3.2.2 电解加工的应用

电解加工是继电火花加工之后发展较快、应用较广的一种新工艺，生产效率比电火花加工高 5~10 倍。电解加工主要用于加工各种形状复杂的型面，如汽轮机、航空发动机叶片（见图 8-4）；各种型腔模具，如锻模、冲压模；各种型孔、深孔；套料、镗线，如炮管、枪管内的来复线等；此外，还用于电解抛光、去毛刺、切割和刻印。电解加工适用于成批和大量生产，多用于粗加工和半精加工。

8.4 超声波加工

8.4.1 超声波加工的基本原理

超声波加工是利用工具作超声频振动，通过磨料撞击和抛磨工件，从而使工件成形的一种加工方法，其原理见图 8-5。加工时，在工具和工件之间注入液体（水或煤油等）和磨料混合的悬浮液，工具对工件保持一定的进给压力，并作高频振荡，频率为 16~30kHz，振幅为 0.01~0.15mm。磨料在工具的超声振荡作用下，以极高的速度不断地撞击工件表面，其冲击加速度可达重力加速度的一万倍左右，使材料在瞬时高压下产生局部破碎。由于悬浮液的高速搅动，又使磨料不断抛磨工件表面。随着悬浮液的循环流动，使磨料不断得到更新，同时带走被粉碎下来的材料微粒。加工中，工具逐渐地伸入到工件中，工具的形状便“复印”在工件上。

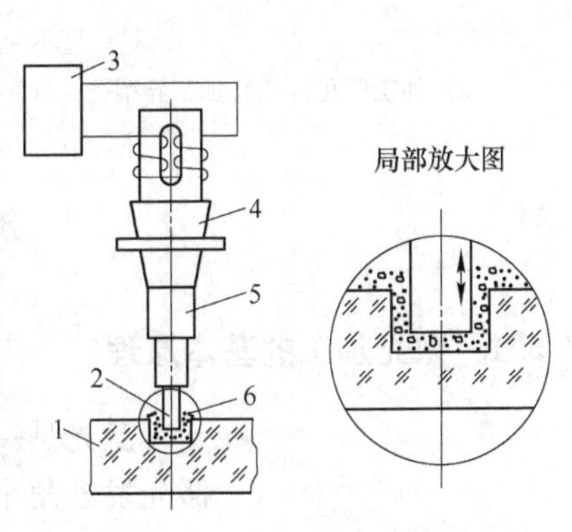

图 8-5 超声波加工原理
1—工件；2—工具；3—超声波发生器；4—换能器；5—变幅杆；6—磨料悬浮液

在工作中，超声振动还使悬浮液产生空腔，空腔不断扩大直致破裂，或不断被压缩致闭合。这一过程时间极短，空腔闭合压力可达几千大气压，爆炸时可产生水压冲击，引起加工表面破碎，形成粉末。同时悬浮液在超声振动下形成的冲击波，还使钝化的磨料崩碎，产生新的刃口，进一步提高加工效率。

8.4.2 超声波加工的特点与应用

（1）适合于加工各种硬脆材料，特别是不导电的非金属材料，例如玻璃、陶瓷、石英、锗、硅、石墨、玛瑙、宝石、金刚石等。对于导电的硬质合金、淬火钢等也可加工，但加工效率比较低。

（2）在加工中工具不需要旋转，因此易于加工各种复杂形状的孔、型腔、成形表面等。采用中空形状工具，还可以实现各种形状的套料（见图8-6）。

（3）超声波加工是靠极小的磨料作用，所以加工精度较高，一般可达0.02mm，表面粗糙度 Ra 可达1.25～0.1μm，被加工表面也无残余应力、组织改变及烧伤等现象。

（4）工件材料的去除是靠磨粒直接作用，故磨粒硬度一般应比加工材料高，而工具材料的硬度可以低于加工材料的硬度，但工具磨损也较大。

（5）超声波加工还可用于切割、雕刻、研磨、清洗、焊接和探伤等。

（6）超声加工机床结构比较简单，操作、维修方便，加工精度较高，但生产效率较低。

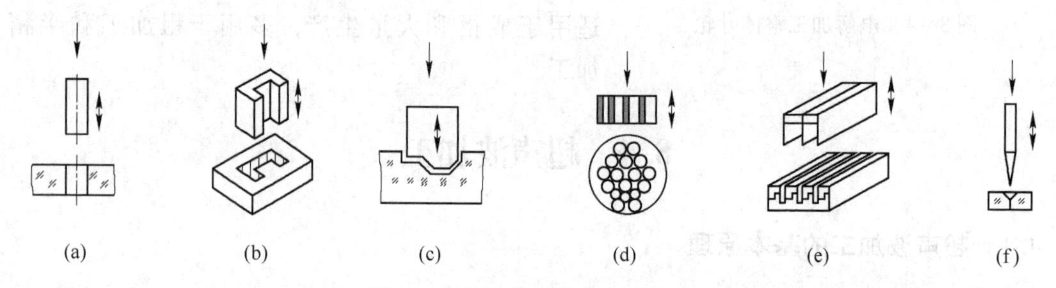

图8-6　超声波加工的应用示例

（a）加工圆孔；（b）加工异型孔；（c）加工型腔；（d）切割小圆片；（e）多片切割；（f）研磨拉丝模

8.5　激光加工

8.5.1　激光加工的基本原理

激光是一种亮度高、方向性好、单色性好的相干光。由于激光发散角小和单色性好，通过光学系统可以聚焦成为一个极小光束（微米级）。激光加工时，把光束聚集在工件的表面上，由于区域很小，亮度高，其焦点处的功率密度可达 10^8～10^{10} W/mm²，温度可达一万多摄氏度，在此高温下，任何坚硬的材料都将瞬时急剧熔化和蒸发，并产生很强的冲击波，使熔化物质爆炸式地喷射去除，激光加工就是利用这种原理进行打孔、切割的（见图8-7）。

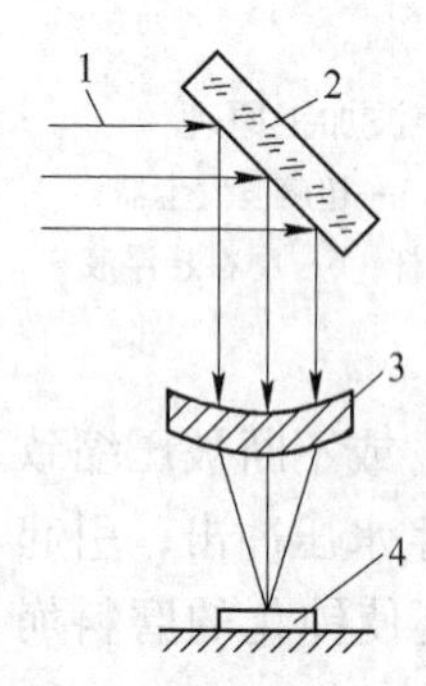

图8-7　激光加工原理

1—激光束；2—镀金反射镜；3—锗透镜；4—工件

8.5.2　激光加工的特点与应用

（1）激光加工不受工件材料性能和加工形状的限制，能加工所有的金属材料和非金属材料，如各种微孔（ϕ0.01～1mm）、深孔（深径比50～100）、窄缝等，适宜于精密加工。

（2）激光加工速度快、热影响区小、工件无变形，可透过透明介质进行加工，与电子束、离子束加工相比，不需要高电压、真空环境以及射线保护装置。

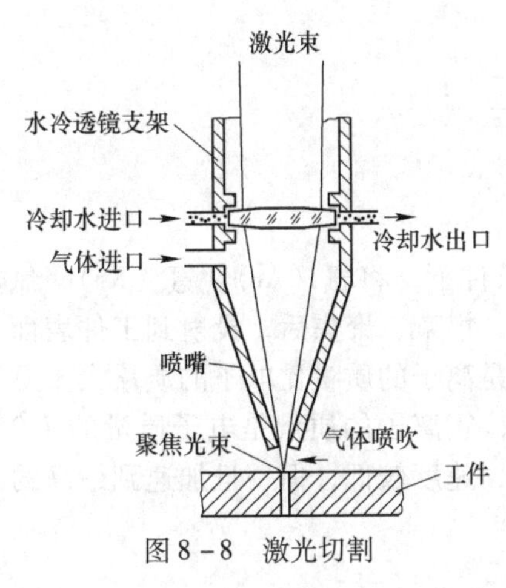

图 8-8 激光切割

(3) 激光加工微型小孔，如化学纤维喷丝头打孔(ϕ100mm 圆盘上打 12000 个 ϕ0.06mm 的孔)，仪表中的宝石轴承打孔，金刚石拉丝模具加工以及火箭发动机和柴油机的燃料喷嘴加工等。

(4) 激光可用于切割和焊接，切割时（见图 8-8)，激光束与工件做相对移动，即可将工件分割开。激光切割可以在任何方向上切割，包括内尖角。激光焊接常用于微型精密焊，能焊接不同的材料，如金属与非金属材料的焊接。

(5) 激光热处理是利用激光对金属表面扫描，在极短的时间内工件被加热到淬火温度，由于表面高温迅速向基体内部传导而冷却，使工件表面淬硬。激光热处理有很多独特的优点，如快速、不需淬火介质、硬化均匀、变形小、硬度高达 60HRC 以上、硬化深度能精确控制等。

8.6 电子束加工

8.6.1 电子束加工的基本原理

电子束加工是在真空条件下，利用电流加热阴极发射电子束，带负电荷的电子束高速飞向阳极，途经加速极加速，并通过电磁透镜聚焦，使能量密度非常集中，可以把 1000W 或更高的功率集中到直径为 5 ~ 10μm 的斑点上，获得高达 10^9W/cm^{2}左右的功率密度。高速电子撞击工件材料时，因电子质量小速度大，动能几乎全部转化为热能，使工件材料被冲击部分的温度，在百万分之一秒时间内升高到几千摄氏度以上，热量还来不及向周围扩散，就已把局部材料瞬时熔化、气化直到蒸发去除。所以电子束加工是通过热效应进行加工的(见图 8-9)。

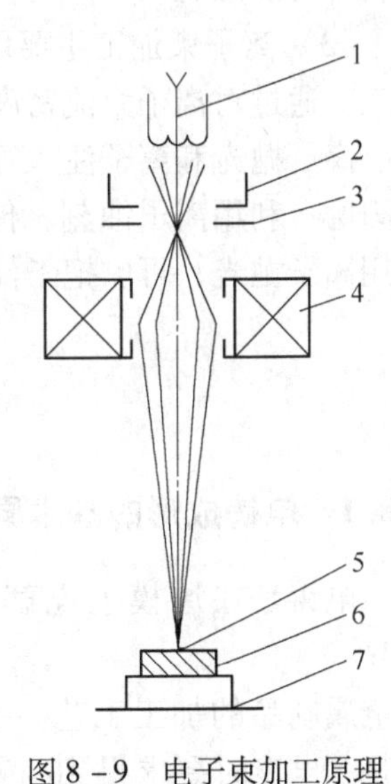

图 8-9 电子束加工原理
1—电子枪；2—控制栅极；
3—加速阳极；4—聚焦系统；
5—集束斑点；6—工件；7—移动台

8.6.2 电子束加工的特点及应用

(1) 被加工材料范围广，各种硬脆性、韧性、导体、非导体、热敏性、易氧化材料，金属和非金属都可以。

(2) 电子束能量密度高，聚焦点范围小，加工速度快，电子束的强度和位置均可由电、磁的方法直接控制，生产效率高(如打孔每秒可加工几十个至几万个)。

(3) 电子束加工主要靠瞬时蒸发，工件很少产生应力和变形，加工是在真空室内进行的，熔化时没有空气的氧化作用，加工点上化学纯度高。

(4) 电子束常用于加工精微深孔和窄缝，还用于焊接、切割、热处理、蚀刻等。

8.7　离子束加工

8.7.1　离子束加工的基本原理

离子束加工原理与电子束加工类似，也是在真空条件下，将氩（Ar）、氪（Kr）、氙（Xe）等惰性气体，通过离子源产生离子束并经过加速、集束、聚焦后，投射到工件表面的加工部位，以实现去除加工。与电子束加工所不同的是离子的质量比电子的质量大千万倍，例如最小的氢离子，其质量是电子质量的1840倍，氩离子的质量是电子质量的7.2万倍。由于离子的质量大，故在同样的电场中加速较慢，速度较低，但一旦加速到最高的速度时，离子束比电子束具有更大的能量。

8.7.2　离子束加工的特点与应用

（1）离子束通过离子光学系统进行扫描，可使微离子束聚焦到光斑直径1μm以内进行加工，并能精确控制离子束流注入的宽度、深度和浓度等，因此能精确控制加工效果。

（2）离子束加工在真空中进行，离子的纯度比较高，适合于加工易氧化的材料，加工时产生的污染少。离子束加工是靠离子撞击工件表面的原子而实现的。这是一种微观作用，宏观作用力小，工件应力变形小，所以对各种硬脆性合金、半导体、高分子等非金属材料都可以加工。

（3）离子束加工主要用于精密、微细以及光整加工，特别是对亚微米至纳米级精度的加工。通过对离子束流密度和能量的控制，可对工件进行离子溅射、离子铣削、离子蚀刻、离子抛光和离子注入等加工。例如利用离子溅射，加工非球面透镜、金刚石刀具的最后刃磨；利用离子蚀刻，借助于掩模技术可以在半导体上刻出小于0.1μm宽度的沟槽；利用离子抛光，可以把工件表面的原子一层层地抛掉，从而加工出没有缺陷的光整表面。

8.8　电铸成形

8.8.1　电铸成形的基本原理

电铸是在原模上电解沉积金属，然后分离以制造或复制金属制品的加工工艺。基本原理与电镀相同，不同之处是：电镀时要求得到与基体结合牢固的金属镀层，以达到防护、装饰等目的；而电铸层要求与原模分离，其厚度也远大于电镀层。

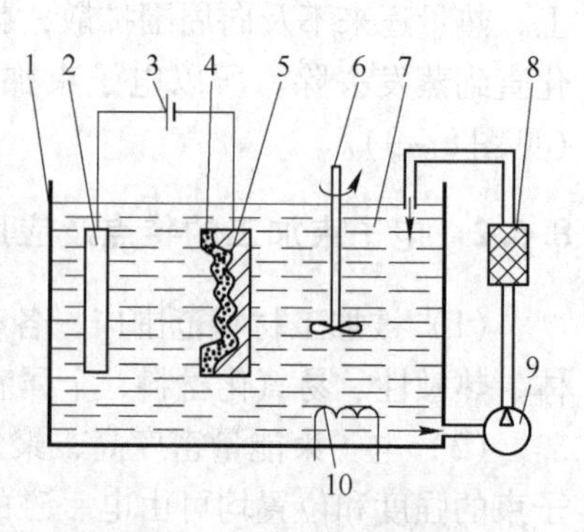

图8－10　电铸成形的原理

1—电铸槽；2—阳极；3—直流电源；4—电铸层；5—原模（阴极）；6—搅拌器；7—电铸液；8—过滤器；9—泵；10—加热器

电铸成形的原理如图**8－10**所示，用可导电的原模作为阴极，用于电铸的金属作为阳极，金属盐溶液作电铸液，即阳极金属材料与金属盐溶液中的金属离子的种类相同。在直流电源作用下，电铸溶液中金属离子的阴极还原成金属，沉积于原模表面，而阳极金属则源源不断地变成离子溶解到电铸液中进行补充，使溶液中金属离子的浓度保持不变。当阴极原模电铸层逐渐加厚达到要求的厚度时，与原模分离，即获得与原模型相反的电铸件。

8.8.2 电铸成形的特点和应用

（1）能把机械加工较困难的零件内表面转化为原模外表面，通过易成形材料（如石蜡、树脂等）做的原模来得到难成形的金属材料零件，因而能制造用其他方法不能或很难制造的特殊形状的零件，如形状复杂、精度高的空心零件，注塑用的模具，厚度仅几十微米的薄壁零件等。

（2）能准确地复制表面轮廓和微细纹路，如唱片模、艺术品、纸币、证券、邮票的印刷版等。

（3）能够获得尺寸精度高、表面粗糙度 *Ra* 达 0.1μm 以上的产品，如表面粗糙度标准样块。

（4）可以获得高纯度的金属制品，可以制造多层结构的构件，并能把多种金属、非金属拼铸成一个整体。同一原模生产的电铸件一致性好。

（5）电铸成形的缺点是：生产周期长，尖角或凹槽部分铸层不均匀，铸层存在一定的内应力，原模上的伤痕会带到产品上。

复习思考题

8-1 什么是特种加工，特种加工有哪些主要特点？
8-2 电火花加工的基本原理是什么？
8-3 简述电解加工的特点与应用。
8-4 什么是电铸成形？简述电铸成形与电镀的相同之处与不同之处。

材料成形方法的选择

9.1 材料成形方法选择的基本原则

由于机械零件毛坯的材料、形状、尺寸、结构、精度以及生产批量各不相同，故其成形的方法也不相同。材料成形方法选择得恰当与否，不仅关系到零件乃至整套机器的制造成本，同时，还关系到能否满足使用要求。根据生产实际经验，在进行工程材料及成形工艺的选择时，一般可遵循下述四条基本原则。

9.1.1 适用性原则

适用性原则是指要满足零件的使用要求及适应成形加工工艺性要求。

（1）满足使用要求。零件的使用要求包括对零件形状、尺寸、精度、表面质量和材料成分、组织的要求，以及工作条件对零件材料性能的要求。这是保证零件完成规定功能所必备的基本条件，是进行成形方法选择时首先要考虑的问题。不同的零件，功能不同，其使用要求也不同，即使是同一类零件，其选用的材料与成形方法也会有很大差异。例如，机床的主轴和手柄，同属杆类零件，但其使用要求不同，主轴是机床的关键零件，尺寸、形状和加工精度要求很高，受力复杂，在使用中不允许发生过量变形，应选用45钢或40Cr钢等具有良好综合力学性能的材料，经锻造成形及切削加工和热处理后制成；而机床手柄则可以采用低碳钢圆棒料或普通灰铸铁件为毛坯，经简单的切削加工即可制成。又如燃气轮机叶片与风扇叶片，虽然同样具有空间几何曲面形状，但前者应采用优质合金钢经精密锻造后成形，而后者则可采用低碳钢薄板冲压成形。

另外，在根据使用要求选择成形方法时，还必须注意各种成形方法如何能更经济地达到制品的尺寸形状精度、结构形状复杂程度、尺寸重量大小等。

（2）适应成形加工工艺性。各种成形方法都要求零件的结构与材料具有相应的成形加工工艺性，成形加工工艺性的好坏对零件加工的难易程度、生产效率、生产成本等起着十分重要的作用。因此，选择成形方法时，必须注意零件结构与材料所能适应的成形加工工艺性。例如，当零件形状比较复杂、尺寸较大时，用锻造成形往往难以实现，如果采用铸造或焊接，则其材料必须具有良好的铸造性能或焊接性能，在零件结构上也要适应铸造或焊接的要求。

9.1.2 可行性原则

对于工程技术人员来说，其所进行的每一项产品设计，都有一定的生产纲领，而且在很多情况下，由哪个企业完成该项产品的生产任务也是已经确定了的。因此，材料成形方法选择的可行性原则，就是要把主观设想的毛坯制造方案或获得途径，与某个特定企业的生产条件以及社会协作条件和供货条件结合起来，以保证按质、按量、按时获得所需要的毛坯或零件。

一个企业的生产条件，包括该企业的工程技术人员和工人的业务技术水平和生产经验、设备条件、生产能力和当前生产任务状况，以及企业的管理水平等。例如，某个零件的毛坯，原设计为锻钢件，但某厂具有稳定生产球墨铸铁件的条件和生产经验，而该零件的设计只要稍加改动，采用球铁件不仅完全可以满足使用要求，而且生产成本也可以显著降低，于是就可改变原来的设计方案。再如，某厂开发出一种新产品，由于生产批量迅速扩大，按照经济性考虑，其中的锻件都应采用模锻件，但该厂目前的模锻生产能力不能适应，而自由锻设备较多，该厂一方面积极考虑扩大模锻生产能力的问题，同时，从当前生产条件出发，结构复杂的重要锻件采用模锻，将部分简单锻件采用胎模锻制造，既满足了产量迅速扩大对锻件的需求，同时也充分利用了现有的生产条件。

考虑获得某个毛坯或零件的可行性，除本企业的生产条件外，还应把社会协作条件和供货条件考虑在内，从外协或外购途径获得毛坯或者直接获得的零件，有时具有更好的质量和经济效益。随着社会生产分工的不断细化和专业化，产品的不断标准化和系列化，越来越多的零件和部件由专业化工厂生产是必然的趋势。因此，制定生产方案时，要尽量掌握有关信息，结合本企业的条件，按照保证质量、降低成本、按时完成生产任务的要求，选择最佳生产或供货方案。

9.1.3　经济性原则

在所选择的成形方法能满足毛坯的使用要求的前提下，对几个可供选择的成形方案应从经济角度方面进行分析比较，选择成本低廉的方案。

（1）材料的价格。在满足性能和工艺要求的条件下，零件材料的价格无疑应该尽量低。材料的价格在产品的总成本中占有较大的比重，据有关资料统计，在许多工业部门中可占产品价格的**30%～90%**，因此设计人员要十分关心材料的市场价格。表**9－1**为我国常用金属材料的相对价格。

表9－1　我国常用金属材料的相对价格

材　料	相对价格	材　料	相对价格
碳素结构钢	1	碳素工具钢	1.4～1.5
低合金结构钢	1.2～1.7	低合金工具钢	2.4～3.7
优质碳素合金钢	1.4～1.5	高合金工具钢	5.4～7.2
易切削钢	2	高速钢	13.5～15
合金结构钢	1.7～2.9	铬不锈钢	8
铬镍合金结构钢	3	铬镍不锈钢	20
滚动轴承钢	2.1～2.9	普通黄铜	13
弹簧钢	1.6～1.9	球墨铸铁	2.4～2.9

（2）加工费用。在各种热处理改性工艺中，以退火工艺加工费相对价格为1时，则调

质处理为2.5，高频淬火为5，渗碳处理为6，渗氮处理为38。例如在确定一个轴类零件热处理工艺时，当耐磨性能满足要求的情况下，采用调质后高频淬火比调质后渗氮处理要便宜得多。

对于耐腐蚀零件而言，采用碳素钢进行表面涂层工艺代替不锈钢，则成本可降低很多。

制造内腔较大的零件时，采用铸造或旋压加工成形均比采用实心锻件经切削加工制造内腔要便宜。

对于形状复杂的零件如果能采用焊接结构，可比整体锻造，然后机械加工成形更为方便。

(3) 材料代用。球墨铸铁有较高的强度，良好的抗震性能，在使用条件满足的情况下，可制作成曲轴使用，从而做到“以铁代钢”，有良好的经济效益。

对引进产品进行国产化研究时，在成分相当、性能相近的情况下，可考虑用相近的材料代用。

(4) 优先选用碳素钢。在含碳量相同的情况下，碳钢与合金钢相比，主要是合金钢的淬透性大，允许制作较大截面的零件。在避开回火脆性使用的情况下，合金钢有较好的韧性。但当制造截面不大的零件时，不应认为采用合金钢更保险，这样反而提高了材料的成本消耗。

(5) 成组选材，减少品种，便于管理。在机械设计时，同一个机器上的零件，在使用性能满足的情况下，应尽量减少材料的品种，减少采购手续，以便于管理。尽量选型材代替锻、轧材，以减少加工工序。

9.1.4 环保性原则

环境已成为全球关注的大问题。现在，出现了地球温暖化，臭氧层破坏，酸雨，固体垃圾，资源、能源的枯竭等等问题。环境恶化不仅阻碍生产发展，甚至危及人类的生存。因此，人们在发展工业生产的同时，必须考虑环境保护问题，力求做到与环境相宜，对环境友好。下面简述几个有关问题。

(1) 对环境友好的含义。对环境友好就是要使环境负载小。

1) 能量耗费少，CO_2 等气体产生少。

2) 贵重资源用量少。

3) 废弃物少，再生处理容易，能够实现再循环。

4) 不使用、不产生对环境有害的物质。

(2) 环境负载性的评价。要考虑从原料到制成材料，然后经过成形加工制成产品，再经使用至损坏而废弃，或回收、再生、再使用（再循环），在这整个过程中所消耗的全部能量（即全寿命消耗能量），CO_2 气体排出量，以及在各阶段产生的废弃物，有毒排气、废水等情况。这就是说，评价环境负载性，谋求对环境友好，不能仅考虑产品的生产工程，而应全面考虑生产、还原两个工程。所谓还原工程就是指制品制造时的废弃物及其使用后的废弃物的再循环、再资源化工程。这一点，将会对材料与成形方法的选择产生根本性的影响。例如汽车在使用时需要燃料并排出废气，人们就希望出现尽可能节能的汽车，故首先要求汽车质量轻，发动机效率高，这必然要通过更新汽车用材与成形方法才可能实现。

（3）成形加工方法与单位能耗的关系。材料经各种成形加工工艺制成产品，生产系统中的能耗就由工艺流程确定。据有关报道，钢铁由棒材到制品的几种成形加工方法的单位能耗与材料利用率如表9－2所示。

表9－2 几种成形加工方法的单位能耗、材料利用率比较

成形加工方法	制品耗能量/10^6J·kg^{-1}	材料利用率/%
铸造	30～38	90
冷、温变形	41	85
热变形	46～49	75～80
机械加工	66～82	45～50

从矿石冶炼制成棒材的单位能耗大约为33MJ/kg，由表9－2可见，与材料生产的单位能耗相比，铸造与塑性变形等加工方法的单位能耗不算大，且其材料利用率较高。与材料生产相比，产品成形加工的单位耗能量较大，且单位能耗大的加工方法，其材料利用率通常也较低。由于成形加工方法与材料密切相关，因此在选择产品的成形加工方法时，应通盘考虑选择单位能耗少的成形加工方法，并选择能采用低单位能耗成形加工方法的材料。

在上述四项原则中，适用性原则是第一位的。所有产品必须达到质量优良，满足使用要求，在规定的服役年限内能够保证正常工作。否则在使用过程中就会发生各种问题，甚至造成严重的后果。可行性原则是确定毛坯或零件的生产方案或生产途径的出发点。经济性原则是将产品总成本降至最低，取得最大的经济效益，使产品在市场上具有最强的竞争力。环保性原则是保护自然界生态平衡的重要措施。

9.2 各类成形零件的特点

（1）铸件。铸件是熔融金属液体在铸型中冷却凝固而获得的，突出特点是尺寸、形状几乎不受限制。通常用于形状复杂、强度要求不太高的场合。目前生产中的铸件大多数是用砂型铸造，尺寸较小、精度要求较高的优质铸件一般采用特种铸造，如熔模铸造、金属型铸造、离心铸造和压力铸造等。砂型铸造的铸件，当采用手工造型时，铸型误差较大，铸件的精度低，因而铸件表面的加工余量比较大，影响零件的加工效率，故适用于单件小批生产。当大批量生产时，广泛采用机器造型，机器造型所需的设备投资较大，而且铸件的重量也受到一定限制，一般多用于中、小尺寸铸件。砂型铸造铸件的材料不受限制，铸铁应用最多，铸钢和有色金属也有一定的应用。

熔模铸造的铸件精度高，表面质量好。由于型壳用高级耐火材料制成，故能用于生产高熔点及难切削合金。生产批量不受限制。主要用于生产汽轮机叶片，成形刀具和汽车、拖拉机、机床上的小型零件，以及形状复杂的薄壁小件。

金属型铸造的铸件，比砂型铸造的铸件精度高，表面质量和力学性能好，生产率较高，但需要使用专用金属型。金属型铸造适用于生产批量大、尺寸不大、结构不太复杂的有色金属铸件，如发动机中的铝活塞等。

离心铸造的铸件，金属组织致密，力学性能较好，外圆精度及表面质量均好，但内孔精度低，需留出较大的加工余量。离心铸造适用于生产黑色金属及铜合金的旋转铸件，如套筒、管子和法兰盘等。由于铸造时需要特殊设备，故产量大时才比较经济。

压力铸造的铸件精度高，表面粗糙度值小，机械加工时只需进行精加工，因而节省金属。同时，铸件的结构可以较复杂，铸件上的各种孔、螺纹、文字及花纹图案均可铸出。但压力铸造需要昂贵的设备和铸型，故主要用于生产批量大、形状复杂、尺寸较小、重量不大的有色金属铸件。

几种常用铸件的基本特点、生产成本与生产条件见表9－3。

（2）锻件。由于锻件是通过金属塑性变形而获得的，因此其形状复杂程度受到较大的限制。在生产中应用较多的锻件主要有自由锻件和模锻件两种。

生产自由锻件不使用专用模具，精度低。锻件毛坯加工余量大，生产效率不高。一般只适合于单件小批生产结构较为简单的零件或大型锻件。

模锻件的精度高，加工余量小，生产效率高，可以锻造形状复杂的毛坯件。材料经锻造后锻造流线得到了合理分布，使锻件强度比铸件强度大大提高。生产模锻件毛坯需要专用模具和设备，因此只适用于大批量生产中、小型锻件。

常用锻件的基本特点、生产成本和生产条件见表9－4。

表9－3　几种常用铸件的基本特点、生产成本与生产条件

特点 \ 类型		砂型铸件	金属型铸件	离心铸件	熔模铸件	低压铸造件	压铸件
零件	材料	任意	铸铁及有色金属	以铸铁及铜合金为主	所有金属，以铸钢为主	有色金属为主	锌合金及铝合金
	形状	任意	用金属芯时形状有一定限制	以自由表面为旋转面的为主	任意	用金属型与金属芯时，形状有一定限制	形状有一定限制
	重量/kg	0.01～300000	0.01～100	0.1～4000	0.01～10(100)	0.1～3000	<50
	最小壁厚/mm	3～6	2～4	2	1	2～4	0.5～1
	最小孔径/mm	4～6	4～6	10	0.5～1	3～6	3(锌合金0.8)
	致密性	低～中	中～较好	高	较高～高	较好～高	中～较好
	表面质量	低～中	中～较好	中	高	较好	高
成本	设备成本	低（手工）～中（机器）	较高	较低～中	中	中～高	高
	模具成本	低（手工）～中（机器）	较高	低	中～较高	中～较高	高
	工时成本	高（手工）～中（机器）	较低	低	中～高	低	低

续表 9－3

特点	类型	砂型铸件	金属型铸件	离心铸件	熔模铸件	低压铸造件	压铸件
生产条件	操作技术	高（手工）～中（机器）	低	低	中～高	低	低
	工艺准备时间	几天（手工）～几周（机器）	几周	几天	几小时～几周	几周	几周～几月
	生产率/件·h^{-1}	<1（手工）～100（机器）	5～50	2（大件）～36（小件）	1～1000	5～30	20～200
	最小批量	1（手工）～20（机器）	约1000	约10	10～10000	约100	约10000
产品举例		机床床身、缸体、带轮、箱体	铝合金、铜套	缸套、污水管	汽轮机叶片成形刀具	大功率柴油机活塞、汽缸头、曲轴箱	微型电极外壳、化油器壳体

表 9－4 常用锻件、挤压件、冷锻件、冲压件的基本特点、生产成本与生产条件

特点	类型	锻件			挤压件	冷锻件	冲压件			
		自由锻件	模锻件	平锻件			落料与冲孔件	弯曲件	拉深件	旋压件
零件	材料	各种形变合金	各种形变合金	各种形变合金	各种形变合金，特别适用于铜、铝合金及低碳钢	各种形变合金	各种形变合金板料	各种形变合金板料	各种形变合金板料	各种形变合金板料
	形状	有一定限制	有一定限制	有一定限制	有一定限制	有一定限制	有一定限制	有一定限制	一端封闭的筒体、箱体	一端封闭的旋转体
	重量/kg	0.1～200000	0.01～100	1～100	1～500	0.001～50				
	最小壁厚或板厚/mm	5	3	$\phi3$～230 棒料	1	1	最大板厚 10	最大 100	最大 10	最大 25
	最小孔径/mm	10	10		20	（1）5	（1/2～1）板厚		<3	
	表面质量	差	中	中	中～好	较好～好	好	好	好	好
成本	设备成本	较低～高	高	高	高	中～高	中	低～中	中～高	低～中
	模具成本	低	较高～高	较高～高	中	中～高	中	低～中	较高～高	低
	工时成本	高	中	中	中	中	低～中	低～中	中	中

续表 9-4

类型 特点		锻件			挤压件	冷锻件	冲压件			
		自由锻件	模锻件	平锻件			落料与冲孔件	弯曲件	拉深件	旋压件
生产条件	操作技术	高	中	中	中	中	低	低~中	中	中
	工艺准备时间	几小时	几周~几月	几周~几月	几天~几月	几周	几天~几周	几小时~几天	几周~几月	几小时~几天
	生产率/件·h^{-1}	1~50	10~300	400~900	10~100	100~10000	100~10000	10~10000	10~1000	10~100
	最小批量	1	100~1000	100~10000	100~1000	1000~10000	100~10000	1~10000	100~10000	1~100

（3）冲压件和挤压件。

1）冲压件。冲压件主要适用于8mm以下塑性良好的金属板料、条料制品，也适用于一些非金属材料，如塑料、石棉、硬橡胶板材的某些制品。在交通运输机械和农业机械中，冲压件所占的比重很大，很多薄壁件都采用冲压法成形，如汽车罩壳、储油箱、机床防护罩等。冲压成形后的毛坯件一般不需机械加工，或只需要进行简单的机械加工。由于模具制造费用很高，因此冲压件一般均用于大批量生产。

冲压件的基本特点、生产成本与生产条件见表9-4。

2）挤压件。冷挤压是一种生产率很高的少、无切削加工工艺。挤压件尺寸精确、表面光洁，挤压所生产的薄壁、深孔、异型截面等形状复杂的零件，一般不需再切削加工，因此可节省金属材料与加工工时。挤压件材料主要有塑性良好的铜合金、铝合金以及低碳钢，中、高含碳量的碳素结构钢、合金结构钢、工具钢等也能进行挤压，但一般应先加温。

挤压件的基本特点、生产成本与生产条件见表9-4。

（4）焊接件。焊接是一种永久性连接金属的方法，其主要用途是制造金属结构件，如梁、柱、桁架、管道、容器等。焊接件生产简单方便，周期短，适用范围广。缺点是容易产生焊接变形，抗震性较差。对于性能要求高的重要机械零部件如床身、底座等，采用焊接毛坯时，机械加工前应进行退火或回火处理，以消除焊接应力，防止零件变形。

焊接结构应尽可能采用同种金属材料制作，异种金属材料焊接时，往往由于两者热物理性能不同，在焊接处会产生很大的应力，甚至造成裂纹，焊接时应引起注意。

（5）型材。机械零件采用型材作为毛坯占有相当大的比重。以钢材而论，通常选用作为毛坯的型材有圆钢、方钢、六角钢以及槽钢、角钢等。型材根据其精度可分为普通精度的热轧材和高精度的冷轧（或冷拔）材两种。普通机械零件多采用热轧型材。冷轧型材尺寸较小，精度较高，多用于毛坯精度要求较高的中小型零件生产或进行自动送料的自动机加工中。冷轧型材一般用于批量较大的生产。

（6）粉末冶金件。粉末冶金既是制取金属材料的一种冶金方法，也是制造毛坯或零件和器件的一种成形方法。粉末冶金件一般都具有某些特殊性能，如减摩性、耐磨性、密封性、过滤性、多孔性、耐热性、电磁性能等。粉末冶金的优点是：生产率高，适合生产复杂形状的零件，无需机械加工，或少量加工，节约材料，适于生产各种材料或各种具有特殊性能材料搭配在一起的零件。它的缺点是：模具成本相对较高，粉末冶金件强度比相应的固体材料强度低，材料成本也相对较高。

粉末冶金构件的性能及应用见表 9－5。

表 9－5 粉末冶金构件的性能及应用

材料类别	密度/g·cm^{-3}	抗拉强度/N·mm^{-2}	伸长率/%	应用举例
铁及低合金粉末压实件	5.2～6.8	5～20	2～8	轴承和低负荷结构元件
	6.1～7.4	14～50	8～30	中等负荷结构元件，磁性零件
合金钢粉末压实件	6.8～7.4	20～80	2～15	高负荷结构零、部件
不锈钢粉末压实件	6.3～7.6	30～75	5～30	抗腐蚀性好的零件
青铜	5.5～7.5	10～30	2～11	垫片、轴承及机器零件
黄铜	7.0～7.9	11～24	5～35	机器零件

（7）工程塑料件。非金属材料在各类机械中的应用日益扩大，其中工程塑料的发展最为迅速，使用最广。

工程塑料件往往是一次成形，几乎可制成任何形状的制品，生产效率高。工程塑料的密度约为铝的一半，可减轻制件的重量。工程塑料件的比强度高于金属件。大多数工程塑料的摩擦系数都很小，不论有无润滑，塑料都是良好的减摩材料，常用来制造轴承、齿轮、密封圈等零件。工程塑料件对酸、碱的抗蚀性很好，例如被称为塑料王的聚四氟乙烯，甚至在王水中煮沸也不会腐蚀。此外，工程塑料件还具有优良的绝缘性能、消音性能、吸震性能和成本低廉等优点。

工程塑料件也存在一些缺点，主要是成形收缩率大，刚性差，耐热性差，易发生蠕变，热导率低而线胀系数大，尺寸不稳定，精度低，容易老化。因此塑料件在机械工程中的应用受到一定的限制。

9.3 常用零件毛坯的成形方法

常用的机械零件按其形状特征和用途不同，一般可分为轴杆类、盘套类和机架箱体类三大类。由于各类零件形状结构的差异和材料、生产批量及用途的不同，其毛坯的成形方法也不同。下面分别介绍各类零件毛坯选择的一般方法。

（1）轴杆类零件。轴杆类零件的结构特点是其轴向尺寸远大于径向尺寸，如图 9－1 所示。在机械装置中，该类零件主要用来支承传动零件和传递转矩。同时还承受一定的交变、弯曲应力，大多数还承受一定的过载或冲击载荷。

根据工作特点，轴失效的主要形式有疲劳断裂、脆性断裂、磨损及变形失效。

按照承载状况不同，轴可分为转轴、心轴和传动轴三大类。工作时既承受弯矩又承受转矩作用的轴称为转轴，如支承齿轮、带轮的轴。支承转动零件但本身承受弯矩作用而不传递转矩的轴称为心轴，如火车轮轴、汽车和自行车的前轴等。主要传递转矩，不承受或只承受很小弯矩作用的轴为传动轴，如车床上的光杠。此外，还有少数承受轴向力作用的

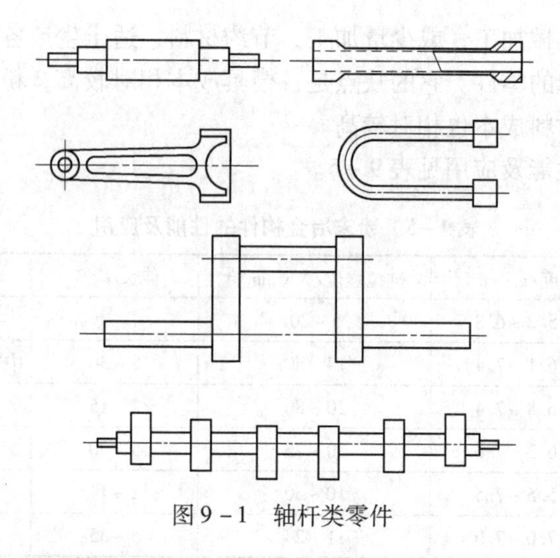

图 9－1　轴杆类零件

轴，如车床上的丝杠、连杆等。

轴杆类零件大多要求具有高的力学性能，除直径无变化的光轴外，多数采用锻件，选中碳钢或中碳合金钢材料制作，经调质处理后具有良好的综合力学性能。对某些大型、结构复杂、受力不大的轴（异型断面或弯曲轴线的轴），如凸轮轴、曲轴等，可采用 QT450－10，QT500－5 等球墨铸铁毛坯，这样可简化制作工艺。某些情况下，可选用锻－焊或铸－焊结合方式制造轴杆类毛坯。例如发动机的进、排气阀门，是采用合金耐热钢的头部与碳素钢的阀杆焊成一体，节约了合金钢材料，如图 9－2 所示。再如图 9－3 所示的 12000t 水压机立柱毛坯，长 18m，净重 80t，采用 ZG270～500 分成 6 段铸造，粗加工后采用电渣焊焊成整体毛坯。

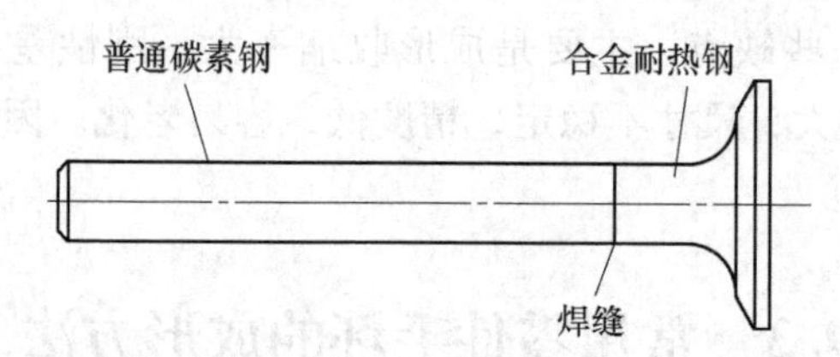

图 9－2　发动机的进、排气阀门锻－焊结构

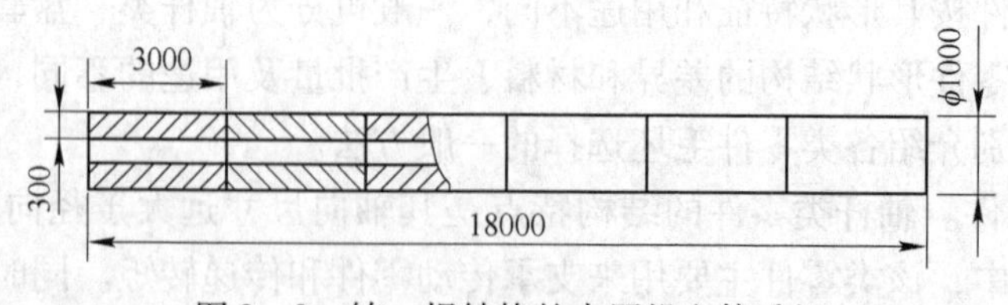

图 9－3　铸－焊结构的水压机立柱毛坯

（2）盘套类零件。该类零件的结构特点是零件长度一般小于直径或两个方向尺寸相差不大。属于该类零件的有各种齿轮、带轮、飞轮、模具、联轴器、法兰盘、套环、轴承内外圈和手轮等，见图 9－4。

该类零件在机械中的使用要求和工作条件差异较大，因此所用材料和毛坯各不相同。以齿轮为例，齿轮是各类机械中的重要传动零件，工作时齿面承受很大的接触应力和摩擦

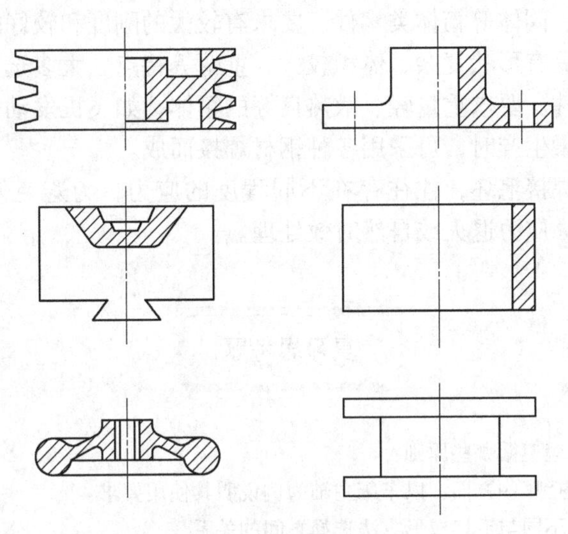

图9－4　盘套类零件

力，齿面要求具有足够的强度和硬度。齿根承受较大的弯曲应力，有时还要承受冲击力作用。因此齿轮的主要失效形式是齿面磨损、疲劳剥落和齿根折断。重要用途的直径小于400mm的齿轮选用锻件，才能满足高性能要求。直径较大，大于400mm、形状复杂的齿轮，可用铸钢或球墨铸铁件为毛坯。低速轻载、不受冲击的开式传动齿轮，可采用灰铸铁件。受力不大、在无润滑条件下工作的小齿轮可用塑料制造。

带轮、飞轮、手轮等受力不大，结构复杂或以承压为主的零件，一般采用铸铁件，单件生产时也可采用低碳钢焊接件，法兰和套环等零件，根据形状、尺寸和受力等因素，可分别采用铸铁件、锻钢件或圆钢为毛坯。厚度较小者在单件或小批量生产时，也可直接用钢板下料。

（3）机架、箱体类零件。该类零件一般结构复杂，有不规则的外形和内腔，壁厚不均，重量从几千克至数十吨不等。

这类零件包括各种机械的机身、底座、支架、横梁、工作台，以及齿轮箱、轴承座、缸体、泵体、导轨等，如图9－5所示。它们的工作条件相差很大。一般的基础零件，如机身、底座、齿轮箱等，以承压为主，要求有较好的刚度和减振性。有些机身、支架同时受压、拉和弯曲应力的联合作用，甚至有冲击载荷，如工作台和导轨等零件，则要求有较

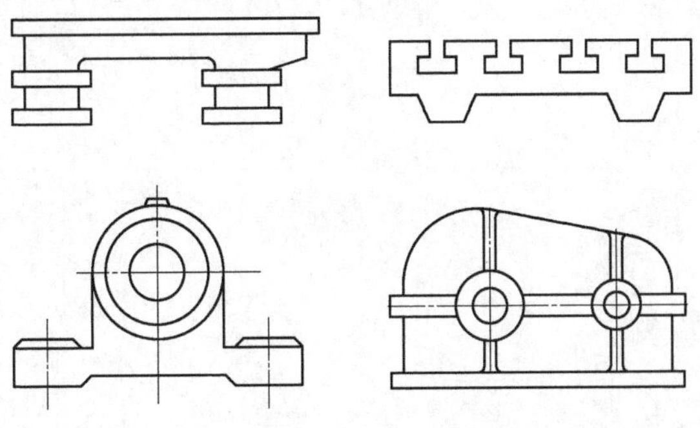

图9－5　机架、箱体类零件

好的耐磨性。齿轮箱、阀体等箱体类零件，要求有较大的刚度和较好的密封性。

箱体类零件一般具有形状复杂、体积较大、壁薄等特点，大多选用铸铁件。承载量较大的箱体可采用铸钢件。要求重量轻、散热良好的箱体，如飞机发动机汽缸体等可采用铝合金铸造。单件小批量生产时，可采用各种钢材焊接而成。

不管是铸造还是焊接毛坯，往往存在不同程度的应力，为避免使用过程中因变形失效，机加工前应进行去应力退火或自然时效处理。

复习思考题

9-1 选择材料成形方法应遵循哪些原则?

9-2 零件的使用要求包括哪些方面？以车床主轴为例说明其使用要求。

9-3 举例说明生产批量不同与毛坯成形方法选择之间的关系。

9-4 为什么说毛坯材料确定之后，毛坯的成形方法也就基本确定了?

9-5 大批量生产家用液化气罐，试合理选择材料及成形方法。

9-6 试为大型船用柴油机、高速轿车、普通货车上使用的活塞选择合适的材料和成形方法。

9-7 为什么轴类零件一般采用锻件，而机架类零件多采用铸件?

9-8 试确定齿轮减速器箱体的材料及其毛坯成形方法，并说明理由。

9-9 试为下列齿轮选择合适的材料和成形方法。

(1) 无冲击的低速中载齿轮，直径250mm，数量50件。

(2) 卷扬机大型人字齿轮，直径1500mm，数量5件。

(3) 承受冲击的高速重载齿轮，直径200mm，数量20000件。

(4) 小模数仪表用无润滑齿轮，直径30mm，数量3000件。

(5) 钟表中用的小模数传动齿轮，直径15mm，数量100000件。

参考文献

[1] 韩彩霞. 工程材料与材料成形工艺 [M]. 天津: 天津大学出版社, 2010.
[2] 周志明, 张驰. 材料成形原理 [M]. 北京: 北京大学出版社, 2011.
[3] 王卫卫. 材料成形设备 [M]. 北京: 机械工业出版社, 2011.
[4] 高红霞. 材料成形技术 [M]. 北京: 中国轻工业出版社, 2011.
[5] 米国发. 材料成形及控制工程专业实验教程 [M]. 北京: 冶金工业出版社, 2011.
[6] 沈其文, 赵敖生. 材料成形与机械制造技术基础　材料成形分册 [M]. 武汉: 华中科技大学出版社, 2011.
[7] 邓文英, 等. 金属工艺学 [M]. 北京: 高等教育出版社, 1990.
[8] 张启芳, 等. 热加工工艺基础 [M]. 南京: 东南大学出版社, 1996.
[9] 张万昌, 等. 热加工工艺基础 [M]. 北京: 高等教育出版社, 1991.
[10] 李庆春, 等. 铸件成形理论基础 [M]. 哈尔滨: 哈尔滨工业大学出版社, 1980.
[11] [日] 太平五郎, 等. 铸造工学 [M]. 东京: 日本金属学会, 1973.
[12] 柳百成, 等. 铸造工程的模拟仿真与质量控制 [M]. 北京: 机械工业出版社, 2001.
[13] 孙瑜. 材料成形技术 [M]. 上海: 华东理工大学出版社, 2010.
[14] 李振亮. 材料成形控制工程基础教程 [M]. 北京: 冶金工业出版社, 2010.
[15] 童幸生. 材料成形工艺基础 [M]. 武汉: 华中科技大学出版社, 2010.
[16] 李云涛, 等. 材料成形工艺与控制 [M]. 北京: 化学工业出版社, 2010.
[17] 孙玉福, 张春香. 金属材料成形工艺及控制 [M]. 北京: 北京大学出版社, 2010.
[18] 夏巨谌, 张启勋. 材料成形工艺 [M]. 北京: 机械工业出版社, 2010.
[19] 张铮, 等. 冲压自动化 [M]. 成都: 电子科技大学出版社, 2000.
[20] 吴诗淳. 冲压工艺学 [M]. 西安: 西北工业大学出版社, 1987.
[21] 卢险峰. 冷锻工艺与模具 [M]. 北京: 机械工业出版社, 1999.
[22] 谢建新. 金属挤压理论与技术 [M]. 北京: 冶金工业出版社, 2001.
[23] 殷风仕. 非金属材料学 [M]. 北京: 机械工业出版社, 1999.
[24] 王绍林. 焊接工艺学 [M]. 北京: 机械工业出版社, 2001.
[25] 徐纪平. 材料成形及控制工程专业（模具方向）实验指导书 [M]. 北京: 机械工业出版社, 2009.
[26] 胡灶福, 李胜祇. 材料成形实验技术 [M]. 北京: 冶金工业出版社, 2007.
[27] 邢建东, 陈金德. 材料成形技术基础 [M]. 2版. 北京: 机械工业出版社, 2007.
[28] 齐克敏, 丁桦. 材料成形工艺学 [M]. 北京: 冶金工业出版社, 2006.
[29] 赵刚, 胡衍生. 材料成形及控制工程综合实验指导书 [M]. 北京: 冶金工业出版社, 2008.
[30] 柳百成, 沈厚发. 21世纪的材料成形加工技术与科学 [M]. 北京: 机械工业出版社, 2004.
[31] 李生田. 焊接结构现代无损检测技术 [M]. 北京: 机械工业出版社, 2001.
[32] 黄石生. 新型弧焊电源及其智能控制 [M]. 北京: 机械工业出版社, 2000.
[33] 林尚扬. 焊接机器人及其应用 [M]. 北京: 机械工业出版社, 2000.
[34] 周振中, 等. 焊接冶金与金属焊接性 [M]. 北京: 机械工业出版社, 1988.
[35] [日] 复合加工研究会. 复合加工技术 [M]. 东京: 产业图书株式会社, 1982.
[36] [日] 三木光范, 等. 复合材料 [M]. 东京: 共立出版株式会社, 1997.
[37] 方亮, 程羽, 王雅生. 材料成形技术基础 [M]. 北京: 高等教育出版社, 2004.
[38] 申庆泰, 聂信天. 材料成形工艺基础 [M]. 北京: 中国农业大学出版社, 2005.
[39] 任正义. 材料成形工艺基础 [M]. 哈尔滨: 哈尔滨工程大学出版社, 2004.

[40] 沈其文．材料成形工艺基础［M］．武汉：华中科技大学出版社，2003.
[41] 邓明．材料成形新技术及模具［M］．北京：化学工业出版社，2005.
[42] 王爱珍．机械工程材料成形技术［M］．北京：北京航空航天大学出版社，2005.
[43] 张志文．锻造工艺学［M］．北京：机械工业出版社，1983.
[44] 周尧和，等．凝固技术［M］．北京：机械工业出版社，1998.
[45] 于九明，等．金属层状复合技术及其新进展［J］．材料研究学报，2000，14（1）：12～16.
[46] 胡城立，等．材料成型基础［M］．武汉：武汉理工大学出版社，2001.
[47] 钱增新，等．金属工艺学［M］．北京：高等教育出版社，1987.
[48] 叶荣茂，等．铸造工艺设计简明手册［M］．北京：机械工业出版社，1997.
[49] 胡礼木，崔令江，李慕勤．材料成形原理［M］．北京：机械工业出版社，2005.
[50] 胡秀丽．工程材料成形［M］．哈尔滨：哈尔滨工业大学出版社，2008.
[51] 夏巨谌．材料成形工艺［M］．北京：机械工业出版社，2005.
[52] 周世权．材料成形及机械制造工艺综合设计型创新实验［M］．武汉：华中理工大学出版社，2002.
[53] 于九明，庞维成．材料成形机械设备［M］．沈阳：东北大学出版社，2002.
[54] 童幸生，等．材料成形及机械制造工艺基础［M］．武汉：华中理工大学出版社，2002.
[55] 谢建新，等．金属挤压理论与技术［M］．北京：冶金工业出版社，2001.
[56] 陈锡琦，等．金属工艺学习题集［M］．北京：高等教育出版社，1985.
[57] 日本铸物协会．铸物便览［M］．东京：产业图书株式会社，1982.
[58] 东北七院校铸造专业教材编写组．砂型铸造工艺设计［M］．哈尔滨：哈尔滨工业大学出版社，1974.
[59] 朱光亚，等．中国科学技术文库［M］．北京：科学技术文献出版社，1998.
[60] 中南矿冶学院粉末冶金教研室．粉末冶金基础［M］．北京：冶金工业出版社，1994.
[61] 王冬．材料成形及机械加工工艺基础实验［M］．哈尔滨：哈尔滨工程大学出版社，2003.
[62] 常春．材料成形基础［M］．北京：机械工业出版社，2004.
[63] 王卫卫．材料成形设备［M］．北京：机械工业出版社，2004.
[64] 刘雅政．材料成形理论基础［M］．北京：国防工业出版社，2004.
[65] 陈平昌，等．材料成形原理［M］．北京：机械工业出版社，2001.
[66] 翟封祥，尹志华．材料成形工艺基础［M］．哈尔滨：哈尔滨工业大学出版社，2003.
[67] 罗宇靖．复合材料液态挤压［M］．北京：冶金工业出版社，2002.
[68] 吴人洁，等．复合材料［M］．天津：天津大学出版社，2000.
[69] 崔令江，郝滨海．材料成形技术基础［M］．北京：机械工业出版社，2003.
[70] 汤酞则．材料成形工艺基础［M］．长沙：中南大学出版社，2003.
[71] 李爱菊，孙康宁．工程材料成形与机械制造基础［M］．北京：机械工业出版社，2012.
[72] 胡亚民．材料成形技术基础［M］．重庆：重庆大学出版社，2000.
[73] 王纪安．工程材料与材料成形工艺［M］．北京：高等教育出版社，2000.
[74] 陶治．材料成形技术基础［M］．北京：机械工业出版社，2002.
[75] 王国凡．材料成形与失效［M］．北京：化学工业出版社，2002.
[76] 王毓敏．工程材料成形与应用［M］．重庆：重庆大学出版社，2004.
[77] 王纪安．工程材料与材料成形工艺［M］．北京：高等教育出版社，2004.
[78] 董奇非．最新新型工程材料生产新技术应用与新产品开发研制及行业技术标准实用大全 7—材料成形技术卷［M］．北京：学苑音像出版社，2004.
[79] 何红媛．材料成形技术基础［M］．南京：东南大学出版社，2000.

[80] 孙康宁，等．现代工程材料成形与制造工艺基础（上）[M]．北京：机械工业出版社，2001.
[81] 李爱菊．现代工程材料成形与制造工艺基础（下）[M]．北京：机械工业出版社，2001.
[82] 严绍华．材料成形工艺基础——金属工艺学热加工部分 [M]．北京：清华大学出版社，2001.
[83] 迟剑峰，吴山力．材料成形技术基础 [M]．长春：吉林大学出版社，2001.
[84] 鞠鲁粤．现代材料成形技术基础 [M]．上海：上海大学出版社，1999.
[85] 刘永长．材料成形物理基础 [M]．北京：机械工业出版社，2011.
[86] 孙广平，李义，严庆光．材料成形技术基础 [M]．北京：国防工业出版社，2011.
[87] 李新城．材料成形学 [M]．北京：机械工业出版社，2000.
[88] 陈金德，邢建东．材料成形技术基础 [M]．北京：机械工业出版社，2000.
[89] 陈金德．材料成形工程 [M]．西安：西安交通大学出版社，2000.
[90] 孟繁琴．金属材料成形过程检测技术 [M]．哈尔滨：哈尔滨工程大学出版社，1998.
[91] 于爱兵．材料成形技术基础 [M]．北京：清华大学出版社，2010.
[92] 刘全昆．材料成形基本原理 [M]．北京：机械工业出版社，2010.
[93] 何柏林，徐先锋．材料成形工艺基础 [M]．北京：化学工业出版社，2010.
[94] 林小娉．材料成形原理 [M]．北京：化学工业出版社，2010.
[95] 应宗荣．高分子材料成形工艺学 [M]．北京：高等教育出版社，2010.
[96] 江树勇．材料成形技术基础 [M]．北京：高等教育出版社，2010.
[97] 孙立权．材料成形工艺 [M]．北京：高等教育出版社，2010.
[98] 王敏．材料成形设备及自动化 [M]．北京：高等教育出版社，2010.
[99] 方亮，王雅生．材料成形技术基础 [M]．北京：高等教育出版社，2010.
[100] 杭争翔．材料成形检测与控制 [M]．北京：机械工业出版社，2010.
[101] 孙唐宁，张景德．现代工程材料成形与机械制造基础（上）[M]．北京：高等教育出版社，2010.
[102] 关绍康．材料成形基础 [M]．长沙：中南大学出版社，2009.
[103] 常春．材料成形基础 [M]．北京：机械工业出版社，2009.
[104] 赵洪运．材料成形原理 [M]．北京：国防工业出版社，2009.
[105] 徐光，常庆明，陈长军．现代材料成形新技术 [M]．北京：化学工业出版社，2009.
[106] 樊自田，等．先进材料成形技术与理论 [M]．北京：化学工业出版社，2006.
[107] 孙广平，迟剑锋．材料成形技术基础 [M]．北京：国防工业出版社，2007.
[108] 董湘怀，等．材料成形理论基础 [M]．北京：化学工业出版社，2008.
[109] 熊春林，汤中华，李松林．粉体材料成形设备与模具设计 [M]．北京：化学工业出版社，2007.
[110] 葛正浩，杨立军．材料成形机械 [M]．北京：化学工业出版社，2007.
[111] 汤酞则．材料成形技术基础 [M]．北京：清华大学出版社，2008.
[112] 柳秉毅．材料成形工艺基础 [M]．北京：高等教育出版社，2005.
[113] 樊自田．材料成形装备及自动化 [M]．北京：机械工业出版社，2006.
[114] 毛萍莉．材料成形技术 [M]．北京：机械工业出版社，2007.
[115] 张彦华，薛克敏．材料成形工艺 [M]．北京：高等教育出版社，2008.
[116] 刘新佳，姜银方，蔡郭生．材料成形工艺基础 [M]．北京：化学工业出版社，2006.
[117] 童幸生．材料成形技术基础 [M]．北京：机械工业出版社，2006.
[118] 应宗荣．材料成形原理与工艺 [M]．哈尔滨：哈尔滨工业大学出版社，2005.
[119] 吴树森，柳玉起．材料成形原理 [M]．北京：机械工业出版社，2008.
[120] 卢本，王君．材料成形过程的测量与控制 [M]．北京：机械工业出版社，2005.
[121] 安萍．材料成形技术 [M]．北京：科学出版社，2008.
[122] 刘全坤．材料成形基本原理 [M]．北京：机械工业出版社，2005.

[123] 杜丽娟．工程材料成形技术基础［M］．北京：电子工业出版社，2003.
[124] 严绍华．材料成形工艺基础［M］．2 版．北京：清华大学出版社，2008.
[125] 毛卫民．金属材料成形与加工［M］．北京：清华大学出版社，2008.
[126] 施江澜．材料成形技术基础［M］．北京：机械工业出版社，2001.
[127] 邓明，吕琳．材料成形技术手册［M］．北京：化学工业出版社，2007.
[128] 张凯锋，等．纳米材料成形理论与技术［M］．哈尔滨：哈尔滨工业大学出版社，2012.
[129] 孙以安，鞠鲁粤．金工实习［M］．上海：上海交通大学出版社，2005.

冶金工业出版社部分图书推荐

书　　名	作　者	定价(元)
中国冶金百科全书·金属塑性加工	本书编委会	248.00
爆炸焊接金属复合材料	郑远谋	180.00
楔横轧零件成形技术与模拟仿真	胡正寰	48.00
薄板材料连接新技术	何晓聪	75.00
高强钢的焊接	李亚江	49.00
材料成型与控制实验教程(焊接分册)	程方杰	36.00
焊接材料研制理论与技术	张清辉	20.00
金属学原理(第3版)(上册)(本科教材)	余永宁	78.00
金属学原理(第3版)(中册)(本科教材)	余永宁	64.00
金属学原理(第3版)(下册)(本科教材)	余永宁	55.00
钢铁冶金学(炼铁部分)(第4版)(本科教材)	吴胜利	65.00
现代冶金工艺学——钢铁冶金卷(第2版)(国规教材)	朱苗勇	75.00
加热炉(第4版)(本科教材)	王　华	45.00
轧制工程学(第2版)(本科教材)	康永林	46.00
金属压力加工概论(第3版)(本科教材)	李生智	32.00
金属塑性加工概论(本科教材)	王庆娟	32.00
现代焊接与连接技术(本科教材)	赵兴科	32.00
型钢孔型设计(本科教材)	胡　彬	45.00
金属塑性成形力学(本科教材)	王　平	26.00
轧制测试技术(本科教材)	宋美娟	28.00
金属学与热处理(本科教材)	陈惠芬	39.00
轧钢厂设计原理(本科教材)	阳　辉	46.00
冶金热工基础(本科教材)	朱光俊	30.00
材料成型设备(本科教材)	周家林	46.00
材料成形计算机辅助工程(本科教材)	洪慧平	28.00
金属塑性成形原理(本科教材)	徐　春	28.00
钢材的控制轧制与控制冷却(第2版)(本科教材)	王有铭	32.00
塑性变形与轧制原理(高职高专教材)	袁志学	27.00
锻压与冲压技术(高职高专教材)	杜效侠	20.00
金属材料与成型工艺基础(高职高专教材)	李庆峰	30.00
有色金属轧制(高职高专教材)	白星良	29.00
有色金属挤压与拉拔(高职高专教材)	白星良	32.00